国防科技图书出版基金

粉末火箭发动机原理

Principle of Powder Rocket Engine

胡春波 李超 邓哲 李悦 孙海俊 著

国防工业出版社
·北京·

图书在版编目(CIP)数据

粉末火箭发动机原理 / 胡春波等著 .—北京:国防工业出版社,2019. 9

ISBN 978-7-118-11934-3

Ⅰ. ①粉… Ⅱ. ①胡… Ⅲ. ①粉末-固体推进剂火箭发动机-研究 Ⅳ. ①V435

中国版本图书馆 CIP 数据核字(2019)第 179599 号

※

国防工業出版社 出版发行

(北京市海淀区紫竹院南路 23 号 邮政编码 100048)

三河市腾飞印务有限公司印刷

新华书店经售

*

开本 710×1000 1/16 **印张** 20¼ **字数** 355 千字

2019 年 9 月第 1 版第 1 次印刷 **印数** 1—2000 册 **定价** 96. 00 元

国防书店:(010)88540777 发行邮购:(010)88540776

发行传真:(010)88540755 发行业务:(010)88540717

致　读　者

本书由中央军委装备发展部**国防科技图书出版基金**资助出版。

为了促进国防科技和武器装备发展，加强社会主义物质文明和精神文明建设，培养优秀科技人才，确保国防科技优秀图书的出版，原国防科工委于1988年初决定每年拨出专款，设立国防科技图书出版基金，成立评审委员会，扶持、审定出版国防科技优秀图书。这是一项具有深远意义的创举。

国防科技图书出版基金资助的对象是：

1. 在国防科学技术领域中，学术水平高，内容有创见，在学科上居领先地位的基础科学理论图书；在工程技术理论方面有突破的应用科学专著。

2. 学术思想新颖，内容具体、实用，对国防科技和武器装备发展具有较大推动作用的专著；密切结合国防现代化和武器装备现代化需要的高新技术内容的专著。

3. 有重要发展前景和有重大开拓使用价值，密切结合国防现代化和武器装备现代化需要的新工艺、新材料内容的专著。

4. 填补目前我国科技领域空白并具有军事应用前景的薄弱学科和边缘学科的科技图书。

国防科技图书出版基金评审委员会在中央军委装备发展部的领导下开展工作，负责掌握出版基金的使用方向，评审受理的图书选题，决定资助的图书选题和资助金额，以及决定中断或取消资助等。经评审给予资助的图书，由中央军委装备发展部国防工业出版社出版发行。

国防科技和武器装备发展已经取得了举世瞩目的成就，国防科技图书承担着记载和弘扬这些成就，积累和传播科技知识的使命。开展好评审工作，使有限的基金发挥出巨大的效能，需要不断摸索、认真总结和及时改进，更需要国防科技和武器装备建设战线广大科技工作者、专家、教授，以及社会各界朋友的热情支持。

让我们携起手来，为祖国昌盛、科技腾飞、出版繁荣而共同奋斗！

国防科技图书出版基金
评审委员会

前 言

粉末火箭发动机是一种新型火箭发动机,其推进剂采用易于储存和运输的粉末颗粒,具有响应快、安全性好、抗过载和环境适应能力强等优点,可实现推力精确调节和多脉冲工作,满足了未来飞行器动力装置能量灵活管理的需求。另外,在载人航天领域,Mg/CO_2粉末火箭发动机可直接利用火星大气中CO_2作为氧化剂,从而实现原位资源利用,有效减轻地球携带载荷,节约探测成本。因此,粉末火箭发动机的深入研究对于推动未来飞行器动力装置研制和载人航天领域发展具有十分重要的意义。

本书共8章:第1章简单介绍了粉末火箭发动机系统组成及其工作参数;第2章介绍了粉末推进剂的能量性能、点火性能及粉末推进剂筛选和预处理方法;第3章详细阐述了粉末推进剂供给系统组成、工作过程和原理,并且从粉末推进剂的装填、质量流率测量方法和预测模型、颗粒起动和流化机制、粉末流化输送稳定性等角度对粉末推进剂供给过程的基本原理进行了详细分析;第4章介绍了液体CO_2供给系统工作原理、流量特性及液体CO_2雾化特性;第5章介绍了推力室系统的组成、工作过程和原理;第6章介绍了点火发动机和等离子点火器;第7章介绍了金属颗粒燃烧及火焰传播流动特性;第8章介绍了粉末火箭发动机热试实验。其中:第3章中粉末供给技术所涉及的高压稠密气固输送及两相壅塞流动属于气固两相流动学科研究的前沿问题,对上述问题进行了较为详细的分析与建模工作,建立了适用于点火条件下粉末发动机推进剂质量流率测量方法,并修正完善了稠密气固两相起动质量流率预测模型和壅塞条件下颗粒质量流率预测模型;第7章中介绍的全新$Al/AP/N_2$燃烧体系,与传统的气固燃烧在火焰形态和传播机理上均有显著区别,进一步拓宽了气固两相燃烧研究领域。与此同时,本书还系统描述了粉末火箭发动机多次启动、推力调节的工作过程,探讨了粉末火箭发动机关键技术,包括高压环境粉末供给技术、粉末流率测量技术、颗粒掺混燃烧及发动机点火技术。

本书介绍了粉末火箭发动机的原理和特点,整理了相关实验研究经验,提出了粉末火箭发动机一整套理论以及工程化方案,是对粉末火箭发动机阶段性研究工作的总结。本书内容深入浅出,结构编排合理,既有基本原理,又有综合方法,便于加深读者对书中内容理解。

前　言

本书可作为高等学校“航空宇航科学与技术”研究生与本科生教学学习的教材，同时考虑到从事工程技术等人员的需要，在撰写过程中，既注重系统全面介绍理论知识，又力求反映本领域的最新研究成果强调工程实际应用。

本书内容取材于作者在西北工业大学的科研积累，在相关科研过程中得到杨建刚博士生、朱小飞博士生、徐义华博士、张胜敏博士、李芳硕士、姚亮硕士、胡滨硕士、马少杰硕士、张虎硕士、虞虔硕士、信欣硕士、蔡玉鹏硕士、胡加明硕士、张力锋硕士等的协助。在此，深表谢意！

感谢李超博士、邓哲博士、李悦博士和孙海俊博士在相关章节的书稿撰写中所做的工作；感谢我的博士生杨建刚、朱小飞、胡旭、胡加明、李孟哲，硕士生王志琴、郭宇、刘世宁在本书统稿和校对等方面付出的努力。

感谢国家自然科学基金(51876178)、载人航天领域预先研究项目和武器装备探索研究项目资助；感谢国防科技图书出版基金资助。

由于水平有限，书中难免存在不当之处，欢迎广大读者批评指正。

胡春波

2019年2月

目　录

Contents

第1章　粉末火箭发动机系统

随着人类对近地空间的开发以及对外太空领域的探索，航天器飞行任务日趋多元化，工作环境更加复杂多变。对于长期执行在轨任务的航天器和星际旅行任务的飞行器，其动力系统不仅需要满足在太空极端环境温度下正常工作和长时间储存的性能要求，同时还要具备发动机多次启动、推力调节等能量管理的功能；对于航程远、周期长的星际探索任务（如月球、火星、金星探测任务）飞行器，其推进剂组合方式不仅需要满足高能、钝感、成本低、无毒性的传统性能要求，还应具有可实现原位资源利用、临时补充飞行能源的能力，以减小飞行器质量、降低发射成本。各国研究者在努力完善常规推进剂组合方式的同时，也在积极拓展新型推进剂组合方式，以满足航天飞行任务的多元化需求，推动人类对外太空资源的探索与开发。

自20世纪60年代正向位移流化床（Positive Displacement Fluidized Bed，PDFB）应用于火箭发动机粉末输送以来，粉末储存与燃烧空间开始隔离，其在新型粉末推进系统中的利用再度被重视起来。粉末推进剂在发动机中储存形态为固体颗粒，输送状态为气固两相流体。相对于传统推进剂，粉末推进剂具有以下优点：

（1）流态化的粉末推进剂具有理想的流动、流变特性，推进剂供给具有较强的节流能力，便于推进剂输送的关停与流率控制。

（2）粉末推进剂储存形态为固体颗粒，环境温度适应能力强，不存在低温玻璃化、低温凝结等问题，粉末输送与点火无须预热，这使推进系统在近地空间、外太空等高寒环境中可实现长期储存和即时响应。

（3）粉末推进剂无须黏结剂与液载成分，粉末推进剂制备无须考虑相容性问题，推进剂组元选择更加灵活多样，制作成本更加低廉。

（4）粉末推进剂的储存、运输以及使用，对推进剂预处理、包装等工艺要求不如传统推进剂苛刻。

（5）颗粒燃烧时间与颗粒原始粒径、流化破碎效果相关，颗粒燃烧初始条件为气固两相流中的弥散形态，因此颗粒聚团燃烧带来的负面影响大幅减小，颗粒掺混与燃烧效果显著提升。

（6）粉末原料取材与来源广泛，粉末颗粒无毒、化学稳定性好、不易泄漏、便于储存与运输，符合推进剂绿色环保的发展趋势。

新型粉末火箭推进系统以粉末颗粒为燃料，具有结构相对简单、对环境温度不敏感的性能优势，同时又具有推力实时可调、多脉冲启动关机等功能优势，特定组合方式条件下可满足深空探测原位资源利用要求，在近地空间开发以及深空探测领域具有深远的研究价值。

1.1 粉末火箭发动机的基本组成与工作过程

粉末火箭发动机依靠颗粒燃烧产生高温、高压燃气，靠高速排出气体产生的反推力进行工作。因此，粉末火箭发动机必须在能源和工质均具备的情况下才能工作。粉末火箭发动机能源主要来源于粉末推进剂蕴藏的化学能，粉末火箭发动机的工质则是气固两相燃烧后的燃烧产物，其为热能和动能的载体。

1.1.1 粉末火箭发动机基本组成

根据各组件的功能不同，粉末火箭发动机系统主要由推进剂供给系统、推力室系统、测试系统及相关附件组成，如图1-1所示。

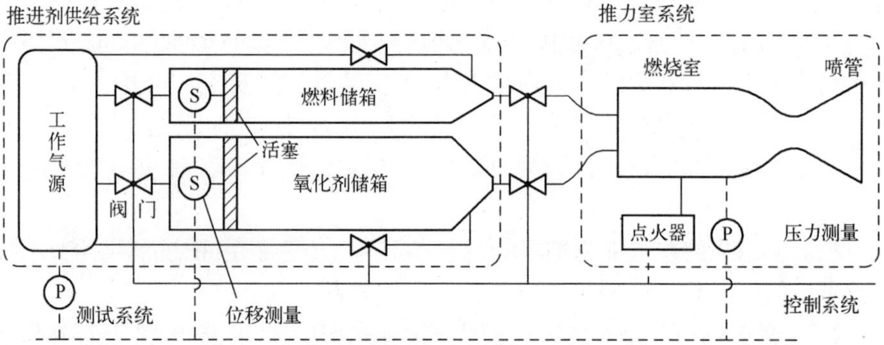

图1-1 粉末火箭发动机系统

1. 推进剂供给系统

粉末火箭发动机推进剂供给系统的主要任务是实现粉末推进剂的长期储存与稳定输送。供给系统主要由粉末推进剂、粉末储箱、活塞和气源供应装置等部件组成，如图1-2所示。

(1) 粉末推进剂。粉末火箭发动机推进剂组合方式主要有金属粉末(Al、Mg、合金材料等)与氧化剂粉末(AP(高氯酸铵)颗粒)组合、金属粉末与气体(或液体)组合(如 Mg/CO_2组合)等。粉末推进剂储存状态为固体颗粒，所以粉末火箭发动机可长时间常压或负压储存，并且在高低温极端条件下环境适应能力强。由于粉末颗粒输送状态为气固两相流体，故粉末火箭发动机可以采取节

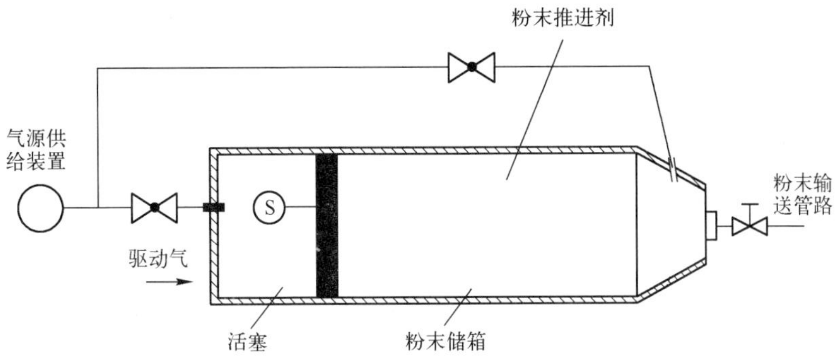

图 1-2　粉末火箭发动机推进剂供给系统

流方式调控粉末流量,进而实现推力调节、多脉冲启动等功能。粉末推进剂自身属性(包括颗粒黏性、颗粒粒径、颗粒形态等)会对颗粒输送性能、储存性能及点火燃烧等性能产生较大影响,如:当金属粉末粒径减小时,颗粒燃烧时间变短、点火难度降低,同时颗粒装填率下降,两相流体输送难度增加等。图 1-3~图 1-5 分别为 Al 粉装填率、点火延迟时间以及燃烧时间的粒度特性。

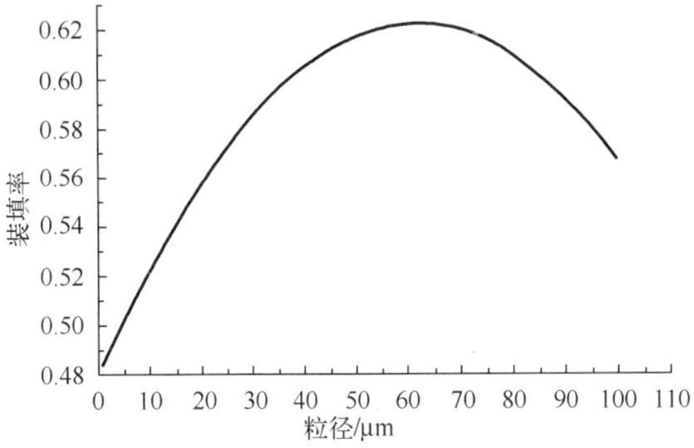

图 1-3　Al 粉装填率粒度特性

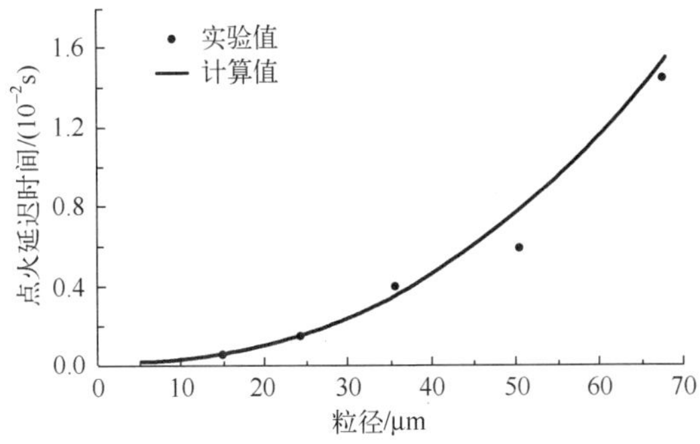

图 1-4　Al 粉点火延迟时间粒度特性

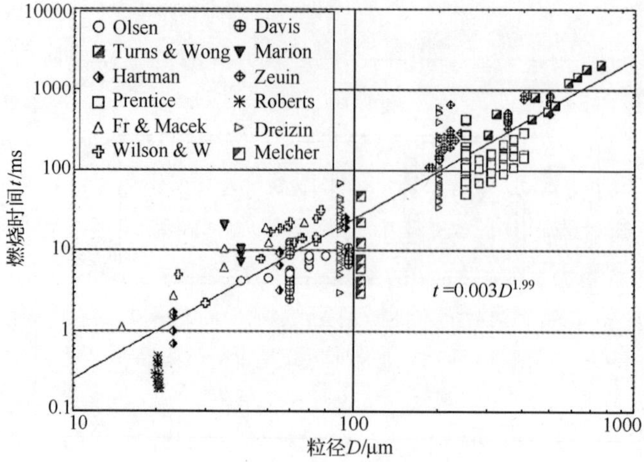

图 1-5　Al 粉燃烧时间粒度特性

（2）粉末储箱与活塞。粉末储箱是储存粉末推进剂的容器，由于金属粉末活性较高，易被空气中的氧组分缓慢氧化，所以推进剂储箱需要密封。如图 1-6 所示，粉末储箱包括驱动端、储存端和流化端三部分。活塞介于驱动端和储存端之间，可将储存端的粉末推进剂推送至流化端进行流化。当发动机工作时，高压气流进入粉末驱动端推动活塞向前运动，粉末推进剂床体受活塞推动以一定速度 v 向前移动，流化气由流化端进入粉末储箱，一方面可以防止粉末推进剂被压实，另一方面将活塞推动送来的粉末推进剂流态化，形成稳定均一的气固两相流体输送至粉体燃烧端。

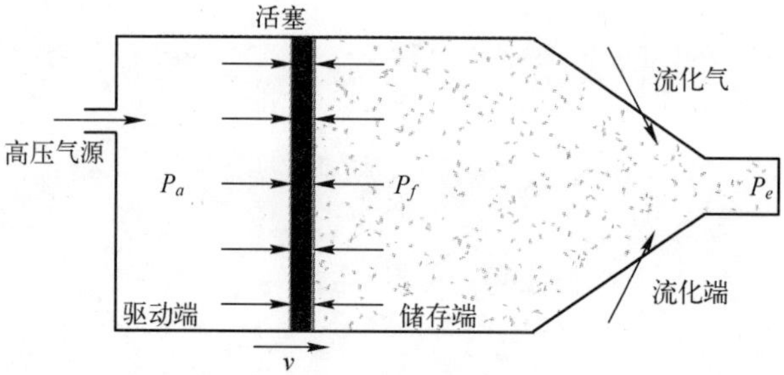

图 1-6　推进剂储箱工作原理

（3）气源供应装置。粉末火箭发动机工作时需要自身携带少量气源，气源供应装置的主要任务为推进剂流化、活塞驱动、管路系统和燃烧室吹除、部分阀体作动等。气源供应装置常采用的形式有气瓶式和自增压燃气发生器式，其中：气瓶式气源结构简单、气体组分选择灵活可变、便于使用和控制，但不适合发动机系统长期高压储存；自增压燃气发生器式以低温固体推进剂装填密闭容器中,平时在常温常压环境下储存,发动机工作前点燃推进剂产生高压气体。由于临时产生的燃气需要过滤和降温才能用于发动机工作,因此结构较为复杂。粉末火箭发动机携带的气体种类通常有 N_2、He、空气、CH_4、CO_2 等,其中:N_2 比较稳定,不参与粉末推进剂的燃烧反应,既能用于粉末燃料及粉末氧化剂流化,也能用于活塞驱动、系统吹除,阀体作动等,当其作为发动机气源时,无须其他种类气体配合适用,可大大减小气源系统及管路系统复杂程度,缺点是对发动机比冲贡献较小;He 分子量较小,具有 N_2 所具有的优势,同时单位质量气体摩尔数大,有利于发动机比冲的提升;空气可作为粉末氧化剂流化气体使用,由于其中含有氧气组分,具有一定助燃作用,有利于发动机点火;CH_4 一般用于金属粉末颗粒流化,由于其本身即为一种燃料,有利于推进剂系统比冲的提高,同时具有提高点火稳定性和抑制发动机低频振荡的作用,常与空气配合使用;CO_2 是 Mg/CO_2 火箭发动机的专属气源,但由于其使用环境为火星的低温大气环境,发动机工作时一般需要进行加热。

2. 推力室系统

粉末火箭发动机推力室是粉末火箭发动机能量转换的核心部件,其主要任务是实现粉末推进剂掺混燃烧,将粉末推进剂燃烧产物热能转化为发动机系统飞行动能。推力室系统主要由粉末喷注器、燃烧室、喷管和发动机点火装置组成。

(1) 粉末喷注器。粉末喷注器的主要任务是实现粉末推进剂的均匀喷注与掺混,进而实现其在燃烧室中高效稳定燃烧。由于粉末推进剂组合方式不同,粉末喷注器喷注的粉末种类与类型也有所区别,一般可分为单组元粉末喷注器和双组元粉末喷注器两种构型。

(2) 燃烧室。燃烧室是粉末推进剂燃烧的场所,燃烧室需要具有一定的容积,使粉末推进剂在其中有足够的停留时间,以保证完全掺混和燃烧。理论上,推进剂的停留时间与燃烧室的几何形状无关,但实际上,燃烧室的构型会受到发动机空间的限制。此外,燃烧室的几何形状还会对推进剂的燃烧速率产生影响。由于粉末燃料一般为金属颗粒,理论上其燃烧产物温度一般可以达到 3000~4500K,且含有大量凝相产物,因此还需要对燃烧室采取热防护措施和防沉积措施。

(3) 喷管。喷管主要为粉末推进剂燃烧产物流动和膨胀做功提供场所,也是燃烧室内高温高压燃气的出口。一方面喷管控制燃气的流出,保证燃烧室内燃气具有足够的压强,例如,相同流量情况下,喷管喉部面积越小,燃烧室工作压力越大,反之越小;另一方面,燃气通过在喷管中膨胀加速,可将其亚声速流动状态提升为超声速流动状态,将燃气热能更多的转化为燃气动能,并以很高的速度喷射出去，产生反推力。为实现燃气的跨声速流动，喷管通道采用先收缩后扩张的拉瓦尔喷管。由于喷管一直处于高温高速气流的冲刷条件下，喷管的热环境相比燃烧室更加恶劣，同时，粉末推进剂燃烧产物中含有大量凝相粒子，粉末火箭发动机喷管的热防护更需重视。喷管热防护问题可以从两方面着手：一方面在喷管内表面采用耐高温、抗烧蚀材料，增加喷管高温和冲刷耐受能力；另一方面采用更为顺畅的流动结构，减轻凝相产物在喷管内的堆积和烧蚀，改善喷管工作环境。

(4) 发动机点火装置。它为发动机的正常点火提供条件。点火装置的点火对象为流动中的气固两相流体，由于粉末推进剂体积能量密度很高，如果不能实现粉末推进剂的及时有效点火，堆积在推力室中的粉末推进剂突然着火会大大提高发动机点火压力峰，这种情况很有可能会导致发动机回火从而致使发动机点火失败，因此，稳定而高能是对粉末发动机点火装置的基本要求。

3. 发动机测控制系统及相关附件

粉末火箭发动机系统的协调工作离不开发动机测控系统精准的工作信息反馈以及有效控制。发动机测控系统主要由信息处理分析系统、压力传感器和位移传感器以及温度传感器等发动机测试部件、球阀和电磁阀以及点火装置启动器等控制部件组成，发动机测控制系统通过控制作动部件工作时序即可完成发动机启动、关机、吹除、多脉冲工作以及推力调节等功能，通过工作信息反馈即可对发动机工作状态进行调整（见图 1-7），使发动机具备稳定工作以及应对突发状况的能力，通过实时控制可及时规避飞行风险，针对飞行状态在线优化飞行方案，增加飞行器续航和生存能力。

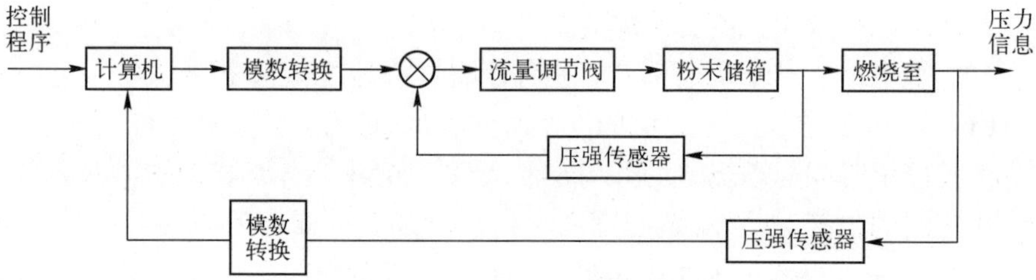

图 1-7　发动机信息反馈控制原理

1.1.2　粉末火箭发动机工作过程

粉末火箭发动机的工作过程，实质上是推进工质形态转化和能量转化的过程。首先，粉末推进剂工质和流化气体转化为便于稳定输送和充分燃烧的气固两相体系；而后，推进剂的化学能转变为燃烧产物的动能，进而转变为火箭飞行动能。

粉末火箭发动机所携带的推进工质主要由燃料工质和氧化剂工质组成，其中燃料一般为金属粉末颗粒，氧化剂一般为氧化剂颗粒或氧化性液体（如液体CO_2）。粉末供给系统采用活塞推送和气体流化相结合的方式输送粉末推进剂或者是采用活塞挤压的方式输送液体氧化剂。由于流态化的粉末颗粒与液体CO_2便于节流，粉末供给过程可通过控制活塞推送速度和流化气体流率实现发动机推进剂流率的控制。

流态化的粉末推进剂以气固两相流体的形态被输送至燃烧室中进行点火燃烧过程。气固两相燃烧伴随着复杂的相变和化学反应，通过燃烧过程，推进剂中蕴藏的部分化学能迅速转变为燃烧产物的热能，粉末推进剂在燃烧室内变成了高温（2000~4500K）、高压（0.4~5MPa）的燃烧产物（主要包括气相燃烧产物和金属颗粒燃烧产生的凝相产物）。燃烧产物的热能包含内能和势能两部分，可用状态参数焓值表示。

气固两相燃烧产物从燃烧室流入喷管。燃烧产物中的气体组分在喷管中迅速膨胀、加速，最终以数倍于声速的速度从喷管出口喷出。此过程中，喷管入口燃烧产物的热能部分转化为喷管出口处高速气流的动能。凭借这种动能对火箭发动机产生的反作用力（即发动机的推力）和外界大气压合力推动火箭运动，最后转化为火箭飞行的动能。图 1-8 为粉末火箭发动机工作过程示意图。

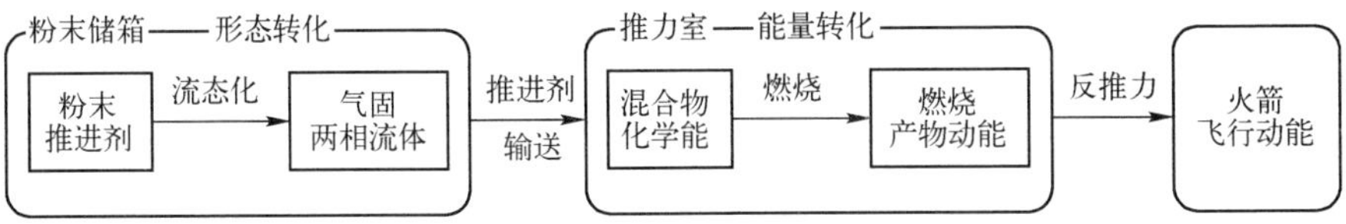

图 1-8　粉末火箭发动机工作过程示意图

1.2　粉末火箭发动机分类

目前，粉末火箭发动机类型主要包括：Al/AP 粉末火箭发动机，PE/AP 粉末火箭发动机、Mg/CO_2粉末火箭发动机、Al/LOX（液氧）粉末火箭发动机、Al/N_2O粉末火箭发动机等。最具有代表性的粉末发动机主要包括：Al/AP 粉末火箭发动机、Mg/CO_2粉末火箭发动机。

1.2.1　Al/AP 粉末火箭发动机

图 1-9 为 Al/AP 粉末火箭发动机的工作原理图，发动机在结构上主要由气源及管路系统、粉末输送系统以及推力室系统构成。粉末输送系统由 Al 粉末输送分系统和 AP 粉末输送分系统构成，发动机工作时需二者协同供给，在能量

管理上具有较强的灵活性;推力室系统主要由粉末喷注装置、燃烧室、喷管、点火装置组成,其内部燃烧过程属于固体燃料与固体氧化剂的燃烧,燃烧组织方式与其他类型推进系统具有显著差别。粉末推进剂热力计算性能数据见表1-1。

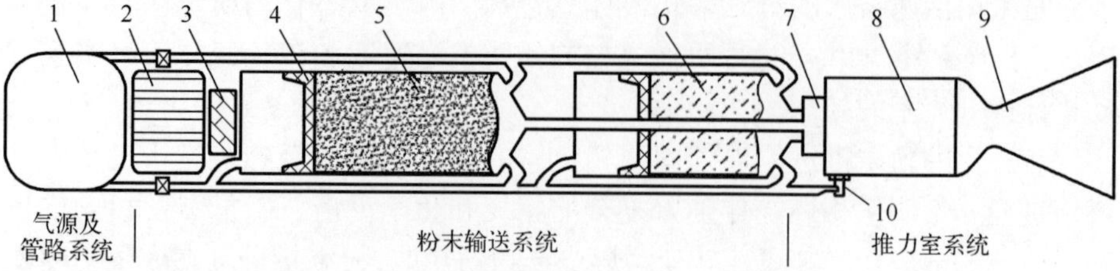

图1-9 Al/AP粉末火箭发动机工作原理图

1—气瓶;2—蓄电池;3—控制装置;4—活塞;5—AP储箱;6—Al储箱;7—粉末喷注装置;8—燃烧室;9—喷管;10—点火装置。

表1-1 粉末推进剂热力计算性能数据

粉末氧燃比(O/F)	特征比冲/s	特征速度/(m/s)
3.5	254	1453
3.0	255	1460
2.5	255	1468
2.0	254	1451
1.5	259	1420
1.2	242	1374
1.1	238	1348
1.0	234	1329
0.9	227	1292
0.8	218	1243

1.2.2 Mg/CO_2粉末火箭发动机

Mg/CO_2粉末火箭发动机是在20世纪七八十年代深空探测热潮背景下提出的。该发动机能量来源于地球携带的Mg粉燃料与火星当地大气中CO_2的反应,具有较强的环境适应能力,与其他推进方式相比,在火星环境下(见表1-2)工作具有较强的优势,可用于火星表面飞行器、火星表面-轨道返回以及火星车等的动力系统,具有深远的应用价值和发展空间。

表1-2 火星探测任务相关参数

考虑因素	参数值
火星大气	、CO_2(95.3%)、N_2(2.7%)

（续）

考虑因素	参数值
表面压力	700~900Pa
昼夜温度	−132℃（夜晚）~28℃（白昼）
重力加速度	3.72m/s^2
发射窗口	26 个月
任务周期	1.5~3 年

图 1-10 为 Mg/CO_2粉末火箭发动机的火星表面探测方案。由地球起飞的运载飞行器携带镁粉飞向火星，火箭飞行过程中随着推进剂的消耗储箱空余出来，飞行器着陆火星后利用火星昼夜温差收集火星大气中的 CO_2，并以液体的形式储存于空闲下的推进剂储箱中，实现推进剂材料原位资源利用和储箱的再利用，并采用 Mg/CO_2推进系统作为火星表面探测及回返轨道动力，完成火星探索任务。该方案一方面无须携带火星探索和返回动力所需的氧化剂，很大程度提高了有效载荷的使用效率；另一方面在火星表面利用当地条件汲取包装氧化剂，有效减少了飞行器在火星表面的额外操作，所以方案具备很强的可行性和可操作性。

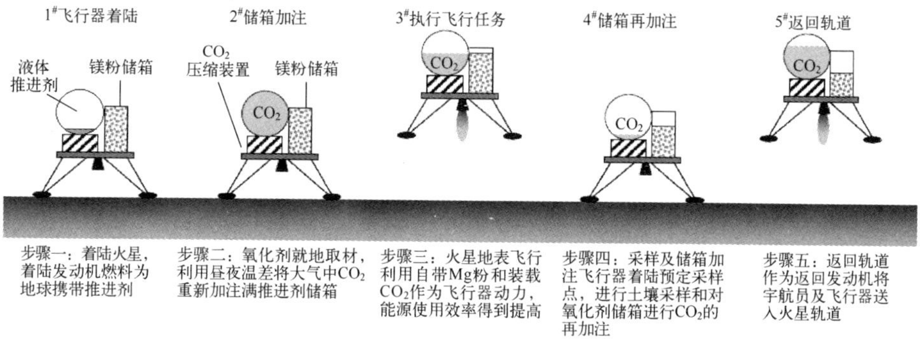

图 1-10　Mg/CO_2粉末火箭发动机的火星表面探测方案

Mg/CO_2粉末火箭发动机的原理如图 1-11 所示，粉末火箭发动机由气体发生器、CO_2储箱、粉末燃料储箱、燃料流量调节装置、粉末离散器、燃烧室及喷管等组成。CO_2储箱的作用是储存 CO_2，并为燃料供应系统的粉末流化提供流化气；粉末燃料储箱及其燃料流量调节装置的作用是确保适量的粉末燃料以一定的质量流率和流动状态进入燃烧室；燃烧室主要功能是完成燃烧过程组织（确保粉末燃料与氧化剂气体高效、持续反应）；喷管的功能则是使高温高压燃气膨胀做功。表 1-3 为 Mg/CO_2粉末火箭发动机比冲性能。

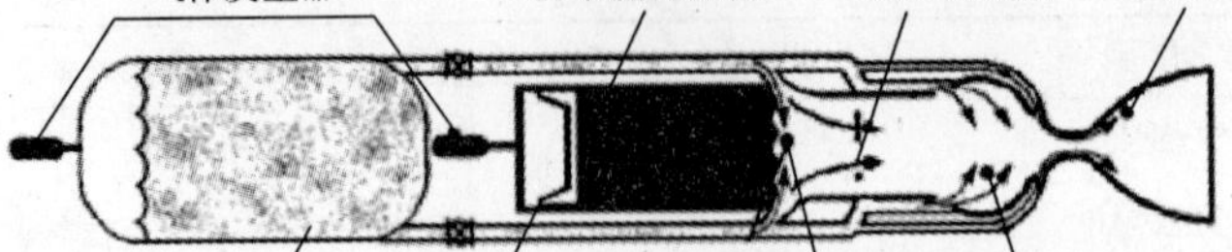

图 1-11　Mg/CO_2粉末火箭发动机原理

表 1-3　Mg/CO_2粉末火箭发动机比冲性能

氧　燃　比	理论比冲 I_s/s	有效比冲 I_{eff}/s	燃烧温度/K
0.5	226	340	3254
0.7	239	406	3407
1	239	475	3513
2	218	656	3519
3	210	842	3293
5	191	1146	2995

注：Mg/CO_2粉末火箭发动机可以火星表面收集 CO_2作为氧化剂；I_{eff}为地球所带燃料载荷有效比冲

I_{eff}可按下式计算

$$I_{eff}=I_s(O/F+1) \tag{1-1}$$

式中：I_{eff}为有效比冲；I_s为理论比冲；O/F 为氧燃比。

1.3　粉末火箭发动机主要参数

粉末火箭发动机的主要性能参数有推力、总冲和比冲等。其中发动机推力是飞行器飞行的基本动力，也是对发动机最基本的要求。通常飞行器总体设计部门会对发动机推力给出一个范围要求。总冲是发动机推力随时间的累积效应，一定质量的推进剂所产生的总冲是固定的，所以能够反映发动机携带推进剂工作能力的水平。由于发动机工作期间推力可能随时间变化，发动机总冲一般定义为发动机推力对工作时间的积分。通常总体任务会对发动机提出一个总冲下限。发动机性能参数中经常采用比冲这个概念来评价发动机设计质量(着重从效率方面)。比冲为单位质量推进剂所产生的冲量，比冲越高说明发动机中推进剂产生推力能力越强，因此比冲是火箭发动机系统的一个至关重要的参数。因此，推力、总冲和比冲是用来衡量发动机性能的主要参数，通常又称为总体参数。除此之外，描述发动机性能的参数还包括品质系数、效率等。

1.3.1　性能参数

1. 推力

推力是粉末火箭发动机的一个主要性能参数，它表征了粉末火箭发动机的工作能力，飞行器依靠推力加速，克服各种阻力，完成预定的飞行任务。

粉末火箭发动机的推力主要是由推力室产生的，其定义为发动机工作时作用于推力室内外表面上的气体压力的合力。由定义可知，粉末发动机产生推力的条件有两个：①粉末火箭发动机推力室内需要有燃气存在；②需要一个半封闭的承压容器及特殊型面的燃气流动通道，即发动机燃烧室和喷管组成的推力室，燃气向喷管出口方向流动，而其他方向则受到限制。燃气在发动机燃烧室内的工作压力可以达到数个甚至几十个大气压，而喷管的出口环境压力范围只有 0.1MPa（海平面）或小于 0.1MPa（发动机高空工作或在太空中工作时），燃气在发动机内外压差的作用下，流向喷管，燃气的热能转化为燃气的动能，结果形成高速的气流喷射出去。

粉末火箭发动机的推力来源主要分为燃气喷射反作用力和大气压强合外力两个部分。将燃烧室和燃气看成两个系统，燃气在燃烧室内壁面及喷管出口外部压力的共同作用下，获得动能，由牛顿第三定律可知，燃气也必然给燃烧室一个反作用力；此外，发动机还受到外部环境的压力。

1）燃气喷射反作用力部分

以燃气为研究对象，燃气动量可认为由发动机壳体对其作用的合外力 $\boldsymbol{F}_{\mathrm{R}}$ 产生的冲量以及喷管出口大气压力 $P_{\mathrm{e}}A_{\mathrm{e}}$ 产生冲量组成（见图 1-12），若取飞行器飞行方向 x 为正方向，则动量方程可以表示为

$$\boldsymbol{F}_{\mathrm{R}}=\dot{m}u_{\mathrm{e}}+P_{\mathrm{e}}A_{\mathrm{e}} \tag{1-2}$$

式中：$\dot{m}$为发动机质量流率；u_{e} 为喷管出口截面的燃气平均速度；P_{e} 为喷管出口截面平均压力；A_{e} 为喷管出口截面积。

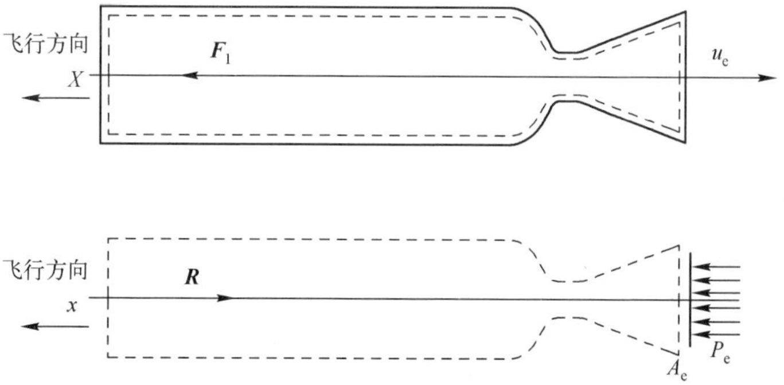

图 1-12　燃气喷射产生的反作用力示意图

由于气流反作用力 $\boldsymbol{F}_1$ 与壳体合外力 $\boldsymbol{F}_R$ 互为作用力与反作用力，其大小相同，方向相反，因此气流反作用力 $\boldsymbol{F}_1$ 可以表示成

$$\boldsymbol{F}_1=\dot{m}u_e+P_eA_e \tag{1-3}$$

2）大气压强合外力部分

火箭在飞行过程中发动机外壁面受到的外界气动力十分复杂，它取决于飞行器飞行速度、飞行状态以及气动外形等因素，因此，火箭发动机受外部压强合外力 $\boldsymbol{F}_2$ 可以用积分形式表示为

$$\boldsymbol{F}_2=\iint_{A_s} P\mathrm{d}S \tag{1-4}$$

式中：P 为作用在发动机外部壁面处的环境大气压强；S 为发动机外表面面积；A_s 为发动机外表面。

由于发动机和火箭的外部型面一般都为轴对称的，大气压力的分布也为轴对称，其合力方向为发动机轴向，且与发动机飞行方向相反（见图 1-13）。

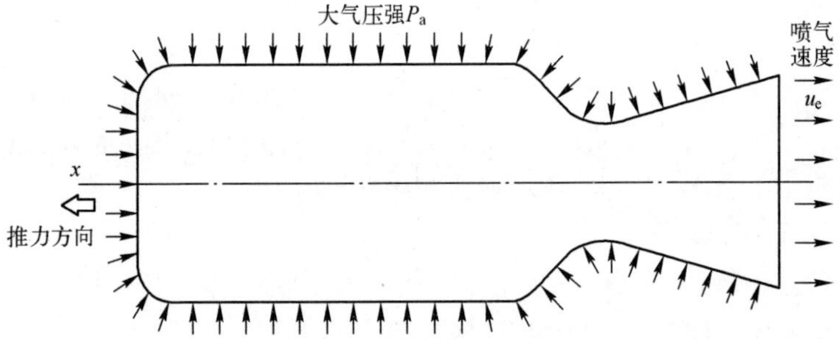

图 1-13　大气压强合外力作用示意图

假设作用在火箭或者发动机外部壁面的大气压力均匀分布，且与未受扰动的周围大气压强 P_a 相等，由于喷管出口处没有壳体结构，大气压强合外力可以表示为

$$\boldsymbol{F}_2=P_aA_e \tag{1-5}$$

外界大气压强合力与发动机飞行方向相反，可以认为是发动机飞行的阻力，虽然公式中用喷管出口面积 A_e 来计算，但其并不作用在发动机喷管位置，而是作用于发动机或者火箭头部的轴线上。

将燃气喷射反作用力部分和大气压强合外力部分结合起来，就可以得到发动机产生的推力 $\boldsymbol{F}$ 为

$$\boldsymbol{F}=|\boldsymbol{F}_1+\boldsymbol{F}_2|=\dot{m}u_e+A_e(P_e-P_a) \tag{1-6}$$

由式（1-6）可以看出，火箭发动机的推力与飞行器的速度无关，这是火箭发动机与航空喷气发动机以及冲压发动机的主要区别之一。

由式(1-6)还可以看出,火箭发动机推力式由两项组成:第一项$\dot{m}u_e$称为动推力,其大小取决于燃气的质量流率和喷气速度,是发动机推力的主要组成部分,一般会占到总推力的90%以上;第二项$A_e(P_e-P_a)$称为静推力,它是由喷管出口处压强与外界大气压强不平衡引起的。动推力与静推力均会受发动机工作高度的影响。

从火箭发动机工作过程来看,除了发动机的燃气质量流率之外,影响发动机推力产生的因素主要有两个:一个是喷管内气流膨胀过程,其本质为燃烧工质内能转化为动能的过程,可以通过喷管推力系数表征;另一个则是推进剂产热与产气的特性以及在燃烧室内的燃烧效果,其本质为发动机化学能转化为热能过程,可以通过特征速度来表征。

2. 推力系数

喷管出口截面的气流速度可表示为

$$u_e=\sqrt{\frac{2k}{k-1}RT_c\left[1-\left(\frac{P_e}{P_c}\right)^{\frac{k-1}{k}}\right]} \tag{1-7}$$

式中:k为燃气比热比;R为燃气的气体常数;T_c为燃烧室温度;P_c为燃烧室压力。

粉末火箭发动机燃气的质量流率可表示为

$$\dot{m}=\frac{\Gamma}{\sqrt{RT_c}}P_cA_t \tag{1-8}$$

式中:A_t为喷管喉部直径;Γ为燃气比热比的函数:$\Gamma=\sqrt{k}\left(\frac{2}{k+1}\right)^{\frac{k+1}{2(k-1)}}$。

将式(1-7)和式(1-8)代入发动机推力式(1-6),整理后得

$$F=A_tP_c\left\{\Gamma\sqrt{\frac{2k}{k-1}\left[1-\left(\frac{P_e}{P_c}\right)^{\frac{k-1}{k}}\right]}+\frac{A_e}{A_t}\left(\frac{P_e}{P_c}-\frac{P_a}{P_c}\right)\right\} \tag{1-9}$$

把推力与A_tP_c成正比的比例系数定义为推力系数C_F,其表达式为

$$C_F=\Gamma\sqrt{\frac{2k}{k-1}\left[1-\left(\frac{P_e}{P_c}\right)^{\frac{k-1}{k}}\right]}+\frac{A_e}{A_t}\left(\frac{P_e}{P_c}-\frac{P_a}{P_c}\right) \tag{1-10}$$

因此,推力表达式最终可以简化为

$$F=C_FA_tP_c \tag{1-11}$$

由式(1-11)可知,推力系数C_F是一个无量纲数,其物理意义为单位喉部面积单位燃烧室压力所能产生的推力。推力系数C_F主要与燃气在喷管中膨胀过程的完善程度有关,而推进剂性能及燃烧室内的燃烧对它影响不大。C_F越大,表示燃气在喷管内膨胀的越充分,即燃气的热能越充分的转化为气流喷射的动

能。因此,C_F 是表征喷管性能的重要参数。

常用的推力系数主要有真空推力系数和特征推力系数。其中真空推力系数 C_{F_V}对应为发动机在真空状态下工作时喷管的推力系数,即 $P_a=0$,可表示为

$$C_{F_V}=\Gamma\sqrt{\frac{2k}{k-1}\left[1-\left(\frac{P_e}{P_c}\right)^{\frac{k-1}{k}}\right]}+\frac{A_e}{A_t}\left(\frac{P_e}{P_c}\right) \tag{1-12}$$

发动机在设计工作条件下产生的推力为特征推力,对应的推力系数为特征推力系数。由于设计状态下,喷管出口气体速度一般为完全膨胀状态,特征推力为最佳值,因此特征推力又称为最佳推力,特征推力系数为最佳推力系数。由于 $P_a=P_e$,特征推力系数可表示为

$$C_F^0=\Gamma\sqrt{\frac{2k}{k-1}\left[1-\left(\frac{P_e}{P_c}\right)^{\frac{k-1}{k}}\right]} \tag{1-13}$$

3. 特征速度

喷管质量流率可表示为

$$\dot{m}=C_D P_c A_t \tag{1-14}$$

式中:C_D 为流量系数,其表达式为

$$C_D=\frac{\Gamma}{\sqrt{RT_c}}=\frac{\Gamma}{\sqrt{R_0 T_c/\overline{M}}} \tag{1-15}$$

其中:R_0为通用气体常数;$\overline{M}$为燃气平均分子质量。

由式(1-15)可以看出,C_D 反映了燃烧产物的热力学性质,与推进剂的燃烧温度、燃气分子质量以及燃气比热比有关,而与喷管下游流动过程无关,因此它是表征推进剂能量性能以及燃烧室内推进剂燃烧完善程度的参数,单位为$(m/s)^{-1}$。

流量系数 C_D 的倒数称为特征速度,记为 c^*。c^* 的单位为 m/s,但却并非具有真实速度的含义,而是一个假想速度,用来表征推进剂燃烧产物对质量流率的影响。c^* 与 C_D 所表征的意义一致,c^* 越大,表明获得相同燃烧室压力和发动机推力所需的推进剂质量流率就越小。c^* 表达式为

$$c^*=\frac{1}{C_D}=\frac{1}{\Gamma}\sqrt{\frac{R_0 T_c}{\overline{M}}} \tag{1-16}$$

因此,喷管质量流率表达式又可以写为

$$\dot{m}=P_c A_t/c^* \tag{1-17}$$

即得到特征速度的计算式为

$$c^*=P_c A_t/\dot{m} \tag{1-18}$$

对于粉末火箭发动机而言,Al/AP 推进剂组合的特征速度一般为 1400m/s

左右，Mg/CO_2推进剂组合其特征速度为 1000m/s 左右，特征速度的大小还与发动机工作氧燃比、气固比以及粉末推进剂温度相关。

4. 发动机总冲和比冲

1）总冲

在火箭发动机的工作过程中，推力一般是随着工作时间变化的，把发动机推力随工作时间的累积效应称为发动机推力冲量或者总冲。因此，通过计算推力对发动机工作时间的积分即可获得发动机总冲 I：

$$I = \int_0^{t_a} F\mathrm{d}t \tag{1-19}$$

式中：t_a 为发动机工作时间，即以发动机点火工作后推力上升至 10%最大推力的时刻为工作起点，以发动机熄火后推力下降至 10%最大推力的时刻为终点，这两点之间的时间间隔为工作时间，如图 1-14 所示。

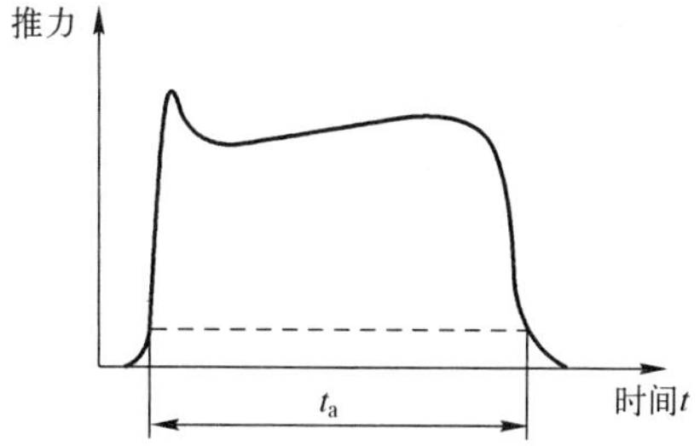

图 1-14　发动机工作时间示意图

总冲是火箭发动机的一个重要性能参数，它综合反映了发动机的工作性能。不同任务要求，发动机的设计总冲也有所区别。如射程较远或者负荷较大的飞行器，其发动机总冲也较大。在发动机总冲相同的情况下，对于粉末火箭发动机这种推力可调的动力装置来说，可以根据飞行器用途的不同选取不同的推力-时间方案。

如果飞行器在工作过程中，工作高度变化不大，那么火箭发动机喷管喷出的有效速度 u_{ef}基本保持不变，发动机总冲可以表示为

$$I = \int_0^{t_a} \dot{m}u_{ef}\mathrm{d}t = u_{ef}\int_0^{t_a} \dot{m}\mathrm{d}t = u_{ef}m_p \tag{1-20}$$

式中：m_p 为推进剂总质量(kg)；I 为发动机总冲(N·s)。

由式(1-20)可以看出，发动机总冲与 u_{ef}和 m_p 直接相关，而 m_p 又直接决定了发动机的质量和大小。

2）比冲

火箭发动机消耗单位质量推进剂产生的冲量定义为发动机的比冲 I_{sp}为

$$I_{sp} = \frac{I}{m_p} = \frac{\int_0^{t_a} F\mathrm{d}t}{\int_0^{t_a} \dot{m}\mathrm{d}t} \tag{1-21}$$

由式(1-21)可见，比冲是发动机工作时间内的平均值，从单位质量秒流量所产生的推力这一角度出发，可定义比冲的瞬时值为

$$I_{sp}=\frac{F}{\dot{m}} \tag{1-22}$$

在国际单位制中，比冲在数值上等于有效排气速度，即

$$I_{sp}=u_{ef} \tag{1-23}$$

根据式(1-11)、式(1-17)和式(1-22)，可得到比冲与推力系数、特征速度三者之间的关系为

$$I_{sp}=c^{*}C_{F} \tag{1-24}$$

由式(1-24)可见，比冲包含了特征速度和推力系数这两个性能参数，它既反映了推进剂能量的高低，又反应了发动机中工作过程的完善程度，是综合衡量发动机性能的重要指标。

比冲一般有两种单位表达形式，国际单位中采用 m/s，物理意义可以理解为发动机的有效喷气速度。此外，工程上经常采用秒(s)作发动机比冲的单位，物理意义可以理解为发动机克服当地重力的能力。两者在数值上可由下式换算而得：

$$I_{sp-m/s}=g_{I_S}I_{sp-s} \tag{1-25}$$

式中：$I_{sp-m/s}$为国际单位制比冲(m/s)；I_{sp-s}为工程单位制比冲(s)。g_{I_S}为当地重力加速度。

3) 特征比冲与真空比冲

特征比冲是发动机在最佳工作状态($P_e=P_a$)时对应的比冲，也是该工作高度下发动机的最大比冲，即

$$I_{sp}^{0}=\frac{\dot{m}u_e}{\dot{m}}=u_e \tag{1-26}$$

真空比冲 I_{vac}是发动机在真空状态下工作时对应的比冲，即

$$I_{vac}=u_e+\frac{A_eP_e}{\dot{m}} \tag{1-27}$$

假设发动机喷管将流动气体完全膨胀至真空状态，$P_e=P_a=0$，真空比冲达到最大值，即

$$I_{vac}=u_l \tag{1-28}$$

式中：u_l 为极限排气速度。

在发动机工作过程中，推进剂在燃烧室内的燃烧以及燃烧产物在喷管内的流动过程不可能完全是绝热等熵的，总存在热损失以及转化损失，一般通过热力计算获得的发动机比冲称为理论比冲，用 I_{sp}^{th}表示，将发动机实际比冲称为实验比冲，用 I_{sp}^{exp}表示，两者之间的关系为

$$I_{sp}^{exp}=\eta_n\eta_cI_{sp}^{th} \tag{1-29}$$

式中：η_n 为燃烧室内的燃烧效率；η_c 为喷管效率。

1.3.2　工作参数

粉末供给系统与推力室系统是粉末火箭发动机最重要的组成部分,粉末火箭发动机工作参数主要包括推进剂供给参数与推力室工作参数。

1. 推进剂供给参数

粉末推进剂供给参数主要包括推进剂质量流率、活塞位移速率、发动机工作氧燃比、气固比等。

1) 推进剂质量流率与活塞位移速率

粉末火箭发动机的推进剂质量流率一般以储箱中的活塞移动速率间接表达。假设活塞推动推进剂时,推进剂装填密度保持恒定,并且储箱出口处的推进剂能够及时稳定地输送至发动机中,那么推进剂的质量流率 $\dot{m}_p$ 可表示为

$$\dot{m}_p = \rho_i v_{pis} A_c \alpha_i \tag{1-30}$$

式中:ρ_i 为某种推进剂 i 的密度;v_{pis} 为活塞速率;A_c 为推进剂储箱横截面积;α_i 为某种推进剂装填率。

粉末供给系统通过位移传感器实时测量活塞位移,活塞移动速率可由活塞位移对时间微分获得,即

$$v_{pis} = \mathrm{d}s/\mathrm{d}t \tag{1-31}$$

2) 发动机工作氧燃比

目前,粉末火箭发动机一般采用金属粉末颗粒作为燃料组元,氧化性液体(如液体 CO_2)或颗粒作为氧化剂组元。一般把发动机燃烧体系中氧化剂组元质量流率与燃料组元质量流率的比值定义为发动机工作氧燃比,即

$$O/F = \dot{m}_{oxidizer}/\dot{m}_{fuel} \tag{1-32}$$

粉末推进剂供给氧燃比是粉末输送的重要参数,与粉末火箭发动机工作比冲、燃烧室温度(见图 1-15)、燃烧产物气相组分、凝相产物密度(见图 1-16)等

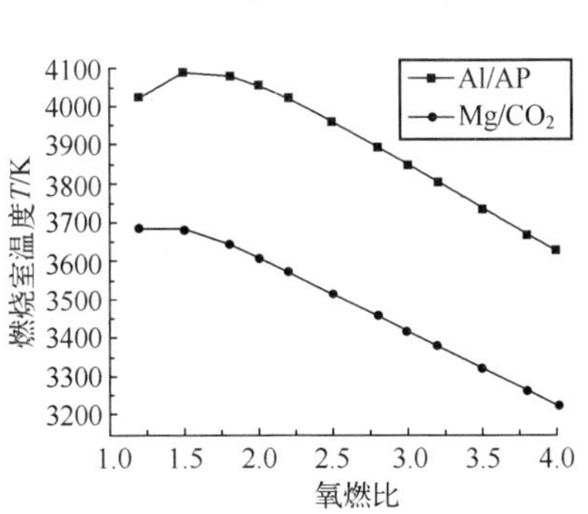

图 1-15　燃烧室温度随氧燃比变化

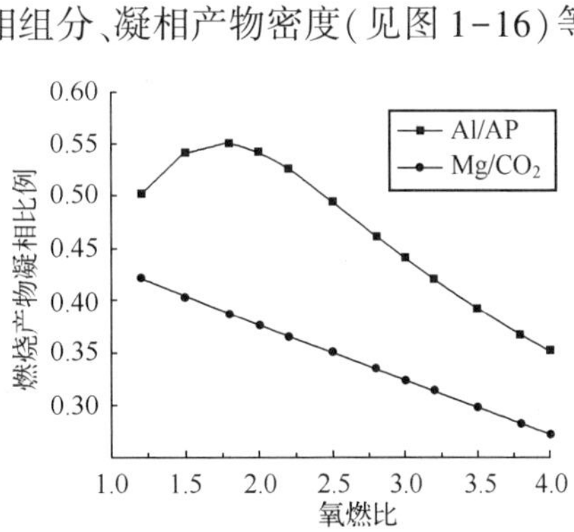

图 1-16　燃烧产物凝相比例随氧燃比变化

下游燃烧参数关系密切。对于 Al/AP 粉末火箭发动机来说,一般通过协调控制 Al 储箱和 AP 储箱中活塞移动速度来控制工作氧燃比,对于 Mg/CO_2 粉末火箭发动机来说,主要通过协调 Mg 质量流率与 CO_2 流化气、液态 CO_2 多次进液质量流率实现发动机工作氧燃比的调节。由于发动机比冲与推进剂氧燃比密切相关,所以粉末发动机在变推力时,也可采用改变工作氧燃比的方式实现推力调节。

3) 气固比

粉末推进剂流化过程中流化气质量流率与被流化的粉末推进剂的质量流率之比定义为气固比。气固比为无量纲参数,其计算表达式为

$$n = \dot{m}_g / \dot{m}_{powder} \tag{1-33}$$

式中:n 为气固比;$\dot{m}_g$ 为流化气质量流率;$\dot{m}_{powder}$ 为被流化的粉末推进剂质量流率。

气固比是颗粒流化与输送的重要参数,在固定管道中,气流输运颗粒的能力一般与气流速度的平方成正比,并且粉末气固两相流会随着管道内速度的变化呈现出不同的流动状态(见图 1-17)。颗粒流化气固比较大的情况下,虽然有利于粉末推进剂的稳定输送与喷注,但由于粉末推进剂体系中流化气并非主要的释热工质,使发动机点火过程与稳焰过程难度增加,且不利于发动机比冲性能的提升;颗粒流化气固比较小的情况下,粉末管道内会出现粉末颗粒沉积,颗粒输送流率也会出现脉动,上游供粉系统易受下游燃烧干扰,不利于粉末推进剂的稳定输送与喷注。

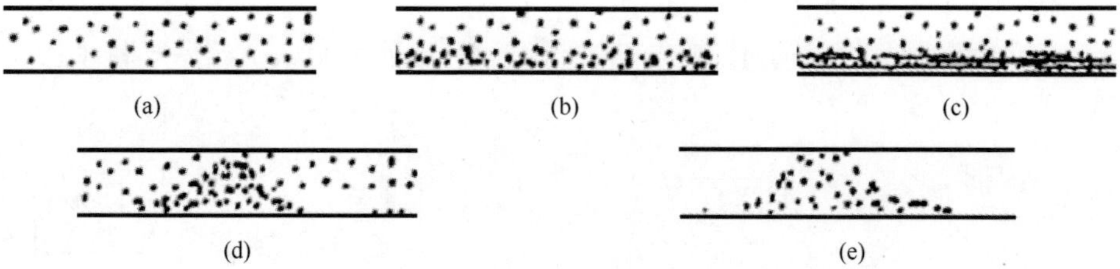

图 1-17　不同速度下粉末气固两相流在管道中的输送状态

气固两相流是一种复杂的运动,它的速度分布、物料的运动状态、动力特性等都随粉末的大小、形状及其在气流中体积分数不断变化,是一个动态的过程,因此可以称为非恒定流动。粉末在管道中的流动状态实际上很复杂,主要随气流速度及气流中所含的粉末含量和粉末本身属性的不同而显著变化。通常,当管道内气流速度很高而粉末又很少时,颗粒在管道中接近于均匀分布,颗粒输送状态为完全悬浮状,见图 1-17(a)。随着气流速度逐渐减小或粉末量增加,

作用于颗粒的气流推力也就减小,使颗粒速度也相应减慢。由于颗粒间可能发生碰撞,部分较大颗粒趋向下沉接近管底,这时管底物料分布变密,但物料仍然正常地被输送,见图 1-17(b)。当气流速度再减小时,颗粒成层状沉积在管底,气流及部分颗粒从它的上层空间通过,而在沉积层的表面,有的颗粒在气流的作用下也会向前滑移,见图 1-17(c)。当气流速度开始低于悬浮速度或者物料量更多时,大部分较大颗粒会失去悬浮能力,不仅出现颗粒停滞在管底,在局部地段甚至因物料堆积形成"砂丘"。气流通过"砂丘"上部的狭窄通道时速度加快,可以在一瞬间将"砂丘"吹走。颗粒的这种时而停滞时而吹走的现象是交替进行的,见图 1-17(d)。如果局部存在的"砂丘"突然大到充填整个管道截面,就会导致物料在管道中不再前进,如图 1-17(e)所示。如果能够使物料在管道中形成料栓型流态,也可以利用料栓前后的压力差推动它前进。

以上所说的物料气力输送流动状态中,前三种属于悬浮流,颗粒是依靠高速流动的气流动压被输送的,这种流动状态也称为动压输送。后两种属于集团流,其中最后一种称为栓流,颗粒依靠气流的静压输送。第四种则动、静压的作用均存在。

粉末火箭发动机供粉系统管道中的粉末颗粒流动属于前三种类型流动,即悬浮流。因此,粉末输送气固比的确定必须以粉体力学中的气固两相流体理论为依据。

2. 推力室工作参数

推力室的工作参数主要包括工作时间相关参数、工作压力相关参数、压力膨胀比等。

1) 时间参数

粉末火箭发动机从启动至工作结束需经历一系列过程,包括发动机点火、粉末推进剂进入推力室、推力室压力产生、压力建立、稳定工作、发动机关机、推力室压力下降到环境压力等。如图 1-18 所示,t_1 为发动机开始启动工作时间,

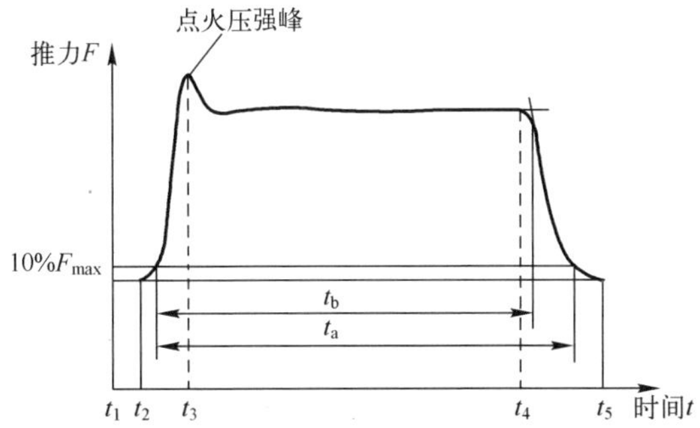

图 1-18　粉末火箭发动机工作过程压力时间曲线

t_2为粉末推进剂到达燃烧室并点火成功时间,t_3为出现发动机点火压强峰时间,t_4为发动机关机时间,t_5为发动机工作终止时间。除发动机的工作时间 t_a 外,粉末火箭发动机推力室内推进剂的燃烧时间 t_b 也是经常用来描述发动机工作的时间参数,一般以粉末推进剂进入燃烧室着火燃烧为起点,以粉末推进剂停止输送且燃烧完全为终点,与粉末推进剂输送时间、粉末推进剂点火延迟以及在推力室内完全燃烧所需时间等因素相关。除此以外,与推力室相关的时间参数还有:发动机点火延迟 t_{delay}、发动机建压时间 t_{built}、发动机稳定工作时间 t_{steady} 以及发动机拖尾时间 t_{drag} 等。

(1) 发动机点火延迟 t_{delay}:从粉末供给系统启动到粉末推进剂在燃烧室中被点燃所需要的时间为发动机点火延迟 t_{delay},该参数主要与粉末推进剂输送性能、粉末推进剂的着火及火焰传播性能、发动机点火时序等因素相关,其表达式为

$$t_{delay}=t_2-t_1 \tag{1-34}$$

(2) 发动机建压时间 t_{built}:粉末火箭发动机推力室压力出现至推力室压力达到第一个压力峰时所需要的时间,该参数主要与发动机点火流量、燃烧室体积、喷管大小以及推进剂自身点火性能相关,其表达式为

$$t_{built}=t_3-t_2 \tag{1-35}$$

(3) 发动机稳定工作时间 t_{steady}:推力室压力达到发动机预定工作压力,并稳定在预定工作压力 10%误差以内,至发动机熄火所用时间,其表达式为

$$t_{steady}=t_4-t_3 \tag{1-36}$$

(4) 发动机拖尾时间 t_{drag}:推力室终止工作至推力室压力下降到推力室工作环境压力所需时间,其表达式为

$$t_{drag}=t_5-t_4 \tag{1-37}$$

2) 压力参数

考虑到粉末火箭发动机推力室压力 P_c 有可能是随工作时间变化的(发动机启动过程、关机过程),一般采用发动机工作平均压力$\overline{P}_c$ 代表发动机工作压力。由于粉末推进剂是由流化气从推力室上游粉末供给系统输运而来,粉末发动机推力室工作压力在设计时需要综合考虑上游气源压力、粉末储箱驱动腔压力、粉末流化腔压力以及粉末输送管最小截面积等参数(见图 1-19)。在壅塞式粉末供给条件下推力室与上游压力差较大,在非壅塞式粉末供给条件下推力室与上游压力差较小。另外,用来描述粉末火箭发动机压力的参数还包括点火压力峰、稳定工作压力、稳定性压力、压力振幅、膨胀压强比等参数。

(1) 发动机工作平均压力。粉末火箭发动机工作平均压力$\overline{P}_c$ 是指推力室出现正推力时间内推力室工作的平均压力。发动机工作平均压力水平越高,推

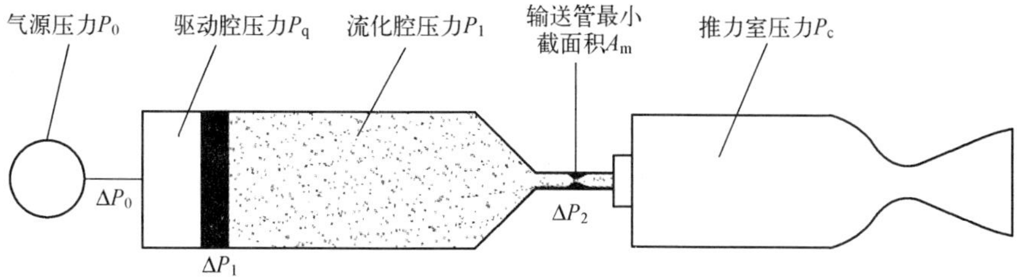

图 1-19　粉末火箭发动机推力室压力与上游压力之间的关系

力室内燃气热能转化为动能的能力越强。粉末火箭发动机工作过程中，推力室压力升高有助于缓解发动机工作产生的低频振荡现象。发动机工作平均压力 $\overline{P}_c$ 的表达式为

$$\overline{P}_c = \frac{\int_{t_2}^{t_5} P_c \mathrm{d}t}{t_5 - t_2} \tag{1-38}$$

粉末火箭发动机工作平均压力与粉末推进剂、流化气流率以及喷管面积、推进剂燃烧效率等参数相关，可以通过下式预测得到：

$$\overline{P}_c = \frac{(\overline{\dot{m}}_{\text{powder}} + \overline{\dot{m}}_{\text{gas}})c^*}{A_t}\eta_c \tag{1-39}$$

式中：$\overline{\dot{m}}_{\text{powder}}$ 为粉末推进剂的平均流量；$\overline{\dot{m}}_{\text{gas}}$ 为流化气的平均流量；c^* 为推进剂理论特征速度；η_c 为粉末推进剂的燃烧效率；A_t 为喷管喉部面积。

（2）点火压力峰。在粉末火箭发动机点火启动阶段，发动机推力室内会进入并滞留一定量的粉末推进剂，该部分推进剂突然着火会导致燃烧室有限空间内压力的陡增，形成粉末发动机点火压力峰，如图 1-20 所示。此外，点火压力峰的大小还与发动机的点火方式相关，例如，当粉末火箭发动机采用燃气发生器点火时，燃气发生器与粉末推进剂的同步燃烧会显著增加粉末火箭发动机点火压力峰。发动机点火的理想状态是推力室压力迅速平稳地过渡到稳定工作压力，实现发动机安全稳定的工作。推力室点火压力峰过高一方面可能会导致推力室燃气向粉末储箱的回流，引起发动机回火，不利于发动机的安全启动；另一方面还会引起粉末输运与燃烧的耦合振荡，不利于发动机的稳定工作。在发动机控制方面，点火压力峰不利于发动机的快速响应和精确控制。

（3）稳定工作压力。粉末火箭发动机启动以后，推力室压力会迅速建立并达到预定压力值，发动机工作内弹道基本保持恒定，此时发动机压力为稳定工作压力。

（4）压力振幅。粉末火箭发动机进入稳定工作状态时，其内弹道曲线通常存在压力波动，如图 1-20 所示，该波动可视为一系列简单周期性波动的合成，

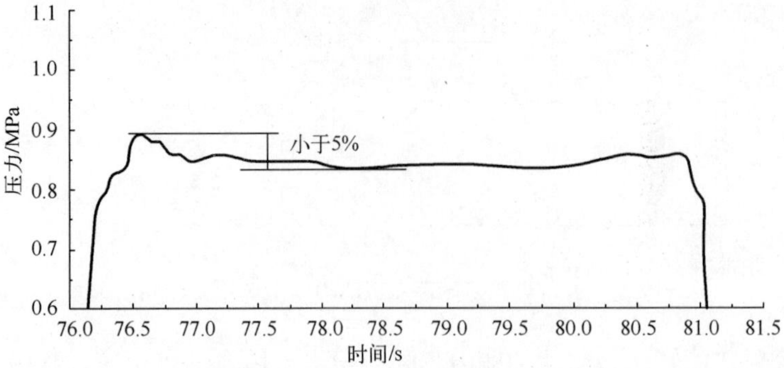

图 1-20　推力室压力振幅示意图

将此波动振动的幅度定义为发动机工作压力的振幅,发动机压力振幅能够反映推力室燃烧的精细程度与发动机稳定工作的能力。当发动机推力室振荡的幅度不超过平均压力的±5%时,这种燃烧状态不会对发动机正常工作产生显著影响,称为稳定燃烧。当发动机工作压力振幅超过5%时,推力室对上游供粉过程影响加剧,粉末火箭发动机推力室系统与供粉系统有可能会产生耦合振荡,发动机推力性能受到严重影响,称为不稳定燃烧。推力室工作压力振幅主要与发动机结构设计、供粉稳定性以及粉末燃料燃烧性能相关。前期研究发现,通过提高燃烧室压力、采用可燃性流化气、增加粉末流化腔与推力室压差可以有效抑制粉末火箭发动机低频振荡燃烧现象。

(5) 膨胀压强比。当粉末推进剂燃烧产物热力特性一定时,推力室产生推力的能力不仅与发动机工作的平均压力相关,还与发动机工作所处的外界环境相关,由式(1-7)可知,可以通过发动机工作时的膨胀压强比 P_e/P_c 来表征环境压力对工作性能的影响,压强比 P_e/P_c 的大小反映了燃气在喷管中的膨胀程度,压强比越小,喷管膨胀的越充分,发动机内更多的燃气内能转化为燃气的动能,可以达到更高的喷气速度。当喷管入口压力 P_c 一定时,降低膨胀压强比的唯一方法就是加大喷管出口截面(见图 1-21),这是一种可以显著增加喷气速度的措施,但要受到结构上的限制,并且喷管出口截面的增加势必会使发动机整体结构质量增大,影响发动机性能的提高。

不同喷管膨胀比条件下燃气热能利用程度是不同的,引入极限喷气速度用以表征推力室热能转换效率的极限:假定喷管出口压强小到零($P_e=0$),此时燃气总焓 H_0 都转换为喷气动能,喷气速度达到极限值,称为极限速度 u_1,即

$$u_1=\sqrt{2H_0}=\sqrt{\frac{2k}{k-1}RT_c} \tag{1-40}$$

喷管的极限喷气速度为某种推进剂喷气速度的极限值,实际喷气速度不可

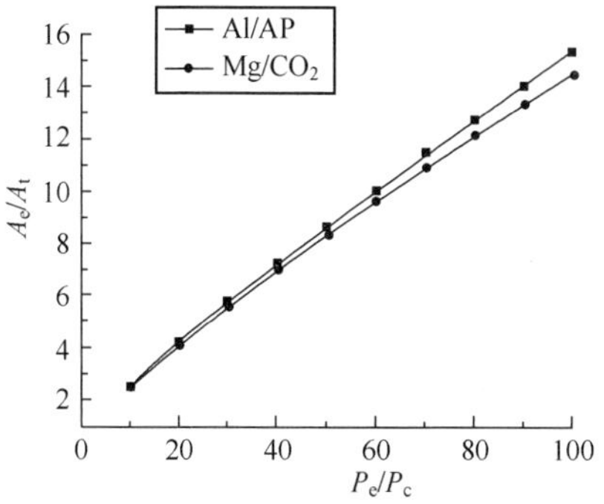

图1-21　面积比$\frac{A_e}{A_t}$与压强比$\frac{P_e}{P_c}$之间的关系

能达到，将实际喷气速度u_e与极限喷气速度的比值称为喷管的热效率η_u：

$$\eta_u=\frac{u_e}{u_1}=\sqrt{1-\left(\frac{P_e}{P_c}\right)^{\frac{k-1}{k}}}$$

由此可见，在燃气参数一定的情况下，喷管压力膨胀比决定了喷管的热效率，反映了喷管能量转换过程中热能利用的程度，如图1-22所示。

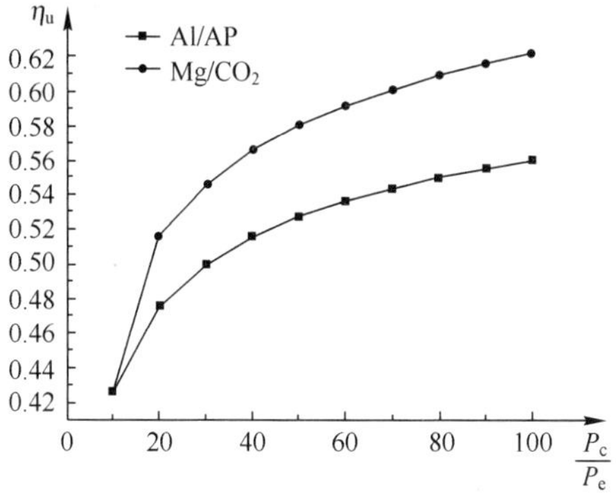

图1-22　喷管热效率η_u与压力比$\frac{P_c}{P_e}$之间的关系

3）燃气参数

推力室内的燃气参数主要包括燃气温度、凝相质量分数、燃气分子量、比热比等。

（1）燃气温度。火箭发动机喷气速度与推力室燃气温度T_c的平方根成正比。燃气温度越高，可以用来转化为燃气动能的热能就越多，喷气速度也越大。采用高能推进剂是火箭发动机提高喷气速度的重要途径之一。粉末火箭发动机的粉末燃料一般采用燃烧热值较高的单质燃料（如Mg、Al、B等），理论上发动机推力室内的温度最高可达4200K以上。但是随着燃气温度的增加，也会给发动机带来另外的困难,如喷管材料烧蚀和燃烧产物发生离解等。

(2) 凝相质量分数。粉末火箭发动机大多采用金属颗粒或者有机颗粒、硼(B)颗粒等作为粉末燃料,所以发动机工作过程中会产生大量的凝相颗粒。凝相颗粒会对推力室的流动过程产生不利影响,包括喷管内的气固两相流动损失、燃烧成气量、推力室沉积、结构烫伤等,因此在方案设计时(氧燃比、推进剂选择及改性等)需考虑发动机沉积问题,减少反应生成的凝相产物。在发动机结构设计时,需合理选择粉末喷注器、推力室以及喷管构型,防止颗粒局部沉积,有利于凝相的排出。

(3) 燃气分子量。推力室燃烧产物中主要的做功工质为燃气,发动机比冲与燃烧产物平均摩尔质量的平方根成反比,因此推进剂选择时希望其燃烧产生的燃气平均摩尔质量 M 越小越好。其物理意义为:燃气摩尔质量越小,单位质量推进剂产生的燃气体积越大,相应的推力室压力也越高,使得燃气的喷气速度也提高。对于粉末火箭发动机,由于粉末燃料一般为金属粉末,其氧化物一般为沸点很高的金属氧化物(见表 1-4)。推力室燃烧产物中存在大量的凝相产物(见图 1-23),为方便计算,一般引入燃烧产物等效燃气分子量 $\overline{M}$ 代替燃气分子量进行计算,即

$$\overline{M}=M/(1-\eta_s) \tag{1-41}$$

式中:η_s 为燃烧产物中凝相产物含量。

表 1-4 不同粉末燃料氧化产物凝相特性

燃料种类	主要氧化物		氧化物熔点/K	氧化物沸点/K
Al	Al_2O_3	AlO、Al_2O、AlO_2、Al_2O_2	2327	3253
Mg	MgO		3125	3873
B	B_2O_3	BO、B_2O、BO_2、B_2O_2	723	2133

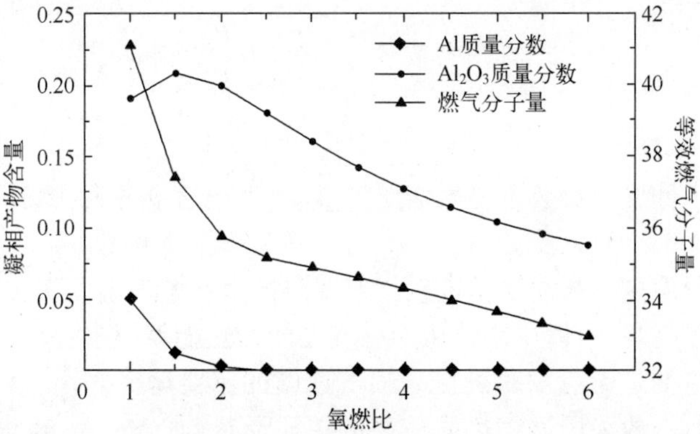

图 1-23 Al/AP 粉末燃烧凝相产物及等效燃气分子量随氧燃比变化

表 1-5 为燃气比热比、燃气温度随氧燃比变化。

表 1-5　燃气比热比、燃气温度随氧燃比变化

推进剂组合类型	氧燃比	燃气比热比 k	燃气温度/K
Al/AP 粉末推进组合	1.5	1.0884	4088.98
	2	1.0911	4055.63
	2.5	1.0961	3961.57
	3	1.1009	3849.21
	3.5	1.1048	3734.64
	4	1.108	3626.37
Mg/CO_2 粉末推进组合	1.5	1.0964	3100
	2	0.9735	3100
	2.5	1.0958	3100
	3	1.1083	2839.76
	3.5	1.117	2595.95
	4	1.123	2390.39
Mg/AP 粉末推进组合	1.5	1.0872	3682.01
	2	1.0892	3612.19
	2.5	1.0913	3518.35
	3	1.0937	3419.98
	3.5	1.0969	3322.93
	4	1.1016	3229.36
注:计算条件为平衡流			

(4) 比热比。比热比 k 是描述气体热力学性质的重要参数,定义为定压比热 c_p 与定容比热 c_v 之比。由式(1-7)可以看出,含有 k 并影响发动机喷气速度的有两项,其中:$\sqrt{2k/(k-1)}$ 项随着 k 的增加而减小;$\sqrt{1-(P_e/P_c)^{(k-1)/k}}$ 项随着 k 的增加而增加。综合两项影响,喷气速度随着 k 的增加而略有减小。k 的大小主要取决于燃烧产物的组分和温度。对于目前使用的 Al/AP 组合推进剂、Mg/CO_2 组合推进剂、Mg/AP 组合推进剂其 k 值范围一般为 1.0~1.2。由于 k 值的变化范围不会很大,其对发动机性能影响是有限的。

1.3.3　功能参数

粉末火箭发动机在能量管理的控制上可实现在推力时间量值和推力大小量值两个维度的控制,前者表现为发动机多次启动关机功能,后者表现为发动

机推力调节功能,以下对粉末火箭发动机这两种功能参数进行简要介绍。

1. 多脉冲工作参数

粉末火箭发动机通过多次启动功能实现飞行器的弹道修正以及特殊弹道飞行(如跳跃式弹道),可以大大提高飞行器的飞行射程和突防能力。

粉末火箭发动机主要通过控制粉末供给系统的开启与关闭实现发动机多次启动关机功能。图 1-24 与图 1-25 分别为粉末火箭发动机 4 次启动关机实验的活塞位移曲线和内弹道性能曲线。当活塞移动时,粉末输送控制阀门配合发动机点火装置以实现发动机的启动;当活塞停止时,粉末输送控制阀门关闭,管路吹除气阀门打开,实现粉末火箭发动机关机。粉末火箭发动机多次启动关机功能(又称多脉冲功能)的主要参数有发动机多脉冲启动次数、单脉冲时间、脉冲启动时间间隔、脉冲响应时间等。

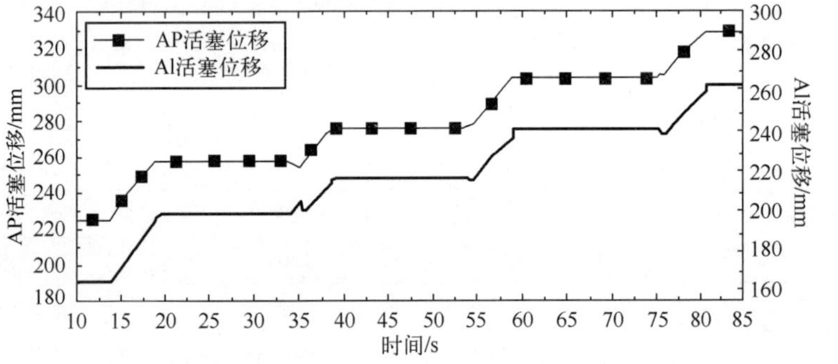

图 1-24　粉末火箭发动机 4 次启动关机活塞位移曲线

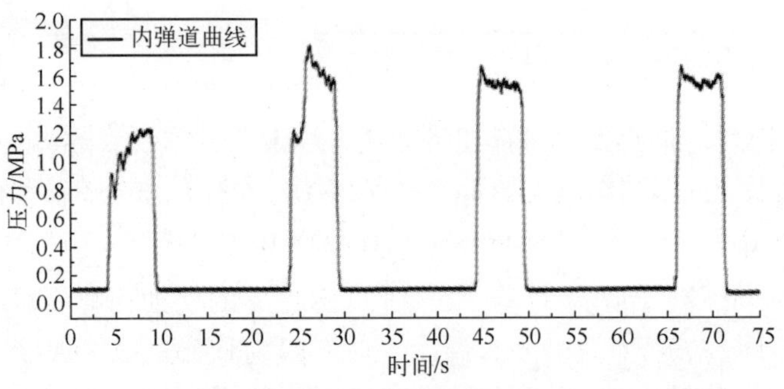

图 1-25　粉末火箭发动机 4 次启动关机内弹道性能曲线

脉冲启动最大次数是表征粉末火箭发动机启动、关机能力的重要参数。理论上粉末火箭发动机可以通过控制粉末供给系统的开启与关闭实现任意次数的启动与关机,但在实际条件下,发动机的启动次数往往受到点火器与发动机系统的限制。例如,采用小固发点火方式的粉末火箭发动机最大点火次数即为小固发个数;采用电点火方式的发动机系统最大点火次数主要受到点火电能和点火头损耗的影响。

发动机工作脉冲次数主要与飞行任务相关,飞行器在飞行过程中一般需要两次启动关机(见图 1-26)。第一次脉冲工作发生在飞行的主动段,将飞行器以一定速度送入预定高度弹道,第二次脉冲工作发生在飞行再入段,将飞行器以一定的角度和速度送入预定位置。

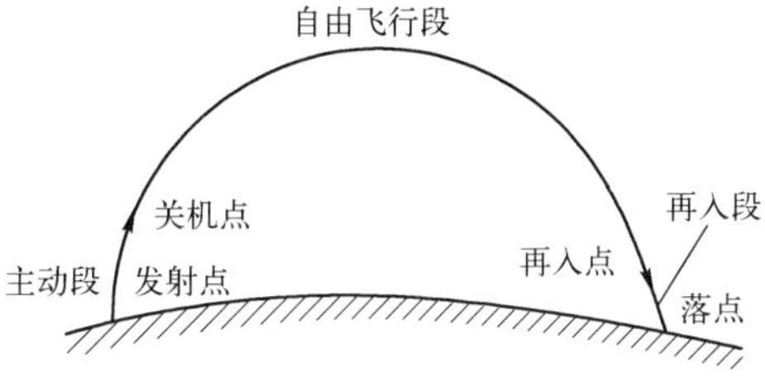

图 1-26　飞行器飞行弹道

单脉冲工作时间指的是粉末火箭发动机完成单次启动关机经历的时间。脉冲启动间隔时间指的是相邻两个脉冲工作所间隔的时间。脉冲工作时间的长短与间隔一般与发动机执行的飞行任务相关。理论上火箭发动机更多的最大脉冲启动次数与可调的脉冲工作时间可以带给飞行器更多飞行方式的选择。图 1-27 为双脉冲与三脉冲飞行性能比较,由图 1-27 可以看出飞行器在工作时采用多脉冲发动机具有以下优势:

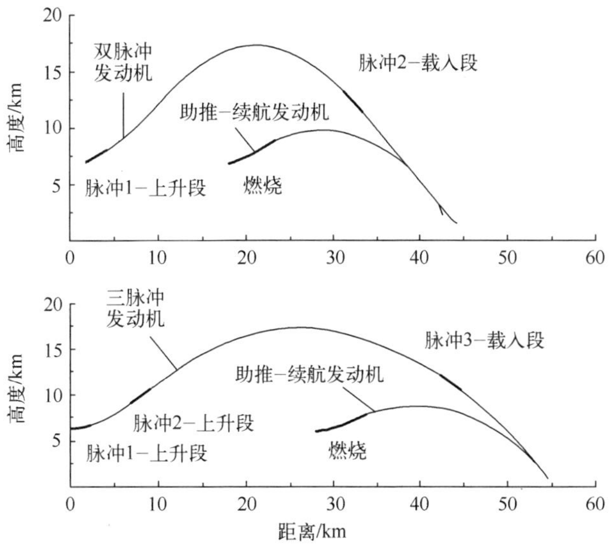

图 1-27　双脉冲与三脉冲飞行性能比较

(1) 在发射和中断动力飞行时,暴露给敌方红外和射频搜索跟踪系统的时间较短;

(2) 多脉冲启动飞行方案有多种选择,可远距离攻击多种目标;

(3) 可以降低飞行器峰值飞行速度,增加飞行器射程;

(4) 具有较高的末段速度和末段推力矢量控制,这样便可用较小的弹翼和尾舵来实现机动飞行;

(5) 采用推力矢量控制可达到更高的截击高度,飞行器也更加灵活;

(6) 对于从近到远的各种射程,可灵活分配发动机的能量输出,通过增加脉冲次数降低单次脉冲时间、调整脉冲间隔时间,便于突防和隐藏战术意图。

2. 推力调节参数

变推力发动机可以更加灵活地控制飞行器推进剂的输出,在航天运输系统及空间自动飞行等情况下都具有技术上的优越性,具体表现在:

(1) 采用变推力发动机的航天输运系统可以实现最佳推力控制,降低飞行成本;

(2) 载人航天的主动飞行段使用变推力发动机可以严格控制飞行员的过载,保证飞行员的安全;

(3) 对于飞行器的交汇对接、机动变轨,变推力发动机可以提高控制的灵活性;

(4) 可用于月球等无大气天体表面的软着陆机动飞行动力装置中;

(5) 采用变推力发动机,可以合理规划飞行过程中的推力输出,增加射程和突防能力。

目前,各类发动机变推力方式主要有以下几种:

(1) 通过控制推进剂流量,控制和调节发动机推力大小;

(2) 改变燃烧室喉部面积的方法调节推力大小;

(3) 发动机系统采用多个独立工作燃烧室,通过开启关闭不同燃烧室组合实现发动机推力调节;

(4) 采用高速率脉冲宽度调节(开关循环),平均得到所需的稳态推力水平;

(5) 采用两种以上上述方法实现推力调节。

对于粉末火箭发动机,其主要通过控制粉末推进剂质量流率实现发动机推力的控制,理论上可以实现较大幅度的推力调节控制。由于推力调节过程中发动机采用的是同一套粉末供给系统和燃烧系统,所以粉末火箭发动机最大推力和最小推力以及推力转调的快慢将受到限制。

粉末火箭发动机推力调节比和转调时间是用来表述其推力调节性能的重要参数。

(1) 推力调节比。粉末火箭发动机最大推力调节比 n 是指发动机所能达到的最大稳定工作推力与最小稳定推力之比,表达式为

$$n = F_{max} / F_{min} \tag{1-42}$$

由于粉末火箭发动机主要采用改变推进剂流量的方法实现发动机推力调节,喷管大小和扩张型面不变,发动机推力调节比大小仅与推力室压力和喷管的工作状态有关,所以推力调节比又可以表示为

$$n = \frac{C_{F1} P_{c1}}{C_{F2} P_{c2}} = \frac{C_{F1} \dot{m}_1 c_1^*}{C_{F2} \dot{m}_2 c_2^*} \tag{1-43}$$

(2) 推力转调时间。如图 1-28(a)所示为理想状态下推力转调内弹道曲线,燃烧室压力在推力转调时立即达到预定压力,转调过程没有延迟,然而实际过程中发动机流量的转调需要一系列操作控制,发动机活塞供给速率和内弹道需要一定的时间方能过渡到预定值,如图 1-28(b)所示。推力转调时间是描述发动机推力转调响应的重要参数。定义发动机发出转调指令 t_1 至推力室压力达到预定压力值 t_2 所需时间为转调时间 t_{turn}。

$$t_{turn} = t_2 - t_1 \tag{1-44}$$

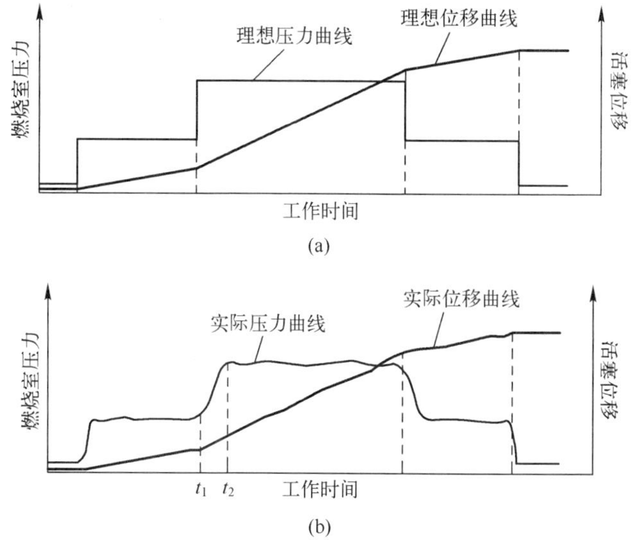

图 1-28　粉末火箭发动机推力调节内弹道及活塞供给位移曲线

(a) 理想推力转调曲线;(b) 实际推力转调曲线。

1.4 系统参数设计及性能预估

粉末火箭发动机样机设计参数的初步确定主要基于设计任务的性能要求以及已开展研究工作积累的实验数据和理论基础。发动机的性能要求一般有比冲、总冲、质量限制、工作时间、推力要求等,对于需要推力调节和多次启动的相关任务来说,还应包括推力调节比、脉冲启动次数等要求。设计过程中包括的设计任务为推进剂的选择、供粉系统设计、燃烧室设计、喷管设计、点火装置设计、发动机结构设计以及控制系统设计等。针对设计任务要求,确定方案总体参数,并结合实验数据库的经验对发动机性能进行预计和评估,判断是否能达到设计要求。如果是,则输出结果;如果否,则继续进行修正和优化,如图 1-29 所示。

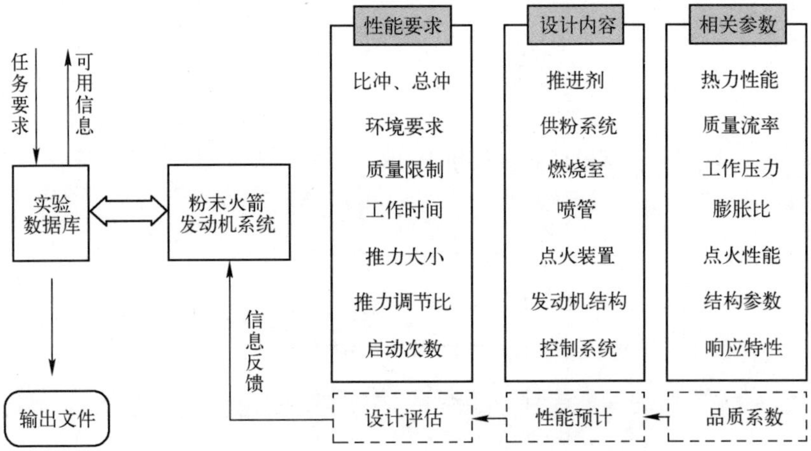

图 1-29　粉末火箭发动机初步设计方法流程示意图

粉末火箭发动机的设计任务一般应包括以下几点:

(1) 粉末发动机总体方案设计。包括发动机形式、粉末推进剂、流化气和结构材料的选择,发动机系统及各分系统主要设计参量及工作参数的确定,如发动机长度、直径、推进剂流率、工作压力、膨胀比等。

(2) 粉末发动机性能预估。对发动机主要性能参数进行估计,如比冲、燃烧效率、推力调节比、热力参量等。

(3) 推力室设计。确定推力室燃烧组织方案,对推力室分部件结构进行设计,其中包括粉末喷注器、燃烧室和喷管。

(4) 粉末供给系统设计。确定粉末供给方式和输送方式,对粉末储箱及供给元件进行设计。

(5) 点火装置、阀体、管路以及附属装置的设计。

粉末火箭发动机作为一种新型的火箭发动机,目前还尚未形成一套成熟的设计方法与评价体系。本部分内容仅对粉末火箭发动机初步设计方法以及粉末火箭发动机工作参数及性能预估方法进行阐述。

粉末火箭发动机总体方案设计是粉末火箭发动机设计任务的一部分,而发动机工作参数及相关参量计算则是总体设计中重要的一环。

如图 1-30 所示,粉末火箭发动机的工作参数设计与计算主要源于发动机的任务需求,根据不同的任务需求完成推进剂的选择、粉末供给系统工作参数以及推力室工作参数的确定,确定发动机系统推力调节参数,完成发动机性能预估并判断是否达到任务要求。

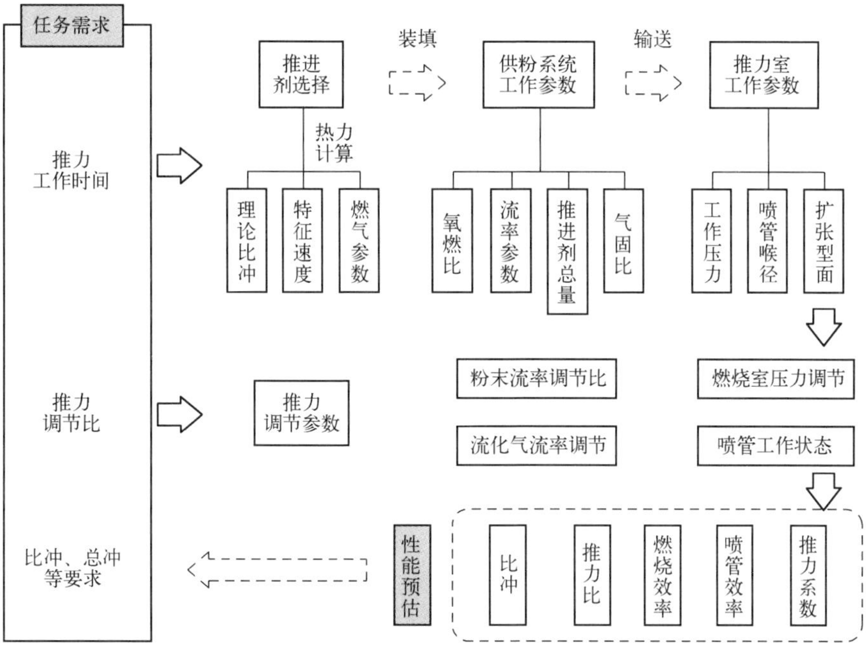

图 1-30　工作参数计算及性能预估流程

1.4.1　发动机设计任务要求

在发动机设计的初始阶段,飞行器总体一般会对发动机系统提出以下要求:

(1) 发动机用途;

(2) 发动机推力,包括发动机设计点平均工作推力及推力波动范围;

(3) 发动机总冲及比冲；

(4) 发动机温度适用范围、储存期限；

(5) 发动机工作时间以及推力方案，如推力调节方案、推力控制方案、多次启动方案等；

(6) 发动机质量限制，即对发动机总质量和结构质量限制；

(7) 发动机尺寸限制，即对发动机直径、长度的限制；

(8) 其他要求如性能偏差、点火响应、运输条件、安全性能等。

1.4.2 推进剂及流化气的选择

在进行推进剂的选择时，一般是根据发动机任务需求对发动机比冲、体积比冲、储存、运输各方面性能的要求，对推进剂组合的优缺点进行全面深入的分析，从而选取合适种类的粉末推进剂和流化气体。因此，粉末推进剂及流化气体的选择往往需要综合考虑各方面因素。下面列出粉末推进剂选择需要考虑的内容：

(1) 推进剂组合燃烧产生的理论比冲高，燃烧或分解产生的燃气分子量尽可能小；

(2) 点火性能好，燃烧稳定；

(3) 粉末装填密度高、流化性能好、热稳定性和耐冲击稳定性高，便于长期储存和运输；

(4) 推进剂及燃烧产物没有毒性，无腐蚀，与发动机材料相容性好；

(5) 价格低廉，来源丰富。

在对粉末流化气的种类进行选择时，还需要考虑的主要内容包括：

(1) 流化气体分子量较小，有利于提高发动机比冲；

(2) 粉末流化气不与或者很难与被流化的粉末推进剂发生反应，确保流化过程的安全性；

(3) 流化气可以与燃烧体系当中其他组分发生反应，降低发动机点火难度，提高推进剂燃烧热值。

针对已选粉末推进剂及流化气体，进行不同条件下（氧燃比，气固比）推进剂热力性能计算，获取推进剂热力性能（特征速度、燃烧室温度、比热比、理论比冲、燃气平均分子量等），确定发动机工作氧燃比、粉末粒径（包括粒径级配）、粉末装填密度等参数。

1.4.3 粉末供给系统参数

在粉末推进剂参数和热力性能已知的情况下，根据任务需求中关于发动机尺寸、总冲、推力等要求，进行粉末供给参数设计和计算工作。粉末供给参数的设计主要包含推进剂参数、粉末储箱参数等。

1）推进剂参数

推进剂的质量流率公式为

$$\dot{m}=\frac{F}{I_{\mathrm{sp}}} \tag{1-45}$$

式中：F 为发动机设计推力；I_{sp} 为推进剂理论比冲；$\dot{m}$ 为推进剂质量流率。

假设推进剂的氧燃比为 r，那么燃料和氧化剂的质量流率分别为

$$\begin{cases}\dot{m}_{\mathrm{f}}=\dfrac{1}{1+r}\dot{m}\\ \dot{m}_{\mathrm{o}}=\dfrac{r}{1+r}\dot{m}\end{cases} \tag{1-46}$$

式中：$\dot{m}_{\mathrm{f}}$ 为燃料的质量流率；$\dot{m}_{\mathrm{o}}$ 为氧化剂的质量流率。

流化气量与粉末推进剂质量流率存在如下所示的关系式

$$\dot{m}_{\mathrm{gas}}=\alpha\dot{m} \tag{1-47}$$

式中：$\dot{m}_{\mathrm{gas}}$ 为流化气质量流率；α 为流化气量与粉末推进剂质量流率之比。

2）粉末储箱参数

粉末储箱的容积计算表达式为

$$V=\frac{m_{\mathrm{f}}}{\eta_{\mathrm{f}}\rho_{\mathrm{f}}}+\frac{m_{\mathrm{o}}}{\eta_{\mathrm{o}}\rho_{\mathrm{o}}} \tag{1-48}$$

式中：m_{f} 和 m_{o} 分别为粉末燃料和氧化剂的质量；ρ_{f} 和 ρ_{o} 分别为粉末燃料和氧化剂的密度；η_{f} 和 η_{o} 分别表示粉末燃料和氧化剂的装填率。

1.4.4　推力室参数

根据粉末供给参数、推进剂燃烧性能以及发动机工作外环境的要求，进行发动机推力室工作参数及主要构型参数的设计，主要内容如下：

（1）推力室工作压力。根据任务需求，结合气源压力、供粉系统工作压力参数等限制条件，计算获得发动机推力室工作压力的上限，确定发动机工作主推力，推力调节状态下燃烧室工作压力及工作压力比 ε_{p}。

（2）推进工质滞留参数。完成推进剂筛选以后，根据推进剂颗粒物性参数，颗粒点火燃烧特性对点火延迟 τ_{i}，颗粒燃烧时间 τ_{c} 等关键参数进行估计，确定推进工质在燃烧室内最小停留时间 τ_{r}。

（3）燃烧室参数。根据任务需求和推进剂在燃烧室内的停留时间，估计发动机特征长度 L^*，确定燃烧室容积 V_{c}；根据发动机工作压力条件，选择合适的

燃烧室流率密度 q_s 参数,通过计算获得发动机直径 d_c、长度 L_c 等参数。

(4) 喷管参数。根据推力室工作压力和粉末供给流率参数确定喷管喉部面积 A_t,根据发动机工作环境压力确定喷管扩张面积比 ε_n、喷管出口截面等。

1.4.5 性能预估

在发动机主要工作参数设计完成后,需要对发动机主要性能参数进行预估及测试,以确定设计发动机能否满足任务需求,是否需要对发动机参数进行修改和优化。发动机性能预估和测量的主要参数包括:

(1) 燃烧性能。燃烧效率在发动机设计阶段主要通过设计经验和数据库估计获得,而在优化设计阶段,则根据发动机实验参数换算获得。若采用发动机特征速度效率来衡量燃烧性能,则需要通过发动机实验获得的燃烧室压力数据等参数进行计算,表达式为

$$\eta_c = \frac{c_{exp}^*}{c_{th}^*} = \frac{P_c^{exp} A_t}{\dot{m}_p c_{th}^*} \tag{1-49}$$

式中:P_c^{exp} 为发动机实验获得的燃烧室压力;c_{th}^* 为热力计算获得的理论特征速度;c_{exp}^* 为发动机实验测得的特征速度。

(2) 喷管性能。喷管效率 η_n 一般采用推力系数效率因子进行表示,主要用来表征喷管将发动机内能转换为动能的能力。

对于粉末火箭发动机来说,喷管的性能损失主要包括非轴向损失和两相流损失。喷管的非轴向损失冲量系数 η_a 为

$$\eta_a = \frac{1+\cos\alpha}{2} \tag{1-50}$$

式中:α 为喷管扩张半角。

两相流冲量系数 η_p 取值一般为 0.985~0.90,因此喷管效率的预估表达式为

$$\eta_n = \eta_a \eta_p \tag{1-51}$$

通过实验获得喷管效率 η_n^{exp} 的表达式为

$$\eta_n^{exp} = \frac{C_F^{exp}}{C_F^{th}} \tag{1-52}$$

式中:C_F^{exp} 表示实验推力系数;C_F^{th} 表示理论推力系数。

其中 C_F^{exp} 的计算表达式为

$$C_F^{exp} = P_c^{exp} A_t / \dot{m}_{exp} \tag{1-53}$$

式中:P_c^{exp} 表示实验燃烧室压强;$\dot{m}_{exp}$ 表示实验推进剂质量流率。

(3) 比冲性能。根据发动机工作压力、推力系数、燃烧效率和喷管效率,对

发动机的比冲及比冲效率进行估计和测量。

比冲效率 η_{I} 估计表达式　　$\eta_{\mathrm{I}}=\eta_{\mathrm{n}}\eta_{\mathrm{c}}$　　(1-54)

比冲估计表达式　　$I=\eta_{\mathrm{I}}I_{\mathrm{th}}$　　(1-55)

实验比冲表达式　　$I_{\mathrm{exp}}=F_{\mathrm{exp}}/\dot{m}_{\mathrm{exp}}$　　(1-56)

实验比冲效率表达式　　$\eta_{\mathrm{I}}=I_{\mathrm{exp}}/I_{\mathrm{th}}$　　(1-57)

(4) 推力性能。发动机实际推力可由实验直接测量获得,也可由实验测量的推进剂流量、燃烧室工作压力以及喷管参数换算获得,换算方法如下:

$$F_{\mathrm{exp}}=C_{\mathrm{F}}A_{\mathrm{t}}P_{\mathrm{c}} \tag{1-58}$$

推力估计方法可由热力计算参数和推力室参数估计获得:

$$F=\eta_{\mathrm{n}}\eta_{\mathrm{c}}C_{\mathrm{F}}\dot{m}c_{\mathrm{th}}^{*} \tag{1-59}$$

完成发动机性能估计与计算后,应将其与任务需求中指标参数进行比对,如未到达任务要求,需进一步对发动机设计参数进行修改与优化。

第 2 章　粉末推进剂

2.1 概　　述

2.1.1　粉末推进剂的分类及组元

根据应用背景的不同，粉末推进剂的分类如表 2-1 所列。

表 2-1　粉末推进剂分类

应用背景	燃料	氧　化　剂	流化气
深空探测	Mg，Al	CO_2	CO_2
姿轨控发动机	Mg，Al，B	高氯酸钾(KP)，硝酸铵(AN)，高氯酸铵(AP)，黑索金(RDX)，奥克托金(HMX)，CL-20	N_2，He，空气，CO_2，O_2，CH_4

在深空探测研究方面，由于 CO_2的助燃能力较差，使用 Al 颗粒作为燃料时，其燃烧效率较低，因此国内外学者普遍认为 Mg 颗粒作为燃料较为合适。而在姿轨控发动机研究方面，可选推进剂组分较多，需要进行详细的论证和筛选，通常情况下推进剂应能达到下列要求：

(1) 能量特性。推进剂是发动机的能量源和工质源，研究人员在进行推进剂选择时，需要考虑能量特性。影响燃料能量大小的因素是爆温、爆热，其中爆热的大小表征推进剂在燃烧过程中放出化学潜能的多少，爆热越大，放出的能量也就越大。在对氧化剂进行筛选的过程中一是要选用生成焓大、氧系数高的组分，二是尽量选用燃烧产物平均分子量小的组分，以增大粉末推进剂燃烧产物成气量。

(2) 燃烧性能。燃烧性能是指推进剂完成燃烧过程所需的特征时间长度及燃烧产物的完全反应程度。燃烧的特征时间长度由点火延迟和燃烧时间两部分组成。点火延迟是指推进剂喷入燃烧室以后，被高温环境加热至成功点火的时间；燃烧时间是指推进剂成功点火至燃烧完毕的时间，需要注意的是推进剂燃烧完毕时刻推进剂的燃烧完全程度，即燃烧效率，根据不同的设计参数是不同的。推进剂的初温、氧燃比、点火温度、热容、潜热、几何参数、加热方式、压强等参数都会影响点火延迟和燃烧时间。燃烧过程的稳定性和发动机总体设计参数也会相互耦合,所以需要对不同的粉末推进剂组分进行挑选和匹配,并且对推进剂进行改性和预处理也能够提高其燃烧性能。

（3）力学性能。粉末推进剂在生产、储存及使用过程中会承受各种载荷。在装填过程中,为了得到理想的装填率,会施加一定的预紧力;粉末颗粒在流化过程中,不仅相互之间会发生碰撞,而且也会与输送管路内壁面发生碰撞。因此,颗粒相的黏性、刚性、硬度等参数会影响颗粒相的弥散均匀程度和进入燃烧室时的球形度,并且要具有较高的抗过载能力,保证粉末火箭发动机在进行高加速度运行时也能正常工作。

（4）储存、使用方便性。粉末推进剂组元的选取还要满足长期储存的要求,要求选取的粉末推进剂组元性能稳定,具有良好的物理化学安定性。要保证粉末推进剂在-50～50℃的温度变化范围内可正常使用,必要时需添加少量的安定剂、防老化剂等添加剂。

（5）安全性。粉末推进剂中的组元有很多都具有易燃易爆性质的物质,所以在使用的过程中要保证其有足够的安全性,这里主要表现为各组元的物理和化学安定性。粉末推进剂的安全性要求还表现在其受到外界环境加热、撞击、摩擦或者静电火花等作用时,发生燃烧甚至是爆炸的难易程度,这种难易程度也称之为敏感度。为了保证安全性,粉末推进剂应当能够经受一定的外力冲击和高温加热。粉末推进剂流化时可能会产生静电,从安全性角度考虑,最好选用惰性气体作为流化气。最后,尽量选取对环境和人身健康影响较小的推进剂组分。

（6）经济性。推进剂的制作和使用成本也是选取动力系统时所需要考虑的重要因素。为了降低粉末推进剂的成本,应该选用来源丰富、价格低廉、工艺性能好的含能材料作为推进剂组分。

粉末推进剂由粉末氧化剂、粉末燃料、流化气体三部分组成,下面对粉末推进剂各种组元进行介绍。

1. 粉末氧化剂

粉末氧化剂为金属粉末的燃烧提供所需的氧,同时由于粉末推进剂中粉末氧化剂的用量较大,其分解产生的气体除了为金属粉末的燃烧提供所需的氧以外还是粉末火箭发动机重要的工质来源,所以粉末氧化剂的性能对粉末发动机的性能有着根本影响。对粉末氧化剂有如下要求:

（1）含氧量高,有利于提高金属粉末燃料的燃烧完全度;

（2）生成焓高,使粉末氧化剂本身具有较高的热量;

（3）密度大,提高发动机的体积能量密度;

(4) 气体生成量大,即气相燃烧产物平均分子量要低,有利于提高喷管做功的能力,增加粉末推进剂比冲(气体生成量一般用1kg氧化剂分解产生的气体在标准状态下所占的体积来表示);

(5) 物理化学安定性好,具有较好的使用安全性;

(6) 经济性好,制作和使用维护成本低。

表2-2列出了一些备选粉末氧化剂的主要性质。由表2-2中可以看出:高氯酸钾(KP)有着较高的有效氧含量,密度大,但是由于其燃烧生成的KCl是固体颗粒,气体生成量少,同时它的标准生成焓也较低;硝酸铵(AN)不但有着相对较高的气体生成量,而且其价格相对低廉,其燃烧产物也更加环保,但由于它的生成焓低,有效氧含量低,同时由于其晶体结构在常温下多变,故物理化学安定性差,吸湿性也较大,这些因素都制约了实际应用;高氯酸铵(AP)是目前应用最为广泛的氧化剂,它具有气体生成量较大、生成焓大、吸湿性较小、成本低等优点,但其燃烧产物中的HCl与H_2O形成酸雾有较大的腐蚀性;高氯酸锂有很高的有效氧含量,密度也较大,但是其燃烧稳定性差、化学安定性低、吸湿性较大,其在推进剂中的应用还不成熟。

表2-2 备选粉末氧化剂的主要性质

氧化剂	分子式	密度 /(kg/m^3)	有效含氧量 /%	气体生成量 /(L/kg)	标准生成焓 /(kJ/kg)
高氯酸钾(KP)	$KClO_4$	2520	46.2	323	-3130.66
硝酸铵(AN)	NH_4NO_3	1730	20.0	980	-4568.85
高氯酸铵(AP)	NH_4ClO_4	1950	34.0	790	-2473.40
高氯酸锂	$LiClO_4$	2430	60.2	437	-3856.26
黑索金(RDX)	$C_3H_6N_6O_6$	1818	-21.6	907	318.0
奥克托金(HMX)	$C_4H_8N_8O_8$	1870	-21.6	908	252.8
CL-20	$C_6H_6N_{12}O_{12}$		-21.9	921	948.6

黑索金(RDX)、奥克托金(HMX)和CL-20作为氧化剂,它们的性能有许多相同之处,三者均为高能的硝胺类炸药,虽然气体生成量大、无烟、不吸湿、生成焓高。但氧平衡为负值,化学安定性较差。综上所述,高氯酸铵(AP)各项指标都比较均衡,在粉末推进剂动力系统发展研制的初期是最佳的氧化剂选择。

2. 粉末燃料

采用金属粉末作为燃料的目的是最大化提高推进剂的能量性能;同时,燃烧产生的金属氧化物微粒,还起着抑制振荡燃烧的作用。对金属粉末燃料的要求是:

(1) 燃烧热高,提高发动机能量;

(2) 密度大,提高发动机的体积能量密度;

(3) 耗氧量低,提高燃烧产物中气相组分比例;

(4) 燃烧性能好,易于点火、燃速快、燃烧完全度高。

可用的粉末燃料有碳、锂、铍、硼、镁、铝等,其主要性质如表 2-3 所列。

表 2-3　一些粉末燃料的性质

名称	符号	分子量 /(g/mol)	密度 /(g/cm^3)	燃烧热 /(kJ/kg)	耗氧量 /(g/g)	燃烧产物
碳	C	12.01	2.25	33076	2.66	CO_2
锂	Li	6.94	0.53	42988	1.16	Li_2O
铍	Be	9.01	1.85	64058	1.77	BeO
硼	B	10.81	2.34	58280	2.22	B_2O_3
镁	Mg	24.31	1.74	25205	0.66	MgO
铝	Al	26.98	2.70	30480	0.88	Al_2O_3

由表 2-3 可以看出:锂粉的燃烧热和耗氧量都有着较大的优势,但是其稳定性较差,同时由于锂的密度很小,将严重影响粉末推进剂的装填密度;铍有着很高的燃烧热,耗氧量也较小,但是铍粉及其燃烧产生的氧化铍都有毒,并且铍的来源也受到限制;硼粉的燃烧热也很高,并且有着较大的密度,来源也较为丰富,但是由于它在燃烧过程中生成沸点很高的 B_2O_3 液膜,使得内部的硼不能充分燃烧,而且作为单独的燃料在粉末发动机中应用存在点火能量高及燃烧效率低等燃烧性能问题;Al 粉的耗氧量低,密度高,作为金属粉末燃料用能使粉末推进剂获得较高的比冲和密度比冲,并且原材料丰富、成本低廉;镁粉的耗氧量最小,燃烧性能较好,但是其密度也相对较小。综上所述,在粉末推进剂动力系统的初期研制过程中,Al 粉和 Mg 粉是较为理想的粉末燃料。

3. 流化气

在粉末火箭发动机工作过程中,流化气的作用是将粉末推进剂流态化,然后输送进燃烧室中燃烧,流化气作为粉末推进剂的组成部分对推进剂的燃烧过程会造成影响,故进行粉末推进剂分析时不能将流化气体剔除,流化气的选取及其与推进剂流量的比例匹配是一个关键问题。不同流化气对于粉末推进剂性能的影响较大,可供选择的流化气体性质如表 2-4 所列。同时流化气量的大小对粉末火箭发动机的性能也有着较大影响。流化气气量太小则流化能力差,会造成粉末颗粒在供给输送过程中出现脉动,导致供粉过程中阻力变大,严重时甚至造成堵塞,流化气体量太大会导致燃烧室温度降低,燃烧性能下降,甚至影响到粉末推进剂的点火燃烧稳定性。如何既能够使粉末推进剂平稳输送至燃烧室,又可以让推进剂性能损失减小是流化气流量选取的重要指标。

表 2-4 几种流化气体的性质

气体	分子量/(g/mol)	密度/(g/L)	液态密度/(g/L)	比热容/(kJ/kg·K^{-1})
N_2	28.013	1.25	808	1.038
He	4.003	0.1786	125.2	4.56
空气	28.963	1.293	900	1.005
CO_2	44.010	1.9635	1100	0.844
O_2	31.999	1.428	1140	0.9182
CH_4	16.043	0.7158	420	2.224
注:表中液态气体的密度是在标准大气压强下,温度略低于气体沸点的条件下得到的				

2.1.2 粉末推进剂的选择

1. 深空探测发动机用的粉末推进剂

选取 Mg、Al、Ca、Be、B、Li 等多种金属作为燃料分别与氧化剂 CO_2反应,从各物质的性质、反应条件、氧燃比等方面考虑出发,计算并分析发动机的比冲、燃烧性能等的变化规律,从而找出最适合于以 CO_2为氧化剂的粉末火箭发动机燃料。在计算时综合考虑发动机的工作条件和火星环境,统一选取发动机燃烧室压强 1MPa,喷管出口压强 700Pa,不同类型燃料的计算分析结果如图 2-1 所示。

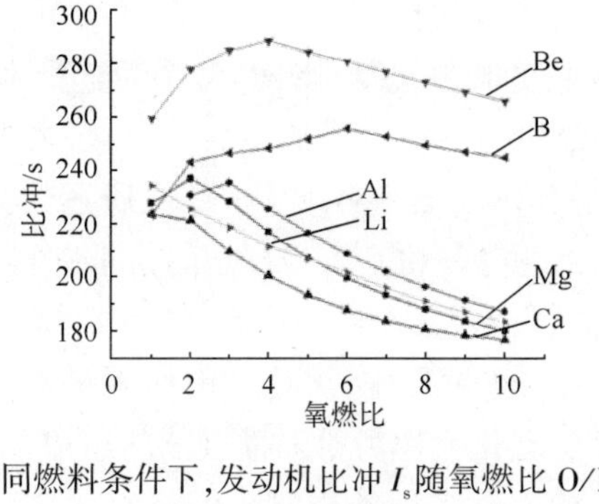

图 2-1 不同燃料条件下,发动机比冲 I_s随氧燃比 O/F 变化曲线

从图 2-1 中可以看出,以 Be 作为燃料时发动机有着相对较高的比冲,但是相关实验表明,Be 的点火温度一般不低于 2600K,这就对发动机的点火和稳定燃烧提出了更高的要求。而且含铍化合物具有非常强的毒性,这也是采用 Be 作为燃料时必须面对的重要问题。

同时通过以上计算可以看出,Al 和 B 与 Mg 相比,在一定氧燃比范围内也表现出了良好的比冲性能。但 Yuasa 和 Isoda 通过实验发现,硼在 CO_2 中的点火温度要求很高,而铝更是要求在与加热钨丝直接接触的条件下才能实现在 CO_2 中的成功点火;并且两种物质在 CO_2 中的燃烧速率也相对较低,这对于以纯金属粉末直接作为燃料的粉末火箭发动机来说,对发动机工作时的持续燃烧方面提出了较高要求。

金属 Li 相对于 Al 具有较低的点火温度,但其燃烧速率较 Mg 要低;虽然 Li 在 CO_2 中点火非常容易,但经过很短的一段蒸气相燃烧过程之后,燃烧即变为由异质燃烧主导,情况更为复杂。而金属钙作为燃料在 CO_2 中的燃烧性能表现与 Mg 相比更差。

所以,在对比了多种金属与 CO_2 的性能计算之后,可以发现以金属 Mg 作为粉末火箭发动机的燃料,不但可以实现较高的发动机比冲,还具有点火容易、燃烧性能好等优点。因此 Mg 粉/CO_2 粉末火箭发动机是最为高效可行的方案(表 2-5)。

表 2-5　最终确定的粉末推进剂配方

Mg/%	CO_2/%	理论比冲/s
34	66	238.2

2. 姿轨控发动机用的粉末推进剂

由于姿轨控发动机所使用的粉末推进剂和流化气体的多样性,使其推进剂组分及比例的确定较为复杂,下面通过理论热力计算手段对粉末推进剂组分的能量特性进行对比,为推进剂组分及配比的筛选提供依据。

1) 粉末氧化剂筛选

在 2.1.1 节中介绍的几种粉末氧化剂中,KP、AN、AP 及 $LiClO_4$ 是固体推进剂中比较常用的氧化剂。在发动机理论工作条件下进行热力计算,并且统一选用 Al 粉作为金属粉末燃料,流化气 N_2 用量占粉末推进剂流量的 5%。基本假设不变,热力计算选取燃烧室压强为 $P_c = 7\text{MPa}$,选取设计状态下喷管的膨胀比为 $\varepsilon_p = P_e/P_c = 1/70$。计算结果如表 2-6~表 2-9 所列。

表 2-6　KP 为粉末氧化剂的热力计算结果

氧燃比 O/F	特征速度 C^*/(m/s)	推力系数 C_F	理论比冲 I_{sp}/s	真空比冲 I_{vac}/s	燃烧温度 T_f/K
1	1054.1	1.6724	179.7	197.1	4117.72
2	1112.7	1.6896	191.6	211.1	4780.99
3	1111.2	1.6805	190.3	209.2	4455.56
4	1081.0	1.6701	184.0	201.9	3940.73
5	1041.3	1.6581	176.0	192.7	3469.60

表 2-7 AN 为粉末氧化剂的热力计算结果

氧燃比 O/F	特征速度 C^*/(m/s)	推力系数 C_F	理论比冲 I_{sp}/s	真空比冲 I_{vac}/s	燃烧温度 T_f/K
1	1341.2	1.6614	227.1	249.1	3454.32
2	1507.5	1.6668	256.1	280.8	3886.69
3	1509.1	1.6594	255.3	279.3	3609.34
4	1497.7	1.6561	252.8	277.1	3382.82
5	1478.7	1.6560	249.6	273.4	3181.31

表 2-8 AP 为粉末氧化剂的热力计算结果

氧燃比 O/F	特征速度 C^*/(m/s)	推力系数 C_F	理论比冲 I_{sp}/s	真空比冲 I_{vac}/s	燃烧温度 T_f/K
1	1321.1	1.6735	225.4	247.4	4020.01
2	1442.6	1.6763	246.5	270.8	4268.73
3	1453.6	1.6672	247.0	270.9	4019.26
4	1439.2	1.6601	243.5	266.6	3741.09
5	1418.1	1.6516	238.8	261.0	3495.44

表 2-9 $LiClO_4$为粉末氧化剂的热力计算结果

氧燃比 O/F	特征速度 C^*/(m/s)	推力系数 C_F	理论比冲 I_{sp}/s	真空比冲 I_{vac}/s	燃烧温度 T_f/K
1	1164.7	1.6856	200.1	220.3	4656.49
2	1222.2	1.6856	210.0	231.1	4679.49
3	1210.1	1.6722	206.3	226.4	4106.67
4	1166.5	1.6589	197.3	215.8	3558.93
5	1108.9	1.6662	188.3	206.4	3052.92

图 2-2 所示为选用不同粉末氧化剂的粉末推进剂理论比冲随氧燃比的变化关系,可以明显看出:选用 AN 和 AP 作为粉末氧化剂的理论比冲要比选用 KP 和 $LiClO_4$作为粉末氧化剂的高得多;几种粉末氧化剂都在氧燃比 O/F 约为 2 时获得了最大的理论比冲,并且氧燃比太高或太低都不利于比冲提高。其中选用 AN 作为粉末氧化剂时的理论比冲最高。但是由于 AN 具有较强的吸湿性,严重影响了其燃烧性能和储存稳定性,使其不能适应粉末推进剂可装填储存备用的特性,故不适合作为粉末推进剂的粉末氧化剂使用。而 AP 吸湿性相对要小得多,能够适应这一要求,所以本节选取 AP 作为粉末推进剂的粉末氧化剂。

为了获得 Al/AP 粉末推进剂的最佳氧燃比,需要在相同热力计算条件下对其作进一步的细化分析。由图 2-3 可以看出在氧燃比 O/F 为 2~3 范围内进行进一步细化处理,得到细化后的最佳氧燃比 O/F 为 2.5。Al/AP 粉末推进剂的最大理论比冲为 247.7s。

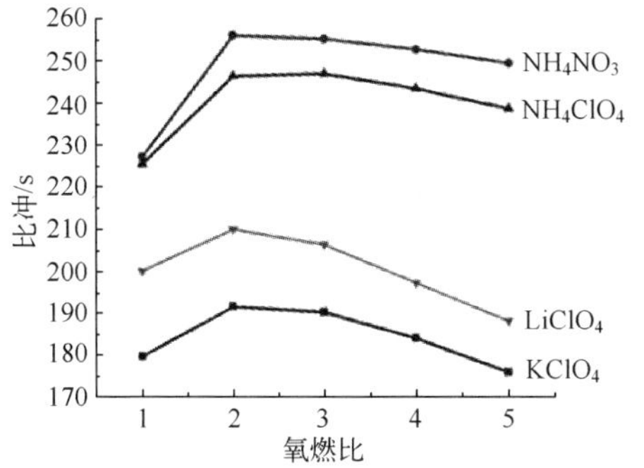

图 2-2　选用不同粉末氧化剂的粉末推进剂理论比冲随氧燃比的变化

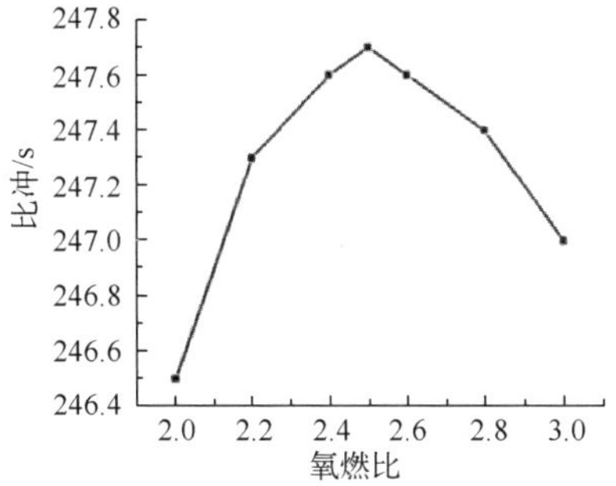

图 2-3　Al/AP 粉末推进剂比冲 I_{sp} 随氧燃比 O/F 的变化情况

当最佳氧燃比 O/F=2.5 时,Al/AP 粉末推进剂完全燃烧获得的燃烧产物组分含量分布见表 2-10。

表 2-10　O/F=2.5 时燃烧产物组分含量分布表

燃烧产物	含量(1)	燃烧产物	含量(1)
Al_2O_3(L)	0.15450	O_2	0.01673
OH	0.07511	O	0.02850
N_2	0.15536	NO	0.01638
H_2O	0.15730	H_2	0.10027
HCl	0.12255	H	0.07271
Cl	0.05703	AlOH	0.01424
AlCl	0.01046	AlO	0.00452

注:表中的含量是指该组分占燃烧产物物质的量的比例,所有组分加和为 1。表中列出的是含量大于 0.001 的所有组分

考虑到高能氧化剂黑索金(RDX)、奥克托金(HMX)和CL-20作为氧化剂，它们的性能有许多相同之处，三者均为高能的硝胺类炸药，气体生成量大、无烟、不吸湿。虽然氧平衡为负值，但生成焓高。且具有良好的安定性和储存性能，可以作为较为理想的粉末氧化剂进行探索研究。如图2-4为选用不同高能氧化剂时理论比冲随氧燃比的变化。

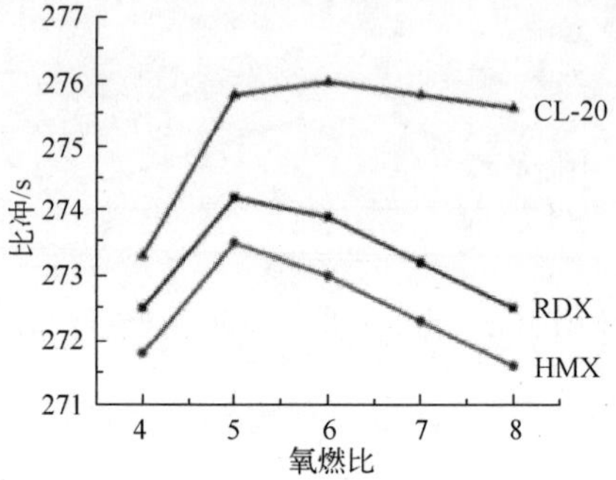

图2-4　选用不同高能氧化剂时理论比冲随氧燃比的变化

对Al/高能氧化剂(RDX/HMX/CL-20)粉末推进剂进行热力计算，计算条件与上文相同，结果见表2-11～表2-13。

表2-11　Al/RDX粉末推进剂热力计算数据表

氧燃比 O/F	特征速度 C^*/(m/s)	推力系数 C_F	理论比冲 I_{sp}/s	真空比冲 I_{vac}/s	燃烧温度 T_f/K
4	1630.8	1.6390	272.5	296.7	3720.55
5	1650.9	1.6294	274.2	299.1	3733.27
6	1653.3	1.6249	273.9	298.3	3692.94
7	1652.5	1.6218	273.2	297.1	3647.60
8	1651.0	1.6190	272.5	295.9	3607.09

表2-12　Al/HMX粉末推进剂热力计算数据表

氧燃比 O/F	特征速度 C^*/(m/s)	推力系数 C_F	理论比冲 I_{sp}/s	真空比冲 I_{vac}/s	燃烧温度 T_f/K
4	1627.0	1.6385	271.8	296.0	3709.20
5	1646.8	1.6291	273.5	298.4	3721.17
6	1648.7	1.6247	273.0	297.4	3679.16
7	1647.6	1.6215	272.3	296.1	3632.61
8	1645.8	1.6187	271.6	294.9	3591.23

表 2-13 Al/CL-20 粉末推进剂热力计算数据表

氧燃比 O/F	特征速度	推力系数 C_F	理论比冲 I_{sp}/s	真空比冲 I_{vac}/s	燃烧温度 T_f/K
4	1623.4	1.6517	273.3	298.5	4113.69
5	1643.6	1.6461	275.8	300.7	4117.26
6	1649.8	1.6411	276.0	300.7	4081.43
7	1651.2	1.6388	275.8	300.3	4037.29
8	1651.1	1.6375	275.6	300.0	3995.20

在进行文献分析时发现,如果采用高能氧化剂作为单组元推进剂也能提供发动机工作的能源和工质源,下面对由上述 3 种高能氧化剂组成的单组元粉末推进剂进行计算的结果如表 2-14 所列。

表 2-14 单组元粉末推进剂热力计算数据表

单组元	特征速度 C^*/(m/s)	推力系数 C_F	理论比冲 I_{sp}/s	真空比冲 I_{vac}/s	燃烧温度 T_f/K	燃气生成量 V_g/(L/kg)
CL-20	1618.9	1.6257	268.3	290.7	3532.8	813.3
HMX	1562.2	1.6106	256.7	277.1	3363.4	796.8
RDX	1564.6	1.6117	257.1	277.8	3370.8	797.3

由上述计算结果可知,采用 RDX/HMX/CL-20 作为粉末氧化剂可以大幅度提高能量特性。工作时采用高能氧化剂作为单组元的粉末推进剂也能获得可观的能量特性,且成气量更大,不存在凝相损失,然而由于 RDX/HMX/CL-20 物理化学安定性不如 AP,并不适用于初期粉末发动机可行性研究中,在随后开展的性能提升研究工作中,单组元 RDX/HMX/CL-20 粉末火箭发动机将成为极具前景的研究方向。

2) 粉末燃料筛选

对碳、锂、镁、铝等粉末燃料与 AP 所组成的粉末推进剂体系进行理论热力性能计算,计算条件与上文相同,相关计算结果见表 2-15~表 2-20。

表 2-15 Al/AP 粉末推进剂热力计算结果

氧燃比 O/F	特征速度	推力系数 C_F	理论比冲 I_{sp}/s	真空比冲 I_{vac}/s	燃烧温度 T_f/K
1	1321.1	1.6735	225.4	247.4	4020.01
2	1442.6	1.6763	246.5	270.8	4268.73
3	1453.6	1.6672	247.0	270.9	4019.26
4	1439.2	1.6601	243.5	266.6	3741.09
5	1418.1	1.6516	238.8	261.0	3495.44

（续）

氧燃比 O/F	特征速度	推力系数 C_F	理论比冲 I_{sp}/s	真空比冲 I_{vac}/s	燃烧温度 T_f/K
6	1395.4	1.6502	234.7	257.0	3288.68
7	1372.8	1.6475	230.5	251.6	3115.29
8	1351.2	1.6433	226.3	246.3	2968.70
9	1330.9	1.6387	222.3	241.4	2843.51

表 2-16 Mg/AP 粉末推进剂热力计算结果

氧燃比 O/F	特征速度	推力系数 C_F	理论比冲 I_{sp}/s	真空比冲 I_{vac}/s	燃烧温度 T_f/K
1	1301.3	1.6970	225.1	249.6	3865.30
2	1344.9	1.6941	232.2	256.9	3807.28
3	1358.0	1.7021	235.6	259.5	3536.75
4	1350.9	1.7009	234.2	256.6	3283.30
5	1379.3	1.6369	230.1	251.1	3100.00
6	1348.9	1.6358	224.9	244.7	3013.66
7	1326.1	1.6266	219.9	238.7	2859.81
8	1304.5	1.6191	215.3	233.4	2728.04
9	1284.7	1.6128	211.2	228.6	2615.46

表 2-17 B/AP 粉末推进剂热力计算结果

氧燃比 O/F	特征速度	推力系数 C_F	理论比冲 I_{sp}/s	真空比冲 I_{vac}/s	燃烧温度 T_f/K
1	1282.1	1.6996	222.1	244.9	3082.15
2	1502.3	1.6659	255.1	280.4	3424.05
3	1609.7	1.6360	268.5	292.4	3622.45
4	1639.5	1.6443	274.8	299.8	3801.81
5	1637.0	1.6488	275.1	300.4	3836.82
6	1620.0	1.6505	272.6	297.8	3798.19
7	1597.1	1.6509	268.8	293.7	3720.24
8	1571.3	1.6473	263.9	288.0	3619.23
9	1544.8	1.6417	258.5	281.7	3507.74

表 2-18 C/AP 粉末推进剂热力计算结果

氧燃比 O/F	特征速度	推力系数 C_F	理论比冲 I_{sp}/s	真空比冲 I_{vac}/s	燃烧温度 T_f/K
1	858.5	1.6578	145.1	158.9	1316.00
2	1041.2	1.6387	173.9	189.8	1441.15
3	1180.8	1.5863	190.9	207.1	1858.06

（续）

氧燃比 O/F	特征速度	推力系数 C_F	理论比冲 I_{sp}/s	真空比冲 I_{vac}/s	燃烧温度 T_f/K
4	1324. 8	1. 5734	212. 5	228. 3	2450. 86
5	1396. 9	1. 5835	225. 5	242. 8	2790. 70
6	1433. 0	1. 5960	233. 1	251. 6	2953. 54
7	1442. 2	1. 6154	237. 5	257. 0	2992. 44
8	1432. 2	1. 6282	237. 7	257. 9	2961. 53
9	1413. 2	1. 6155	232. 7	251. 9	2898. 42

表 2-19 Li/AP 粉末推进剂热力计算数据

氧燃比 O/F	特征速度	推力系数 C_F	理论比冲 I_{sp}/s	真空比冲 I_{vac}/s	燃烧温度 T_f/K
1	1269. 1	1. 6985	219. 7	242. 8	2365. 69
2	1469. 3	1. 6635	249. 1	273. 1	3055. 30
3	1491. 1	1. 6513	251. 0	274. 5	3056. 81
4	1465. 3	1. 6484	246. 2	269. 1	2919. 56
5	1428. 7	1. 6495	240. 2	262. 5	2810. 01
6	1404. 8	1. 6445	235. 5	257. 2	2730. 30
7	1385. 3	1. 6403	231. 6	252. 9	2664. 41
8	1369. 0	1. 6369	228. 4	249. 5	2609. 73
9	1355. 2	1. 6338	225. 7	246. 4	2563. 80

表 2-20 Be/AP 粉末推进剂热力计算结果

氧燃比 O/F	特征速度	推力系数 C_F	理论比冲 I_{sp}/s	真空比冲 I_{vac}/s	燃烧温度 T_f/K
1	1570. 9	1. 7104	273. 9	303. 9	3719. 67
2	1715. 4	1. 6746	292. 8	321. 6	4311. 12
3	1707. 3	1. 6801	292. 4	321. 5	4704. 89
4	1678. 2	1. 6778	287. 0	315. 4	4609. 34
5	1647. 6	1. 6744	281. 2	308. 8	4423. 83
6	1619. 5	1. 6724	276. 1	303. 1	4242. 62
7	1594. 3	1. 6709	271. 6	298. 0	4077. 11
8	1571. 6	1. 6695	267. 5	293. 6	3926. 95
9	1550. 9	1. 6722	264. 4	291. 8	3790. 89

图 2-5 为选用不同金属粉末燃料的粉末推进剂理论比冲随氧燃比的变化关系。由理论比冲随氧燃比的变化曲线可以看出，在初始阶段，随着粉末推进

剂氧燃比的增加,粉末推进剂体系的比冲也随着增大;而当比冲增大到最大值后随氧燃比增大,比冲呈下降趋势。

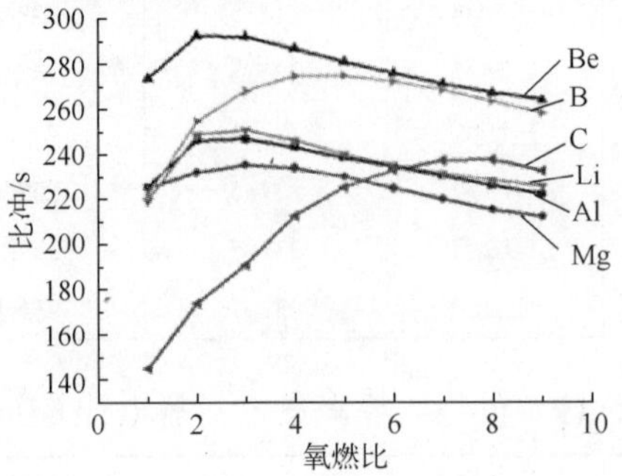

图 2-5 选用不同金属粉末燃料的粉末推进剂理论比冲随氧燃比的变化

从图 2-5 中可以看出:以 Be 作为金属粉末燃料时粉末火箭发动机的理论比冲最高;但 Be 的点火温度较高,约 2600K,对粉末火箭发动机的点火和稳定燃烧提出了更高的要求;且 Be 粉及其燃烧产物具有很高毒性,限制了应用。其次以 B 作为金属粉末燃料时粉末火箭发动机的理论比冲也相对较高,并且因为 B 的耗氧量较高而在相对高的氧燃比时理论比冲达到最大,但是 B_2O_3 液膜使其燃烧性能显著降低,需要进行改进后才能成为理想的粉末燃料。而碳作为粉末燃料的理论比冲最低。Al、Mg 和 Li 所表现出来的理论比冲随氧燃比的变化情况是相同的,而且 Al 和 Li 的理论比冲是十分相近的,都比 Mg 要高。但是锂的化学性质很活泼,在外界大气环境中不稳定,且密度小。综合上述分析,合适的金属粉末燃料为 Al 和 Mg,而从能量特性的角度来考虑,Al 粉是最佳的选择。

3) 流化气筛选

在粉末火箭发动机工作过程中,流化气不仅能够将粉末推进剂流态化后输送进燃烧室,同时流化气体作为粉末推进剂的组成部分也参与推进剂的燃烧过程。所以选取何种气体作为粉末推进剂的流化气也是一个重要的研究内容。

计算粉末火箭发动机理论比冲时,粉末推进剂的总流量$\dot{m}$取值为

$$\dot{m}=\dot{m}_f+\dot{m}_o+\dot{m}_g$$

式中:$\dot{m}_f$、$\dot{m}_o$ 和$\dot{m}_g$ 分别为粉末燃料、粉末氧化剂和流化气的质量流率。

对比 2.1.1 节中介绍的几种流化气的相关性能,其中适合作为粉末推进剂流化气的有:N_2、O_2、空气、CO_2和 He。除了流化气种类外,流化气质量分数(即流化气质量流量和粉末推进剂的总质量流量之比)对比冲性能也有一定的影响。在氧燃比 O/F=3,流化气体质量分数 2.5%~15%情况下,对 Al/AP 粉末推进剂进行了热力计算。热力计算结果见表 2-21~表 2-25。

表 2-21　N_2流化的粉末推进剂热力计算结果

流化气质量分数/%	理论比冲 I_{sp}/s	燃气分子量 M	燃气生成量 V_g/(L/kg)	燃烧温度 T_f/K
2. 5	247. 5	40. 17	557. 9	4050
5	247. 1	39. 947	561. 0	4022
7. 5	246. 6	39. 72	564. 2	3993
10	246. 1	39. 49	567. 5	3962
12. 5	245. 6	39. 257	570. 9	3931
15	245. 0	39. 021	574. 3	3898

表 2-22　He 流化的粉末推进剂热力计算结果

流化气质量分数/%	理论比冲 I_{sp}/s	燃气分子量 M	燃气生成量 V_g/(L/kg)	燃烧温度 T_f/K
2. 5	265. 8	33. 432	670. 3	3957
5	280. 7	28. 505	786. 2	3841
7. 5	292. 7	24. 828	902. 6	3726
10	303. 1	21. 973	1019. 9	3607
12. 5	311. 3	19. 69	1138. 1	3485
15	316. 9	17. 821	1257. 5	3360

表 2-23　CO_2流化的粉末推进剂热力计算结果

流化气质量分数/%	理论比冲 I_{sp}/s	燃气分子量 M	燃气生成量 V_g/(L/kg)	燃烧温度 T_f/K
2. 5	245. 7	40. 629	551. 6	4035
5	243. 6	40. 86	548. 5	3990
7. 5	241. 4	41. 082	545. 5	3942
10	239. 1	41. 297	542. 7	3892
12. 5	236. 9	41. 505	539. 9	3839
15	234. 6	41. 707	537. 3	3784

表 2-24　空气流化的粉末推进剂热力计算结果

流化气质量分数/%	理论比冲 I_{sp}/s	燃气分子量 M	燃气生成量 V_g/(L/kg)	燃烧温度 T_f/K
2. 5	247. 4	40. 221	557. 2	4051
5	246. 9	40. 047	559. 6	4027
7. 5	246. 4	39. 869	562. 1	4000
10	245. 8	39. 686	564. 7	3971
12. 5	245. 2	39. 499	567. 4	3941
15	244. 5	39. 306	570. 1	3916

表 2-25 O_2流化的粉末推进剂热力计算结果

流化气质量分数/%	理论比冲 I_{sp}/s	燃气分子量 M	燃气生成量 V_g/(L/kg)	燃烧温度 T_f/K
2.5	247.1	40.409	554.6	4061
5	246.2	40.395	554.8	4039
7.5	245.3	40.355	555.3	4012
10	244.4	40.292	556.2	3981
12.5	243.3	40.211	557.3	3946
15	242.2	40.114	558.7	3908

图 2-6 表示采用不同流化气流化的粉末推进剂的气体生成量与流化气用量之间的关系。可以看出:He 气作为流化气体时粉末推进剂的气体生成量明显要比采用其他气体作为流化气体时要大得多,这是因为 He 为小分子气体,降低了燃气的平均分子量。当选用氮气和空气作为流化气体时气体生成量也随着流化气用量的增加有所增多,但是提升的作用非常有限,这说明空气和氮气的分子量接近于粉末推进剂燃烧产物中气相产物的平均分子量,故增加氮气和空气流量对于粉末推进剂能量性能的改善非常有限。而选用氧气和 CO_2 作为流化气体时粉末推进剂的气体生成量随着流化气用量的增加有所降低,这说明粉末推进剂的气体生成量要比氧气和 CO_2的分子量要小。

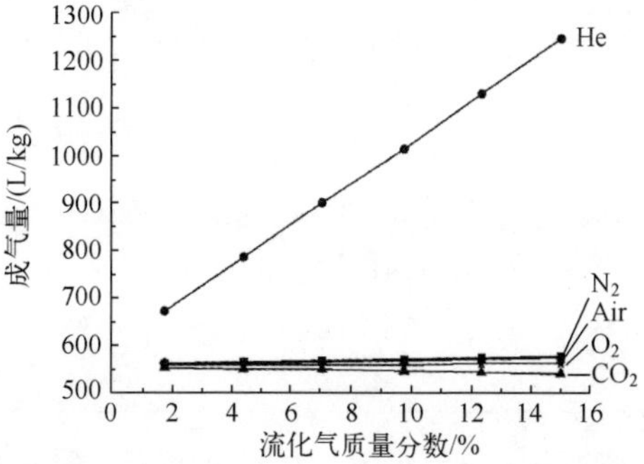

图 2-6 粉末推进剂成气量与流化气量关系

图 2-7 表示采用不同流化气流化的粉末推进剂的燃烧温度与流化气用量的关系,总的趋势是燃烧温度随着流化气比例的增大而降低,其中 He 气作为流化气时这个变化最为显著,这是因为 He 气不参与反应且其比热容是空气、氮气和氧气的 4 倍。选用空气、氮气和氧气作为流化气体时推进剂的燃烧温度随着流化气质量流量的增大而降低的幅度明显降低,而且对这三种气体来说影响效果相近。变化幅度处于这两类之间的是选用 CO_2气体作为流化气体时,从某种程度上看,增加流化气比例降低了燃烧产物平衡温度,不利于粉末推进剂燃烧

性能的提高,但是有利于热防护。

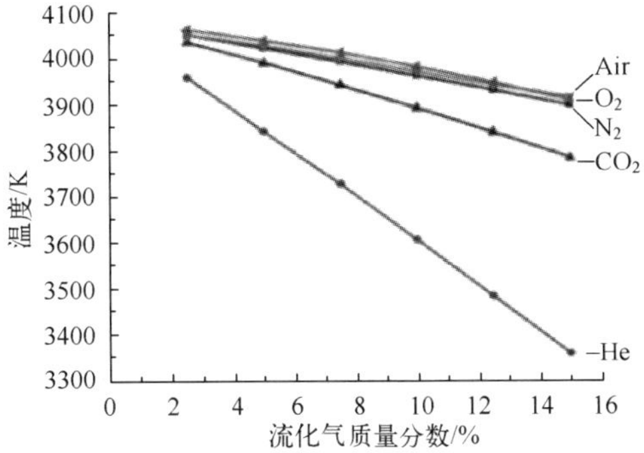

图2-7　粉末推进剂燃烧温度与流化气量关系

图2-8表示采用不同流化气流化的粉末推进剂的理论比冲与流化气用量的关系,可以明显看出对于不同的流化气来说,流化气用量对于理论比冲的影响是截然不同的。由图中曲线可以看出:He气作为流化气时发动机的理论比冲明显随着流化气量的增加而快速提高,原因在于He为分子量极小的气体;He气流量的增大对于比冲的提高显著。采用其他几种气体作为流化气体时粉末发动机的比冲都是随着流化气量的增加而缓慢降低,其中采用氮气流化气体在流化气量从2.5%增加到15%的条件下仅仅降低了不到1%,而选用CO_2作为流化气体时降幅较大,这是由于CO_2一方面降低了燃烧温度,另一方面增大了燃烧产物的平均分子量。

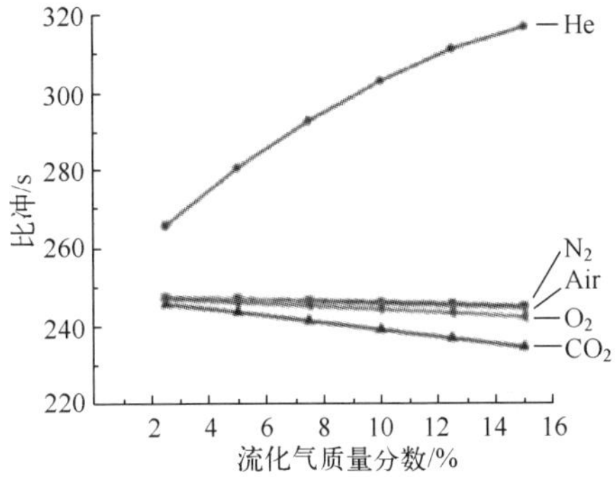

图2-8　粉末推进剂理论比冲与流化气量关系

由上述分析可知,采用不同的流化气流化粉末推进剂对其能量特性(理论比冲)的影响还是很大的,其中在流化气用量相同的情况下理论比冲有如下大小关系:$He>N_2>$空气$>O_2>CO_2$。He作为流化气体时粉末火箭发动机具有很高的比冲,虽然He并不参与反应,但是其分子量很小,有利于气体膨胀做功。但同时还应注意到He气的密度(无论是气相密度还是液相密度)极小,且使用过程中的密封性能较差,综合考虑,选用氮气作为粉末推进剂流化气最合适,并且由图2-8可以看出,在一定范围内粉末推进剂的理论比冲随着氮气用量的增加有所降低,所以作为流化气的氮气的用量要在保证粉末推进剂顺利流化供给的情况下越少越好。

4) 粉末推进剂配方

Metal/CO_2粉末推进剂的组元配方较简单,而Al/AP/N_2的配方比较复杂且由对粉末推进剂进行筛选的热力计算结果和分析可知:

(1) 对于所有的主要由金属燃料和粉末氧化剂组成的粉末推进剂都存在一个最佳的氧燃配比O/F使得粉末推进剂的性能达到最好;

(2) 经过计算分析并结合实际的生产、实用性等需要,确定选取Al作为粉末推进剂使用的金属燃料最合适;

(3) 对于粉末推进剂来说,作为输送粉体的流化气也可以被视为粉末推进剂的一部分组元,采用不同的流化气对粉末推进剂的性能也有着较大影响;

(4) 除了常规的氧化剂(如AP)以外,还有新型的高能氧化剂也可以用于粉末推进剂中,采用这些高能氧化剂能够大幅度提高粉末推进剂的能量特性等性能;

(5) 采用高能氧化剂作为单组元粉末推进剂应用,可以对粉末火箭发动机进一步精简,这也是研究粉末推进的一个新的方向。

由前面的分析及计算结果,并参考结合现有的实验条件,给出以下几组粉末推进剂组元配比供实际改善粉末推进剂能量特性选取,如表2-26所列。

表2-26 最终确定的粉末推进剂配方

	AP/%	Al/%	流化气	理论比冲/s
1	67.86	27.14	5%N_2	247.7
2	70.74	28.26	1%He	256.1
3	63.33	31.67	5%He	284.6

He作为流化气体时粉末火箭发动机具有很高的比冲,虽然He并不参与反应,但是其分子量很小,最终燃烧产物的平均分子量只有26~32g/mol,有利于气体膨胀做功。即使流化气He的用量仅占总质量的1%,所得到的粉末推进剂的比冲也比其他流化气用量为5%时高。

2.2　粉末推进剂点火特性

金属颗粒在外部热源加热情况下,颗粒温度随时间变化过程如图 2-9 所示,从常温至燃烧完毕的时间分为两个阶段,即被动吸热的点火阶段和主动放热的燃烧阶段。点火阶段,金属颗粒由于受到外部热源加热作用,温度不断上升,一旦颗粒表面温度达到点火温度,内部可能会存在极其缓慢的化学反应放热促进点火过程,这种反应为异相表面反应(HSR),能够使颗粒温度快速增长,导致图中点火延迟阶段温度曲线的二阶导数为正。然而金属颗粒在点火过程中的反应释热与进入液滴蒸发燃烧模式后的反应释热相比十分微小。当金属颗粒温度达到点火温度时进入燃烧阶段,此时金属颗粒以气态(如镁、铝等)形式扩散出来与气相氧化剂进行剧烈的燃烧反应,大量放热,颗粒很快被高温火焰包围,至金属颗粒粒径变为“零”(通常不可能为零)或气相中的氧化剂浓度无法支持颗粒燃烧时燃烧阶段结束,产物温度逐渐冷却,两个阶段的持续时间分别对应于图 2-9 中的点火延迟和燃烧时间,它们之间的过渡时间非常短暂,可以忽略不计。

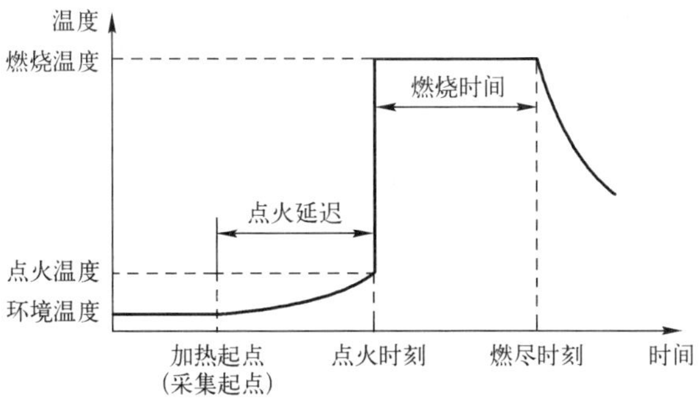

图 2-9　金属颗粒加热状态下温度变化图

燃料的点火延迟和燃烧时间决定其释热速率,在液体火箭发动机和冲压发动机燃烧过程中,通常需要提高燃料的释热速率,这样有利于缩小燃烧室尺度,此原则对粉末火箭发动机同样适用,故研究金属颗粒点火延迟和燃烧时间非常必要。

金属颗粒的燃烧周期由点火延迟和燃烧时间两部分组成。点火延迟是指金属颗粒从被加热到点火成功所经历的时间,与金属粉末燃料的成分、粒径、球形度等因素有关;同时,发动机的火焰稳定器、点火器、燃料供应通道与燃烧室的匹配关系等因素影响粉末推进剂的点火特性;环境温度和湿度也会对颗粒燃料的点火延迟造成影响,粉末燃料的稳定点火是发动机燃烧组织的前提,是该新型发动机设计研究中必须解决的关键技术之一。

2.2.1 Mg/CO_2点火特性

1. 热重分析实验

1) 实验原理及工况设定

热重分析法(TG)可以设定一个固定的温度上升速率,观测试样的质量随温度变化,是一种热分析技术。TG 曲线以质量增量作为纵坐标;以温度或加热时间作为横坐标。当被测试样在加热过程中发生气化、升华时,样品的质量将会减少,与气氛发生反应生成凝相物质时,样品的质量就会增加,通过分析热重曲线,就可以知道被测物质在何种温度下产生变化,并且根据质量变化,可以对物质变化情况做出一定的分析判断。通过 TG 实验有助于研究物质的气化、脱水、分解、氧化、还原等现象。热重分析按照温度设定还可分为动态(升温)和静态(恒温)两类。

本节采用 TGA/DSC I 型热重分析仪,选取不同粒径的 Mg 粒子使其在动态升温(升温速率相同)过程中与 CO_2气体发生反应,通过观察其在该气氛中反应时的热重曲线,对 Mg 和 CO_2发生化学反应的温度和程度做出初步判断,为反应机理分析提供实验依据。具体实验工况如表 2-27 所列。

表 2-27 实验工况表

粒度/目	加热温度区间/℃	升温速率/(℃/min)	气体流率/(mL/min)	样品重量/mg	最终质量增量/%
约 500	50~900	5	60	1.2114	66.27
400~500	50~900	5	60	1.4188	93.55
300~400(2#)	50~900	5	60	1.2684	75.02
300~400	400~900	5	60	1.3527	35.76
200~300	400~900	5	60	1.1679	46.83
约 200	400~900	5	60	1.5000	49.26

2) 实验结果及分析

通过热重分析实验(图 2-10),可以发现 Mg 粉和 CO_2在 900K 左右能够发生较为迅速的增重现象,这是 Mg 粉被氧化导致的,且这一反应温度不受加热起始温度的影响。对于粒径约 500 目、400~500 目、300~400 目(2#)的三种情况,由于实验的升温速率都是 5℃/min,加热温度是从 50°C 开始的工况中 Mg 粉和 CO_2的接触时间更长,所以实验测得的前三个工况的质量增量较之后三个工况更高,表现为前三者的曲线高于后三者。

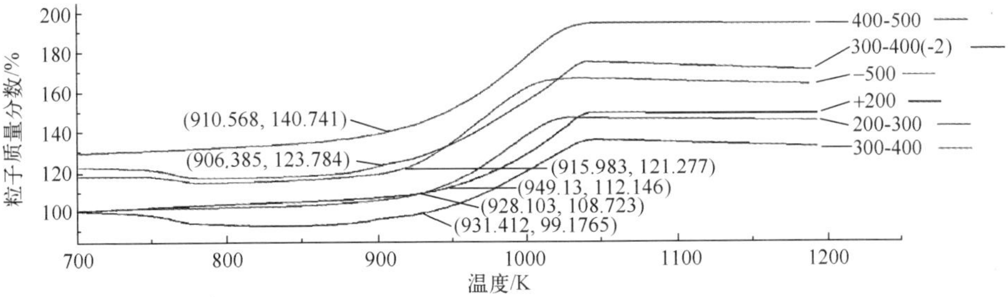

图 2-10　不同粒径 Mg 粒子质量随温度变化曲线图

Mg 粉在 CO_2 中的反应主要为

$$Mg+CO_2=MgO(s)+CO \tag{Ⅰ}$$

$$Mg+CO=MgO(s)+C(s) \tag{Ⅱ}$$

对于反应(Ⅰ)来说,反应前固体质量为 Mg 粉,而反应后固体质量仅为 MgO,反应后固体质量为

$$\delta_1=\frac{MgO}{Mg}=\frac{40}{24}\times 100\%=167\% \tag{2-1}$$

对于反应(Ⅱ)来说,反应前固体质量提供者为 Mg 粉,而反应后固体质量提供者为 MgO 和 C,反应后固体质量为

$$\delta_2=\frac{MgO+C}{Mg}=\frac{40+12}{24}\times 100\%=217\% \tag{2-2}$$

设 Mg 粉的质量为“1”,其中发生反应(Ⅰ)的量为 m,发生反应(Ⅱ)的量为 n,未发生反应的量为 p,则总的质量为

$$\delta=\delta_1\cdot m+\delta_2\cdot n+p \tag{2-3}$$

$$100\%<\delta<217\% \tag{2-4}$$

结合以上分析并观察不同粒径的质量增量(图 2-10 和表 2-28),可以做出以下推论:

表 2-28　热重分析实验结果

	工况 1			工况 2		
粒径/目	约 500	400~500	300~400(2#)	300~400	200~300	200
质量增量/%	66. 27	93. 55	75. 02	35. 76	46. 83	49. 26

(1) 对于工况 2(400~900℃),粒径 300~400 目、200~300 目、200 目的三种情况,质量增量 δ 均小于 67%,说明 Mg 粉与 CO_2 的反应程度相对较低,应该还有部分 Mg 粉末被氧化。结合 300~400 目和 300~400(2#)目两次实验对比

分析，其原因可能是由于 Mg 粉与 CO_2 反应加热时间的缩短，使得 Mg 粒子和 CO_2 气体之间的接触不够充分，质量增量相对较小。

（2）对于工况 1（50~900℃），粒径 300~400（$2^{\#}$）目、400~500 目、约 500 目的三种情况，质量增量基本都在（67%，117%）区间范围内，说明三种粒径的 Mg 粒子在与 CO_2 发生反应（Ⅰ）的同时还有部分 Mg 粒子参与了反应（Ⅱ）。但我们发现质量增量最大的是粒径在 400~500 目范围内的，其次是 300~400（$2^{\#}$）目，最后是粒径小于 500 目的。其原因可能是粒径越小使得其与 CO_2 接触面积相对越大，但粒径过小的颗粒氧化层含量相对较大，导致活性镁含量相应的降低，从而表现为质量增量最小（见图 2-11）。

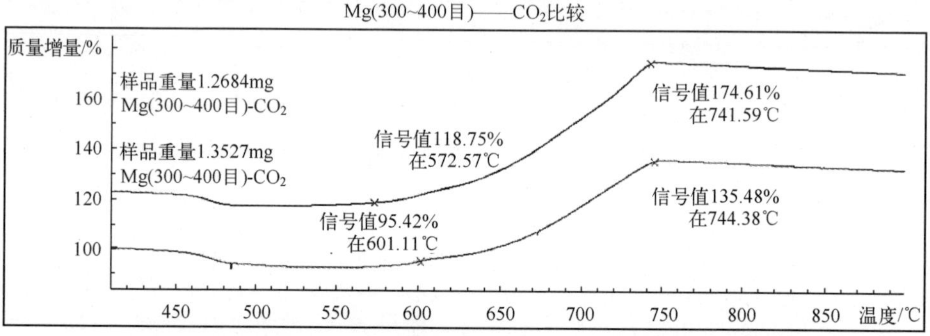

图 2-11　300~400 目粒径范围内不同加温区间质量增量曲线对比图

2. 点火性能分析实验

1）实验装置及原理介绍

热重分析实验结果表明 Mg 可以在常压一定温度下与 CO_2 气氛发生较为迅速的化学反应，证明了 Mg/CO_2 具有较强的反应能力，然而热重实验很难测量具体的点火温度、火焰温度、燃烧产物的组分及含量等其他重要参数，并且实际发动机工作过程中，Mg 从供粉装置的冷态环境中突然喷注进高温的燃烧室中，其升温速率远大于热重实验。所以本节通过自主设计 Mg/CO_2 点火性能实验装置，对 Mg/CO_2 在更快升温速率条件下的点火燃烧过程进行实验研究，以期得到更加详细的参数。

图 2-12 为 Mg/CO_2 点火性能分析实验系统原理图，主要由 CO_2 供给系统、点火系统、摄像系统等三部分组成。

在实验中的主体部分即为图 2-13 所示的 Mg/CO_2 点火性能分析实验装置。考虑到具体实验的要求，设计的实验装置主要由燃烧腔、加热装置（由加热架及加热管组成，实物组装图见图 2-14）、反应腔、气路入口和观察窗等几部分组成。

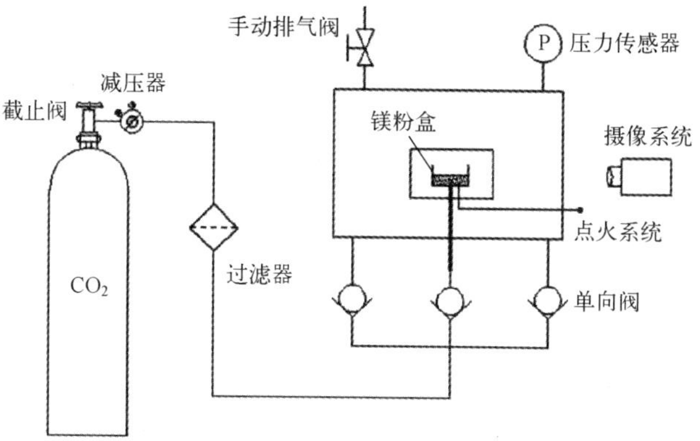

图 2-12　Mg 粉/CO_2点火性能分析实验系统原理图

图 2-13　Mg 粉/CO_2点火性能分析实验装置

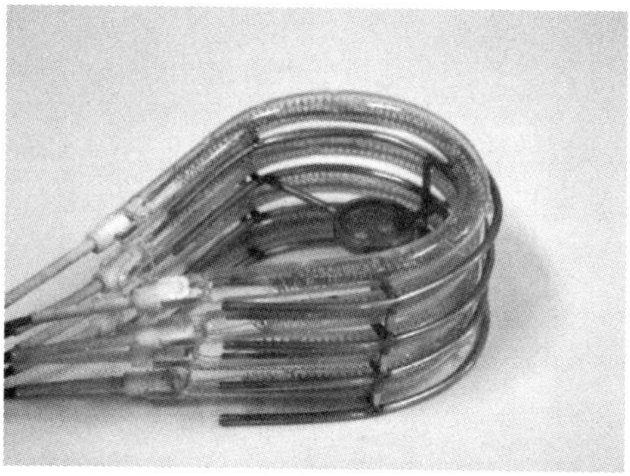

图 2-14　加热管及加热架组装

在实验方案的设计、选定方面主要是从加热源的选择要求考虑。根据国外研究人员对 Mg 和 CO_2点火温度的研究分析，可以了解到其点火温度为 1000~1100K。这样就限定了加热源必须能够达到 1000K 以上的高温；而由热重分析实验又发现，在实验过程中 Mg 粉在 CO_2中的缓慢氧化反应对实验结果影响较大，所以为了保证较快的升温速率，以避免缓慢氧化的影响，同时也是为了更真实的模拟发动机的工作状态，就要求加热源的升温速率较高；为了保证能够在实验中成功拍摄到 Mg 和 CO_2的反应现象，还希望加热源为清洁能源，不会在加热过程中引入不必要的干扰，满足对燃烧现象观察的需要，而且加热源也能够具备体积小巧、使用方便、经济性好等优点。

从以上几点要求考虑，选用 900W 的石英加热管对燃烧腔中 Mg 粉进行加热。其直接利用电能转换为热能，保证了实验环境的清洁；而经过简单的测温实验证实了该型号加热管可以在短时间内迅速达到最高温度并能保证良好的持续性和稳定性，使 Mg 粉能够在恒定环境中持续受热并与 CO_2 发生反应。加热管在实验过程中置于加热架上，可根据实验要求不同自行选择加热管数量，来满足不同加热速率的要求；同时为了更好地保证由加热管释放出来的热量最大限度的提供给实验 Mg 粉，减少热量损失，设计时将整套加热装置放置于封闭加热腔中，以满足一定的保温要求。

在实验过程中，将 Mg 粉放置于燃烧腔内，将 K 型热电偶埋于 Mg 粉之中，这样就可以准确的采集到整个反应过程中 Mg 粉温度的变化曲线。为了保证 Mg 粒子是在 CO_2 环境中被加热并与 CO_2 发生化学反应，开始时先使用 CO_2 气体对实验装置中的空气进行置换，由于 CO_2 密度大于空气，设计时将气路出口设置在反应腔顶端；这样能够提高换气效率，还可以在负压环境的实验中将气路出口直接与吸气泵连通，实现对气体压强的控制作用。在换气结束后，停止供气并关闭实验装置顶部气路出口封闭实验环境，接通加热管电源对 Mg 粉进行持续加热，并同时启动测温系统和摄像机，对反应过程中的温度变化及实验现象做出详细的记录。实验结束后便可依据采集到的 Mg 粉在 CO_2 中被点燃时的真实温度变化情况和拍摄图片信息对反应情况进行分析。

2）粒度影响

（1）实验工况

如表 2-29 所列，主要对以下六种粒径的 Mg 粉进行实验，前五种粒径粉末颗粒由最后一种源粉颗粒筛分得到。

表 2-29　Mg 粉/CO_2 点火性能分析实验工况表

实验编号	1	2	3	4	5	6
粒径/目	200	200~300	300~400	400~500	~500	源粉
质量/g	0.65	0.82	0.58	0.48	0.52	0.61

（2）实验结果及分析

图 2-15～图 2-20 为不同粒径条件下 Mg 粉/CO_2 点火性能实验中所测到的温度曲线。对比各条曲线可以发现，Mg 粉被加热到一定温度时，温度曲线会发生一次突跃并迅速升至较高温度，在最高温度点持续或长或短的时间后温度便逐渐降低而趋于定值。

在实验过程中，实验用 Mg 被置于燃烧腔内。而为了控制点火发生前 Mg 与 CO_2 的接触，避免升温过程中 Mg 被 CO_2 过度缓慢氧化，增强 Mg/CO_2 点燃火焰的观察效果，在实验器设计时为燃烧腔增加了顶端开孔的燃烧腔盖（见图 2-21）。随着加热管的持续加热（图 2-22），燃烧腔内的气体将受热膨胀，并由腔盖顶端的小孔向外逸出，有效地减弱了无燃烧腔盖条件下 Mg 与 CO_2 之间的作用，并维持了燃烧腔内的压强平衡；而被加热的 Mg 粒子只有通过表面蒸发形成 Mg 蒸汽并与 CO_2 气体接触进而发生燃烧反应。

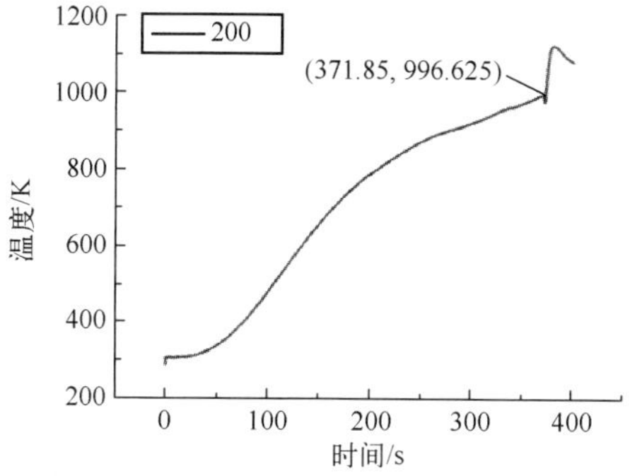

图 2-15　200 目 Mg 粉实验温度曲线

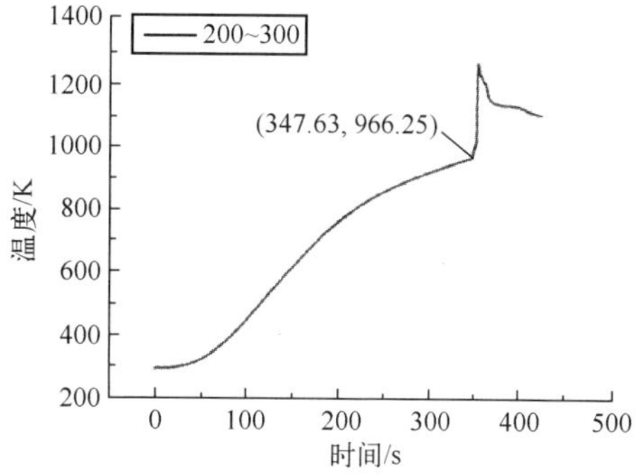

图 2-16　200~300 目 Mg 粉实验温度曲线

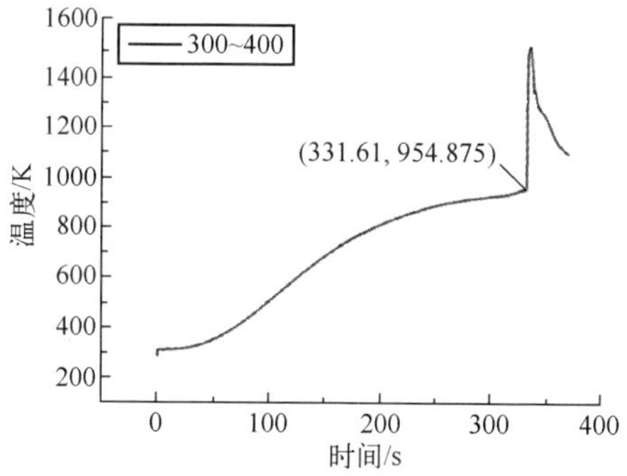

图 2-17　300~400 目 Mg 粉实验温度曲线

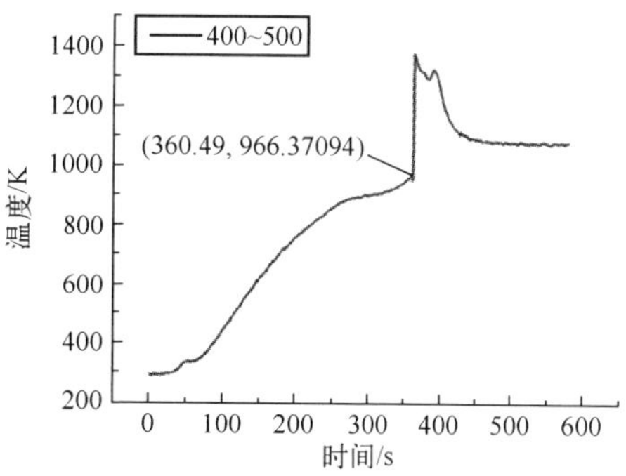

图 2-18　400~500 目 Mg 粉实验温度曲线

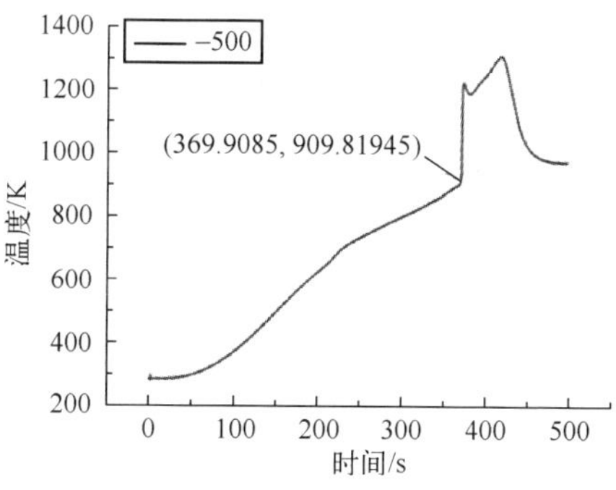

图 2-19　−500 目 Mg 粉实验温度曲线

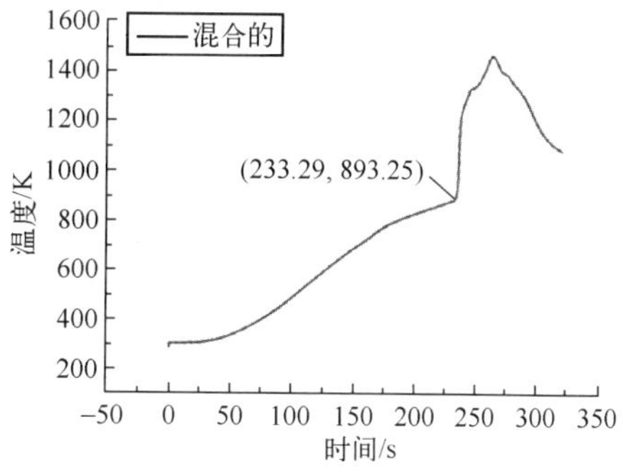

图 2-20　混合粒径 Mg 粉实验温度曲线

图 2-21　燃烧腔、燃烧腔盖实物

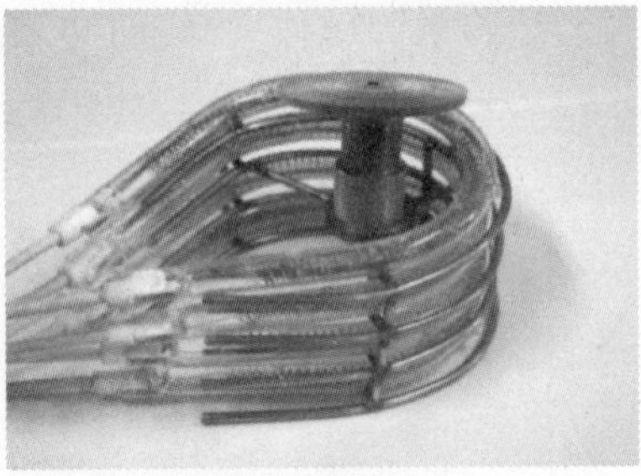

图 2-22　加热系统图

图 2-23 是实验加热过程中点火发生前反应腔内的情况。由于加热管的加热作用,使得燃烧腔体呈现出淡黄色的明亮状态,而燃烧腔盖由于温度较低仍然保持原状态。随着燃烧腔内温度的升高,Mg 被加热汽化至着火点,与 CO_2 发生燃烧反应。图 2-24 即为 Mg 被点燃后某瞬时反应腔内的情况。通过对比各粒径 Mg 的反应实验录像可以发现,Mg 被点燃时,燃烧腔盖的小孔处会突然出现耀眼白光且亮度逐渐增强,同时还会伴有少量火花喷出,而在光亮持续十几到几十秒之后,光强会逐渐减弱直至恢复为初始状态。

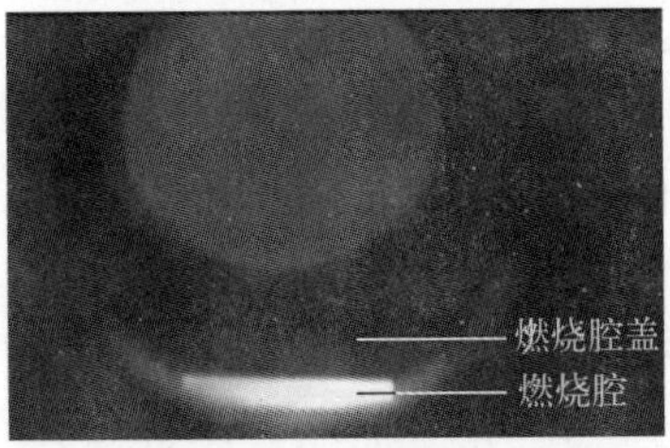

图 2-23　Mg 粉被点燃前反应腔内状态

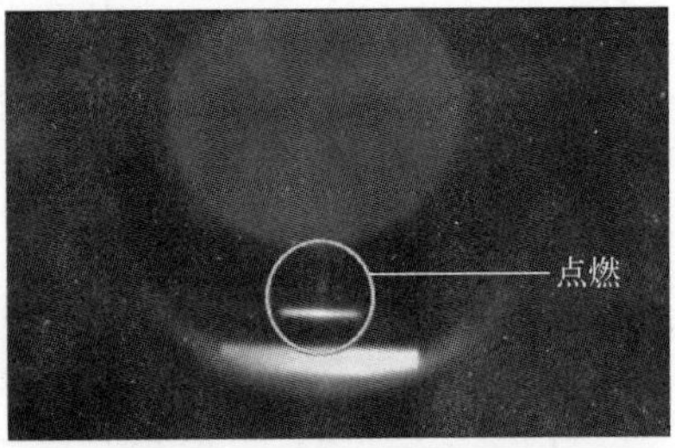

图 2-24　Mg 粉被点燃后反应腔内状态

结合实验温度曲线和实验录像,对实验曲线发生突跃的时刻和燃烧腔盖小孔处出现光亮的时刻、实验曲线高温持续时间和燃烧腔盖小孔处光亮持续时间等参数进行对比后,可以初步判断在 Mg 被加热至一定温度后,其气化出的 Mg 蒸气便会在反应腔的 CO_2 环境中点燃,表现在温度曲线上即 Mg 温度发生突跃,燃烧腔盖小孔处出现耀眼白光并伴有少量火花向上喷射;而在加热管持续加热和燃烧热反馈的共同作用下,Mg 的汽化过程加快,燃烧反应更加充分,温度迅速升高,火焰亮度增强;但由于 Mg 数量有限,反应很快结束,温度逐渐降低,燃烧腔盖小孔处的光亮也逐渐减弱。温度曲线中发生突跃时刻所对应的温度即 Mg 的点火温度,应当注意的是点火温度会受很多因素影响。

针对不同粒径的实验温度曲线便可以得到各粒径 Mg 粒子在 CO_2中的点火温度，总结见表 2-30。通过对比可以发现，200 目的 Mg 点火温度明显高于其他粒径的点火温度，这一结果也是与热重分析实验结果相符合的，其原因可能为 Mg 粒径较大，汽化所需能量较高，进而使点火温度变高。而对于约 500 目的 Mg 粒子，其点火温度又明显低于其他几种 Mg 粒子，变化规律与热重分析实验结果也存在差异，其原因可能是 Mg 粒径较小、能够与 CO_2接触的有效面积更多，使得汽化和反应所需能量相对更少，点火温度较低，点火温度越低表明点火越容易。

表 2-30　热重分析实验/点火性能实验 Mg 粉/CO_2反应温度对比表

粒径/目	200	200~300	300~400	300~400(2#)	400~500	~500	源粉
TG 实验 反应温度/K	949.13	928.10	931.41	906.39	910.57	915.98	—
点火性能实验 反应温度/K	996.63	966.25	954.88	—	966.37	909.82	893.25

对 200~300 目、300~400 目、400~500 目等三种中等粒径的 Mg 粒子实验结果进行对比分析(表 2-30 所示)，可见三种粒度 Mg 粉点火温度大致相同，且与热重分析实验表现出的规律基本一致，Mg 比表面积增大能够增强 Mg 的反应活性。

实验还发现，包含了多种粒径的 Mg 源粉的点火温度较之其他几种情况更低。分析其原因应该是由于 Mg 源粉中包含了大小不同的各种粒子，使得它的 Mg 粉装填密度较大，Mg 粒子之间的接触更充分，使得在有 Mg 粉被点燃后的热反馈更均匀；并且由于小粒径 Mg 粒子的存在，一部分 Mg 粒子会在较低温度下就开始蒸发并发生燃烧反应，而反应时释放出来的热量促进了其他 Mg 粒子的汽化，加速了反应的进行，因此也就表现出较其他各组粒径更低的点火温度；同时实验温度曲线也验证了这一说法，因为在曲线发生突跃迅速升至较高温度并保持平稳燃烧一段时间后，温度曲线又出现了明显的第二次突跃，说明此时在已点燃 Mg 粉燃烧热反馈的作用下又有一些 Mg 粉汽化被点燃并释放了较多能量，进而出现了温度的再次突跃升高，而结合前述分析此时点燃的应该为较大粒径的 Mg 粒子。

经过以上的分析可以发现，依据 Mg 粉/CO_2点火性能分析实验所得到的整体实验结果与国内外其他研究者所获得的 Mg 粉/CO_2点火温度略有偏差。其中原因是，测试方法、环境状态方面存在差异。Shafirovich，E. Ya. 和 Goldshleger，U. I.，B. Legrand 等人得到了单个 Mg 粒子在 CO_2中的点火温度，且低于本节所测的点火温度，这是由于单个 Mg 粒子在加热过程中，异相反应受 CO_2浓度的影响不大；而 S. Goroshin 和 A. J. Higgihs 所展开的 Mg/CO_2粉尘实验中，Mg 粉是在

流动的 CO_2 气体环境中被加热点燃；YUASA Saburo 和 SAKODA Kou 对火星表面压强环境进行了模拟，为 Mg 粉/CO_2 的点火燃烧反应提供了一个低压条件，故比常压环境点火温度更高。

3）压强影响

图 2-25～图 2-29 为不同粒径的镁粉在不同压强条件下点火燃烧温度随时间的变化曲线。

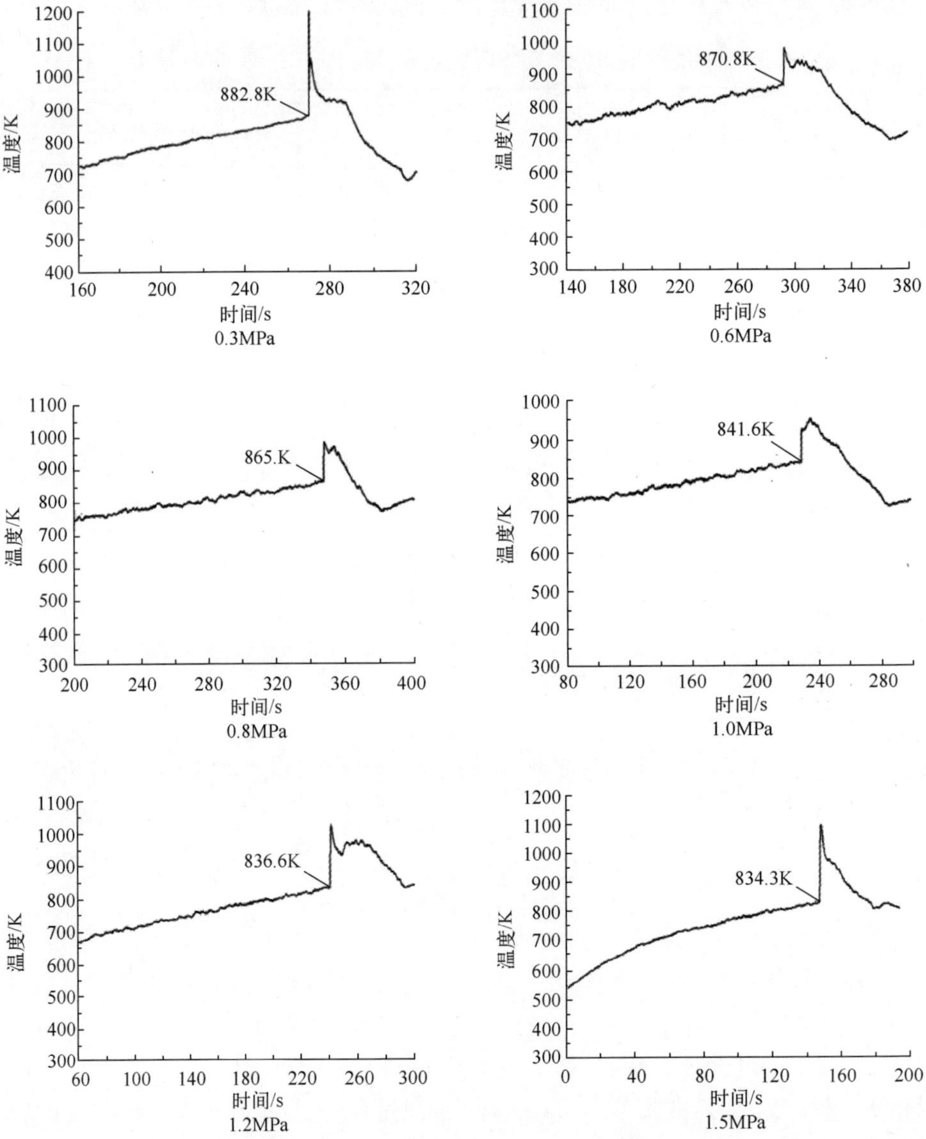

图 2-25　粒径 1μm 点火温度时间曲线

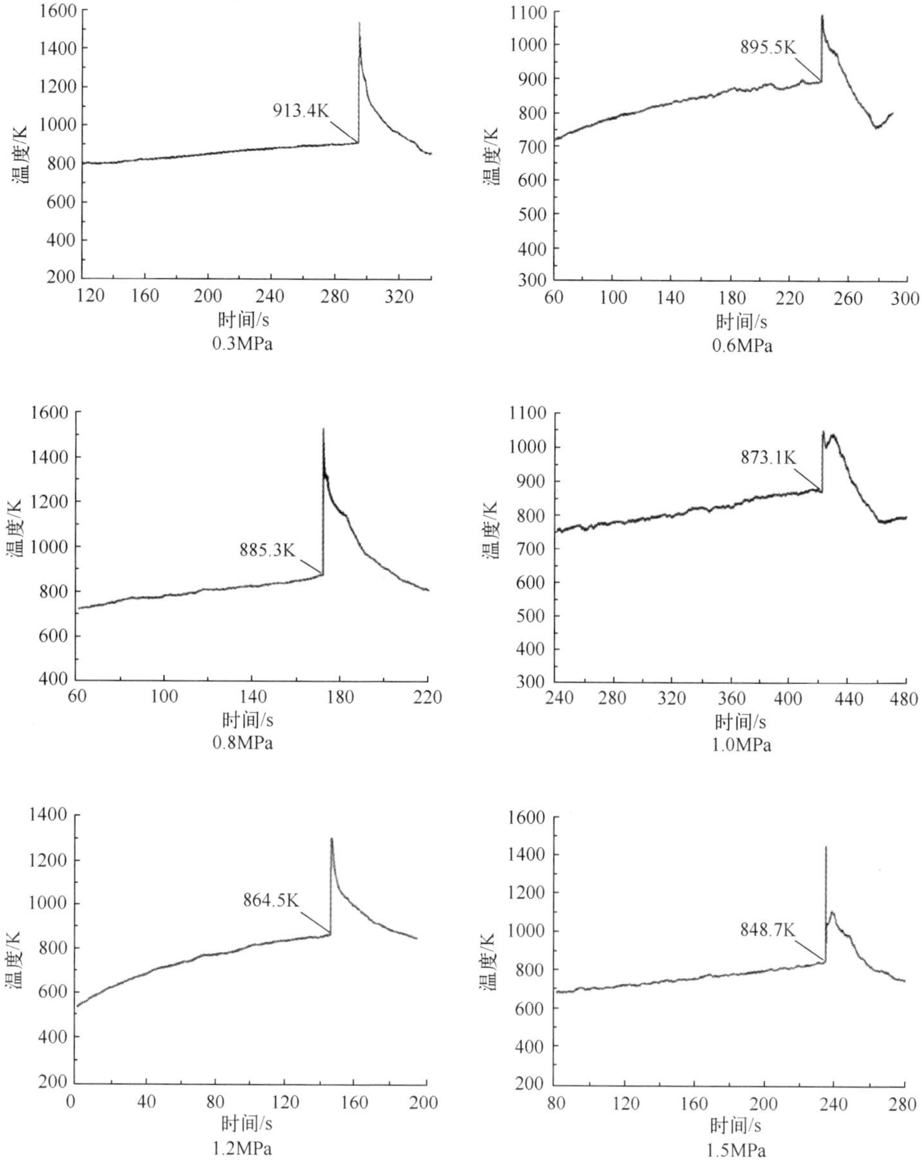

图 2-26　粒径 20μm 点火温度时间曲线

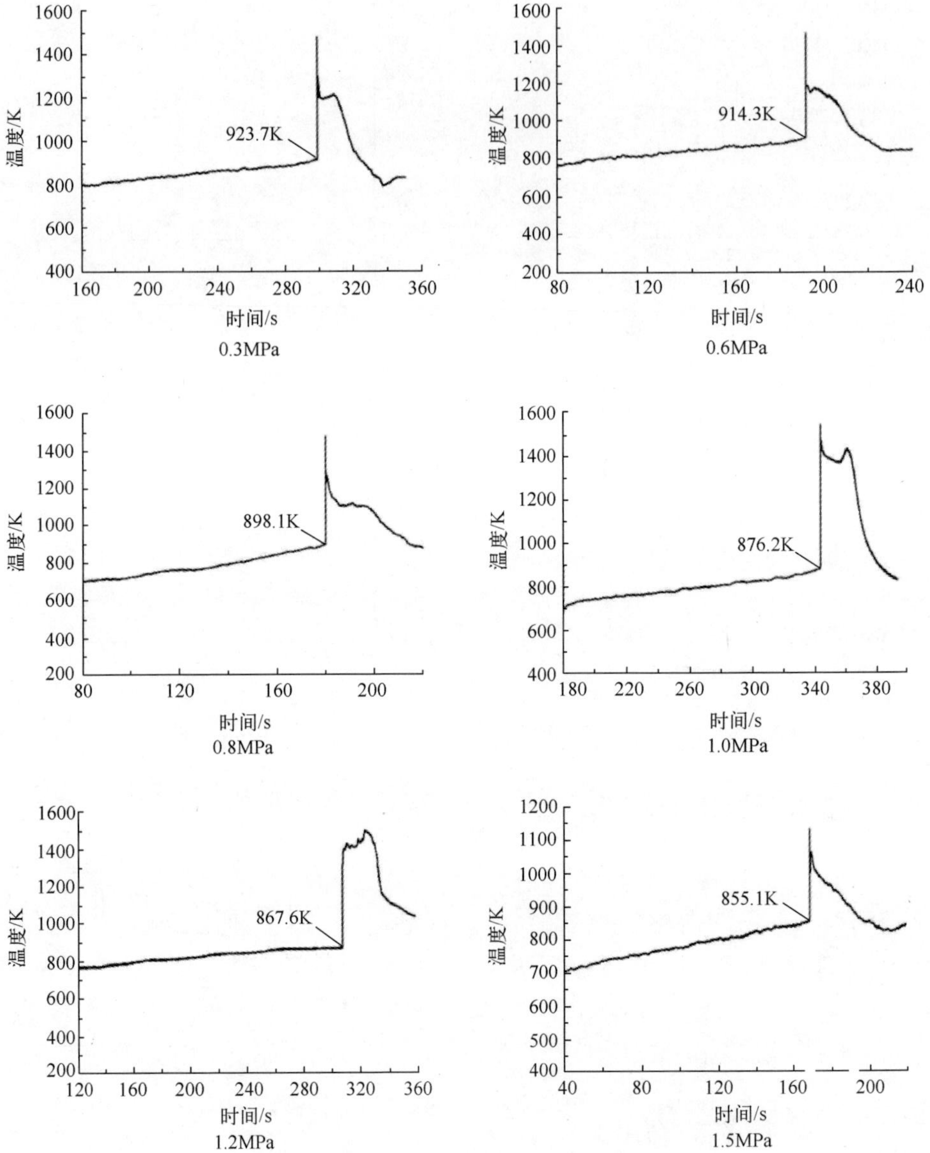

图 2-27　粒径 25μm 点火温度时间曲线

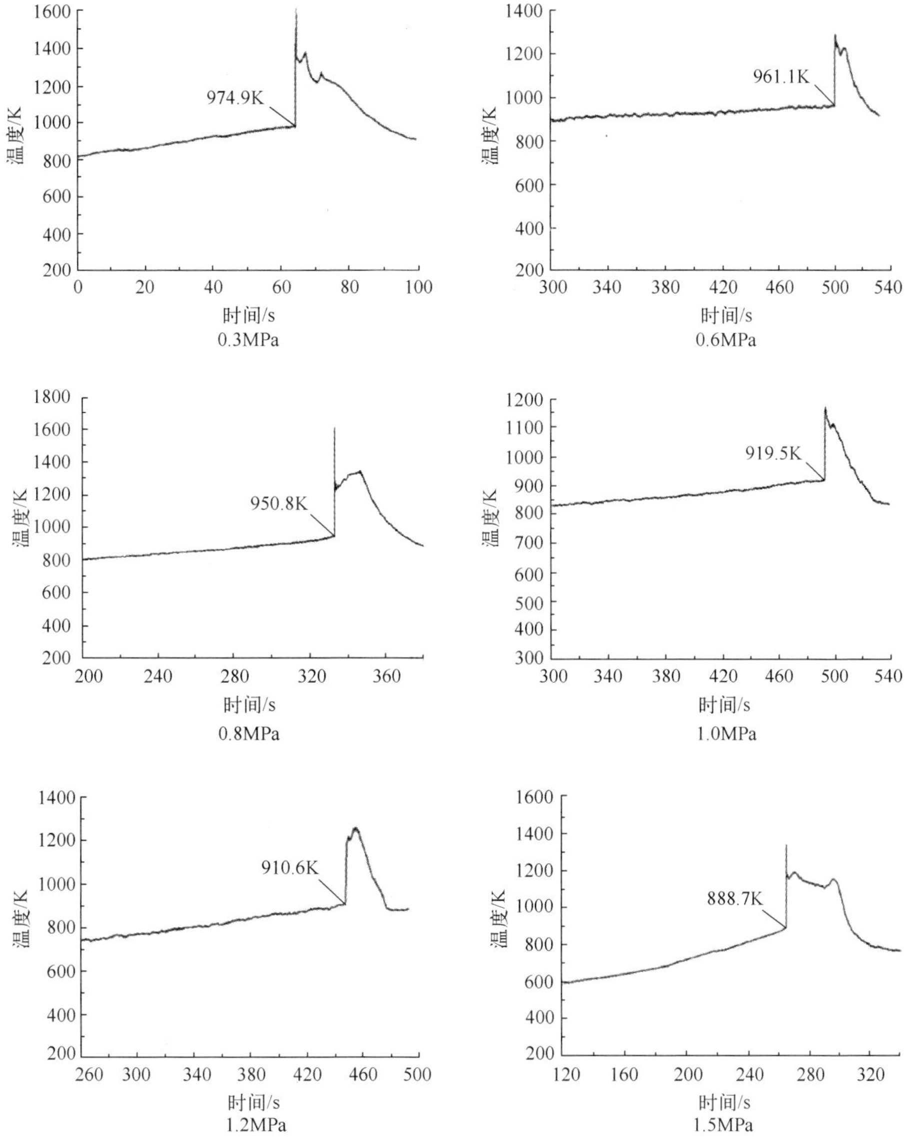

图 2-28　粒径 45μm 点火温度时间曲线

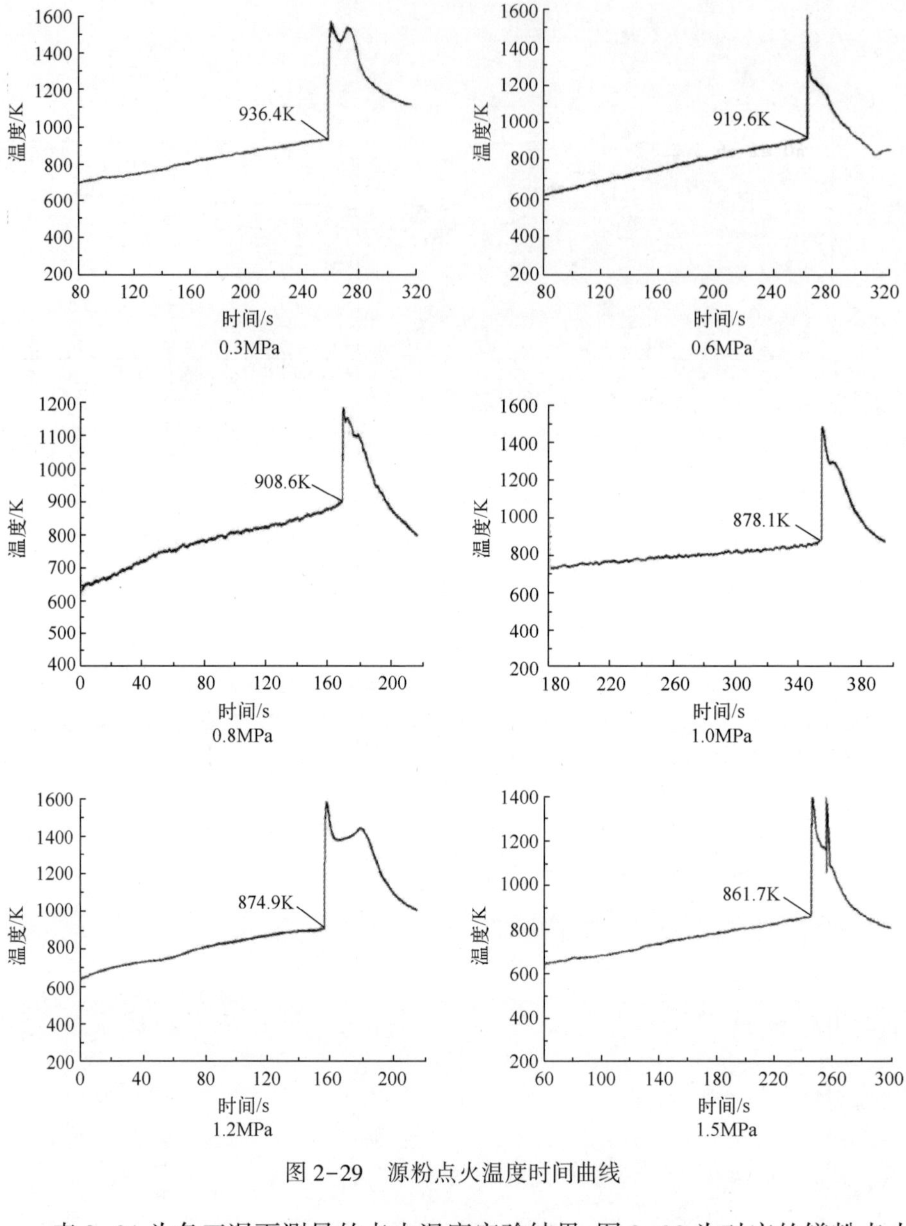

图 2-29　源粉点火温度时间曲线

表 2-31 为各工况下测量的点火温度实验结果,图 2-30 为对应的镁粉点火温度随压强变化的曲线图。由实验结果可知:Mg 粉在二氧化碳气体中的点火温度范围在 830~980K 之间,并且点火温度与镁粉粒径和环境压强之间具有很强关联性。在压强不变的条件下,随着颗粒粒径的增加,镁粉的点火温度升高,原因已在上述分析,不再赘述。且随着环境压强的增加,镁粉的点火温度也降

低,这是由于 CO_2浓度与压强相关,高压增强了表面异质反应放热速率,使颗粒表面提前到达点火温度。

表 2-31　各工况下点火温度(K)

压强/MPa \ 粒径/μm	1	20	25	45	源　粉
0.3	882.8	913.4	923.7	974.9	936.4
0.6	870.8K	895.5	914.3	961.1	919.6
0.8	865.5	885.3	898.1	950.8	908.6
1.0	841.6	873.1	876.2	919.5	878.1
1.2	836.6	864.5	867.6	910.6	874.9
1.5	834.3	848.7	855.1	888.7	861.7

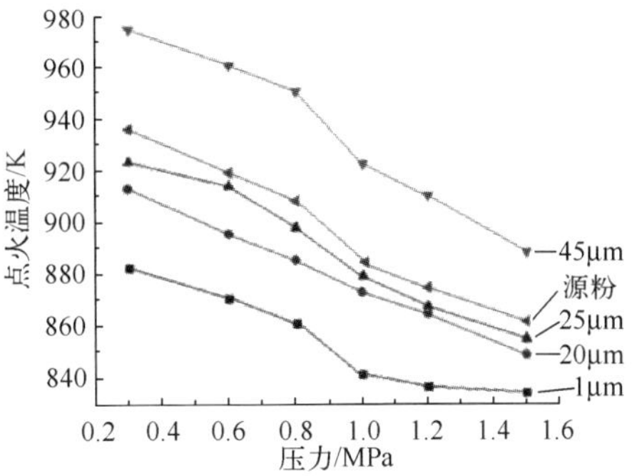

图 2-30　镁粉的点火温度随压强变化的曲线

对比实验中源粉和其他粒径镁粉的点火燃烧温度结果可以发现,源粉的点火温度也具有类似趋势。

为了认识镁粉在二氧化碳气体中的燃烧现象,揭示反应机理,下面对镁粉在二氧化碳中的点火燃烧现象进行详细的介绍。图 2-31 为源粉在 1.5MPa 的点火燃烧过程的视频截图。图 2-31(a)显示的是加热过程中着火前的图像,可以看出镁粉因加热升温而发红;图 2-31(b)为镁粉点火瞬间的图像,镁粉表面开始着火,火焰快速向外传播;图 2-31(c)显示了镁粉表面完全被点燃,并开始剧烈燃烧,在火焰上方可以观察到大量的镁蒸气向外扩散传播的现象;图 2-31(d)显示了燃烧刚结束时的情形。

图 2-32 为镁粉与二氧化碳反应后的燃烧产物照片,从燃烧产物的外观形貌可以发现,燃烧产物表面覆盖着一层白色疏松孔状结构的氧化镁,燃烧产物表面有多条较深层结构的裂缝,在氧化镁表面上附着有部分的黑色碳。将燃烧

产物沿着裂缝切开，观察其内部结构可以发现，氧化镁覆盖层厚度不到1mm，内部为灰黑色的多孔状燃烧产物。

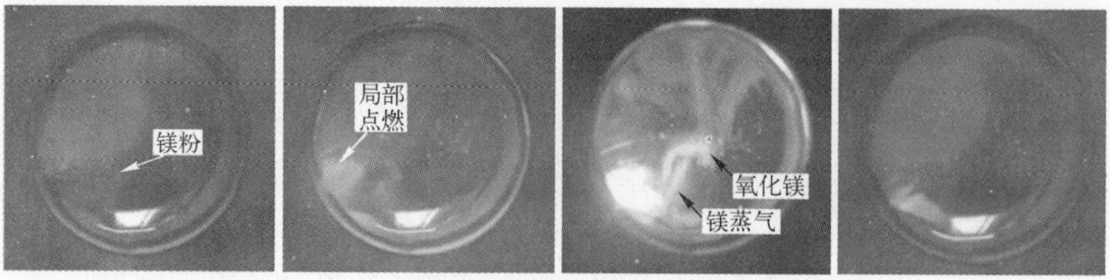

(a) (b) (c) (d)

图 2-31　源粉在 1.5MPa 的点火燃烧过程

(a) 着火前;(b) 点火瞬间;(c) 剧烈燃烧;d) 燃烧结束。

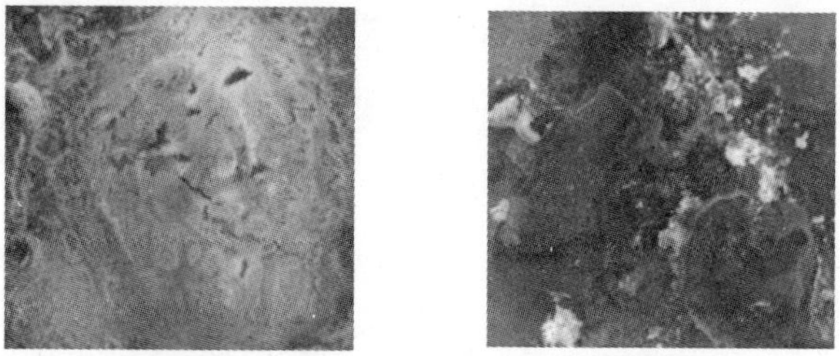

表面照片　内部照片

图 2-32　燃烧产物照片

为了进一步的了解镁粉与二氧化碳的燃烧机理，利用扫描电镜对凝相燃烧产物的成分进行了分析。图 2-33 为源粉在 0.3MPa 和 1.5MPa 下的凝相燃烧产物扫描电镜照片，从图中可以看出燃烧产物的内部结构较为疏松，有很多的小孔存在。表 2-32 为燃烧产物的成分分析结果。

(a) (b)

图 2-33　扫描电镜照片

(a) 源粉 0.3MPa;(b) 源粉 1.5MPa。

表 2-32　燃烧产物成分分析结果

工　况	元　素	质量百分比	原子百分比
0.3MPa	C	15.22	22.59
	O	39.99	44.56
	Mg	44.79	32.85
1.5MPa	C	12.31	19.30
	O	31.88	37.50
	Mg	55.81	43.20

从能谱分析结果中可以得出，镁粉与二氧化碳反应的燃烧产物不仅含有氧化镁和一氧化碳，同时会有部分碳生成，说明镁粉在二氧化碳中的均质燃烧和异质燃烧同时存在。

2.2.2　Mg/AP 点火特性

1. 点火性能分析实验

Metal/AP 粉末火箭发动机可用于姿轨控发动机推进系统，具有多次启动，推力可调及使用维护方便等诸多优点，然而其点火燃烧现象更加复杂，这是因为 AP 分解后产生气相氧化性组分以后才能与金属颗粒发生点火，而点火燃烧后的金属颗粒又会促进 AP 颗粒的分解过程。虽然 Mg 粉的能量特性不如 Al 粉，但是其燃烧性能却优于 Al 粉，可以在更小的燃烧室中达到更高的燃烧效率，故 Mg/AP 粉末推进剂适合用于小型推进系统。DSC 和 TG 等常规分析手段可以得到燃料的受热变化特性，但是与发动机燃烧室中的高速强热加热环境存在差别，故本节采用自行设计的 Mg/AP 点火瞬态分析实验装置进行实验，实验选用惰性的氮气气氛，剔除空气中氧元素对点火性能的影响。

图 2-34 为高速加热实验用密闭燃烧器实物及装置原理图，主要由密闭加热系统和数据采集系统两部分组成。

整个密闭容器为圆筒形，实验过程在一定压强下进行，温度传感器从容器下方接入，用聚四氟乙烯塞固定以防止漏气。采用摄像机直观观察容器内瞬态点火燃烧过程，在容器两端对称位置分别放置一块圆柱形石英玻璃，其厚度经过强度校核足以承受 5MPa 压强。由于瞬态点火实验过程是在一定压强下进行的，所以在容器底部，即样品托盘下方设置了一个进气通道，有效避免气体扰动对粉末样品造成直接冲击。

实验操作过程中先将称量好的粉末样品按比例混合均匀，置于样品托盘中心位置，将温度传感器埋入样品之中，然后将实验装置安装连接完毕，打开气瓶减压阀调至较小压强，例如 0.3MPa，这样气体动压较小，气流速度较低，对粉末样品的扰动小,等到密闭容器中压强也达到 0.3MPa 后关闭气瓶阀门,然后再打开容器上方的泄气阀门,等到容器压强泄至 1atm 后关闭泄气阀门,重复以上过程四五次后可以将空气置换干净,使容器中充满指定气体并保持在特定压强下,然后打开采集系统进行温度、压强和影像采集,接通电加热丝电源进行加热,直至样品达到点火温度并点燃后实验结束。

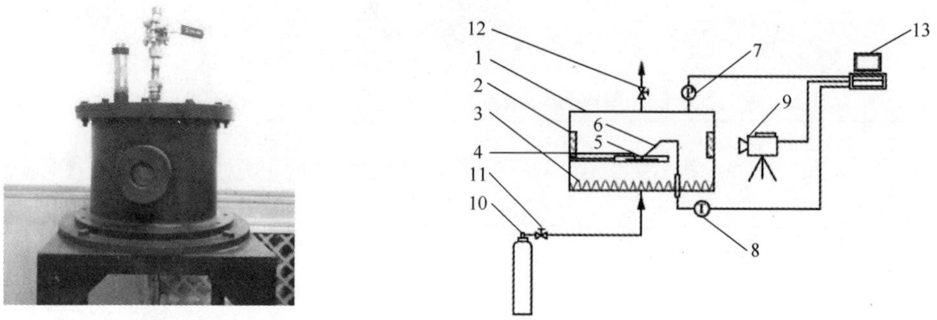

(a) (b)

图 2-34 点火瞬态分析实验装置系统

(a) 实物图;(b) 原理图。

1—密闭容器;2—玻璃观察窗;3—电加热丝;4—样品;5—样品托盘;6—热电偶在容器中位置;7—压力传感器;8—温度传感器;9—摄像机;10—气瓶;11—气瓶阀;12—泄气阀;13—计算机。

2. 实验结果及分析

1) 实验工况

由于 Mg/AP 粉末火箭发动机燃烧过程十分复杂,其影响因素众多,故从压强、AP 与 Mg 氧燃比(O/F)、氧化剂颗粒粒度、氧化剂与燃料是否分开等角度进行研究,其实验工况如表 2-33 所列。

表 2-33 Mg/AP 点火瞬态研究工况设定

工　况	压强/MPa	O/F	AP 粒度/目	燃料与氧化剂位置
设定	0.1 1.0 2.0 3.0	1∶1 2∶1 3∶1	40 80	分开放置 混合均匀

2) 点火温度分析

根据表 2-33 的实验方案,实验工况一共有 48 种,为了使实验数据准确可靠,每种工况做两次重复性实验,实验数据差别较大的工况再做一次重复性实验。从实验结果来看,压强与 O/F 对于点火温度的影响都较大。如图 2-35 所示,可以看出压强从 1atm(101.325kPa)升至 3MPa 过程中,点火温度增大了 48K,1MPa 与 3MPa 情况下点火温度相差 7%,压强大不利于点火,这是因为密闭容器中充入的是氮气，其压强越高则浓度也越大，AP 在 500K 左右就可以缓慢分解，密闭容器充入氮气压强越大则氮气浓度也越高，那么镁颗粒与氧化剂颗粒分解产生氧化性气体的接触面积会随着氮气浓度的增大而相对减小，所以在氮气作为流化气体的情况下，初始压强较高并不利于发动机点火。在 1atm 情况下，O/F 从 1~3 的过程中点火温度减小了 69K，O/F = 1 与 O/F = 3 情况下点火温度相差 13%，这也是由于颗粒氧化剂分解后氧化性气体的浓度会随着 O/F 比值增大而增大，这样降低了反应难度，故 Mg 的点火温度会下降。

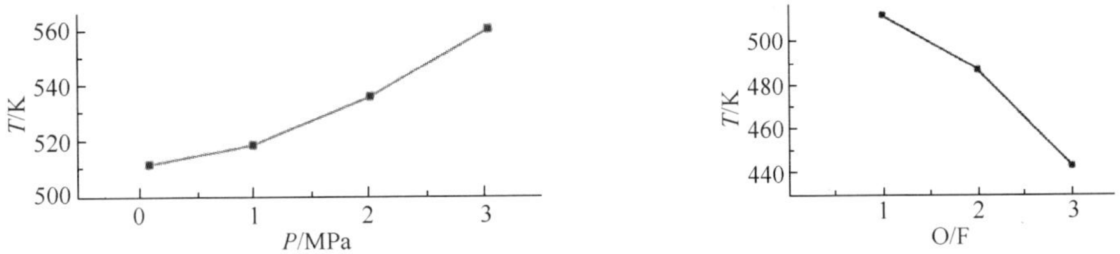

图 2-35　点火温度随氧燃比和压强的变化

3）点火现象分析

将摄影仪拍摄帧数调整为 25 帧/s，对各个工况的点火瞬态情况进行拍摄分析，结果发现氧燃比对于点火过程的影响巨大，S. Goroshin 和 A. J. Higgihs. 等人通过实验证明了 Mg 和 CO_2 燃烧时在富燃条件下比较容易得到较高的燃烧速度，且较易保持燃烧稳定。本章通过实验证明了 Mg 和 AP 燃烧也有类似的现象存在。

以下分析是基于粉末燃料、粉末氧化剂粒径不变前提下进行的，密闭容器中充入 1atm 氮气。图 2-36 和图 2-37 分别为 O/F = 1 情况下点火燃烧温度变化与密闭容器内燃烧过程。

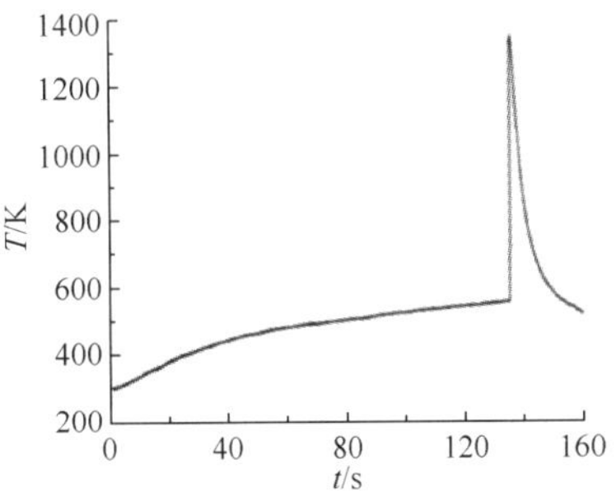

图 2-36　O/F = 1 时点火过程温度变化

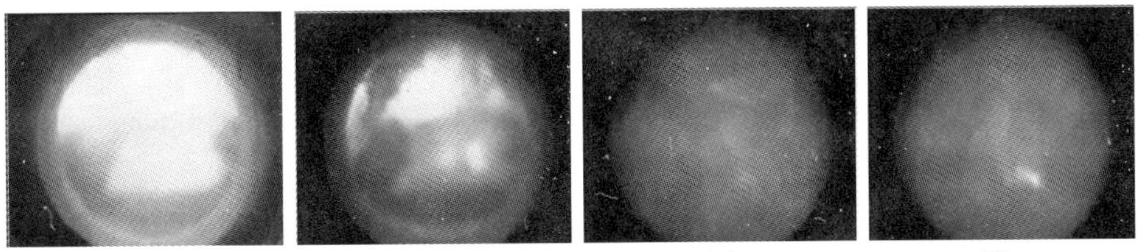

(a)　(b)　(c)　(d)

图 2-37　O/F = 1 时密闭容器中点火瞬态现象

(a) 0.24s；(b) 0.36s；(c) 0.88s；(d) 0.92s。

从图 2-37 可以看出,Mg 粉被加热到一定温度时温度曲线会发生一次突跃并迅速升至较高温度,在最高温度点持续一定的时间后温度便逐渐降低而趋于定值。点火温度即温度曲线上突跃点,大概为 520K,然后在很快的时间内上升到了 1357K 的温度峰值。图 2-37 截取的燃烧过程是以温度为 520K 作为时间起点(t=0s),整个燃烧过程大概持续了 0. 36s,因为镁粉燃烧发出强光超越了摄像机的捕捉能力,故直至 0. 24s 时可以看到观察窗轮廓,并且通过观察窗可以看见大量白色燃烧产物向上端喷出,这是因为燃烧产生了大量高温气相产物,样品托盘内的压强急剧上升,而且托盘阻碍了燃烧产物向下流动,燃烧产物气流高速向密闭容器顶部喷出,产生小型燃烧产物云,高亮度是因为产物中有大量凝相物质还处于高温状态。0. 36s 时刻可以发现气流撞击密闭容器顶部以后沿着容器壁面方向向下流动,此时因为燃烧产物温度急剧下降故容器内的亮度也大减。直至 0. 88s 时刻所有产物都已经不能发出强光,可以见到容器中大量白色凝相产物。0. 92s 时刻突然又出现一点白色亮光,初步推测为未燃烧推进剂的继续燃烧。从图 2-37 温度上升段和点火燃烧录像可以判断剧烈燃烧过程只进行了 0. 06s,由此可见在 O/F=1 情况下 Mg 的燃烧速度十分快,之后基本为高温燃烧产物发出的亮光。

图 2-38 为 O/F=2 时点火过程温度变化,燃烧现象与 O/F=1 存在差别,从图中可以看出温度有 3 次上升过程,从 35. 1s 开始,第一个上升峰持续时间为 0. 2s,温度从 499K 上升至 966K,升温速率为 2335K/s,紧接着温度降低到了 848K;第二个上升峰从 36. 16s 至 36. 21s,持续时间为 0. 05s,温度从 849K 上升至超出热电偶量程,接下来燃烧产物开始快速冷却至 509K。然而推进剂并没有燃烧完全,42s 时刻温度再次从 509K 上升至 695K,不过此时的升温速率已经很慢,且温度曲线的二阶导数呈负值。第二个升温峰表明推进剂燃速突增。O/F = 2 时最高燃烧温度大于 O/F = 1,这是由于 O/F=1 时推进剂的氧燃比并不是最佳化学当量比状态,导致 O/F=1 时推进剂燃烧很不完全,没有达到最大放热。O/F=2 时整个燃烧时间明显长于 O/F = 1 时,说明 O/F=1 情况缺氧。

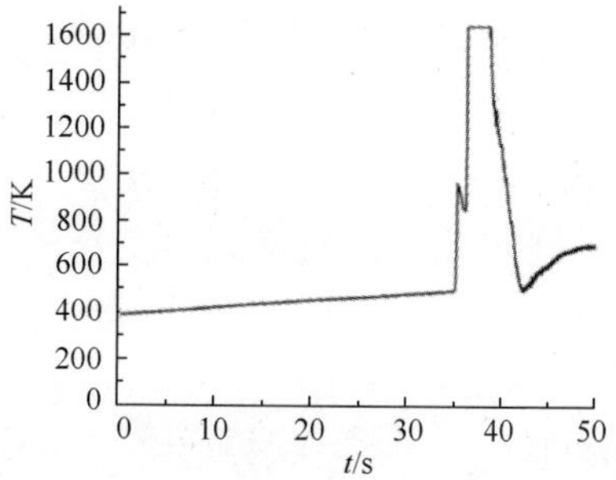

图 2-38 O/F=2 时点火过程温度变化

图 2-39 为 O/F=2 时密闭容器中点火瞬态现象。在 0. 08s 时刻出现一道耀眼的光斑,这一段变化对应于图 2-38 中第一个升温峰。0. 12s 时刻粉末推进剂才开始剧烈燃烧,放出耀眼白光,这一段对应于图 2-38 中第二个升温峰。但

是到 0.16s 时刻剧烈燃烧突然停止,继而又变回白色光斑状态,0.6s 时刻又有一段剧烈燃烧,对应于图 2-38 中第三个升温峰。总的来看 O/F=2 情况下,发生了明显的间断燃烧现象。

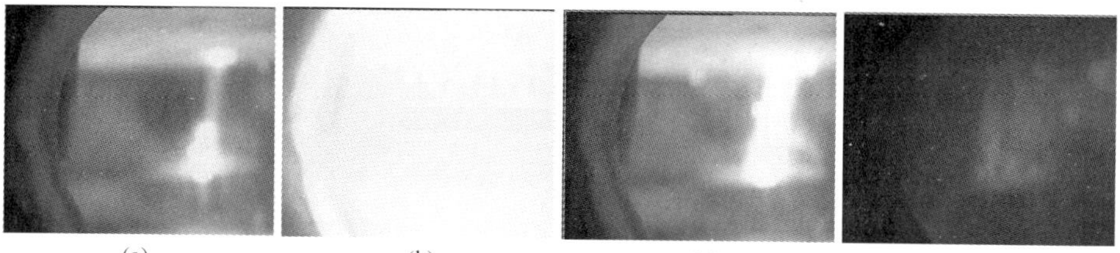

(a)　(b)　(c)　(d)

图 2-39　O/F=2 时密闭容器中点火瞬态现象

(a) 0.08s;(b) 0.12s;(c) 0.16s;(d) 0.6s。

图 2-40 为 O/F=3 时点火过程温度变化。从温度曲线来看 O/F=3 似乎没有出现间断燃烧,从点火温度 450K 持续快速升温至 1014K。与 O/F=1 不同的情况在于最高燃烧温度只有 1014K,而且整个燃烧过程持续了 0.5s。其原因是氧化性气氛浓度大增,降低了反应难度,低温下就开始了表面异质反应产生可观的自加热热量,然而过低的温度和高浓度氧化性气体使得 Mg 颗粒被致密的氧化性薄膜所包覆,因为 MgO 的沸点有 3300K 左右,所以 1014K 的燃烧温度使 MgO 的挥发速率大减,MgO 阻止了 Mg 的继续燃烧。O/F = 3 偏离了最佳化学当量氧燃比,在两个因素的作用下 O/F=3 时温度峰值只有 1014K。

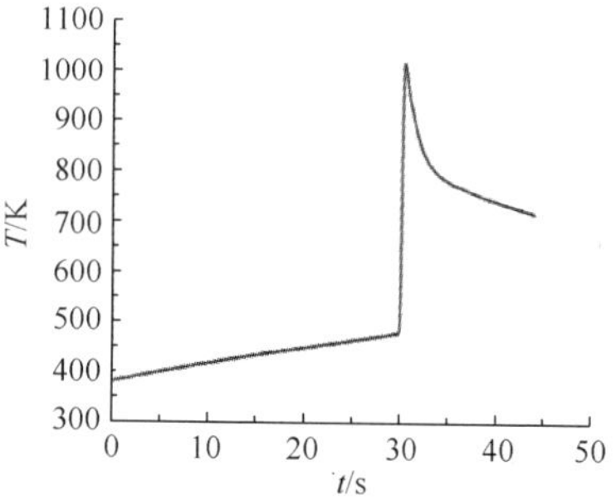

图 2-40　O/F=3 时点火过程温度变化

图 2-41 为 O/F=3 时密闭容器中点火瞬态现象,0.96s 时刻中可以看见托盘中有一小块红色火星,此时刻对应于图 2-40 中 479K 的点火温度时刻。1s 时有大量火星开始向上喷射,有可能都是 Mg 与氧化性气氛缓慢异质反应的结果。等到 1.16s 时刻产生剧烈的燃烧反应,至 1.64s 时刻部分未反应燃料还在缓慢进行燃烧。故 O/F=3 时燃烧是比较平稳的,但是燃速比 O/F=1 时缓慢得多,升温速率只有 1097K/s。

在 Mg/AP 粉末火箭发动机中,燃料与氧化剂都是通过流化气体夹带作用输送进燃烧室中进行燃烧的,所以氧化剂与燃料之间其实是由流化气体分隔开来的。实验还尝试将 AP 与 Mg 间隔 2cm 距离放置,如图 2-42 所示,将温度传感器置于 Mg 粉中,取 O/F=1 情况,考察 AP 分解气体的扩散作用影响。

(a) (b) (c) (d)

图 2-41　O/F=3 时密闭容器中点火瞬态现象

(a) 0.96s;(b) 1s;(c) 1.16s;(d) 1.64s。

图 2-42　燃料和氧化剂分开放置

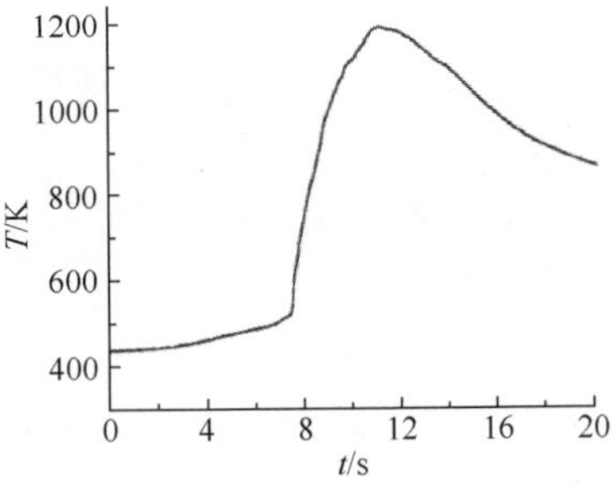

图 2-43　燃料氧化剂分开放置时点火过程温度变化

图 2-43 显示了燃料氧化剂分开放置温度变化情况,可以看出整个燃烧状态持续了 2.5s,可见燃速相当缓慢,但是没有出现间断燃烧,燃烧平稳。

图 2-44 的点火瞬态现象与图 2-43 一致,0.16s 出现了一次剧烈燃烧以后 Mg 粉一直缓慢燃烧至 3.8s 才渐渐熄灭。可见气相浓度与气体扩散速度对于 Mg 燃速影响十分显著,实际粉末火箭发动机中 Mg 颗粒的燃速应当综合考虑流化后的粉末间距、气流流场和湍流流动掺混对氧化性气氛扩散的影响等因素后再进行计算,以此得到发动机燃烧室设计方法。

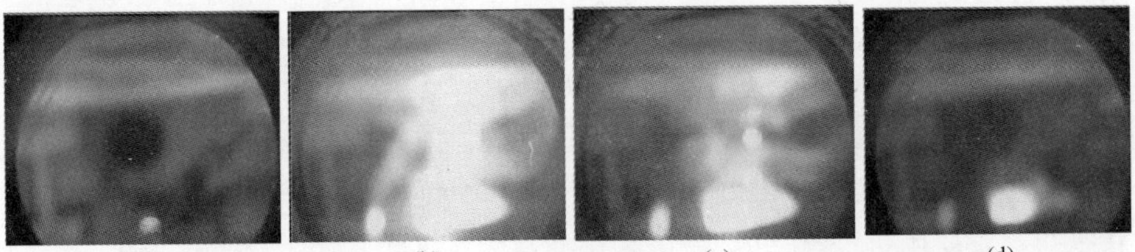

(a) (b) (c) (d)

图 2-44　燃料氧化剂分开放置时密闭容器中点火瞬态现象

(a) 0.04s;(b) 0.16s;(c) 0.28s;(d) 3.8s。

各种氧燃比下燃烧实验数据如表 2-34 所列。点火难度随着氧燃比的增加逐渐减小,但是分开放置后点火难度将会提高,最高燃温出现于 O/F=2 时,之所以没有达到 3000K 以上的温度是由于流化气氛和密闭容器的冷却作用。相同粒径的 Mg 粉颗粒随着 O/F 比的增大燃烧时间不断变长,说明 Mg 颗粒在富燃情况下燃速更快。O/F=2 时燃烧稳定性较差,出现了间断燃烧现象,O/F=3 时虽然燃烧平稳但燃速较低。燃料和氧化剂分开放置时因为氧化剂扩散至燃料表面需要一定的时间,粉末燃料颗粒表面其实还是处于一种富燃环境,所以没有出现断续燃烧的不稳定现象,但是受到扩散作用的控制燃速非常低。总的来看,在 1atm 压强情况下 Mg 与 AP 燃烧时,富燃环境有利于燃速提高和燃烧稳定,与 S. Goroshin 和 A. J. Higgihs. 等人研究结果一致。

表 2-34　各氧燃比情况下点火燃烧瞬态特性

O/F	点火温度/K	最高燃温/K	燃烧时间/s	最大升温速率/(K/s)	燃烧稳定性
1	520	1357	0. 08	14364	稳定
2	509	>1600	0. 25	44857	断续燃烧
3	450	1014	0. 50	1097	稳定
3(分开放置)	525	1190	2. 50	187	稳定

2. 2. 3　Al/AP 点火燃烧特性

Al 粉无论在能量和密度上都高于 Mg 粉,使用成本也更低。在粉末发动机领域,Al 粉是最具有竞争力的金属燃料,本节介绍 Al 基粉末推进剂在不同环境下的点火燃烧理论及相关性能测试实验。

1. 激光点火实验系统及相关数据分析方法

在加热源的启动时刻开始计时,至点火特征出现为止所经历的时间为点火延迟,Al 颗粒点火特征较多,比如出现火焰、Al_2O_3 外壳破碎、达到点火温度等,针对不同的点火特征选择合适的测量方法尤为重要。早期研究多采用高速摄像机作为计时器,将相片中首次出现火焰作为点火时刻,将最后一张可见火焰相片作为燃尽特征,然而其测量结果会受到摄像机进光量及 CCD 感应器的影响,人为分辨的误差较大。也可以将点火温度作为点火特征,Shafirovich et Al. 使用热电偶测量了 1mm 铝颗粒点火温度并叙述了金属颗粒的点火燃烧特性,热电偶会吸收颗粒热量,自身也存在测量滞后性,故此种方法适用于粒度较大的 Al 颗粒,不适合于强烈瞬态变化过程的研究,以上方法的局限性阻碍了 Al 颗粒点火机理研究,必须寻找更加可靠准确的研究手段。近年来,基于光学测量的非接触式燃烧诊断方法越来越成熟,国外人员普遍使用光纤光谱仪研究 Al

颗粒的点火延迟与燃烧时间。

Al 与 O_2的 9 步反应产生的气相组分发光波段如表 2-35 所列，虽然 Al(g)蒸气的出现代表着 Al 颗粒进入了液滴蒸发燃烧模式，然而 Al(g)蒸气位于 Al 液滴表面附近，很快会被反应 R3 消耗掉，Al(g)浓度不高且光谱信号还会被外围 Al_2O_3凝相产物吸收，实验过程中检测分辨率极低，而 Al_2O 是异相反应产物，AlO_2滞后于 AlO 产生，只有 AlO 是最早的气相反应 R3 的反应产物，且信号强度很高，研究人员通常将 464.4~467.2nm 和 484.2~486.6nm 两个波段的可见光信号作为 Al 点火成功的标志。

表 2-35　铝和氧气反应气相产物及特征信号

组　分	波长/nm	信号强度
Al(g)	306,308	弱
AlO	486.6,484.2	很强
AlO	464.4,464.8,467.2	很强
AlO	507.9,510.2,512.3,514.3	强
AlO	453.8,451.6,449.4,447.0	一般
AlO	437.4,435.5,433.0	弱
AlO	541.0,539.2,537.7,535.8,533.7	弱
AlO_2	500.0,666.7	理论值
Al_2O	291.3,429.4,837.0	理论值

R1: $Al(l)\rightarrow Al(g)$

R2: $Al(l)+AlO(g)\rightarrow Al_2O$

R3: $Al(g)+O_2\rightarrow AlO+O$

R4: $AlO+O_2\rightarrow AlO_2+O$

R5: $O+O+M\longleftrightarrow O_2+M$

R6: $Al_2O_3(l)\rightarrow 2AlO+1/2O_2$

R7: $2AlO+1/2O_2\rightarrow Al_2O_3(l)$

R8: $Al_2O+O_2\rightarrow Al_2O_3(l)$

R9: $Al_2O+AlO_2\rightarrow Al_2O_3(l)+1/2O_2$

1) 实验系统

基于 Al 粉点火燃烧的发光机理，使用光纤光谱仪测量技术对粉末推进剂点火燃烧性能进行实验研究，实验装置如图 2-45 所示，由密闭燃烧器、点火模块、采集模块、触发模块、气压控制模块等部分组成，燃烧器开设 2 扇石英玻璃窗同时进行光谱和 CCD 图像采集。实验时统一称取 40mg 均匀搅拌试样置于 ϕ4.8mm×3.4mm 的圆柱形 Al_2O_3坩埚中。

实验装置实物如图 2-46(a)所示，点火模块采用功率为 150W 的 CO_2激光点火器加热颗粒样品，激光光斑的能量经过锗玻璃凸镜聚焦后调节为 480~510W/cm^2。采集模块使用型号 Avaspec-2048 的 AVANTES 光纤光谱仪采集燃烧过程中的可见光谱，光谱仪最小采集时间间隔为 1.05ms，如图 2-46(b)所示。

采用 CCD 摄像机拍摄燃烧现象。触发模块使用 NI 公司的 6008 板卡结合 Labview 软件编程，实现激光点火器和光谱仪的同时触发，以测量点火延迟。气体控制模块使用空气、氮气等气体，使用压强传感器对燃烧器内压强进行监控。

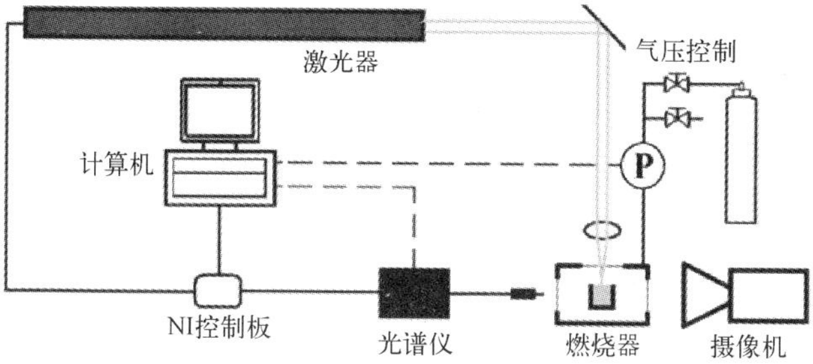

图 2-45　CO_2激光点火-光纤光谱诊断实验装置示意图

(a)

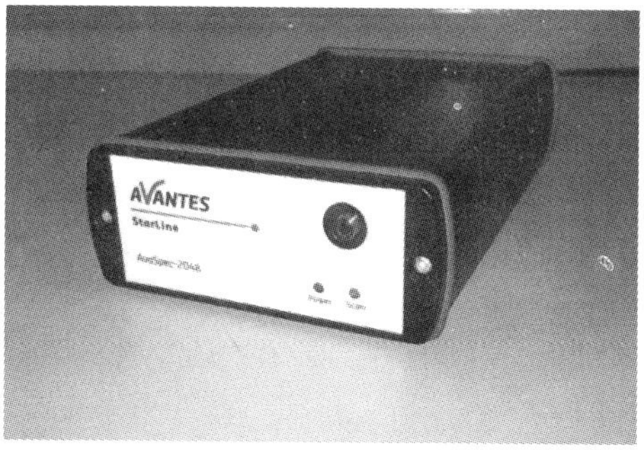

(b)

图 2-46　CO_2激光点火-光纤光谱诊断实验装置实物图

(a) 燃烧器；(b) 光谱仪。

Avaspec-2048 采用对称式车尔尼-特纳(Czerny-Turner)光路，如图 2-47 所示。UA 光栅为 300 线/mm，测量波长范围 300~1100nm，平均光谱分辨率 0.80~0.90nm，光纤接在一个标准的 SMA905 光纤接口(SMA - entrance connector)上，从光纤出射的光经过狭缝(图中未标出，在光纤接口后方)后经准直镜(Collimating mirror)准直，再由光栅(Grating)色散，色散后的光由聚焦镜(Focussing mirror)汇聚至探测器(Detector，一般为 CCD)上。使用 Drude 理论计算得到的 Al 颗粒激光吸收系数(0~4000℃)来进行理论计算。

2) 数据分析方法

(1) 点火延迟。

由表 2-35 可知，以 486nm 波长信号出现作为 Al 颗粒点火成功的标志是合适的。

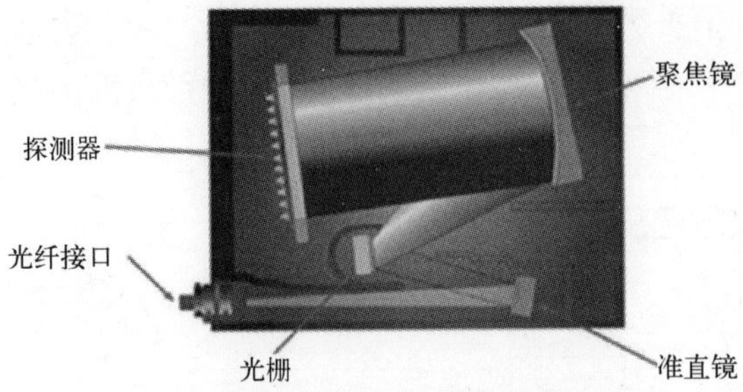

图 2-47　光纤光谱仪内部结构原理示意图

(2) 特征光谱比 R_{AlO}。

粉末燃料燃烧性能的表征十分重要,无论是由扩散控制还是由动力学控制,铝颗粒的燃烧都会放出热量,若颗粒燃速较快,则燃烧温度较高,那么反应 R3~R5 强度较大,AlO 的浓度也会较高,对应的 486nm 可见光信号较强;若燃烧温度较低,Al(g)蒸发速率较低,表示蒸气相燃烧强度弱,且冷凝反应 R7 变快,使 AlO 浓度降低,通常 Al 颗粒在温度大于 2000K 时都会在 568nm 可见光波段发出信号,故定义特征光谱强度比 $R_{AlO}=I_{486}/I_{568}$,以表征 Al 颗粒燃烧阶段蒸气相反应的强度,结合其他的燃烧参数可以对燃烧机理进行综合分析。

(3) 点火温度和燃烧温度。

由于 Al 颗粒粉尘的火焰传播实质上是已燃混合物点燃未燃新鲜混合物的宏观点火过程,在 Al 颗粒的火焰传播模型建立过程中,Al 颗粒点火温度及燃烧温度是十分重要的参数,但由于 Al 颗粒粒度、纯度、氧化层厚度的不同将导致不同批次 Al 颗粒的点火温度存在差异。

对于铝颗粒点火温度测量的研究经历了接触式测量到非接触式测量的过程,基于 Planck 定律在可见光波段采用双色高温计甚至三色高温计的应用已经十分普遍,Planck 定律表达式为

$$I_b(\lambda_i)=\frac{2hc^2}{\lambda_i^5\left[\exp\left(\frac{hc}{\lambda kT}\right)-1\right]} \tag{2-5}$$

式中:$I_b(\lambda_i)$ 为波长 λ_i(m)处的黑体辐射强度;h 是普朗克常数($h=6.6256\times10^{-34}$J·s);k 为波耳兹曼常数($k=1.381\times10^{-23}$J/K);T 是光源温度(K);c 是真空光速($c=2.998\times10^8$m/s)。

不同温度下黑体辐射相对强度分布如图 2-48 所示,绝对辐射强度对于温度测量没有意义,故将所有温度曲线的最大值做归一化处理,分析强度峰值随温度的变化规律,由图 2-48(a)可见温度为 4000K 黑体的辐射强度峰值处于 700nm 处,3000K 辐射强度的峰值处于 950nm 处,随着温度不断降低,2000K 和

1000K 辐射强度的峰值进入红外区，然而其在可见光谱区仍然具有信号响应。

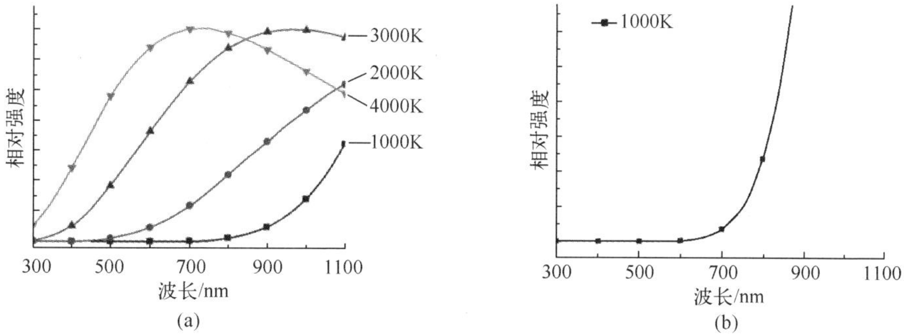

图 2-48　黑体物质在不同温度下的辐射强度分布图

（a）黑体辐射强度随温度变化；（b）1000K 黑体强度分布。

将 1000K 黑体辐射强度进行放大如图 2-48（b）所示，可见波长大于 600nm 之后仍有一定响应，实际操作中可能会由于信噪比较低而加大测量误差，日本的 Yuichi 对磁流体动力推进器燃气进行了 200～1000nm 光谱范围内 1900K 温度测量，表明光谱测得的温度与理论温度吻合良好。

粉末推进剂在燃烧过程中会产生大量气体组分，如 OH、N_2、H_2O、CO_2等，然而气体组分的辐射具有选择性且多处于红外波段，在可见光段几乎不会对颗粒辐射产生影响。需要注意的是，Al_2O_3外壳及亚微米尺度 Al_2O_3液滴分别在点火阶段和燃烧阶段紧密包围 Al 颗粒，光谱仪所采集信号由 Al_2O_3发出，测量及计算得到的温度实际上是点火阶段 Al 颗粒的温度和燃烧阶段 Al 液滴外围火焰层的温度。

图 2-49（a）所示为 1μm 粒径 Al 粉在常压空气环境中点火燃烧的三维光谱图，x、y、z 轴分别代表了波长、辐射强度、谱图号。Avaspec-2048 光纤光谱仪缓存中可以记录 1000 张光谱图，时间分辨率为 1.05ms，精度基本满足 Al 颗粒燃烧的测量要求。将三维光谱图做成某时刻情况下辐射强度随波长变化图（图 2-49（b）），或某波长情况下信号强度随谱图号变化图（图 2-49（c）），即可对点火燃烧过程各个信号波段进行详细研究。

图 2-49（b）为截取三维光谱中第 800 幅光谱图得到 CO_2激光器工作 840ms 时刻样品光谱强度图，可见燃烧光谱在 400～1000nm 波长范围内响应良好，大约在 580nm 和 700nm 处存在两个信号峰值，486nm 信号远大于零且微微向上凸起，说明除了 Al_2O_3凝相热辐射外还有 AlO 气相热辐射存在，即颗粒处于蒸发燃烧过程中。

图 2-49（c）为 486nm 波长信号强度随谱图号的变化情况，相邻两幅谱图相差 1.05ms，大约在 105 幅谱图（110.25ms）时信号强度明显变大，可以认为此时

样品点火成功。液滴蒸发燃烧模型 $\tau = kd^2$ 中的速率 k 与氧化剂浓度成正比，初期燃烧器中的氧浓度是最高的，颗粒的燃速最大，产热率最高，然而其光谱信号强度却没有达到最大值，原因在于点火时刻坩埚中堆积的 Al 颗粒只有最上层被点燃，随后下层颗粒逐渐点燃，光谱信号逐渐增强。

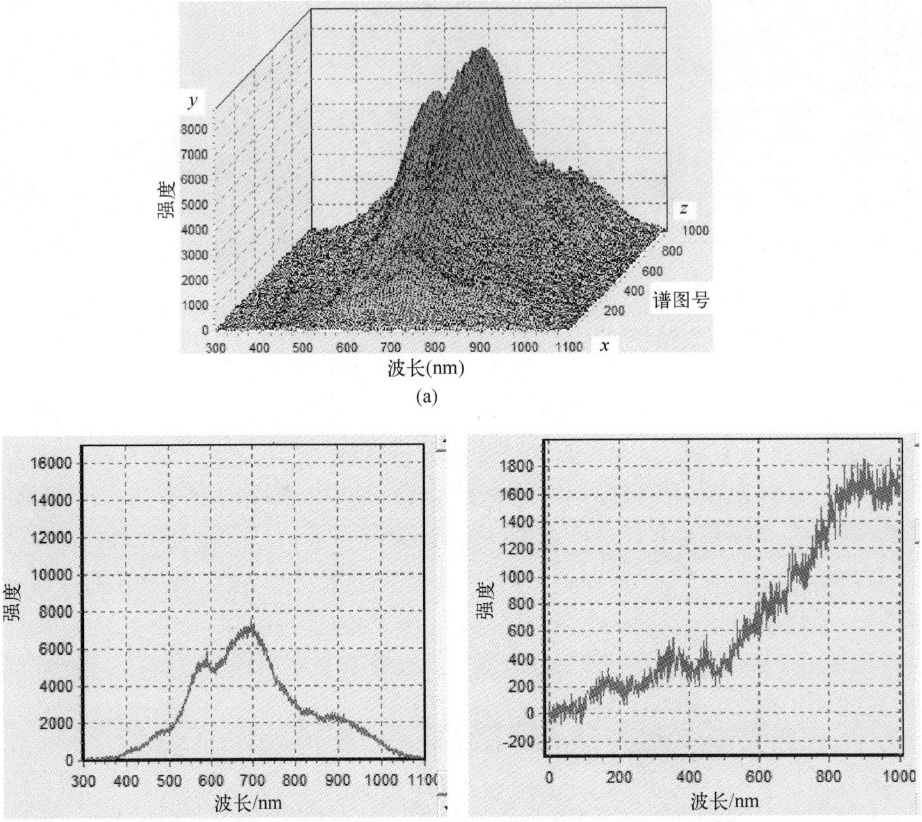

图 2-49　1μm 粒径 Al 粉在常压空气环境中点火燃烧光谱

(a) 三维光谱；(b) 某时刻光谱；(c) 486nm 信号随谱图号变化。

由图 2-49(b)可见 Al 颗粒燃烧光谱图形状并不与理想黑体辐射光谱形状一致，原因有两方面：第一，Al_2O_3 并不是呈绝对灰性；第二，光纤光谱仪光路中各个元件对于不同波长的响应是不同的，实际测得的 Al 颗粒燃烧辐射强度 $I_a(\lambda_i)$，可以表达为

$$I_a(\lambda_i) = \varepsilon(\lambda_i)\eta(\lambda_i)I(\lambda_i) \tag{2-6}$$

式中：$I(\lambda_i)$、$\varepsilon(\lambda_i)$、$\eta(\lambda_i)$ 分别为颗粒在某温度下在波长为 λ_i 处的理论黑体辐射强度、灰度及光路效率。选择两个信号响应不为零的波长 λ_1、λ_2，实际情况下

的双波长温度计算法为

$$T=T(\lambda_1,\lambda_2)=\frac{I(\lambda_1)}{I(\lambda_2)}=\frac{I_a(\lambda_1)\varepsilon(\lambda_2)\eta(\lambda_2)}{I_a(\lambda_2)\varepsilon(\lambda_1)\eta(\lambda_1)}= \tag{2-7}$$

故使用双波长温度计算法之前需要对发射率 $\varepsilon(\lambda_i)$ 和光路效率 $\eta(\lambda_i)$ 进行标定，其中 $\eta(\lambda_i)$ 标定较为容易。有学者对光纤光谱仪光路中各元件特性的传导效率标定结果如图 2-50 所示，可见光栅（Grating）的传递效率在 300nm 处达到最大，随着波长增大其效率不断衰减；光纤（Fiber）的传递效率在 300nm 处为最低值 0.12，随着波长增加至 370nm 处时其效率达到 0.74，波长继续增加后其传递效率维持恒定不变；CCD（Camera）传感器的效率也在 450nm 左右达到最大值，然后向两边不断衰减；滤光片（Filter）具有与光纤相似的效率特性，在 510nm 左右达到最大效率后随波长增长其效率维持恒定不变，光纤光谱仪光路传递效率为

$$\eta(\lambda_i)=\prod_{j=1}^{m}\eta_j(\lambda_i) \tag{2-8}$$

式中：j 为第 j 个光学元件；m 为光学元件总数。

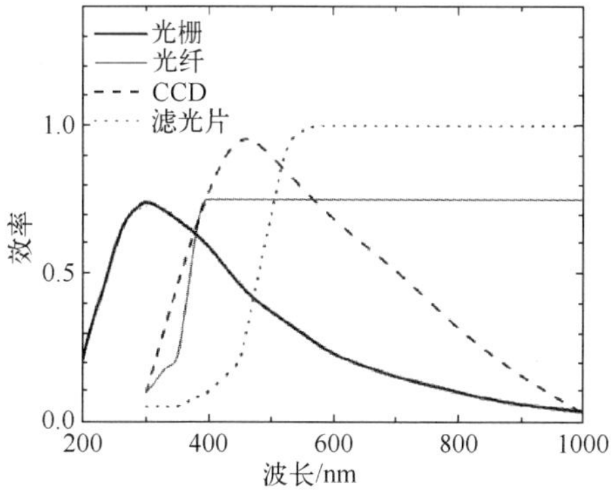

图 2-50　光纤光谱仪中各组件常见光路传输效率

本节使用中国计量研究院标准光源对本研究中所使用的光谱仪光路全部元件的总效率进行标定，各波段信号传递的绝对传输效率如图 2-51 所示，绝对传输效率在波长 300～750nm 范围内比较高，为 1000～3500。在波长 750～1000nm 范围内的绝对传输效率为 100～500 之间，其效率比 300～750nm 波段低了一个数量级，然而仍具备较高的信噪比与准确性，在 1000～1100nm 波段信号的绝对传输效率已经接近于 0，所以光纤光谱仪在近红外波段区的传输效率比可见光波段低得多，对紫外线波段的传输效率为可见光区效率的一半左右且较为稳定。另外，Avaspec-2048 光谱仪传递效率与温度值的关系不大，故标定数值适用于所有温度下的光谱测量。

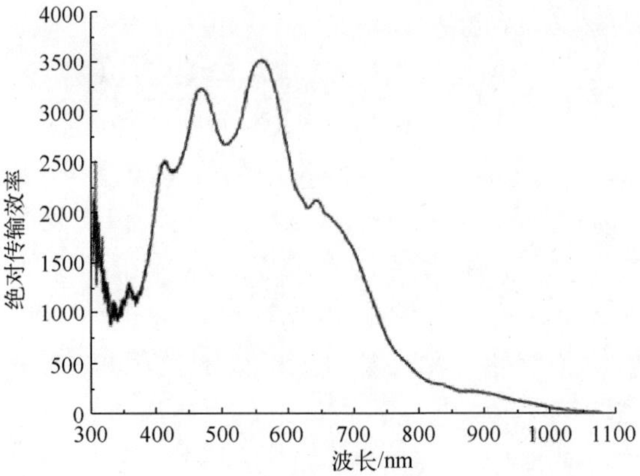

图 2-51　所用光纤光谱仪传递光路的绝对传输效率

发射率 $\varepsilon(\lambda_i)$ 的确定往往比较复杂,实际操作中往往使用已知温度的某种介质对高温计进行标定,然后使用高温计测量此种介质的温度,对其他介质测温时需要重新标定。Al_2O_3 辐射特性在 Al 燃烧过程中占有决定性的比例,Al_2O_3 虽然在高温(2700K 以上)情况下为近似灰体,但在低温(2000K 以下)其发射率变化范围较大。散射会明显影响 Al_2O_3 发射率,由于光谱偏差和分子干涉的影响,实际的发射率很难确定,小于 10μm 的铝颗粒具有完全米氏散射效应,使得发射率变化复杂。

虽然对于绝对发射率的确定难度巨大,然而针对双波长测温方法来说只需要确定两个波长的相对发射率即可,通过实验手段标定不同波长之间的发射率之比已经取得了理想的研究成果,比如伊利诺伊大学的 Patrick Lynch 等人使用 $\varepsilon(\lambda,T)=C\lambda^{n(T)}$ 或三次函数拟合相对发射率,测量了 MgO,TiO_2,ZrO,Fe_2O_3 的发射率及温度。

Jacob R. J. 开发了 700nm 和 800nm 比色温度计用以观察瞬态温度场,研究了 Al 颗粒在催化剂 CuO 作用下的燃烧温度。研究了 2000K 以下 0.258μm Al 颗粒的发射率变化,使用 650~900nm 波段研究,结果表明 $\varepsilon(\lambda,T)=C\lambda^{n(T)}$ 中的 $n=-1.4$。

由于本节所用 Al 颗粒样品直径在 1~20μm,且所测温度在 1000~4000K,故本节选取 $n=-1.4$ 进行 Al 颗粒温度计算。

双波长测温法还需要选取两种波长信号,对于波长的确定要结合实验系统本身的情况进行选取,首先,Al 颗粒可能的最低点火温度为 1000K,故波长应大于 600nm;其次,应当避免 AlO、Al_2O、AlO_2 等气体分子的干扰,即不能在表 2-35 中所列波长范围内取值;最后,为了提高信噪比,应当参考光路效率特性。综上所述,选择的测温波长区间为 600~750nm,在 600~750nm 每 30nm 取一个波长可得备选波长为 600nm、630nm、660nm、690nm、720nm、750nm，由于 660nm 在 AlO_2 气体分子发射波长附近，故去除，剩余 5 个波长两两组合后有 10 种情况，其比值大小与温度之间的关系如图 2-52 所示，由图可见双波长比值与温度的对应关系为单调函数，且两波长差值越大计算结果分辨度越高，最终选择 750nm/600nm 进行双波长温度计算。

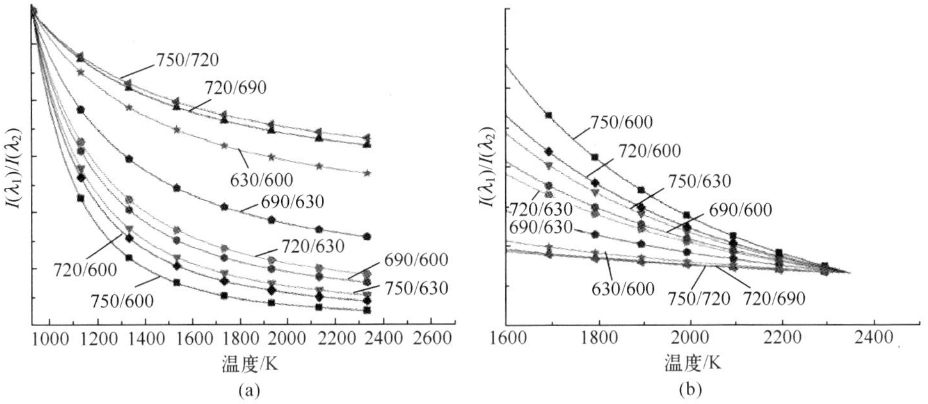

图 2-52　对黑体的双波长测温法计算结果归一化处理结果

(a) 933K 归一化；(b) 2350K 归一化。

Marion 认为双波长法只适合于燃烧温度的测量，这是由于点火温度较低将导致 600nm 和 750nm 处信噪比变低，必须对点火时刻所对应光谱信号进行充分的信息挖掘，以确定点火温度，本节借鉴一种基于双色法的介质灰性判断方法来计算点火温度，其计算思想为对光谱中任意两个相隔 $\Delta\lambda$ 的波长强度 $I(\lambda,T)$ 和 $I(\lambda+\Delta\lambda,T)$ 进行双波长温度计算，两者相除得

$$\frac{I(\lambda,T)}{I(\lambda+\Delta\lambda,T)}=\frac{\varepsilon(\lambda,T)}{\varepsilon(\lambda+\Delta\lambda,T)}\frac{(\lambda+\Delta\lambda)^5}{\lambda^5}\exp\left[-\frac{C_2}{T}\left(\frac{1}{\lambda}-\frac{1}{\lambda+\Delta\lambda}\right)\right] \tag{2-9}$$

在保证计算稳定性的前提下尽量缩短 $\Delta\lambda$，假设颗粒在 $\lambda\sim\lambda+\Delta\lambda$ 波长范围内具有灰性，那么 $\varepsilon(\lambda,T)/\varepsilon(\lambda+\Delta\lambda,T)=1$，则温度为

$$T(\lambda+\Delta\lambda)=-\frac{hc}{k}\left(\frac{1}{\lambda}-\frac{1}{\lambda+\Delta\lambda}\right)\Big/\ln\left[\frac{I(\lambda,T)}{I(\lambda+\Delta\lambda,T)}\frac{\lambda^5}{(\lambda+\Delta\lambda)^5}\right] \tag{2-10}$$

在整个 300~1100nm 波长范围内间隔 $\Delta\lambda$ 进行双波长温度计算后将得到温度 T 在整个光谱范围内的连续变化情况，显然颗粒不可能在所有波段都呈灰性，大部分情况下存在：

$$T(\lambda+\Delta\lambda)\neq T(\lambda+2\Delta\lambda)\neq\cdots\neq T(\lambda+i\Delta\lambda)$$

某些波段中若存在 $T(\lambda+\Delta\lambda)=T(\lambda+i\Delta\lambda)$，则说明此波段为颗粒的灰性段，灰性段对应的温度即真实温度，这种计算方法可以最大限度的提取点火时刻光

谱信号中的所有信息来确定点火温度,有效提高了温度计算准确性。

以上数据分析方法可以测量 Al 颗粒燃烧时的点火延迟、点火温度和燃烧温度,为粉末推进剂点火燃烧及粉尘云火焰传播理论研究打下基础。

2. 金属粉末燃料与 AP 混合物的点火特性

1) Mg 和 Al 点火燃烧特性对比

本节开展金属粉末/AP 混合物点火实验研究,对比 Mg 和 Al 与 AP 的点火燃烧性能,燃烧火焰如图 2-53 所示,依次为(a)10μmAl/AP 粉末、(b)1μmAl/AP 粉末及(c)10μmMg/AP 粉末,可见与空气作为氧化剂时的最大不同点是燃烧产物会向坩埚外喷射,这是 AP 分解产生大量气相产物造成的。图 2-53(a)中 10μmAl/AP 粉末燃烧时将产生比图 2-53(b)1μmAl/AP 粉末更加清晰且粒度更大的火星(金属液滴),原因是 1μmAl 粉粒径较小,形成的液滴体积较小,且燃烧速率快,故照片中火星亮而密集,但是 10μmAl 粉颗粒较大,即液滴体积较大,从而燃烧速率也慢,导致释热速率变慢,故燃烧光强度较低。(c)10μmMg/AP 粉末实验过程中没有发现火星,说明 Mg 粉和 AP 燃烧时产生的凝相产物很少,燃烧性能更好。

(a) (b) (c)

图 2-53 金属粉末/AP 粉末混合物点火燃烧
(a) 10μmAl/AP;(b) 1μmAl/AP;(c) 10μmMg/AP。

图 2-54 是三种样品典型的光谱信号图,1μmAl 和 10μmMg 样品中都显著存在 387nm,471nm,486nm,500nm,518nm,589nm,769nm 峰值信号,589.0nm 和 589.6nm 是气相钠元素,766.5 和 769.9nm 是气相钾元素,说明金属颗粒在强烈燃烧时释放大量热量使杂质气化。1μmAl/AP 样品中的 471nm 到 486nm 光谱峰是 AlO 生成造成的,10μmAl/AP 样品在同样波长范围内信号也有凸起响应,然而并没有形成峰值,故在 Al/AP 混合物燃烧时,1μmAl 粉样品燃烧产生的气相产物比重更大。Mg 粉燃烧时,500nm 和 518nm 是 MgO 蒸气生成的标志,并且由于 AP 中含有氢元素,故 372~385nm 波长范围内的峰值可能是 MgOH 大量产生造成的。从以上分析可知,气相产物比例越大,则光谱曲线中对应波段的峰值幅度越大,同时气相产物代表了更高的燃烧温度,反映了金属颗粒的释热速率,即燃速。并且在金属与 AP 的混合物中,减小 Al 粉粒径有利于提高燃烧

性能,而对于同种粒径的 Mg 粉和 Al 粉,Mg/AP 比 Al/AP 燃烧性能更好。

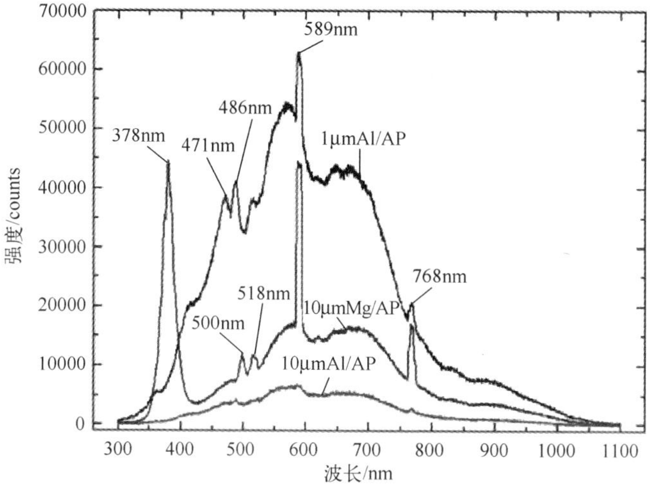

图 2-54　三种样品的典型光谱图

图 2-55 为三种工况在整个点火燃烧过程中的光信号强度变化情况,对于 Al/AP 和 Mg/AP 混合物分别选取 568nm 和 500nm 波长信号进行点火燃烧全过程监测,0ms 时刻是激光点火器启动时刻。

表 2-36 为金属粉末/AP 点火燃烧实验结果,取信号峰值的 5%以上作为燃烧阶段,从表中可见 10μmAl/AP 的点火延迟最长,为 65.10ms,燃烧时间为 430ms,整个燃烧过程中光谱信号强度一直处于 19036 光子数的低水平,且光谱信号处于振荡状态,这是由于上层样品点火燃烧后产生的热量并不能持续点燃下层样品,当上层样品被高温气相燃烧产物带走后,下层的颗粒暴露于激光照射下被点燃,表明 Bell 航空公司在进行 Al/AP 粉末火箭发动机热试实验过程中出现的燃烧振荡现象可能是粒径较大的 Al 释热速率较慢造成的。而 1μmAl/AP 的光谱信号在燃烧阶段没有振荡现象产生,是由于粒径越小的颗粒点火难度越小(点火延迟低,点火温度低);另一方面,颗粒点燃后释热速率也加快,两方面的原因同时存在并相互作用。1μmAl/AP 样品燃烧阶段的光强超过光纤光谱仪检测上限,说明颗粒粒径越小燃速越大。从表 2-36 中还可见 1μmAl/AP 样品的点火延迟和燃烧时间都比 10μmAl/AP 要短,然而小粒径金属颗粒的缺点是装填密度低。虽然 10μmMg/AP 具备更好的燃烧性能,但是其理论比冲却低于 Al/AP。在实际发动机设计过程中,应针对不同情况进行推进剂配方选取,比如对于小型发动机,燃烧室也会相应缩小,可能导致 Al/AP 的燃烧效率低于 Mg/AP,使 Mg/AP 的实际比冲高于 Al/AP,故 Mg/AP 适用于装药量和燃烧室规模都较小的粉末发动机,而 Al/AP 适合于规模较大的粉末火箭发动机。

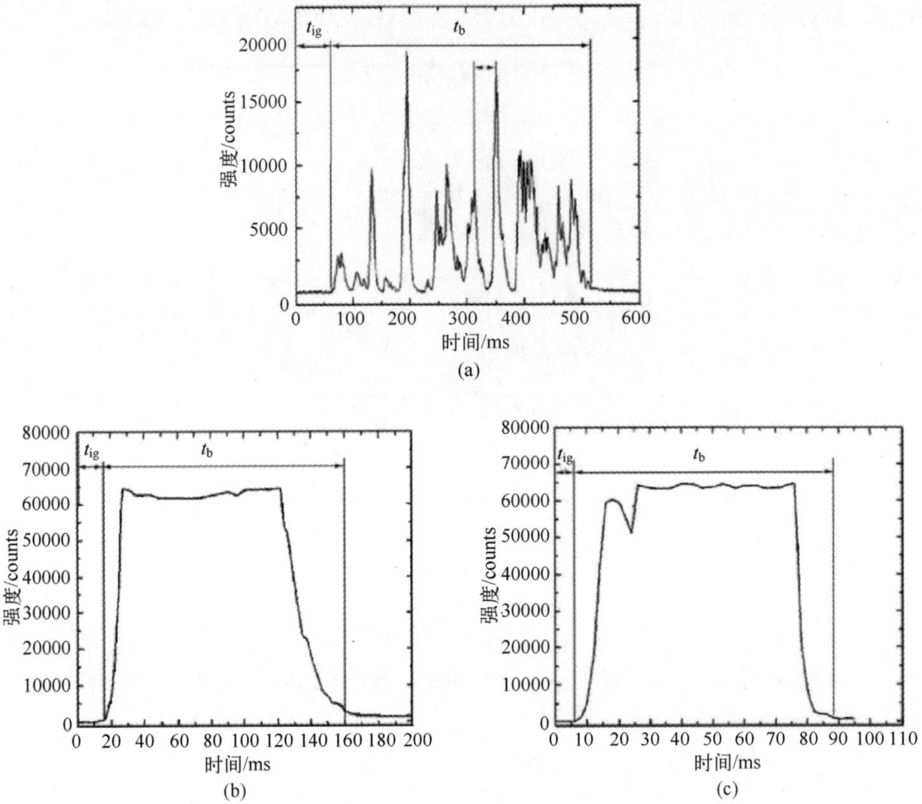

图 2-55 金属/AP 粉末混合物样品光谱信号强度随时间变化

(a) 10μmAl/AP;(b) 1μmAl/AP;(c) 10μmMg/AP。

表 2-36 金属粉末/AP 点火燃烧实验结果

样 品	点火延迟/ms	燃烧时间/ms	信号间隙/ms	金属颗粒装填密度/(g/cm^3)
10μmAl/AP	65.10	>430	20~60	0.883
1μmAl/AP	17.85	141.75	—	0.695
10μmMg/AP	6.30	81.9	—	0.754

2) Al/AP 颗粒混合物点火燃烧特性影响因素

通过对比 Mg/AP、Al/AP 的燃烧性能后发现,虽然 Al/AP 理论性能高于 Mg/AP,但是 Al/AP 的燃烧性能确实不如 Mg/AP,故必须对 Al/AP 的燃烧现象进行详细全面的研究,分析不同因素对 Al/AP 的影响规律,揭示 Al/AP 点火燃烧机理,从而进行合理的燃烧组织设计,以提高 Al/AP 的燃烧效率。本节首先通过实验手段研究 Al 颗粒粒径、氧燃比和环境压强对 Al/AP 混合物点火燃烧的影响规律。

（1）粒径影响。图 2-56 中所示为 Al/AP 样品的 568nm、486nm 及光谱比 R_{AlO}值在整个点火燃烧过程中随时间变化曲线，可见光谱信号强度远大于在气体氧化剂（空气和 N_2O）中燃烧时的情况，原因在于 AP 分解时将产生高温高浓度氧化性气体，且 AP 与 Al 颗粒完全均匀混合并致密堆积，导致高温高浓度氧化性气体向 Al 颗粒表面进行质量扩散和热扩散的特征长度都非常短，促使点火燃烧过程加快，瞬间放热剧烈，故 Al 颗粒会同时点燃，由于扩散过程的巨大差别，使 Al/AP 光强度远大于在 Al/空气和 Al/N_2O 中燃烧的情况。

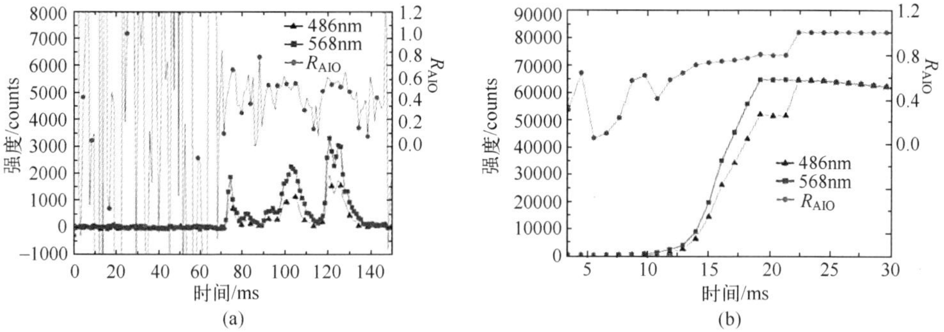

图 2-56　常压下不同粒径 Al 粉的 Al/AP 燃烧光谱随时间变化

（a）10μmAl/AP；（b）1μmAl/AP。

从图 2-56 中可见，两种 Al/AP 样品的 R_{AlO}值都大于 Al/空气的 R_{AlO}值（0.2 左右），说明 Al/AP 燃烧时产生的 AlO 占燃烧产物比例更高。而 Al 颗粒进入液滴蒸发燃烧模式后燃烧过程受扩散影响，故 Al/AP 样品 R_{AlO}值更大的原因有三个方面：第一，AP 中的余氧含量高于空气，氧气的浓度差越大扩散能力也越大；第二，AP 自身会释放热量，使分子热运动加快，导致扩散速率加快；第三，Al 和 AP 均匀混合，缩短了氧化剂向燃料的扩散长度。由于检测超限，能够得到的 1μmAl/AP 的最大 R_{AlO}值为 0.77 且还有继续变大的趋势，而 10μmAl/AP 的最大 R_{AlO}值为 0.54，可知燃烧阶段小粒径的 Al 粉将产生更大比例的 AlO，Al 颗粒燃烧其实是扩散和动力学两方面因素综合影响的结果，由于所用 AP 颗粒的粒径相同，在均匀混合的 Al/AP 样品中 AP 分解的高温气相产物已经将 Al 颗粒均匀包裹，气相氧化剂的扩散过程已不是燃烧速率的制约因素，由于粒径较小的 Al 颗粒比表面积剧增，导致燃烧从扩散控制向动力学控制转化，而动力学过程速率是远大于扩散速率的，故 1μmAl/AP 样品的燃速和释热速率更快，在相同的散热环境中其燃烧产物温度也越高，使组分平衡向 AlO 增多的方向移动。

（2）氧燃比影响。氧化剂与燃料的比例通常会对燃烧性能产生影响，AP/Al 粉末推进剂的化学当量比在 2.6~3.0 之间，图 2-57 为不同氧燃比的 1μmAl/AP 粉末，在 1atm 氮气环境中燃烧的光谱信号变化情况，由于图 2-56(b) 为 AP/Al=3 时的情况，故在这里不再重复给出。由图 2-56(b) 和图 2-57(b) 可见，AP/Al=3 和 AP/Al=4 时从点火时刻（486nm 信号出现）到快速燃烧（486nm 超上限）的过渡时间最短，只有 5ms 左右，而 AP/Al=2 时为 30ms，AP/Al=5 时为 15ms。AP/Al=3 时，点火延迟达到最小值 11ms，根据热力计算可知 AP/Al=3 时燃烧产物平衡温度最高，为 3503K。光谱信号在 AP/Al=3 和 AP/Al=4 时增长较为平顺且很快超过光谱仪的检测上限，而在 AP/Al=2 和 AP/Al=5 这两个极端富燃和极端富氧的情况下，光谱信号的增长速度缓慢且出现了局部回落，说明在化学当量比附近 Al 颗粒的燃速是最快的。在点火成功以后，各工况 R_{AlO} 值都有一小段逐渐增长的趋势，由于 AlO 在较低温度时将冷凝，这个增长过程反应了温度由点火温度增大到火焰温度的物理过程。由于光谱信号超过光谱仪检测上限以后 R_{AlO} 值将变为 1，超出之前的 R_{AlO} 值在 AP/Al=5 时达到最大值 0.84，然后下降到最低 0.72，这种 R_{AlO} 值先升高后降低的现象是由于 Al 液滴蒸发需要一定的时间，燃烧前期氧化剂还没有被大量消耗，大量的 Al 还是以液态

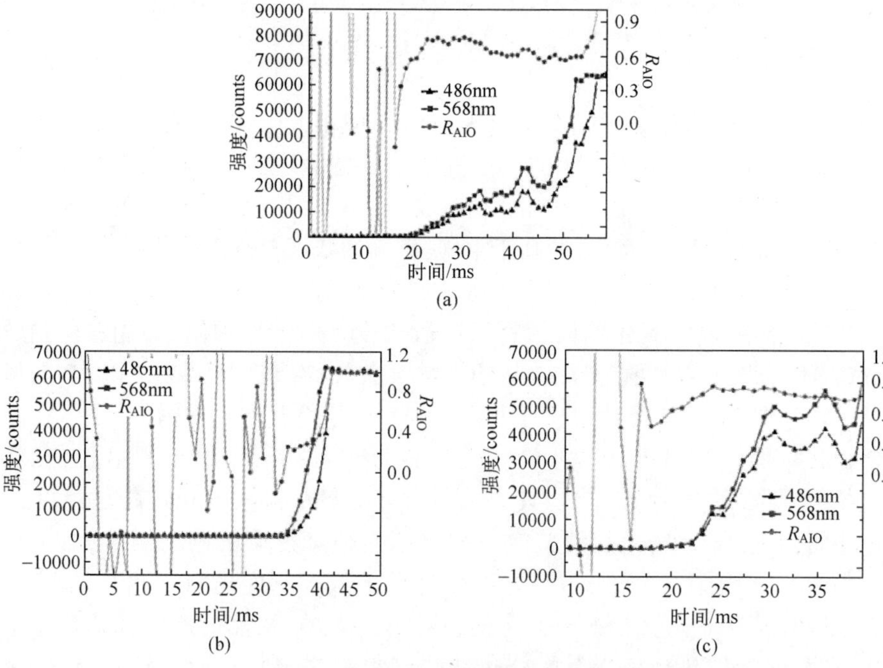

图 2-57　不同氧燃比下光谱信号随时间变化

（a）AP/Al=2；（b）AP/Al=4；（c）AP/Al=5。

形态存在，只有少量 Al 蒸气扩散到气体环境中参与反应，故在 Al 液滴蒸发前期，气相平衡组分是富氧的，含 AlO 比例极高，随着燃烧的进行 Al 液滴全部蒸发为气相，并燃烧消耗大量氧气后，AlO 的比例逐渐下降，燃烧产物的冷凝过程也会驱使 R_{AlO}值变小。AP/Al=2 时 R_{AlO}值最高达到 0.74，但是 30ms 时刻开始下降至 0.61，是氧化剂不足造成的。

（3）压强影响。图 2-58 为 AP/Al=3 的混合物在不同压强氮气环境中点火的光谱信号变化情况，从图 2-58 中可见，高压环境明显缩短了光谱信号到达检测上限的时间，然而对点火延迟的影响并不明显。Al 颗粒燃烧时颗粒周围形成的球形薄火焰层，在火焰层内是按化学计量比进行反应的，火焰层半径为颗粒半径的 2~5 倍，Al 颗粒燃速由氧化剂和 Al 蒸气扩散共同控制，若燃烧器内压强高则氧化剂浓度大，化学计量比向 Al 蒸发方向移动，火焰层向颗粒靠近，Al 颗粒受到热反馈加剧，蒸发速率变大，若氧化剂浓度小则化学计量比向氧化剂浓度高的地方移动，火焰层将远离颗粒表面，寻求更多的氧化剂。由于高压情况下火焰层靠近 Al 颗粒使其蒸发率变大，所以图 2-58(b) 中光谱信号从零~65000counts 所用时间更短，从侧面说明了高压环境能够增大 Al 颗粒燃速，而图 2-58(a) 和(b) 光谱信号上升速率几乎是一样的，说明依靠增大压强来增加颗粒燃速的方法在 1MPa 之前效果明显，压强大于 1MPa 后效果有限。高压情况下 R_{AlO}值最大为 0.69，比常压情况有一定程度的降低，这是因为 AlO 产生于火焰层中，其含量由组分平衡决定，组分平衡与 AP/Al 氧燃比、燃烧产物温度、压强和气相组分饱和蒸气压都有关，由于燃烧产物的温度不可能超过 Al_2O_3 的离解温度 3800K，而压强增大将导致气相产物向凝结产物转变，故高压情况下 Al/AP 推进剂燃烧时 R_{AlO}值将会降低。

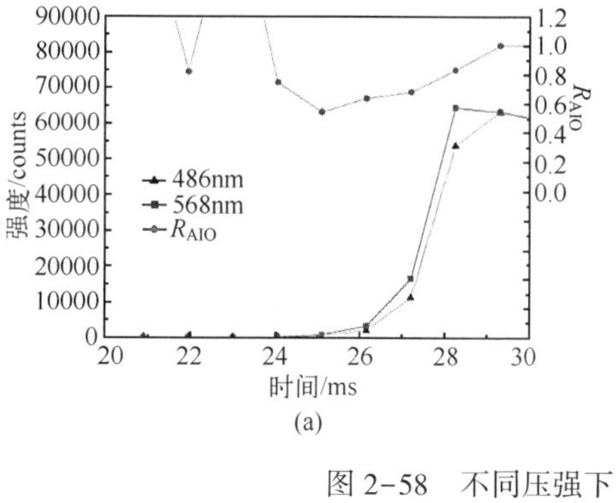

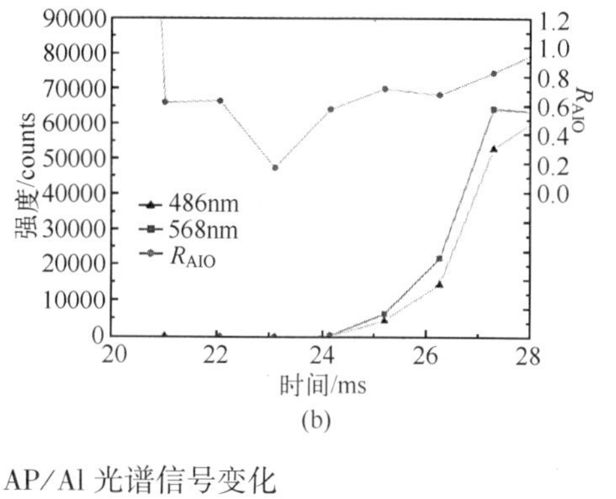

图 2-58 不同压强下 AP/Al 光谱信号变化

(a) 1.0MPa；(b) 2.0MPa。

2.3 粉末推进剂预处理

2.3.1 包覆团聚方法及实验

相关研究表明,推进剂预处理不仅能提高单组分的使用性能,也可提高推进剂力学性能、改善燃烧性能和推进剂工艺性能。下面开展对粉末推进剂的表面预处理技术的实验研究工作,以期能够进一步提高粉末推进剂的能量特性,改善其燃烧性能及储存使用安定性等性能。

1. 预处理材料选择

高氯酸铵粉末长期与外界环境接触会导致吸湿,特别是超细高氯酸铵表现出强烈的体积效应和表面效应,粒子的表面能增强,更加容易吸湿结团。粉末推进剂装填密度与颗粒粒度级配之间存在关系,大小粒度级配粉末的装填密度是最大的。对于金属粉末燃料来说,粒径越小燃烧性能越好,但是颗粒间的黏性会增大,不利于输送流化。

为了解决上述问题,需要对粉末推进剂进行预处理。最简单直接的方法就是采用包覆团聚技术将易吸湿组分与外界环境进行物理隔离;将小粒径颗粒团聚为大颗粒,以兼顾装填密度和燃烧性能。包覆团聚处理需要使用黏合剂、固化剂、偶联剂和化学安定剂等,由这些添加剂组成了粉末推进剂的预处理材料。其中用量最大的黏合剂应尽量具有较好的相容性、湿润性和能量性能。

从相容性和湿润性角度考虑,可供选取的粉末推进剂预处理材料见表 2-37。

表 2-37 预处理材料性能参数表

添加剂	分子式	密度/(kg/m³)	分子量	标准生成焓/(kJ/kg)
HTPB	$(C_4H_{6.052}O_{0.052})_n$	930	54.88	-315.7
GAP	$C_3H_5O_3(C_3H_4N_3O)_nH_3$	1300		+142.0
NC	$[C_6H_7O_2(OH)_{3-x}(ONO_2)_x]_n$			-(1400~67N)×4.187

选用预处理材料质量比为 5%、10%和 15%情况下进行了热力计算,对能量特性进行分析。图 2-59 为处理后 Al/AP 粉末推进剂理论比冲关系,由图可见添加剂对粉末推进剂能量特性有一定的提升作用,且从大到小依次为 HTPB>GAP>NC,在预处理材料 HTPB 用量为 10%,Al/AP 粉末推进剂氧燃比 O/F=3:1 时理论比冲最高,可达 262.1s,对比前面得到的未经处理的 Al/AP 粉末推进剂的理论比冲 247.0s 提升了 15.1s。

图 2-60 表示采用不同预处理材料处理得到的 Al/AP 粉末推进剂的成气量与预处理材料用量的关系，由图中结果可见不同的预处理材料预处理后气体生成量由大到小为 HTPB>GAP>NC。随着预处理材料用量的增加粉末推进剂的气体生成量呈现增多趋势，然而比冲会降低。

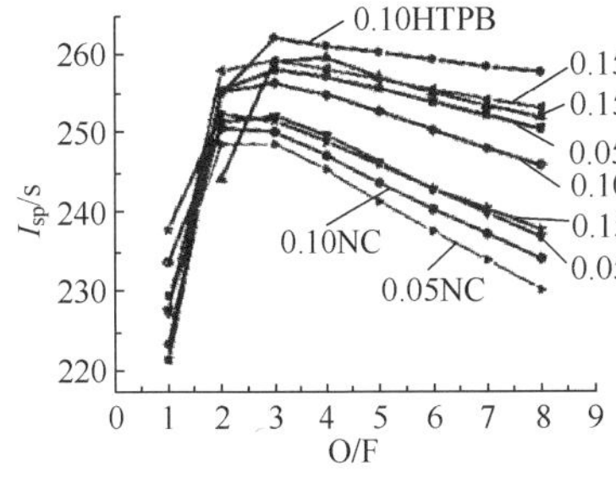

图 2-59　粉末推进剂理论比冲与包覆材料及用量的关系

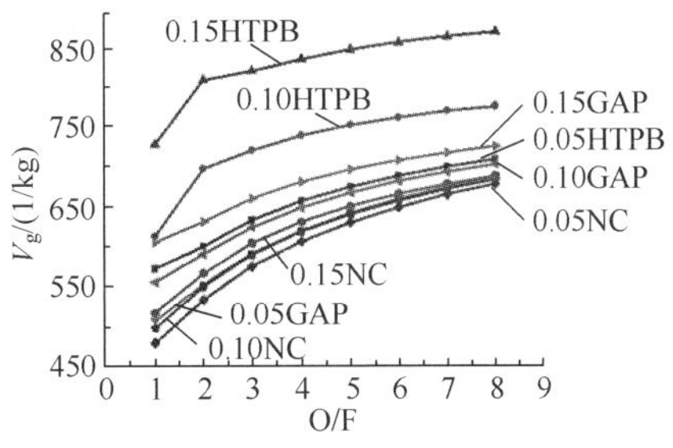

图 2-60　粉末推进剂成气量与包覆材料及其用量的关系

由上面计算结果综合分析，选择 10%含量 HTPB 作为包覆团聚的黏结剂最为合理。

2. 预处理工艺

由于预处理材料 HTPB 用量少，必须先对黏结剂 HTPB 进行溶解。用来溶解 HTPB 的溶剂应满足以下几个要求：①不溶解 AP；②和 HTPB 的相容性要好；③溶剂的沸点要适当；④无毒性，物理化学性质稳定。可供选择的五种有机溶剂：丙酮、环己醇、乙酸乙酯、三氯三氟乙烷和四氢呋喃，其各项性质如表 2-38 所列。

表 2-38　有机溶剂信息表

有机溶剂	分子式	沸点/℃	相对密度/(H_2O)
丙酮	C_3H_6O	56.5	0.80
环己醇	$C_6H_{12}O$	160.8	0.9624
乙酸乙酯	$C_4H_8O_2$	77.2	0.90
三氯三氟乙烷	CCl_2FCClF_2	47.6	1.548
四氢呋喃	C_4H_8O	65.7	0.8892

使用表 2-38 中溶剂按相同的配比溶解 HTPB，做五组对应的空白溶解实验。在真空恒温箱（80℃）内进行固化处理，48h 后取出，对比五种有机溶剂对 HTPB 的溶解和固化情况发现：

（1）采用丙酮作为有机溶剂的试剂固化后出现明显的分层现象；

（2）采用环己醇作为有机溶剂的试剂固化后产生的凝胶中出现大量的小气泡，整体呈现泡沫状；

（3）采用三氯三氟乙烷作为有机溶剂固化产物中有少量大气泡，且固化后凝胶弹性较大；

（4）采用乙酸乙酯作为有机溶剂时，其在48h后未能完全固化，固化时间需要进一步延长；

（5）采用四氢呋喃作为有机溶剂HTPB溶解均匀，固化后产生的凝胶透亮硬度更好。

总体来看效果最好的是四氢呋喃，四氢呋喃（1，4-环氧丁烷）的沸点为65℃，在80℃的恒温环境中能够获得到一个较佳的挥发率。

1）超细AP包覆团聚处理

采用较为常用的相分离法中的溶剂蒸发法对超细AP进行包覆处理，并采用挤出滚圆法对包覆后的AP颗粒进行团聚处理（见图2-61）。具体步骤如下：

（1）利用选定的有机溶剂四氢呋喃、固化剂TDI、偶联剂KH-550及添加剂MAPO按一定配比配制溶液溶解包覆材料HTPB；

（2）按一定配比称量出需要质量的超细AP，立即加入到配置好的包覆材料溶液中，进行搅拌使超细AP分散开来并与包覆材料溶液充分接触；

（3）放入带有加热器（60~70℃）的搅拌器中搅拌，在搅拌过程中HTPB与溶剂发生相分离，吸附在AP颗粒表面，形成包覆层；

（4）得到的混合粉体进行抽真空处理，然后利用挤出滚圆法对AP粉体进行团聚造粒，得到所需粒径的AP颗粒。

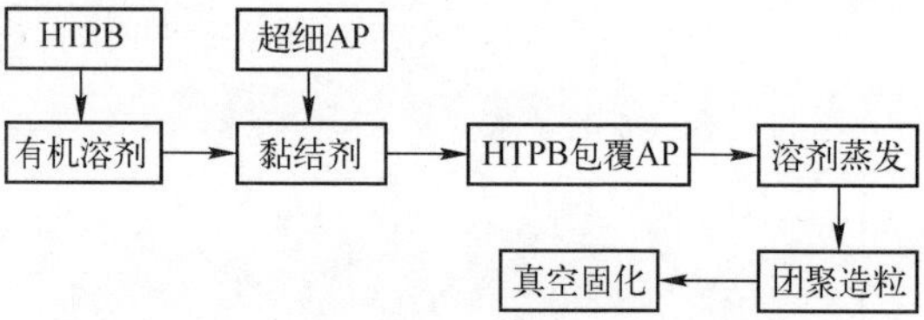

图2-61 超细AP预处理工艺流程图

2）超细Al粉团聚处理

以HTPB为黏合剂，同样采用挤出滚圆法对超细Al粉进行团聚处理（图2-62）。具体步骤如下：

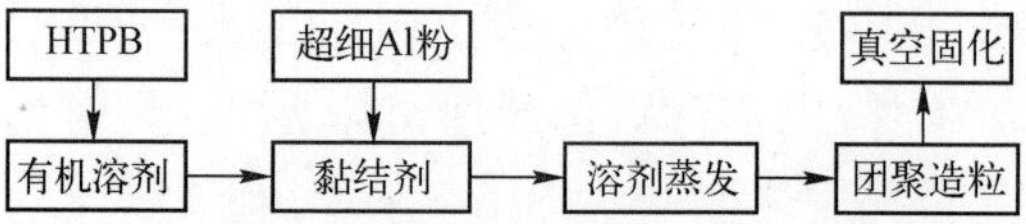

图2-62 超细Al粉预处理工艺流程图

（1）利用选定的有机溶剂四氢呋喃、固化剂 TDI、偶联剂 KH-550 及添加剂 MAPO 按一定配比配制溶液溶解黏合剂 HTPB；

（2）将超细 Al 粉用黏合剂溶液润湿，充分搅拌均匀，控制到合适的湿度要求后利用挤出滚圆法进行团聚造粒。

2.3.2　粉末推进剂预处理性能分析

1. 微观形貌

对粉末推进剂的预处理技术进行实验研究要从多种方面进行考虑，这其中包括预处理工艺的可行性、可操作性及预处理后性能的改善等方面。

从预处理的均匀性和完整性分析：超细 AP 包覆材料的 HTPB 的用量为 5% 时，超细 AP 的表面包覆不完整；当 HTPB 用量为 15% 时，包覆量太大，包覆层太厚。当作为超细 Al 粉团聚的黏结剂的 HTPB 用量为 5% 时，初步实验获得的团聚 Al 粉强度不足，出现了挤压破碎的现象；当 HTPB 用量为 15% 时，由于黏结剂用量过大，团聚粉体黏度过高，进行团聚造粒的过程中出现黏连现象，得到的团聚 Al 粉外形较差，并且处理较为困难。而选用预处理材料为 10% 的用量时，无论对超细 AP 颗粒还是超细 Al 粉的处理能够很好的完成，单从预处理过程的可操作性来说是最好的选择。

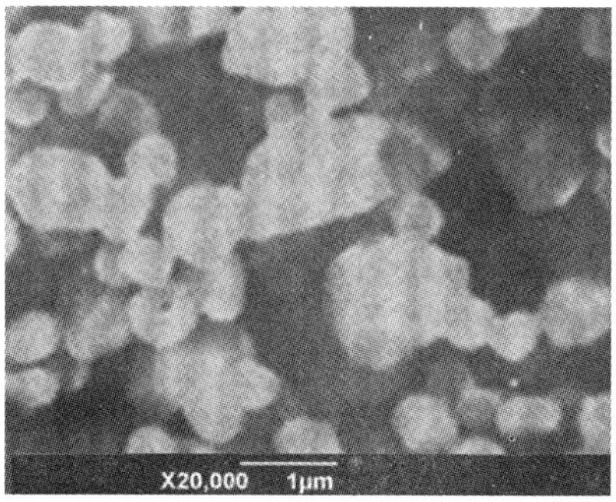

图 2-63　原料 AP 的 SEM 照片

图 2-63 是 AP 的 SEM 照片，由图可知作为原料用的超细 AP 晶粒的外形主要呈现不规则的方形，颗粒上有大量棱角存在，颗粒间易形成盐桥而造成轻微的结团。

预处理后 AP 颗粒的 SEM 照片如图 2-64 所示，其中图 2-64(a) 为经过预处理后的完整 AP 颗粒的 SEM 照片，图 2-64(b) 为预处理后 AP 颗粒的局部表面放大 SEM 照片，可见预处理后 AP 颗粒紧密团聚，表面较为平整，而且在颗粒表面形成了一层透亮的薄膜，使放大后 AP 颗粒形态要比未处理前清晰。包覆团聚后的超细 AP 颗粒之间黏结紧密，无裂纹跟孔洞等缺陷。对比预处理前后 AP 颗粒可以看出，HTPB 包覆团聚工艺能够改善 AP 颗粒形貌，使其外形更加圆滑，这是由于 AP 与 HTPB 有一定的相容性，在处理过程中纯 AP 颗粒的棱角部分更容易与 HTPB 溶液发生相容作用。

图 2-65 为原料 Al 粉的 SEM 照片，利用雾化法制得，由图可知作为原料用的超细 Al 粉颗粒的表面球形度很好，而且表面光滑。

(a) (b)

图 2-64 预处理后 AP 颗粒的 SEM 照片

(a) 完整 AP 颗粒的 SEM 照片;(b) AP 的局部放大 SEM 照片。

团聚后 Al 颗粒的 SEM 照片如图 2-66 所示,其中图 2-66(a)为经过团聚后的完整 Al 颗粒的 SEM 照片,图 2-66(b)为团聚后 Al 颗粒的局部表面放大 SEM 照片。团聚得到的 Al 颗粒为不规则的球形,其中大粒径颗粒周围出现了一些小的空洞,而小粒径的颗粒间黏结的较为紧密。由此可知,如果利用粒度更小一些的超细 Al 粉进行团聚,处理得到的效果会更好。

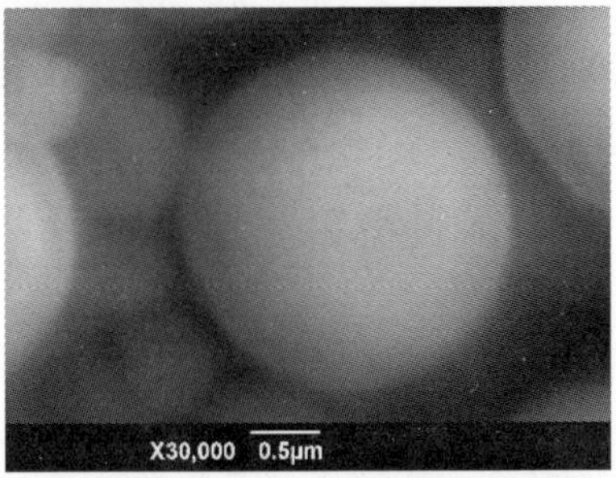

图 2-65 原料 Al 粉的 SEM 照片

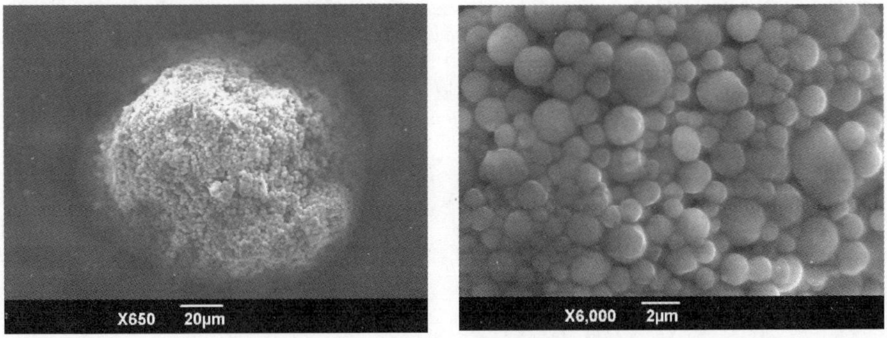

(a) (b)

图 2-66 预处理后 Al 颗粒的 SEM 照片

2. 装填密度

固体颗粒的密度分为真密度和装填密度两种。

1) 真密度

真密度评价了颗粒的疏松度,可以利用密度瓶法来进行测定。密度瓶法是利用一个容积已知的密度瓶和一种密度已知的浸渍液来求已知质量的固体颗粒试样的实际体积。方法是:把规定温度的浸渍液充满密度瓶,称其质量,然后,把已知质量的粉末推进剂组分试样放入该密度瓶内排出与推进剂试样同体积的浸渍液,再称量密度瓶的质量,从而得到推进剂试样的体积为

$$V=(m_1-m_2+m)/\rho_t \tag{2-11}$$

推进剂试样的真密度则为

$$\rho=\frac{m\rho_t}{m_1-m_2+m} \tag{2-12}$$

式中:ρ 表示粉末推进剂组分试样的密度(g/cm^3);m 表示粉末推进剂组分试样的质量(g);m_1 表示充满浸渍液的密度瓶的质量(g);m_2 表示充满浸渍液和粉末推进剂组分试样的密度瓶的质量(g);ρ_t 表示浸渍液的密度(g/cm^3)。

测得超细 AP 在不同预处理材料用量条件下的真密度如表 2-39 所列。

表 2-39 超细 AP 包覆团聚处理前后密度对比

预处理	0%	5%	10%	15%
$\rho/(g/cm^3)$	1.899	1.941	1.925	1.907

由表 2-39 的结果可以看出:采用 HTPB 对超细 AP 进行包覆团聚后使得 AP 颗粒的密度有所增大,但是随着 HTPB 用量的增大,处理得到的 AP 颗粒的密度有所减小。这是由于 AP 粒径较小,比表面积较大,在利用密度瓶法进行密度测定时,超细 AP 表面与浸渍液间有较大的作用力,使得密度测量偏差较大,测得的纯 AP 颗粒的密度值偏小;而 HTPB 的密度较 AP 的要小,因此随着 HTPB 用量的增大,处理得到的 AP 颗粒的密度减小。

测得超细 Al 粉在预处理材料不同用量的条件下的真实密度如表 2-40 所列。

表 2-40 超细 Al 粉团聚处理前后密度对比

预处理	0%	5%	10%	15%
ρ_t	2.700	2.589	2.503	2.418

由表 2-40 的结果可以看出:采用 HTPB 对超细 Al 粉进行团聚处理使得 Al 颗粒的密度有所降低,同时由于 HTPB 的密度要比 Al 的密度小得多,随着 HTPB 用量的增大,处理得到的 Al 颗粒的密度有所减小。

2) 装填密度

装填密度为单位堆积体积下粉末的质量,堆积体积指粉体自身体积加上相

互之间由于堆积过程产生的空隙体积之和。粉末推进剂的装填密度是粉末颗粒在储箱中经过振实处理后的装填密度,采用振实密度测定装置进行测定。

该装置由盛物容器(量筒)和振动台两部分组成。使用振实台将容器中定量的粉末颗粒振实,直到粉末颗粒的体积不再减少为止。粉末的质量除以体积,得到的就是振实密度。为了保持粉末推进剂试样和测定装置的温度,该实验应在 20±0.5℃的恒温室内进行。

粉末推进剂装填密度为

$$\rho_t = m/v \tag{2-13}$$

式中:ρ_t 表示粉末推进剂试样的装填密度(g/cm^3);m 表示粉末推进剂试样的质量(g);v 表示振实后的试样的体积(cm^3)。

测试结果见表 2-41 和表 2-42。

表 2-41 不同预处理得到相同粒径 AP 颗粒的装填密度

预处理	5%	10%	15%
$\rho_t/(g/cm^3)$	0.916	0.950	1.002

表 2-42 不同预处理得到相同粒径 Al 颗粒的装填密度

预处理	5%	10%	15%
$\rho_t/(g/cm^3)$	1.291	1.255	1.227

由表 2-41 可知,经过 HTPB 包覆处理得到的相同粒径的 AP 颗粒的装填密度随包覆量的增加而增加。这是因为超细 AP 颗粒在经过 HTPB 的包覆处理过程中单个颗粒的球形度得到改善,随着包覆材料用量的增加,使得处理后得到的 AP 颗粒中的单个超细 AP 颗粒之间结合的更加紧密,并且团聚处理中超细 AP 颗粒的间隙进一步减小,在一定范围内随着 HTPB 用量的增加,AP 颗粒的装填密度也会有所增大。

由表 2-42 可知,经过 HTPB 包覆处理得到的相同粒径的 Al 颗粒的装填密度随包覆量的增加而减小。这是由于对超细 Al 粉的处理仅仅是利用了 HTPB 的黏结特性,随着 HTPB 用量的增大,对 Al 颗粒密度的降低作用较 AP 颗粒的要明显。在对粉末推进剂的装填密度进行测定时发现:经过预处理后粉末推进剂的装填密度不仅与预处理材料 HTPB 的用量有关,还与团聚造粒得到的颗粒粒径有着直接的关系。

由表 2-43 和表 2-44 可知,采用相同的包覆材料用量处理得到的粉末推进剂的装填密度也是有差别的。随着粉末推进剂颗粒粒径从小到大的变化,其装填密度的变化是先随之增大然后再随之减小,存在一个合适的颗粒粒径使其装填密度达到最大。对于本实验结果来说,使得粉末推进剂颗粒装填密度达到最大的团聚颗粒粒径在 100μm 左右。

表 2-43　10%用量处理得到的不同粒径 AP 颗粒的装填密度

粒径/μm	小于 74	74~105	105~140	140~190
ρ_t/(g/cm³)	0.917	1.034	0.950	0.931

表 2-44　10%用量处理得到的不同粒径 Al 颗粒的装填密度

粒径/μm	小于 74	74~105	105~140	140~190
ρ_t/(g/cm³)	1.206	1.261	1.249	1.247

3. 吸湿性

粉末推进剂中的吸湿性主要表现为其中氧化剂的吸湿作用。对标准 GB/T16913.6—1997 的第六部分改进,测量包覆团聚后的 AP 颗粒吸湿性。吸湿性的测试方法按其定义是把测试样品放在相对湿度为 90%的环境中让其充分吸收水分,直到测试样品所含水分达到平衡,然后按照样品初始质量和充分吸收水分后的质量计算被测样品的吸湿性,即

$$W_{p.c}=\frac{G_1-G}{G}\times 100\%+B \tag{2-14}$$

式中:$W_{p.c}$表示样品的吸湿性(%);G 表示样品的原始质量(g);G_1 表示样品充分吸收水分后的质量(g);B 表示样品原始含水百分比(%),认为经过干燥处理后的推进剂试样的原始含水量为 0%。

选取相同粒径的纯 AP 与不同包覆量处理得到的 AP 颗粒,在其他条件相同的情况下测定 AP 颗粒的吸湿性,测试结果如表 2-45 所列。

由表 2-45 中的数据可以看出,经包覆团聚处理后的 AP 颗粒的吸湿性明显要比未经过处理的 AP 颗粒的吸湿性要低;而且随着包覆量的增加吸湿性逐渐减小。但当包覆量增加到一定值后,包覆材料已经能够对 AP 颗粒进行均匀包覆,所以之后再增加包覆量对吸湿性的改善已经非常有限了。

表 2-45　同一粒径条件下 AP 颗粒处理前后的吸湿性

组　分	$W_{p.c}$/%			
	0.5 天	1 天	2 天	4 天
100%AP	1.76	2.89	3.03	3.24
95%AP+5%HTPB	1.14	1.46	1.69	1.84
90%AP+10% HTPB	1.01	1.15	1.33	1.42
85%AP+15% HTPB	0.89	1.06	1.25	1.38

4. 热特性

利用热重分析仪(TGA)和差示扫描量热仪(DSC)测试处理前后AP颗粒的热分解过程。实验条件为:试样质量为1.6mg左右;氩气气氛,流速为30.0mL/min;温度范围50~500℃,升温速率为20.0℃/min。使用综合性能最好的10%包覆团聚AP颗粒进行研究。

图2-67(a)和(b)分别表示纯AP和10%包覆团聚AP颗粒的DSC-TGA曲线。可知,两种AP颗粒在加热到270℃以前,TGA曲线均没有发生明显变化,在250℃左右,这两种AP颗粒的DSC曲线均有一个吸热峰,这是AP由斜方晶向立方晶转变的结果。

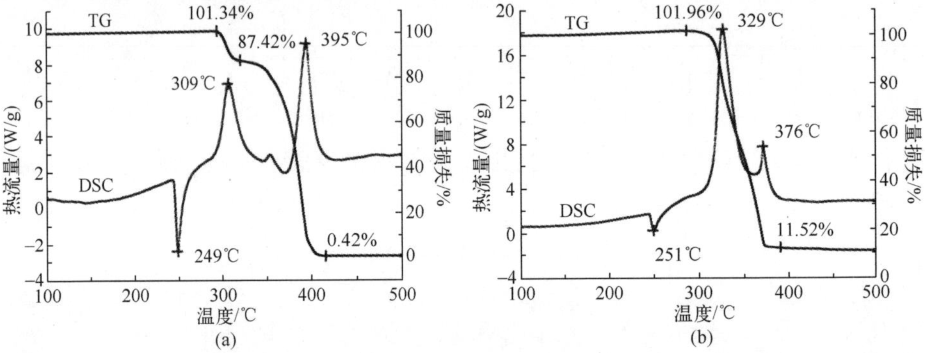

图2-67 预处理前后AP颗粒的DSC-TGA曲线

由图2-67(a)可知,纯AP颗粒的第一个分解区峰温为309℃,失重约14%,这个分解区为AP颗粒的低温分解区;第二个分解区峰温为395℃,这个分解区为AP颗粒的高温分解区。相关研究表明:AP晶体分解的第一阶段是在晶体表面局部一些活化中心进行的“局部反应”。同时由于AP分解的第一阶段是AP经质子转移生成NH_3和$HClO_4$的离解过程:

$$NH_4ClO_4 \rightarrow NH_3(g) + HClO_4(g)$$

低温分解反应是吸附在AP表面的$NH_3(g)$与$HClO_4(g)$的反应。由于低温下吸附着的NH_3不能全部由$HClO_4$的分解产物氧化,所以随着分解过程的进行,NH_3不断覆盖晶体表面。若NH_3将表面上全部的活化中心(反应中心)覆盖,则分解过程停止,即表现为NH_3在AP分解过程中的“去活”作用。而当温度继续升高时,由于NH_3的解吸,NH_3被$HClO_4$降解产物氧化作用加剧,使更多潜在的反应中心重新活化,分解反应也因放热变得较为剧烈,这就是AP分解的第二阶段。

由图2-67(b)可知,处理后的AP颗粒也存在着两个明显的分解区。第一个分解区峰温为329℃;第二个分解区峰温为376℃。另外,处理后的AP颗粒的热解第一阶段分解过程的放热量明显高于纯 AP 颗粒的高温分解热峰放热量,峰温比纯 AP 颗粒低温分解区的峰温高 20℃;第二个分解区明显低于纯 AP 颗粒的高温分解区,峰温要低 20℃。

结合纯 AP 的热分解过程可知,处理后 AP 颗粒加热到 310℃左右时,其中的超细 AP 颗粒开始进行低温分解,产生少量气体和热量,而本研究采用 HTPB 对超细 AP 颗粒进行包覆处理在其表面产生一层很薄的有机聚合物外壳,AP 分解后的产物及热量被有机物外壳包裹而无法随气流流出,而是在 AP/HTPB 间(即 HTPB 膜的内侧)发生了氧化性气体和黏合剂的界面反应,这样就促使反应向 AP 热解的方向进行。随着温度的升高,AP 的分解量增大,产生的气体量也随之增多,使 HTPB 膜内侧受到的压力进一步增大,当压力达到 HTPB 膜可承受的极限时,HTPB 膜破裂,AP 分解产生的热量随同气体一起排出,这样就得到了较大的热流,即表现为图 2-67(b)中所示的峰值为 329℃处的热流。而图中所示的 376℃时出现的热分解峰,是由于前面 HTPB 膜受压破碎,当温度进一步升高时其中某些较弱的键发生了断裂,HTPB 发生分解反应而放出来的热量。

通过以上分析可知,虽然团聚 AP 颗粒的热分解起始温度略高于纯 AP,但其放热过程更加集中。

5. 团聚 Al 粉点火燃烧性能分析

由于 Al 粉粒度过小会导致表面黏度增大,固体推进剂制造工艺难度加大,因此直接向固体推进剂中添加小粒径 Al 粉改进 Al 粉燃烧效率的方法可行性较低,马里兰大学的 Haiyang Wang 提出了使用硝化棉将纳米级 Al 粉团聚为大粒径 Al 粉的改进方法,其燃烧原理如图 2-68 所示。在电热丝加热情况下,硝化棉率先分解产生气体,使团聚大颗粒分裂,进而将纳米级颗粒吹散开来进行燃烧,纳米级颗粒的分散性能由克努森扩散速率决定。实验研究发现硝化棉含量从 1%上升至 10%,颗粒的点火延迟从 13.2ms 下降到 0.3ms,而纯纳米 Al 颗粒的点火延迟为 14.1ms,证明了团聚 Al 粉的优越性。

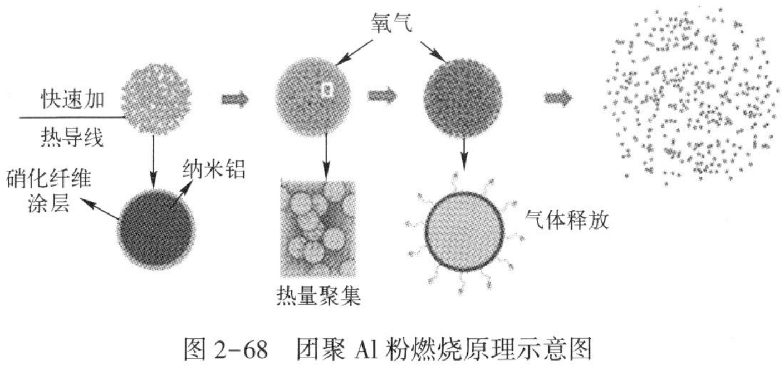

图 2-68　团聚 Al 粉燃烧原理示意图

图 2-69 和图 2-70 分别为包覆团聚后 Al 粉在常压空气中的激光点火燃烧实验录像截图、光谱信号强度和光谱比 R_{AlO} 随时间的变化曲线。图 2-69(a)对应图 2-70 中 40.95ms 的强烈光谱强度峰，由于 HTPB 的分解及初步燃烧加热，使坩埚内气相组分比例及动压剧烈增加，白色发光铝颗粒如火山喷发般被竖直向上吹起，这与镁铝合金的多个方向吹撒有很大区别。图 2-69(b)对应图 2-70 中 59.85ms 的强烈光谱强度峰，其形成原因是被竖直吹起的高温铝颗粒与燃烧器内的氧化性气氛强烈掺混并快速高效燃烧，图 2-69(a)对应时刻的 R_{AlO}值高达 0.78。之后在 100ms 时，如图 2-69(c)所示，燃烧发光更加耀眼，然而光谱强度并不如图 2-69(b)时强，这是因为光纤探头采集的是点光源强度且正对样品坩埚上表面水平位置，图 2-69(b)时刻样品正上方氧浓度最高，燃烧最剧烈，100ms 时坩埚上表面水平位置处的氧化剂已经大量消耗，导致燃烧强度降低，故光强度也降低。从图 2-70 中可见，180ms 之前的剧烈燃烧过程逐渐消耗了坩埚上表面水平位置的氧气，故光强度呈现不断下降的趋势，而 180ms 之后由于下层样品也被点燃，燃烧强度逐渐加强。

(a)　　(b)　　(c)

图 2-69　团聚 Al 粉燃烧录像

(a) 40.95ms；(b) 59.85ms；(c) 100ms。

由团聚 Al 粉点火燃烧实验现象可见，团聚 Al 粉能够促使 Al 颗粒弥散，使颗粒燃料与周围氧化剂的掺混速率加快，并且松装密度相比 1μm Al 粉有所提高。虽然大粒度团聚 Al 粉比 1μm Al 粉在常压空气中的点火延迟更长，但是常压情况下粒度大于 100μm 的纯 Al 粉甚至无法在空气中成功点火，所以团聚 Al 粉比同样粒度的纯 Al 粉点火性能更好。

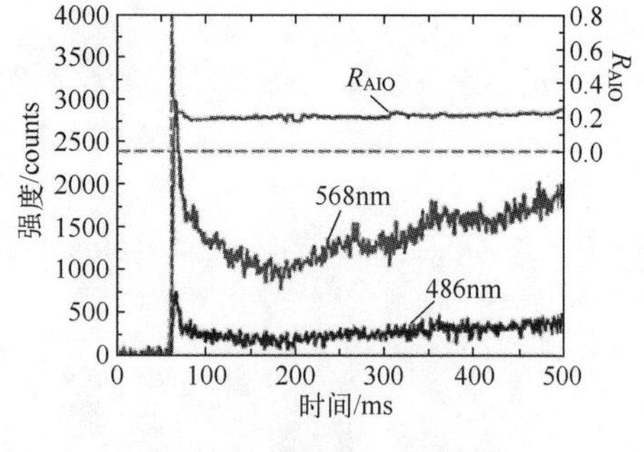

图 2-70　团聚 Al 粉燃烧光谱随时间变化

第3章 粉末推进剂供给系统

粉末供给系统是粉末火箭发动机的核心部件,其粉末推进剂输送稳定性和流量调节特性直接影响颗粒的点火和燃烧性能,进而影响发动机多脉冲启动和推力调节等功能。由于粉末推进剂为离散型颗粒,无法像气体或液体等连续性介质般流动,必需借助外力进行输送,加上颗粒运动体系自身的复杂性以及发动机工作状态的多变性(过载、多姿态等),致使粉末推进剂稳定输送及其流量调节变得尤为困难。而在粉末供给系统设计中,为解决上述问题并实现系统轻质化设计目标,粉末供给需要采用气力输送。而对于粉末发动机不同类型,系统结构设计方面一般存在较大差异,但其工作原理以及涉及的气固两相流动基本规律是基本相同的。

本章以气压驱动活塞式粉末供给系统为对象,重点阐述粉末气力输送工作原理、粉末流化输送特性、粉末流率测量方法以及输送稳定性分析方法等。

3.1 气压驱动活塞式粉末供给系统工作原理

3.1.1 工作原理

粉末供给系统示意如图3-1所示,粉末推进剂供给为活塞推动气流夹带式,系统主要由粉末储箱、活塞、驱动流化气路、位移传感器和球阀等部件组成。具体工作原理为:工作时同时开启流化气和驱动气阀门,粉末储箱内颗粒在气体作用下进行流化并在储箱收敛处形成具有一定速度的气固两相流进入输送

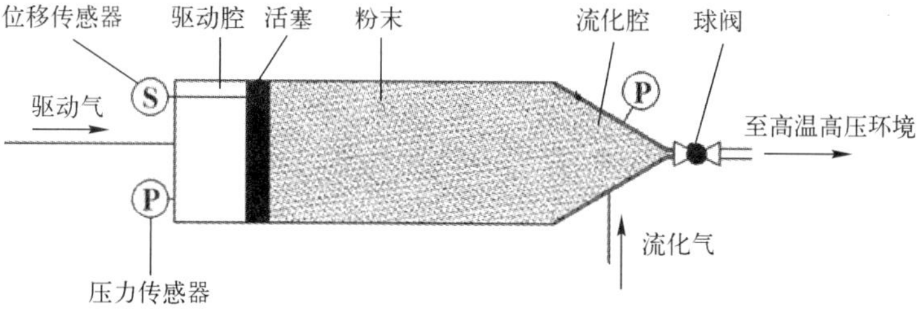

图3-1 粉末供给系统示意图

管道，由于粉末输出会导致粉箱流化区域形成空腔，此时活塞在驱动气作用下向前推动粉末运动，将流化空腔填满，如此形成粉末的动态稳定供给。通过调节流化气流量和活塞运动速度，即可实现粉末流量的调节。

3.1.2 活塞运动速度调节

粉末在流化气的作用下进入输送管路，会使流化腔内出现空腔，而活塞的作用就在于推动粉末填补该空腔。当活塞的速度过大时，容易挤压粉末从而破坏粉末的正常流化输送；而当其速度过小时，流化空腔的出现会导致粉末输送极不稳定。为此，需要系统协调活塞运动与粉末流化输送量之间的关系，而其中的关键在于首先得明确活塞运动速度与驱动气量之间的关系。

气压驱动活塞运动过程中的受力原理如图 3-2 所示，活塞在轴向方向主要受三个力作用，分别为驱动气压强 P_a、流化气压强 P_f 以及活塞与壁面的摩擦阻力 f。

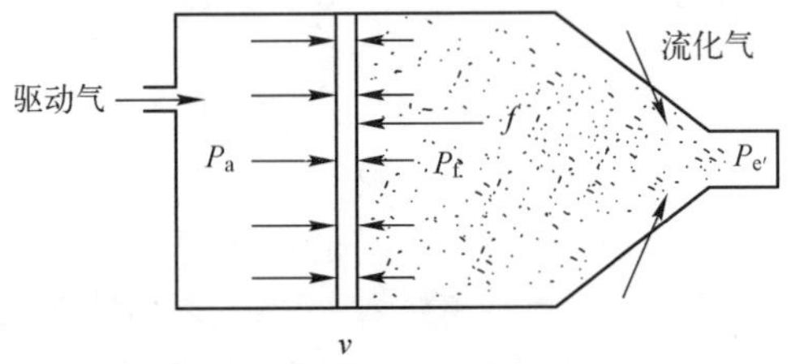

图 3-2　活塞移动过程中受力原理图

根据牛顿第二定律，活塞向前匀速运动过程中的受力关系为

$$P_aA = P_fA + f \tag{3-1}$$

设活塞经过时间 t 以后其位移量为 x，根据驱动气进气量和活塞左侧密闭空腔内气体质量守恒原则有

$$\dot{m}_a t = \rho_a xA \tag{3-2}$$

式中：$\dot{m}_a$ 为驱动气流量，ρ_a 表示活塞左侧驱动腔气体密度，A 为活塞截面积。

将式(3-2)两侧对时间 t 微分可得

$$\frac{\mathrm{d}\dot{m}_a t}{\mathrm{d}t} = \frac{\mathrm{d}\rho_a xA}{\mathrm{d}t} \tag{3-3}$$

根据气体状态方程：$\rho RT = PM$，并假设在活塞移动过程中驱动气的温度不变，可知活塞左侧密闭空腔内气体密度与压强成线性正比关系，即

$$\dot{m}_a \propto \frac{\mathrm{d}P_a x}{\mathrm{d}t} \tag{3-4}$$

式中：P_a 为活塞左侧压强，在活塞接触面上的气体基本为滞止状态。可见，驱动气质量流率 $\dot{m}_a$ 与驱动压强和活塞位移的乘积 $P_a x$ 对时间的变量成线性正比关

系,若 $P_a x$ 中 P_a 为常数,$\dot{m}_a$ 只与 dx/dt 有关系,而 dx/dt 是活塞的速度。因此,压强恒定下,通过调节驱动气进气流量就能实现活塞运动的调节。

3.1.3　粉末流量调节

粉末火箭发动机采用气压驱动活塞、气体流化粉末输送方式实现粉末推进剂向燃烧室的供给。目前通过理论计算和实验研究,在背压稳定的情况下,可以保证气压驱动活塞以恒定速度推动粉末固定床体,从而实现粉末推进剂的稳定供给。当发动机推力变化时,粉末供应系统如何实现粉末流率的安全、快速转调,是未来粉末火箭发动机实际应用过程中不可或缺的一项功能。粉末质量流率可以通过改变驱动与流化进气质量流量或粉箱出口处限流孔板通流面积来实现调节,分别对应粉末推进剂非壅塞式供给流量调节和壅塞式供给流量调节,下面将分别介绍该两种流量调节方式。

1. 非壅塞式供给流量调节

粉末推进剂采用非壅塞式供给时,流化腔与燃烧室压差值较小,当发动机作推力调节时,流化腔压力会随燃烧室压力的变化而改变,从而驱动腔压力也需做相应调节。又由于粉末推进剂质量流率受驱动与流化气量影响较大,因而,在该供给状态下,需要通过改变驱动与流化气量的多少来实现推力调节。如图3-3所示,当由小推力转调为大推力时,需同时增大驱动腔与流化腔的进气量,从而使得驱动腔与流化腔内的压力随着燃烧室压力的增加也迅速提升,从而防止火焰回传导致推进剂储箱爆炸现象的发生。同时应该注意调整好驱动腔与流化腔之间进气量的匹配关系,防止出现流化腔压力增长过快导致活塞后退或者驱动腔压力增长过快导致粉末推进剂被压实等不利情况的出现。

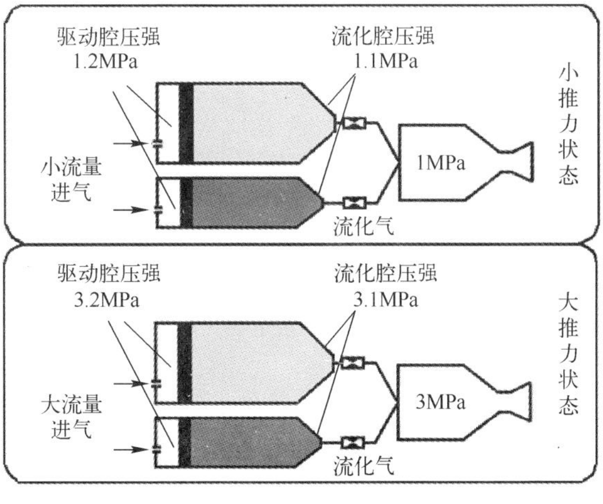

图3-3　发动机工作的两种状态

2. 壅塞式供给流量调节

粉末推进剂采用壅塞式供给时,流化腔与燃烧室压差值较大,当发动机作推力调节时,流化腔压力几乎不受燃烧室压力变化影响。在该供给方式下,小推力与大推力工作状态时驱动腔与流化腔压力可几乎保持为恒定值,主要通过改变粉箱出口处限流孔板通流面积的大小来调节粉末推进剂质量流率。

基于壅塞式粉末供应系统,在发动机推力转调过程中使用稳压气源保持粉末储箱驱动流化压力的稳定,通过活塞前后压差的精确控制防止粉体压实导致流化性质的改变。不同推力状态下粉末节流通道处气固两相流动状态均为壅塞状态,如图 3-4 和图 3-5 所示。

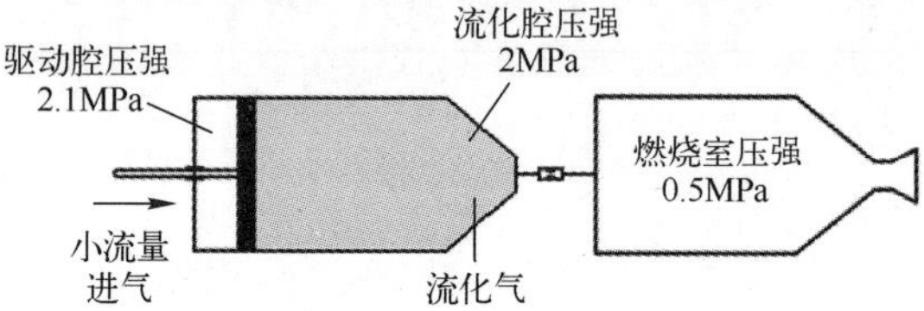

图 3-4　壅塞粉末供给小流量状态

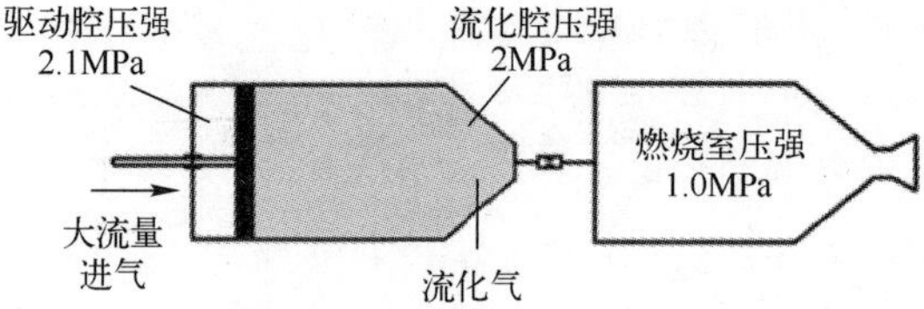

图 3-5　壅塞粉末供给大流量状态

3.2　粉末推进剂装填

要使得粉末发动机具备高密度比冲,就要求粉末推进剂要有较高的装填密度。在保证粉末推进剂能顺利流化输送的前提下,可通过粒径级配和搅拌振动等方法实现尽可能高的粉末装填率。

3.2.1　颗粒堆积理论

1. 等径球体有规则堆积

理想球形颗粒是指形状为球形、表面不粗糙且相对移动无摩擦和吸附作用干扰的颗粒。等粒径球体规则排列方式有立方体型堆积、斜方体型堆积、体心立方堆积、复六方型堆积、面心立方堆积和六方最密堆积六种,如图 3-6 所示。

各排列方式的堆积参数如表 3-1 所列。

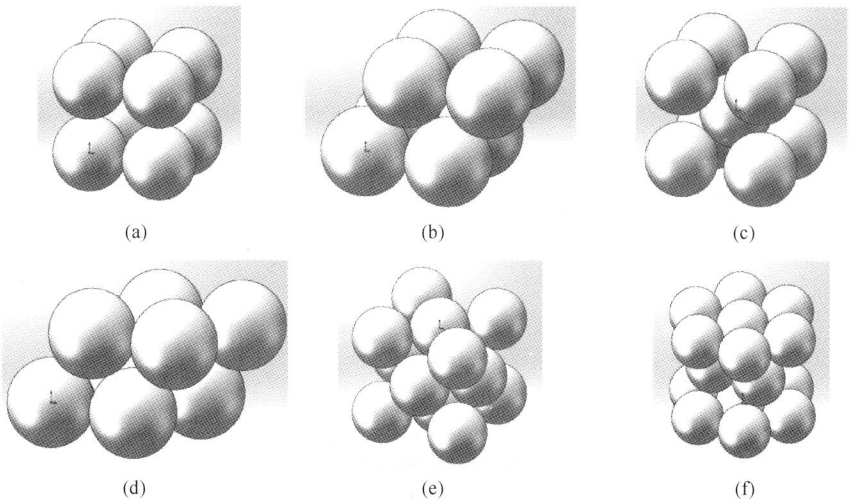

图 3-6　单一粒径球体规则排列方式

(a) 立方体型堆积模型；(b) 斜方体型堆积模型；(c) 体心立方堆积模型；
(d) 复六方型堆积模型；(e) 面心立方堆积模型；(f) 六方最紧密堆积模型。

表 3-1　单一粒径理想球体的堆积参数

排列方式	配位数	装填率	空隙率/%
立方体	6	$\pi/6$	47.64
斜方体	8	$\pi/3\sqrt{3}$	39.54
体心立方紧密堆积	8	$\sqrt{3}\pi/8$	31.98
复六方型	10	$2\pi/9$	30.19
面心立方紧密堆积	12	$\pi/3\sqrt{2}$	25.95
六方最紧密堆积	12	$\pi/3\sqrt{2}$	25.95

由表 3-1 可知，等径理想球体装填密度最小的排列形式是立方体堆积，最大的是六方最密堆积和面心立方堆积。等径理想球形颗粒的装填率在 $\pi/6$ 和 $\pi/3\sqrt{2}$ 之间，装填率大小与粒度尺寸无关，而仅与颗粒排列方式相关。

2. 多粒径球体的有规则堆积

以六方最紧密堆积为例，根据 Horsfield 堆积理论，在该排列方式下，6 个球之间形成正八面体空隙，4 个球之间形成正四面体空隙。六方最紧密堆积中最初始的球称为 1 次球（半径 r_1），能够刚好填入正八面体空隙中的最大球称为 2 次球（半径 r_2），能够刚好填入正四面体空隙中的最大球称为 3 次球（半径 r_3）；

接着,再依次填入4次球(半径 r_4),5次球(半径 r_5);最后,再用极小的球填入剩余的空隙中,这样就形成最紧密的堆积,见表3-2。

表3-2 六方最紧密堆积的填充粒径与空隙率

球 序	球 径	相对个数	装填率/%	空隙率/%
1次球	r_1	1	74.06	25.94
2次球	$r_2=0.414r_1$	1	79.3	20.7
3次球	$r_3=0.225r_1$	2	81.0	19.0
4次球	$r_4=0.177r_1$	8	84.2	15.8
5次球	$r_5=0.116r_1$	8	85.1	14.9
……	极小	极多	96.1	3.9

同样,对于面心立方紧密堆积、立方体堆积等规则排列,异径球形颗粒的多级填充也会使得总的空隙率逐渐减小。

3. 等径球体的随意堆积

在实际堆积中,粉体颗粒不可能呈现一种完全规则的排列,必定是由多种堆积方式组合而成。Smith等人通过实验的方法,获得5种装填率相异的等径球体颗粒堆积配位数分布规律与平均配位数及平均空隙率的关系。其中假定颗粒堆积模型为六方最紧密堆积和立方堆积的混合,得到平均空隙率和平均配位数的关系式如下:

(1) 平均空隙率

$$\varepsilon=0.2595x+0.4764(1-x) \tag{3-5}$$

(2) 平均配位数

$$N_C=\frac{12\sqrt{2}x+6(1-x)}{\sqrt{2}x+(1-x)}=\frac{6(1+1.828x)}{1+0.414x} \tag{3-6}$$

式中:x 为六方最紧密堆积排列方式所占百分比。

假设堆积模型为六方最紧密堆积和立方堆积的等比例装填,则 $x=0.5$,用上述公式求得平均空隙率 $\varepsilon=36.8\%$,亦即装填率为63.2%。大量的实践证明,实际粉体堆积中,装填率接近于常数值62%。由此可以看出,这个理论假设与实际情况相符度比较好。单一尺寸球体随意堆积空隙体积分数 K 定义为空隙体积分数与固体体积含量的比值,其表达式为

$$K=\varepsilon/D=\varepsilon/(1-\varepsilon) \tag{3-7}$$

式中:ε 为单一尺寸理想球形颗粒的空隙率;D 为粉体的装填率。

由于单一尺寸球体随意堆积的装填率接近于常数值0.62,所以单一尺寸球形粉体的 K 值约为常数0.6。

4. 多粒径球体的随意堆积

实际粉体一般不仅仅是由单一粒径的颗粒组成,而是由大小不同的颗粒混合而成。假设粉体是由大小颗粒两组分组成,那么根据大小颗粒的尺寸及其质量比的不同,大致可分为以下 3 种类型。

第 1 种类型:细小颗粒刚好能填满大颗粒之间形成的间隙,整个粉体的空隙率等于大颗粒的空隙率减去小颗粒所占的体积含量,如图 3-7(a)所示。因而,混合粉体的空隙体积分数为

$$h_s = K_C - \sum_{i=1}^{n}(K_C + 1)S_i \tag{3-8}$$

式中:K_C 为大颗粒空隙体积分数;S_i 为第 i 级配的颗粒所占整个粉体的体积分数;n 为总粒级数。

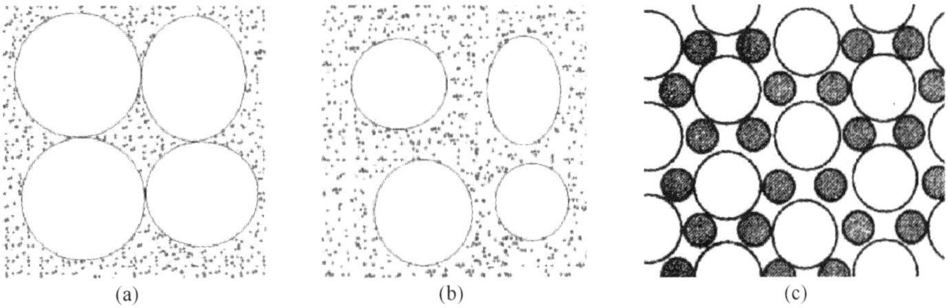

图 3-7　异径球随意堆积的 3 种类型

(a) 第 1 种类型;(b) 第 2 种类型;(c) 第 3 种类型。

第 2 种类型:小颗粒体积大于大颗粒间所形成的空隙,小颗粒把大颗粒给挤开,大颗粒好像“漂浮”在小颗粒中,粉体总体积也相应地变大了。粉体总空隙含量等于小颗粒的空隙含量,如图 3-7(b)所示。此时,混合粉体的总空隙体积分数为

$$h_s = K_f - \sum_{i=1}^{n} K_f S_i \tag{3-9}$$

式中:K_f 为小颗粒空隙体积分数。

第 3 种类型:由于大小颗粒尺寸比或者几何形状不合适,导致小颗粒不能填入大颗粒间的空隙中。由于这种颗粒间的干扰增大了粉体总的体积量,因而也提高了混合粉体的空隙体积分数,如图 3-7(c)所示。此时,混合粉体的总空隙体积分数为

$$h_s = K_0 - \sum_{i=1}^{s=1} \lg\left(\frac{x_i}{x_s}\right)\left(\frac{K_0 + 1}{-W_0}\right) S_i - \sum_{i=s+1}^{n} \lg\left(\frac{X_i}{X_s}\right)\left(\frac{K_0}{W_0}\right) S_i \tag{3-10}$$

式中:K_0 为最初始颗粒的空隙体积分数;X_i 为第 i 级配颗粒的尺寸;X_s 为第 s 级配颗粒的尺寸;W_0 为颗粒干扰域,定义为 $W_0 = \lg(X_0/X_w)$;X_0 为最初始颗粒尺

寸；X_w 为极限颗粒尺寸，是指恰好没有发生颗粒干扰的粒径尺寸。

在计算多级配混合粉体总空隙体积分数时，极限颗粒尺寸为除最初始颗粒以外的任一级配颗粒的粒径尺寸。

由式(3-8)~式(3-10)可知，单一粒径球体堆积的空隙体积分数必然大于多粒径球体堆积的空隙体积分数，亦即单一粒径球形颗粒的装填率比多粒径球形颗粒的装填率更低。

3.2.2 高效装填理论

实际粉体堆积的排列方式不可能是有规则排列，因而假设一种最紧密堆积理论，其几何模型如图 3-8 所示。其中图 3-8(a)表示不同级配颗粒分层排列的情况；图 3-8(b)表示不同级配颗粒混合后按最紧密排列方式堆积的理想情况；图 3-8(c)表示不同级配颗粒混合后的实际情况。

在 n 级颗粒分层装填时，整个粉体所占体积如图 3-8(a)所示。理想的最紧密装填方法如下：在某一固定容器内，先用尺寸最大的 1 号颗粒（粒径为 d_1）充满容器，再用粒径尺寸远小于 1 号颗粒的 2 号粒子（粒径为 d_2）充满 1 号颗粒之间形成的空隙中；接着，再用远远小于 2 号粒子的 3 号粒子填充 2 号颗粒的间隙。按上述方法继续填充，就能够使得装填率达到最大值，（无限接近于 1，如图 3-8(b)所示），此时粉体系统的总装填密度无限接近于该粉体材料的真密度。然而，现实中不可能达到如此理想、紧密的装填，混合粉体系统实际装填效果如图 3-8(c)所示。

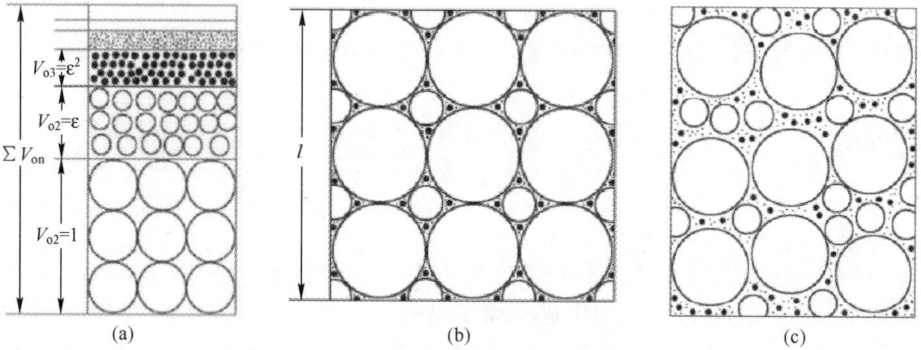

(a) (b) (c)

图 3-8 最紧密装填的几何模型

(a) 各粒级颗粒分层装填；(b) 各粒级颗粒混合后理想情况；(c) 各粒级颗粒混合后实际情况。

虽然实际中粉体紧密装填为图 3-8(c)所示效果，但图 3-8(b)所示的最紧密装填情况，为粉体燃料的高效装填展示了一种思路。最紧密装填理论有如下几条假设：

（1）各级配颗粒的空隙体积分数（也即空隙率）均为 ε；

（2）混合装填后，各级配颗粒自身的空隙率保持不变；

（3）各级颗粒尺寸大小均匀、表面光滑、形状规则。

该理论认为有无穷多级颗粒，次级颗粒粒径远小于上一级颗粒粒径。在这种假设下，各级粒子的装填情况见表 3-3。

表 3-3　各级颗粒的装填情况

序　号	粒　径	装填体积	颗粒真实体积	累积真实体积	装填后所余下的空隙
1	d_1	1	$1-\varepsilon$	$1-\varepsilon$	ε
2	d_2	ε	$\varepsilon(1-\varepsilon)$	$1-\varepsilon^2$	ε^2
3	d_3	ε^2	$\varepsilon^2(1-\varepsilon)$	$1-\varepsilon^3$	ε^3
…	…	…	…	…	…
$n+1$	d_{n+1}	ε^n	$\varepsilon^n(1-\varepsilon)$	$1-\varepsilon^{n+1}$	ε^{n+1}
$\sum$			$1-\varepsilon^{n+1}$		

粉体燃料的初始装填率（$D_0=1-\varepsilon$）不同，粒级数 n 与理论上所能获得的最大装填率 D 的关系也不相同，图 3-9 显示了初始装填率各不相同的粉体燃料颗粒级配数与粉体总装填率之间的关系。由图 3-9 可知，粉体燃料的初始装填率越大，粉体系统达到同一装填密度所需的颗粒级配数越小。并且，这些曲线都是在 $n\leqslant3$ 的时候上升较快，当 $n>3$ 时上升趋势变缓，也就是说，颗粒级配低于三级的混合装填对提高粉体系统的装填率效果比较明显，而高于三级级配的混合装填对装填率的提升效果并不显著。

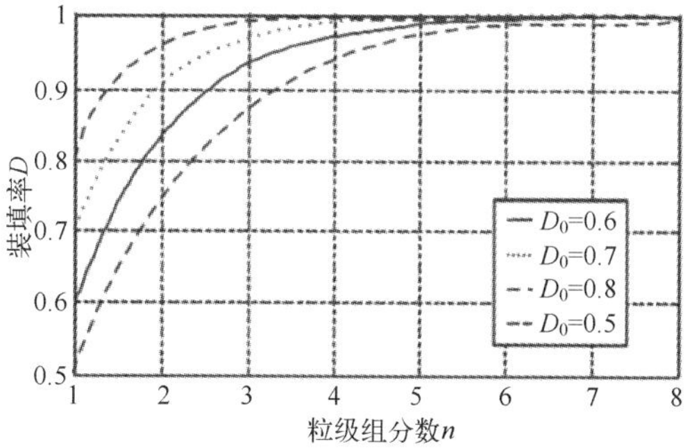

图 3-9　多级混合粉体中粒级组分数与装填率的关系

1. 粒度比的确定

理论上要求次级颗粒粒径远小于上一级颗粒粒径，然而实际中却无法满足“远小于”这一要求。在六方最紧密排列的情况下，当小颗粒与大颗粒的尺寸比

满足为 $r=0.1547R$,即 $R/r=6.46$ 时,小颗粒可自由通过大颗粒间形成的空隙。因此,相邻两级的颗粒尺寸比应大于 6.5。

2. 质量配比的确定

各级颗粒含量的确定是颗粒级配问题的关键。对于同一种材料,其具有相同的密度,因而体积分数与质量分数在数值上相等。所以,可以直接根据各级配颗粒的密装空隙率计算其质量配比。

例如,各级颗粒的真实体积比即为质量比,由表 3-3 可知:

$$m_{d_1}:m_{d_2}:\cdots:m_{d_n}=V_{d_1}:V_{d_2}:\cdots:V_{d_n}=1:\varepsilon:\cdots:\varepsilon^n \tag{3-11}$$

由式(3-11)可确定各级颗粒所占质量比。

一般来说,在实际粉体装填中每一级配颗粒的密装空隙率并不完全相等,则

$$m_{d_1}:m_{d_2}:m_{d_3}:\cdots=(1-\varepsilon_1):\varepsilon_1(1-\varepsilon_2):\varepsilon_1\varepsilon_2(1-\varepsilon_3):\cdots \tag{3-12}$$

式中:ε_1、ε_2、ε_3 分别为 1 级、2 级、3 级颗粒的初始空隙率。

3. 粒级数的确定

由表 3-3 和图 3-9 可知,n 级装填后所剩下的空隙为 ε^n,若 $\varepsilon=0.4$,则当粒级数 $n<3$ 时,空隙率下降比较明显,$n>3$ 时,空隙率下降并不显著;从另一角度来看,颗粒级数越多,则要求最大与最小颗粒尺寸比越大,否则不能达到提高装填密度的目的,然而要获得极其细小的粒径,在现实中非常困难,且成本较高,往往得不偿失。综合这两方面考虑,实际中常采用二级或三级颗粒级配。

3.2.3 粉末推进剂加注方式

粉末推进剂加注方式是实现粉末高效装填的一大重要环节,目前可通过气力输送方式进行粉末推进剂加注,其优点主要有:输送效率高,设备构造简单,维护管理方便,易于实现自动化以及有利于环境保护等。粉末推进剂加注实验装置如图 3-10 所示。

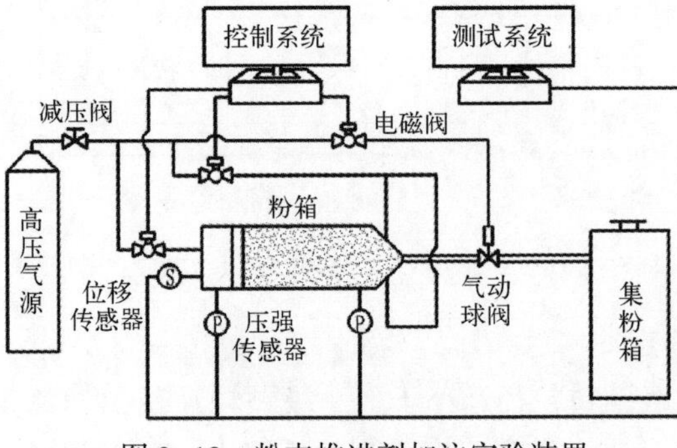

图 3-10 粉末推进剂加注实验装置

实践表明，由于粉末推进剂是以气固两相流的方式进入到推进剂储箱中，因此粉末推进剂加注系统的工作参数，如进气方式、气固比以及粉末储箱背压等对粉末的加注时间、装填效率和装填的均匀性有较大的影响。

1. 进气方式

在进行粉末加注时，粉末既可以从端盖进气口加注到粉末储箱中，也可以从粉末储箱侧壁面进行加注，但由于这两种进气方式导致气固两相流在粉末储箱中的流动形式不同，所以对粉末的加注效果也不同。两种进气方式的粉末加注质量曲线如图 3-11 和图 3-12 所示。

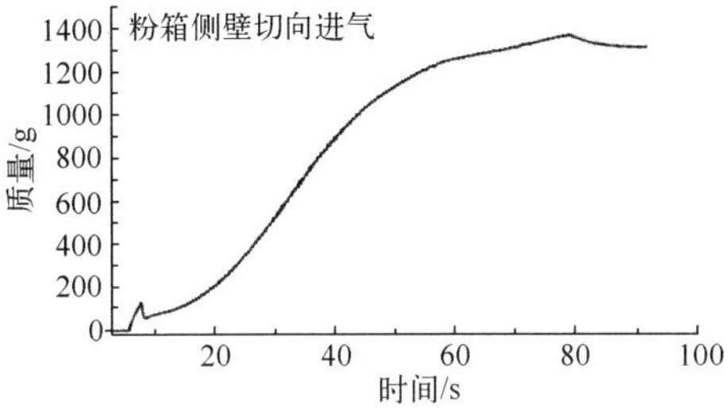

图 3-11　切向进气质量曲线

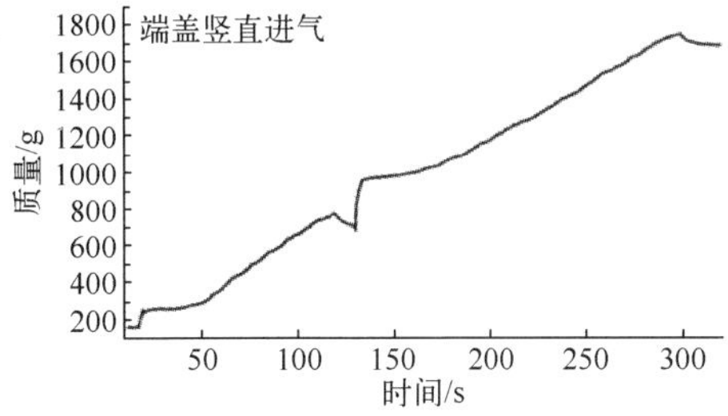

图 3-12　端盖竖直进气质量曲线

从图 3-11 和图 3-12 可以看出，切向进气加注方式的加注时间要比端盖竖直进气的加注方式更短，这主要是因为端盖竖直进气不利于气体从粉末储箱中排出，导致储箱内压强较高，从而降低了气固两相流速度，即增加了加注时间。但端盖竖直进气的加注方式加注的粉末质量更大，这主要是由于竖直进气的方式对储箱内的粉末存在压实的作用，因此加注质量更大。两种进气方式加注前后粉末装填密度如表 3-4 所列。

表 3-4　不同进气方式加注前后粉末装填密度

	粉箱侧壁切向进气	端盖竖直进气
供粉箱中的装填密度/(g/cm^3)	1.031	1.031
粉末储箱中的装填密度/(g/cm^3)	1.101	1.142

由表 3-4 可知,不管是切向进气还是端盖竖直进气,加注完成后的粉末装填密度都增大,这主要是由于气体的压实作用,而端盖竖直进气方式除了气体的压实作用外,还对储箱内的粉末有冲击作用,所以加注后的装填密度更高。

2. 气固比

图 3-11 为气固比 5%时粉末加注质量曲线,而当气固比为 10%时,粉末加注质量曲线如图 3-13 所示。理论上,当气固比较大时,气体对粉末的输送能力越强,但由图可知,气固比较大时,粉末气力加注系统的加注能力反而较弱,这是因为气体质量较大时,一方面容易造成粉末储箱压力升高,抑制粉末加注系统活塞的运动;另一方面则是容易使得储箱内粉末在气流的作用下向排气口运动,造成排气口堵塞,粉末储箱压力升高,进一步降低粉末加注量。

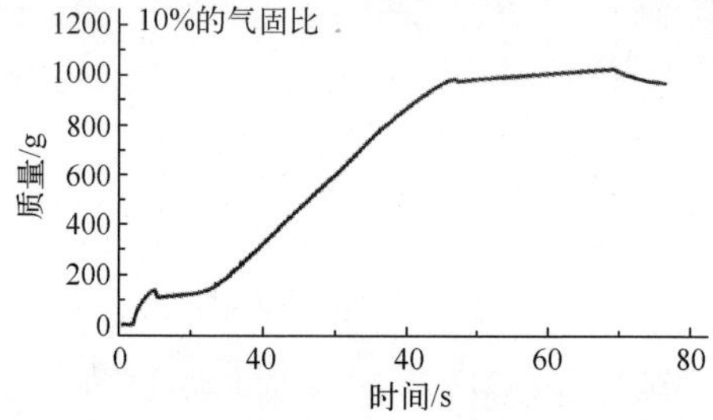

图 3-13　10%的气固比的加注质量曲线

3. 粉末储箱背压

由上述分析可知,粉末储箱压强不同时,粉末气力加注系统的加注能力是不同的。图 3-11 是粉末储箱背压为 0.5MPa 时的加注质量曲线,而背压为 1MPa 的加注质量曲线如图 3-14 所示。

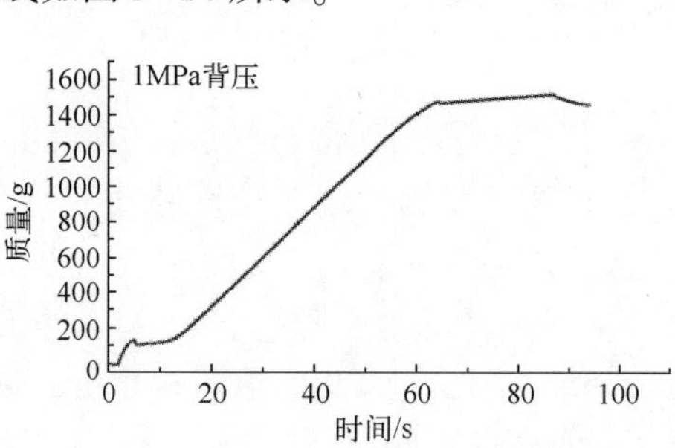

图 3-14　1MPa 背压加注质量曲线

由图 3-11 和图 3-14 可知,背压不同时,粉末加注系统的加注时间和加注质量相近,且背压较高时,加注曲线更加平稳。但粉末储箱背压较大时,容易造成排气口处堵塞,如图 3-15 所示。

(a)

(b)

图 3-15　不同背压下排气口堵塞情况
(a) 0.5MPa 背压;(b) 1MPa 背压。

3.3 粉末质量流率测量与标定方法

3.3.1 质量流率测量方法

粉末推进剂质量流率是供给系统的重要参量之一,需要进行实时测量。但由于气固两相流动的复杂性,目前针对粉末(尤其是稠密两相流动)质量流率测量的方法和技术在测量精度和便捷度方面还很难统一,由此需专门针对粉末供给系统特点进行质量流率测量方法设计。

1. 旋风分离器与天平组合测量法

组合测量法是利用气固旋风分离和颗粒重力下落规律的一种常规方法,其测量系统如图 3-16 所示,主要由高压气源、粉末输送装置、旋风分离器等构件组成。其中,高压气源提供氮气作为粉末颗粒的流化气体;旋风分离器用于气固分离并收集粉末颗粒;旋风分离器收集罐下放置一台精密电子天平,要求天平具有较高的测量精度,且数据采样频率可调,同时支持数据实时传输。

进行实验时,首先向粉箱内充入流化氮气到设计压强值,然后启动粉末供给系统,粉末颗粒经高压流化气携带开始输送供给,之后进入旋风分离器进行气固分离,颗粒在重力的作用下落入旋风分离器底部收集罐,其瞬时质量由电子天平称量,如图 3-17 所示,并将瞬时质量数据传输至采集系统。电子天平通过实时称量,便获得收集罐内粉末质量随时间的累积量,通过对质量—时间曲线进行微分处理,即可得到粉末颗粒的瞬时质量流率。

该方法由于使用了旋风分离器等体积较大的设备,故仅适用于冷态条件下粉末流率的测量。而实际上我们更关心发动机点火状态时的粉末推进剂实时质量流率，此时则可以采用一种间接的粉末质量流率测量法——活塞位移换算法。

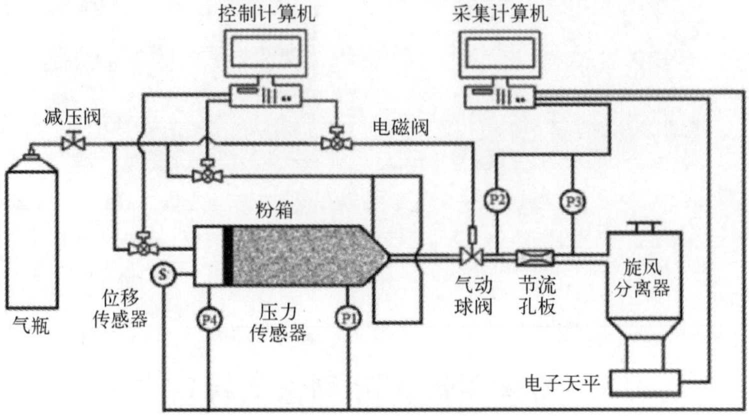

图 3-16　测量系统

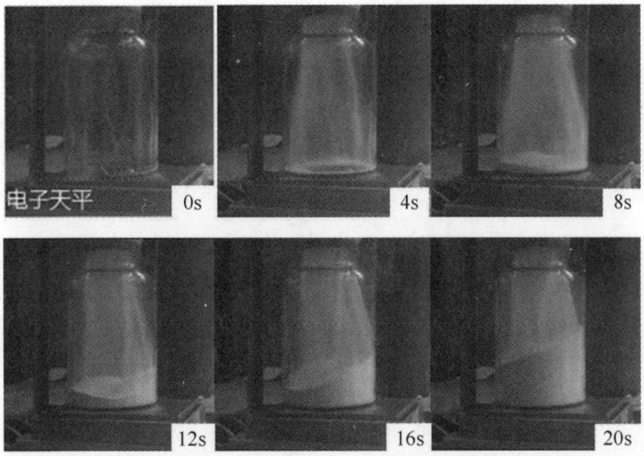

图 3-17　粉末收集及天平测量过程

2. 活塞位移换算法

活塞位移换算法是假定粉末供给过程中粉末的装填密度基本不变，则粉末颗粒质量流率与活塞运动速度之间存在以下关系：

$$\dot{m}_{\mathrm{P}}=\rho_{\mathrm{packing}}v_{\mathrm{piston}}A_{\mathrm{piston}} \tag{3-13}$$

$$\rho_{\mathrm{packing}}=\frac{m_{\mathrm{packing}}}{V} \tag{3-14}$$

式中：$\dot{m}_{\mathrm{P}}$ 为颗粒质量流率；ρ_{packing} 为粉末装填密度；v_{piston} 为活塞运动速度；A_{piston} 为活塞横截面积；m_{packing} 为粉末初始装填总质量；V 为粉末装填总体积。

由此可见，在装填密度不变条件下，粉末质量流率与活塞速度之间为线性关系，从而由活塞位移—时间变化曲线便可换算出粉末的瞬时质量流率。

3. 两种测量方法对比

活塞位移换算法的计算公式是基于粉末装填密度不变的假设，为验证该质量流率计算方法的准确性，分别将同一工况下组合式流率测量法和活塞位移换算法的测量结果进行对比分析，如图 3-18 所示。由于气固两相流需经管道输送和旋风分离，天平测量时刻会晚于活塞运动时刻，为便于对比，将两时刻起点作重合处理。由图可见，整体上两种方法的重合性较好，仅在初始阶段时由活塞位移换算的质量略高于组合式方法；而在活塞停止运动时，电子天平测量的粉末量却仍在增加，这是由于活塞运动到粉末装置收敛段时停止运动，而此时气动球阀却并未关闭，高压气体继续携带粉箱收敛段处的剩余粉末输送，故旋风分离器收集的粉末量仍在不断增加。

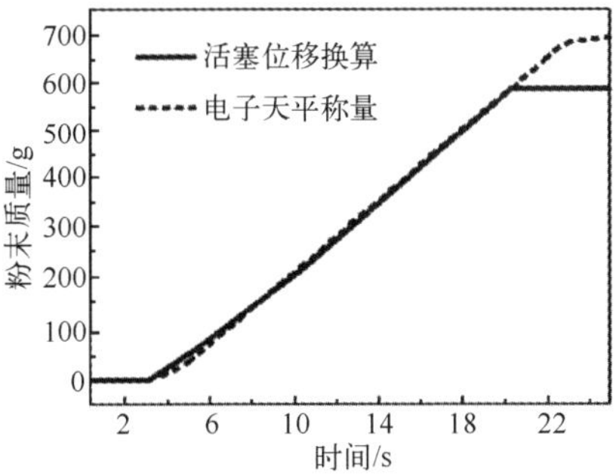

图 3-18　两种测量方法下质量随时间变化曲线对比

将图 3-18 中的质量—时间曲线做微分处理，便可得到各个时刻的粉末瞬时质量流率。由于电子天平的采样频率设置为 10Hz，即每 0. 1s 进行一次质量数据采集，所以在对两种测量方法进行质量流率比较时，活塞位移传感器的采样频率也统一设置为 10Hz。基于 10Hz 的采样频率，本节给出了两种粉末瞬时质量流率的计算方法。方法 Ⅰ 为直接流率计算法，其计算公式为

$$\dot{m}_{ti}=\frac{m_{ti}-m_{t(i-1)}}{0.1}\quad i=2,3,4,5,\cdots \tag{3-15}$$

方法 Ⅱ 为平均流率计算法，其计算公式为

$$\dot{m}_{ti}=\frac{m_{t(i+1)}+m_{t(i+2)}-m_{t(i-1)}-m_{t(i-2)}}{0.6}\quad i=3,4,5,6,\cdots \tag{3-16}$$

式中：$\dot{m}_{ti}$ 为 t_i 时刻粉末瞬时质量流率；m_{ti} 为 t_i 时刻粉末瞬时质量，t_i 为每个采样时刻。

两种流率计算法的对比结果图 3-19 所示可见,两种计算方法对活塞位移换算流率影响不大,而对天平测量结果影响较大,其质量流率曲线振荡激烈,这是由于组合式测量方法在测量过程中,粉末颗粒旋风分离后自由落体,对测量天平形成一定程度的冲击,同时由于颗粒运动的不连续性,使天平测量过程类似于弹簧受力,从而造成了较大的振荡。对比两种流率计算方法发现,采用计算方法Ⅰ时,天平测量的质量流率其振荡幅度明显高于方法Ⅱ,这种较大的差异在于方法Ⅰ考虑了每个瞬时参量(包括噪点以及不合理的奇异点),而方法Ⅱ则在某一较短时间内取平均,从而降低了其波动幅度。而无论采取何种计算方法,将活塞位移换算法与组合式法进行对比,发现在粉末供给较为稳定的时间段,活塞位移换算所得的瞬时流率曲线总是位于天平测量的波动流率曲线中间,即两种测量方法获得的粉末瞬时质量流率在工作稳定段基本吻合,由此可知,活塞位移换算法所得流率可看做天平所测流率的统计平均。

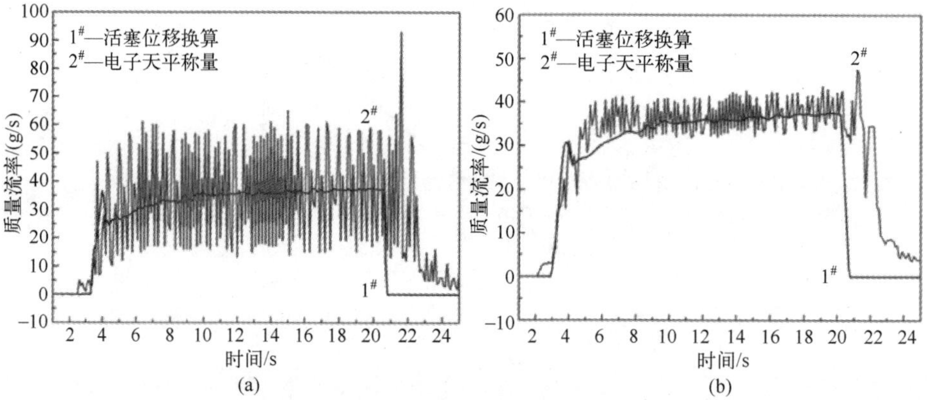

图 3-19　两种流率计算法的对比结果

(a) 方法Ⅰ;(b) 方法Ⅱ。

取另一实验数据进行分析,其质量—时间曲线、瞬时流率—时间曲线分别如图 3-20 和图 3-21 所示。由图可见,两种测量方法无论在质量随时间变化曲线上,还是在瞬时质量流率曲线分布上均十分的吻合,从而表明活塞位移换算法的测量精度与组合式测量法相当,且换算法操作更为简单方便。测量重复性对比如图 3-22 和图 3-23 所示,两次实验的质量随时间变化曲线吻合程度较好,其只在流化压降过程中存在微小合理差异。而瞬时质量流率曲线在整体上亦是较为吻合,虽然在个别时刻点起流率并不相同,但整体吻合度高。由此可见,活塞位移换算法具有较高的测量精度,同时操作简单,无需额外安装测试设备,适合于粉末发动机热态工作条件下对粉末推进剂质量流率的测量。

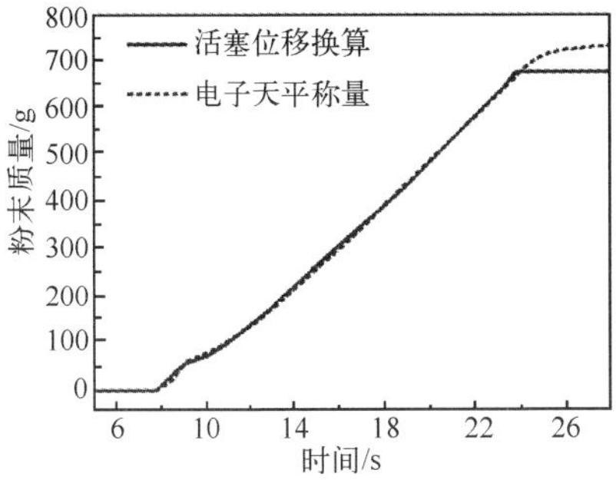

图 3-20　质量随时间变化对比

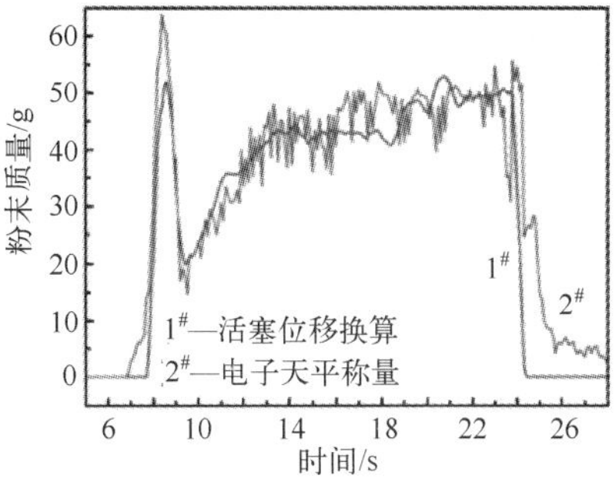

图 3-21　质量流率随时间变化对比

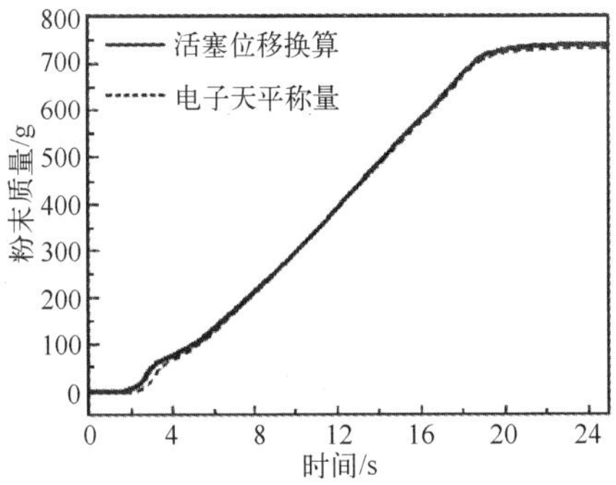

图 3-22　重复性实验:质量对比

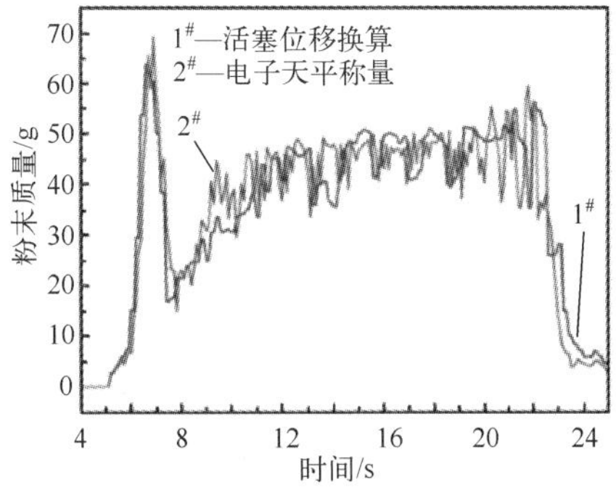

图 3-23　重复性实验:质量流率对比

3.3.2　粉末质量流率冷态标定

由于气力输送过程两相流动的复杂性,粉末流量常伴随波动,导致实际流量与设计流量之间存在一定偏差。所以在进行发动机热态点火实验之前,需要先对粉末推进剂流量进行冷态标定,同时为使粉末流量能尽量接近点火状态时的设计流量,则要求粉末输送出口处的压强环境应可调,即需设计相应的背压模拟装置以模拟点火工作状态时燃烧室压强。

1. 背压模拟装置

背压模拟装置实物如图 3-24 所示,该装置工作过程为:首先由高压气瓶提供流化气体进入供粉系统并携带固体粉末形成气固两相流,经过软管与两相流进口法兰联通,再经过两相流进口直接撞击圆筒段内壁形成湍流,气固两相流进入背压模拟器后由于撞击使得两相流速度骤降,此时固体粉末在重力和内壁摩擦力的综合作用下向下沉降沿圆筒段内壁下滑进入储箱内,与此同时流化气在压力差的作用下穿过筛粉网由安全阀排出。

图 3-24　背压模拟器实物

背压模拟器主要作用有以下两点：

(1) 模拟发动机工作压力,标定并校准设计状态下工况参数;

(2) 收集实验粉末,净化实验室工作环境空气质量。

2. 背压模拟装置操作方法

实验时背压模拟器操作流程如下：

(1) 充气压至预先设定的安全阀泄压值,利用相对恒定背压模拟燃烧室工作压强。

(2) 实验前(充压过程)。设定安全阀工作压强,关闭紧急泄压口,由高压气瓶从充气口向背压模拟器中充气,期间并用压力传感器测量内部压强以便后续分析,到达实验压强后停止充气并关闭充气口。

(3) 实验中(恒压过程)。由流化气携带固体粉末形成的气固两相流经过两相流进口垂直进入圆筒段内撞击形成湍流,而后固体粉末在重力和内壁摩擦力的综合作用下向下沉降经过法兰进入储箱内,与此同时流化气在压力差的作用下通过排气口、穿过筛粉网经由安全阀最后从安全阀出气口排出。期间安全阀根据实验前的设定值进行持续泄压,始终保持背压模拟器内恒压,以此来模拟燃烧室的工作压强。

(4) 实验后(泄压过程)。打开紧急泄压口泄压,避开泄压口方向,注意人身安全。泄压完毕后关闭紧急泄压口。

3.4　系统启动阶段粉末流量测量与分析

3.4.1　启动阶段颗粒质量流率测量

颗粒质量流率曲线如图 3-25 所示。由图可见,在工作初期,颗粒质量流率出现一处峰值,然后颗粒质量流率渐渐趋于稳定。由于颗粒质量流率在起始阶段和稳定工作阶段相差较大,如果起动质量流率大于设计值,则点火能量相对较小,不足以点燃该质量流率下的粉末颗粒;如起动质量小于设计值,点火能量虽可以点燃粉末,但之后粉末质量流率增大,有可能会吹熄已燃粉末颗粒,从而最终导致发动机点火失败。

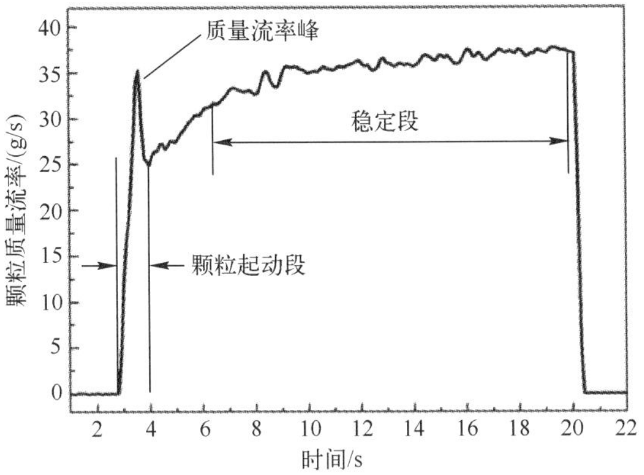

图 3-25　粉末质量流率曲线

由此可见,要确保发动机成功点火,最好使颗粒起动质量流率达到设计值。一般有两种办法:一是改进粉末供给系统或通过实验标定的方式,消除颗粒起动流量与设计流量的偏差,但这种方式实验量大且繁琐;二是建立相应的粉末推进剂起动质量流率预测模型,较为准确预估颗粒起动质量流率,减少不必要的实验。颗粒的起动质量流率主要与颗粒的起动机制以及气固两相流动特性有关,因此颗粒起动的质量预估模型可以在此基础上进行构建。

供粉系统启动阶段颗粒瞬态质量流率测量实验系统和装置分别如图 3-26 和图 3-27 所示,其主要由流化气储气瓶、粉末储箱、气动球阀、压强传感器、节流孔板、粉末收集器和测控系统组成。其中,气动球阀用于粉末输送过程的开启和关停,其响应时间约为 50ms;在气固流通管道内增设节流孔板,节流孔板的横截面积小于流通管道横截面积,可用于调节气固两相出口面积;压强传感器用于测量粉箱内压强变化;同时为防止微细粉末颗粒弥散到空气中,在气固两相出口安装粉末收集器。

在实验开始前,称量一定量的粉末颗粒并装填进粉末储箱,待实验系统安装完毕,向粉末储箱内充入流化气体至一设计压强值,之后打开气动球阀,粉末颗粒在高压气体的携带下形成气固两相流,并流经节流孔板进入粉末收集器。工作一定时间后,关闭气动球阀,此时粉末储箱内仍有流化气体剩余,该剩余气体通过带有滤网的阀门排出。

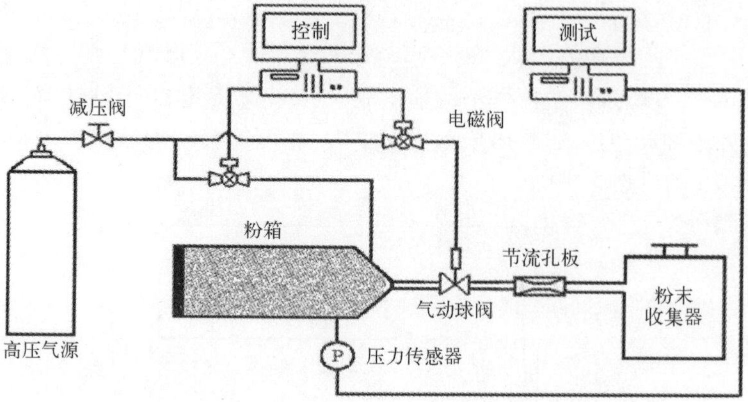

图 3-26　启动阶段颗粒质量流率测量实验系统

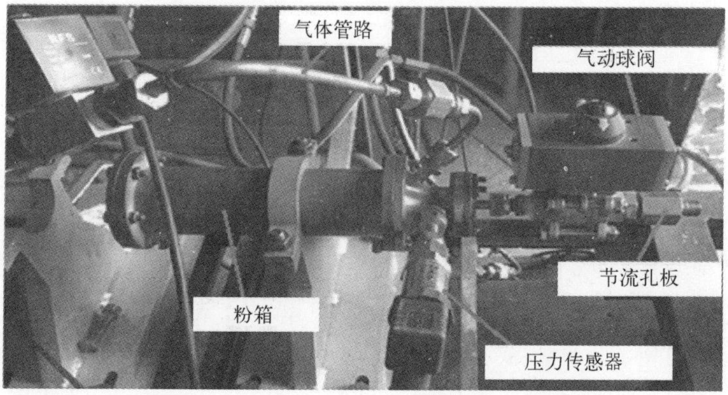

图 3-27　启动阶段颗粒质量流率测量装置

由于图 3-25 中显示的颗粒流率峰值时间较短，大约为 1s，所以为便于分析，将系统启动阶段的时间间隔设定为 1s，即意味着气动球阀在开启 1s 后就需立即关闭，同时考虑到气动球阀响应时间无论在开启还是关停时刻均存在，故启动时间间隔并不受气动球阀响应时间影响。因此，定义气动球阀开启 1s 后流经节流孔板的颗粒质量为启动阶段颗粒起动质量流率，通过称量实验前和实验后粉末储箱内粉末质量，便可获知颗粒在 1s 内的流出量。

由于铝颗粒在粉末发动机中应用较为广泛，故采用微细铝颗粒作为实验材料，流化气为惰性氮气。实验工况如表 3-5 所列，主要考虑 4 种影响因素对启动阶段颗粒质量流率的影响，其分别为粉末储箱初始总压、节流孔板通流直径、颗粒粒径和粉末装填率。其中，铝颗粒典型粒度分布如图 3-28 所示，并采用体积平均粒径表征颗粒平均粒径；粉末装填率 ε_p 计算公式为

$$\varepsilon_{p}=\frac{m_{packing}}{V_{box}\rho_{p}}\times100\% \qquad (3-17)$$

式中：$m_{packing}$ 为粉末实际装填质量（kg）；V_{box} 为粉末储箱总体积（m^3）；ρ_p 为颗粒密度（kg/m^3）。

表 3-5　启动阶段颗粒质量流率测量实验工况

主要影响因素	范　围
初始总压/MPa	0.5~5
节流孔板通流直径/mm	1.5~3
颗粒平均粒径/μm	20~80
粉末装填率/%	38~55

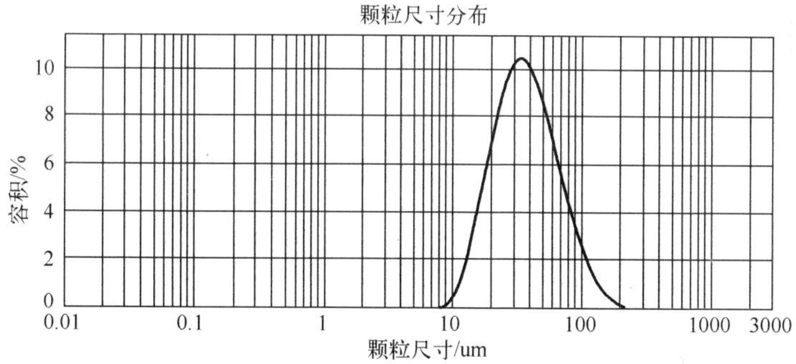

图 3-28　铝颗粒粒度分布

1. 颗粒粒径与粉箱内初始总压影响

启动阶段，不同粒径颗粒的瞬态质量流率与粉箱内初始总压关系曲线如图 3-29 所示。由图可见，颗粒瞬态质量流率随粉箱内初始总压增大而增大，且近乎成对数关系；同时，质量流率随粒径增大呈现出先增大后减小的规律，即其余条件不变，当颗粒为某一中间粒径时，颗粒质量流率可达最大。

Kalman 等通过研究水平管道内颗粒起动速度时发现，颗粒起动速度大小主要受颗粒粒径影响，当颗粒粒径较大时（>50μm），其主要受重力影响，颗粒可实现独立起动；而当颗粒粒径较小时（<20μm），此时颗粒间诸如电磁力、范德华力等黏性力起主导作用；而颗粒粒径介于上述二者之间时，颗粒间仍有黏性力存在，但远小于较小粒径颗粒，颗粒在重力与黏性力的共同作用下，仍可实现独立起动。由此可见，当颗粒粒径为 20μm 时，颗粒在黏性力等作用下会出现聚团流动，不利于粉末的顺利输出；而粒径为 75μm 颗粒由于此时重力起主导作用，气相曳力需要克服颗粒自重实现颗粒起动，故其质量流率相对要小；当颗粒粒径

为 45μm 时，此时颗粒所受黏性力相比 20μm 要小得多，且重力亦小于 75μm 颗粒，黏性力与重力相互博弈，促使颗粒更容易被气相卷吸起动，相应的颗粒质量流率最大。

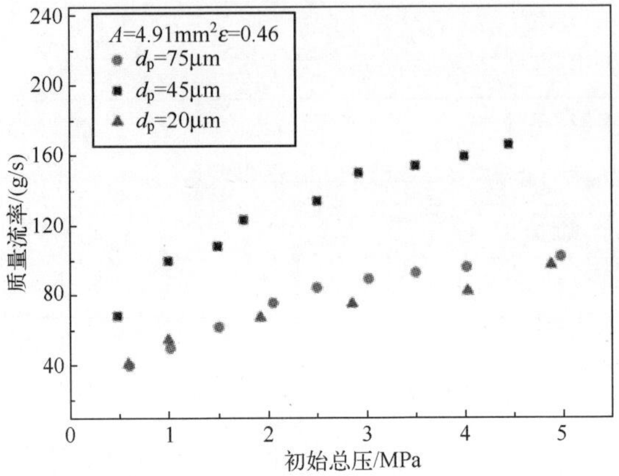

图 3-29 启动阶段不同粒径颗粒质量流率随初始总压变化曲线

2. 节流孔板流通面积影响

颗粒粒径分别为 75μm 和 20μm 时系统启动阶段质量流率随节流孔板面积的变化规律如图 3-30 所示。由图可见，随节流孔板面积的增大，颗粒瞬态质量流率增加，这是由于增大节流孔板面积即增加了气固两相的流通面积，同等工况时，粉末流出的量随之增大。另一方面，节流孔板面积不同时，颗粒瞬态质量流率随初始总压的变化规律与图 3-29 中规律一致。

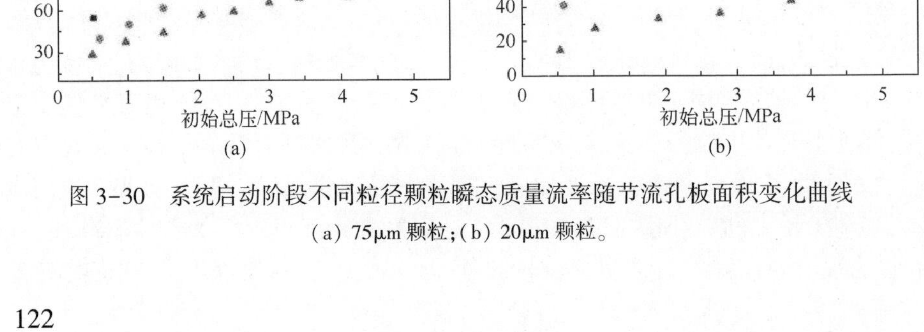

图 3-30 系统启动阶段不同粒径颗粒瞬态质量流率随节流孔板面积变化曲线

(a) 75μm 颗粒；(b) 20μm 颗粒。

3. 粉末装填率影响

粉末装填率主要影响气固两相混合物的导热系数，进而影响颗粒瞬态质量流率，不同工况时系统启动阶段颗粒瞬态质量流率与粉末装填率的关系曲线如图 3-31 所示。由图可见，随装填率的增大，颗粒起动质量流率呈"S"型增加规律，即装填率较大或较小时，颗粒瞬态质量流率随之增加的幅度不大，而当装填率介于中间时，颗粒起动质量流率随之增加的幅度迅速增大。

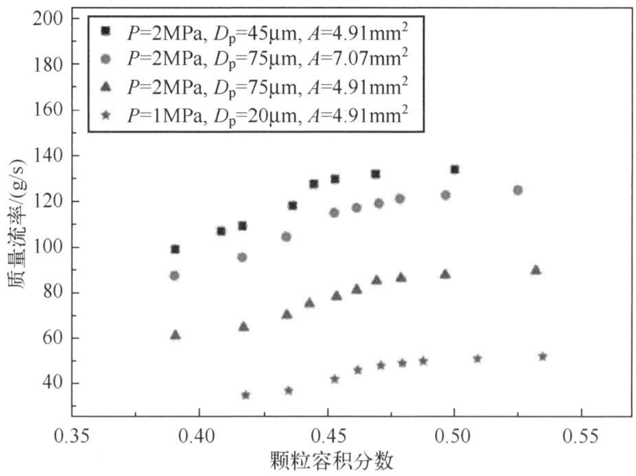

图 3-31　颗粒起动质量流率随粉末装填率变化曲线

从一定程度上讲，粉末装填率对颗粒弛豫时间和碰撞时间间隔也有较大影响，其中颗粒弛豫时间表征的是颗粒从静止被气相曳力加速到气相速度 63%所需要的时间，反映了颗粒的随流特性，而碰撞时间间隔表示某一颗粒与附近颗粒发生连续两次碰撞的时间历程，颗粒弛豫时间 τ_p 和碰撞时间间隔 τ_l 的表达式为

$$\tau_p = \frac{\rho_\mathrm{p} d_\mathrm{p}^2 \,(1-\varepsilon_\mathrm{p})^{3.65}}{18\mu(1-0.15\,Re_\mathrm{p}^{0.687})} \tag{3-18}$$

$$\tau_l = \frac{d_\mathrm{p}}{24\varepsilon_\mathrm{p} g_0}\left(\frac{\pi}{\Theta_\mathrm{s}}\right)^{0.5} \tag{3-19}$$

式中：ρ_p 为颗粒密度（$\mathrm{kg/m^3}$）；d_P 为颗粒粒径（m）；ε_p 为颗粒体积分数（装填率）；μ 为气体黏性（Pa · s）；Re_p为颗粒雷诺数；g_0 为颗粒径分布函数；Θ_s 为拟颗粒温度（$\mathrm{m^2/s^2}$）（Θ_s 表征颗粒湍动的动能）。

由式（3-18）可知，颗粒弛豫时间随粉末装填率的增大而减小，颗粒的随流性增强，促使质量流率增大。另一方面，由式（3-19）可见，颗粒碰撞时间间隔同样随装填率的增大而减小，碰撞时间间隔的减小会相应增大颗粒碰撞频率，而碰撞频率的增加会降低颗粒起动所需能量,同时增加颗粒间接触几率,致使颗粒间黏性作用力增强,从而进一步降低颗粒起动所需动能,颗粒流率会相应增大,故颗粒瞬态质量流率随粉末装填率的增大而增大。但当装填率到达一定程度后,颗粒瞬态质量流率随之增加的幅度减小,这是由于颗粒碰撞在降低颗粒起动所需动能的同时,也会相应消耗运动中的颗粒动能,即颗粒虽然容易起动,但起动后速度等会相应降低,致使颗粒瞬态质量流率的增大幅度随装填率的增大而变小。

3.4.2 启动阶段流化过程分析

1. 流化实验系统

为了方便观察与深入分析供给系统启动阶段的流化过程,搭建如图 3-32 所示的粉末高压流化实验系统,实际的实验装置如图 3-33 所示。由图可见,粉末流化系统主要由流化气储气瓶、粉末储箱、储箱转接段、观测窗、气动球阀、压强传感器、节流孔板、粉末收集器和测控系统组成。其中,粉末储箱内活塞采用气压驱动方式,储箱转接段内部为圆转方结构,而观测窗则为方形收敛结构。流化气进气位置设置在观测窗上下收敛段处,且进气方向与收敛斜段垂直。气动球阀用于粉末流化输送过程的开启和关停,其响应时间约为 50ms,节流孔板用于限制气固两相出口面积,而压强传感器则用于测量粉箱内压强变化,摄像机用于拍摄粉末流化过程及状态。

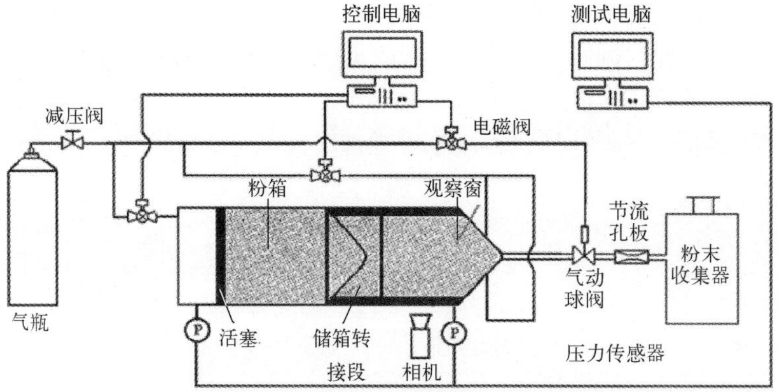

图 3-32　高压环境粉末流化实验系统

实验开始前,将粉末储箱及观测窗内均装填满粉末,并水平放置实验器。实验开始时,打开驱动气路和流化气路阀门的同时开启气动球阀,粉末在活塞的推动下不断向前运动,同时流化腔内粉末在流化气作用下形成气固两相流并输送出储箱。为便于实验调整粉箱内流化压强,气源与流化腔之间无节流孔板,即通过气源减压阀实现流化压强的控制,当流化管路内压强高于流化腔压强时,气源向流化腔内充气,而当流化管路内压强与流化腔压强一致时,则自动停止充气,从而实现流化压强的动态平衡调节。

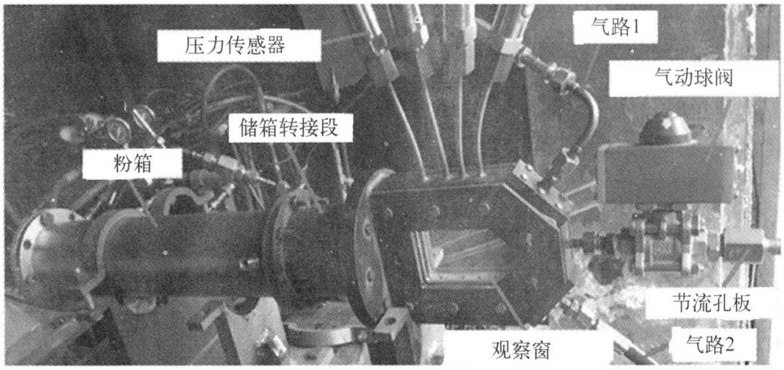

图 3-33　高压环境粉末流化实验装置

粉末高压流化实验工况如表 3-6 所列。其中,流化压强和颗粒平均粒径为主要影响参数,节流孔板直径和粉末装填率为不变量。同时为节约实验成本,采用中性三氧化二铝颗粒作为流化工质,流化和驱动气体均为惰性氮气。

表 3-6　高压流化实验工况

参　　数	取　　值
流化压强/MPa	0.5~5
节流孔板通流直径/mm	2
颗粒平均粒径/μm	20,45,75
粉末装填率/%	46

2. 流化过程分析

粉末推进剂在粉箱内的流化状态对粉末的稳定输送影响较大,通过拍摄不同压强条件下粉末流化过程,对高压环境颗粒流化机制有较为直观的认识。

图 3-34 为低压(0.43MPa)条件下粉末流化过程。由图可见,粉末运动区域主要集中于粉箱上部,而下部区域基本不受影响,这是由于受重力因素影响,粉箱下部粉末间接触较为紧密,颗粒间形成的空隙较上部要小,气流流经下部所受阻力大于上部,而流体流动更倾向于阻力较小区域,故而在粉箱上部形成气固两相流动。对比不同时刻的流动状态发现,粉箱上部的气固两相流动呈现波动式运动规律,且在粉箱收敛处形成上下两个旋涡结构。

粉末波动式运动方式与流化气进入方式有关，由于流化气体是垂直于粉箱收敛段流入，流化气速度可分解为水平和垂直两个方向的分量，水平方向上，流化气流动方向与粉末流动方向相对，气流受粉末阻挡影响，在夹角处形成稀相气固旋涡结构；垂直方向上，由于气流与粉末流动方向间存在 90°夹角，气流虽然未受水平方向上粉末的直接阻挡作用，但在垂直方向上仍然受粉末阻挡影响，从而在附近也能形成旋涡流动结构。而由于水平方向上粉末受气流冲击作用较弱，加之粉箱的流动出口位于旋涡结构下方，致使有更多粉末能进入到旋涡结构中，使颗粒浓度增加，通过图 3-34(f)可观察到两旋涡结构内有明显的颗粒浓度差异。

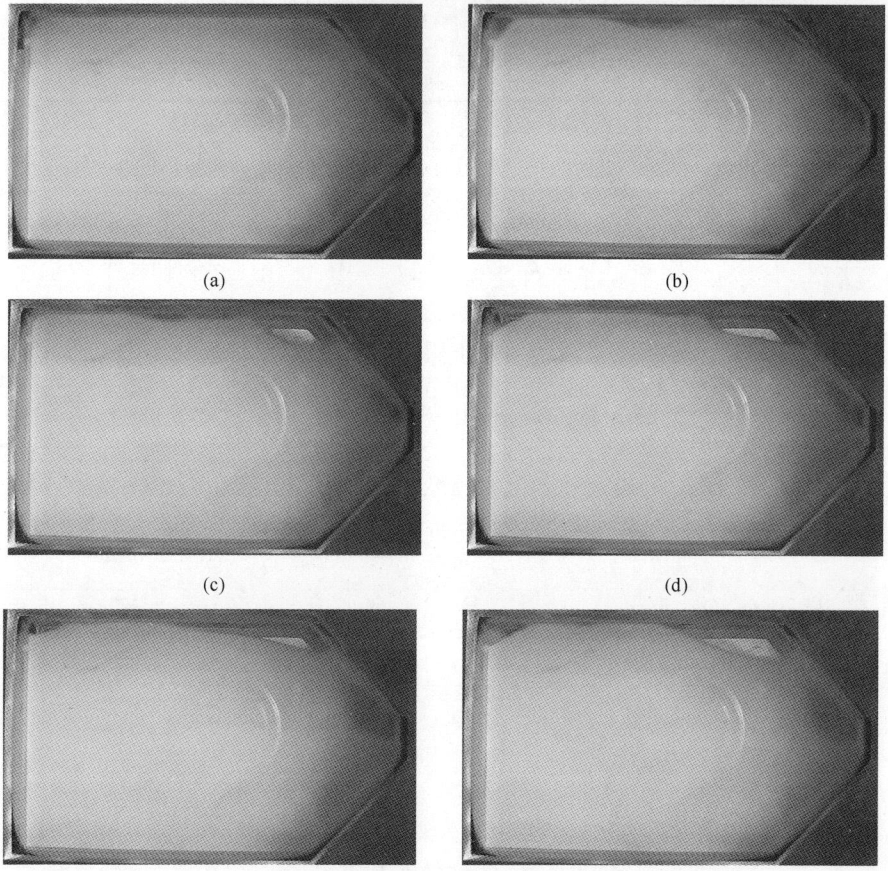

图 3-34　低压(0.43MPa)条件下粉末流化过程

(a) t_0s；(b) t_0+1s；(c) t_0+2s；(d) t_0+4s；(e) t_0+6s；(f) t_0+10s。

进一步对比分析表明，两旋涡结构大小随时间在不断变化，这是由于流化气体压强控制属于动态平衡过程。当粉箱内压强达到预定工作压强时，气源停止向粉箱内供气，流化气携带颗粒流出粉箱会导致粉箱压强降低，继而气源继续向粉箱供气，如此往复，使旋涡结构大小不断变化，进而引起粉末流化波动。

由上述分析可知，在低压条件下，粉末的流动区域较小，且呈现波动式流动规律，该流动规律不利于粉末的稳定输送。

图 3-35 为高压(2. 5MPa)条件下粉末流化过程。相比低压环境，高压环境下的颗粒流化呈现较大差异，主要表现在以下方面：

(1) 粉末流动无波动现象存在；

(2) 粉末颗粒在粉箱内能形成较为稳定的型面；

(3) 旋涡流动结构较大，从低压时的双旋涡演变成单旋涡。

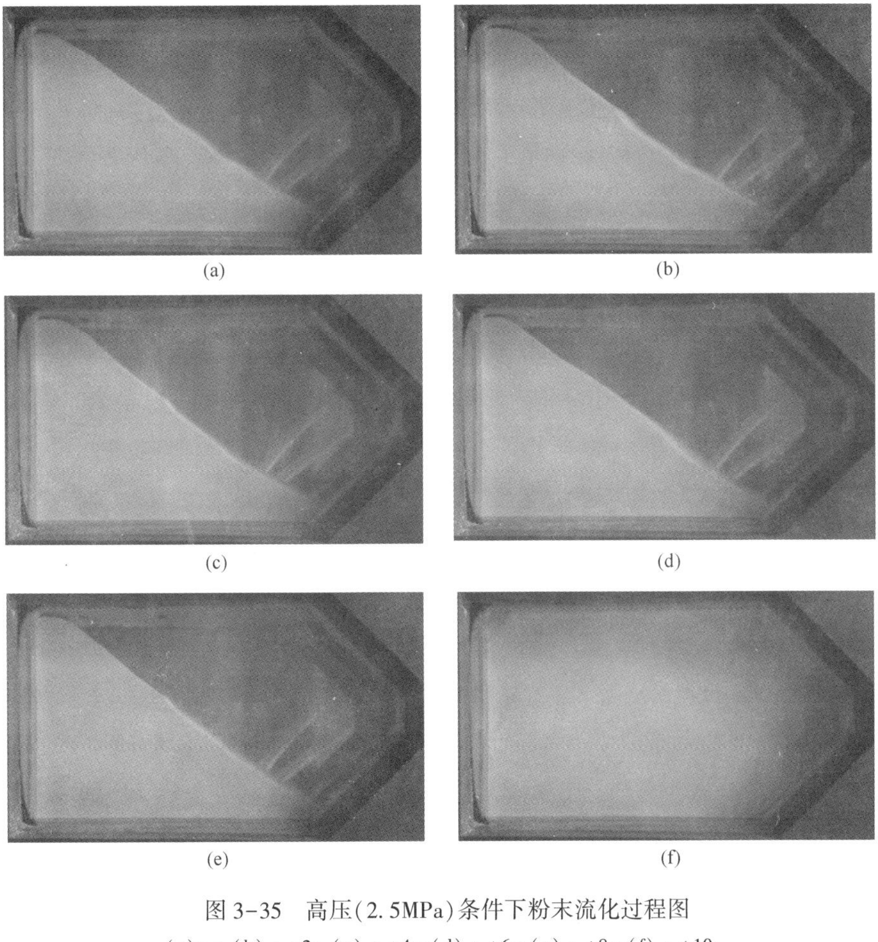

图 3-35　高压(2. 5MPa)条件下粉末流化过程图

(a) t_0s；(b) t_0+2s；(c) t_0+4s；(d) t_0+6s；(e) t_0+8s；(f) t_0+10s。

由于增大压强会相应增加粉末的质量流率,故而流出粉箱的粉末质量增加,使粉箱头部容易形成空腔。如果此时停止流化气体的供入,则粉末在活塞的推动下会迅速地向前推进并将粉箱头部空腔填满,如图 3-35(f)所示。但在供粉过程中,粉箱内始终保持较高的压强状态,稳定的高压环境一来可以维持活塞两边压差的恒定,使活塞移动速度较为稳定,粉末向前推进量也相对均衡;二来高压气体在粉箱空腔处形成剧烈的旋涡运动,卷吸粉末型面上的颗粒进入湍动气流中,形成一定浓度的气固两相流动,并向管道内输送。当粉箱向管道输送的气固两相流动的流量与活塞推动的粉末流量一致时,则此时粉箱内粉末流化达到一动态平衡状态,从而较为容易形成稳定的气固分界面。当然重力因素对粉末型面的倾斜角度有重要的影响。由此可见,在一定压强条件下,粉箱内能形成稳定的气固分界面,从而在观测角度上论证了本节所提出的粉末流化方式在一定压强条件下能够实现粉末质量流率的稳定供给。

高压环境下粉末流化输送所展现的机制与低压条件下差异较大。低压环境由于流化气速度相对较小,使粉末在粉箱局部形成波动式运动,从而在粉箱壁面附近形成多个气泡结构,使流化与鼓泡流化床的流化机制相似。而在高压环境,粉末在活塞的推动下向前运动,受高压气体影响,使气体与粉末之间有明显的界限,气固两相流动是通过气体对粉末的旋流卷吸而形成的,其流化类似于风沙起动或粉末喷动床流化机制。

由上述分析可知,当粉箱内压强由低压转为高压时,粉末的流化状态会呈现较大的差异,其流化机制也发生相应的转变。由此推测,当压强介于低压与高压时,存在一相应的流化状态,该流化状态处于过渡阶段,其流化过程如图 3-36 所示。由图可见,低压环境时出现的两个旋涡流动结构在过渡阶段时已融合,形成一更大旋涡结构。粉末型面逐渐成型,但仍有波动,属不稳定型面结构,只有当压强增加到一定值时,才能形成稳定的粉末型面。

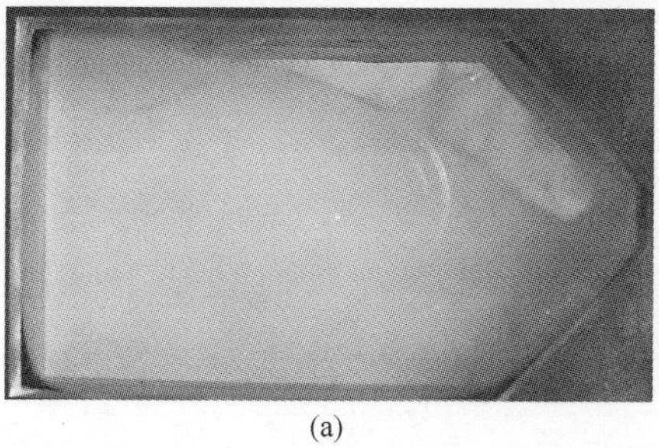

(a)

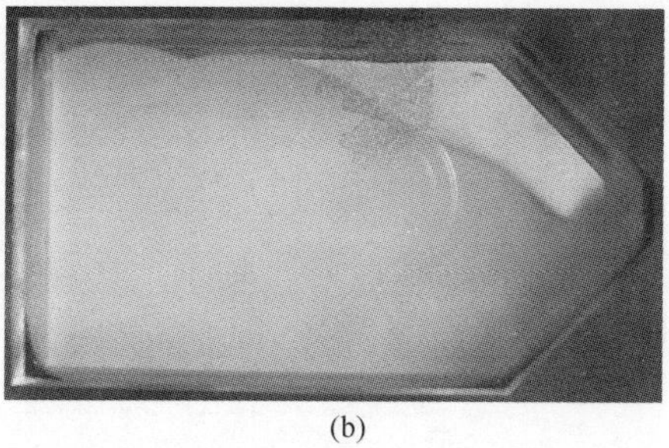

(b)

图 3-36 过渡阶段粉末流化状态

(a) t_0+2s;(b) t_0+4s。

3.5 颗粒质量流率预测模型

3.5.1 启动阶段颗粒质量预测模型

在对颗粒起动速度研究过程中,Cabreios 等认为用雷诺数和弗劳德数表征颗粒起动机理可以使实验测量结果更具物理意义,而 Kalman 却认为用雷诺数和阿基米德数表征颗粒起动机理相对而言更好,各参数表达式为

雷诺数=惯性力/黏性力,弗劳德数=惯性力/重力

阿基米德数=(黏性力×浮力)/(惯性力×惯性力)

如上所示,阿基米德数用浮力和黏性力代替了弗劳德数中的重力,由于浮力和黏性力受颗粒直径、密度以及流体密度直接影响,故用阿基米德数表征颗粒起动更切合物理实际,因而实验和理论值能有较好的重复性。由此可见,相比于弗劳德数,用雷诺数和阿基米德数表征颗粒起动机理可以综合更广泛的影响因素,也更能反映流动本身属性,其同样也适用于高压环境下颗粒起动规律的研究,故本节基于雷诺数和阿基米德数表征的颗粒起动机理来构建启动阶段颗粒瞬态质量流率模型。雷诺数Re_{p} 和阿基米德数 Ar 分别定义为

$$Re_{\mathrm{p}}=\frac{\rho U_{\mathrm{pu}}d_{\mathrm{p}}}{\mu} \tag{3-20}$$

$$Ar=\frac{g\rho(\rho_{\mathrm{p}}-\rho)d_{\mathrm{p}}^{3}}{\mu^{2}} \tag{3-21}$$

式中:ρ 为气体密度(kg/m^3);U_{pu}为颗粒起动速度(m/s);g 为重力加速度(m/s^2)。

通过对实验数据进行分析,Kalman 等认为雷诺数和阿基米德数之间存在如下关系:

$$Re_{\mathrm{p}}=aAr^{b} \tag{3-22}$$

式中:a 和 b 为常数,通过实验测量结果拟合获得。

由于实际上颗粒起动速度指的是驱动静止颗粒实现滑移、翻滚、悬浮等动作所需的流体最小速度,即意味着所需流体速度越大,颗粒越难起动,流体对颗粒的卷吸量也相对越少。因此,根据上述规律推断,气体对颗粒卷吸量$\dot{m}$与颗粒起动速度 U_{pu}之间应存在一定反比关系,即

$$\dot{m}\propto\frac{1}{U_{\mathrm{pu}}} \tag{3-23}$$

将式(3-20)~式(3-22)带入式(3-23),可得

$$\dot{m} \propto \frac{\rho d_{\mathrm{p}}}{Re_{\mathrm{p}}\mu} = \frac{\rho d_{\mathrm{p}}}{aAr^{b}\mu} \tag{3-24}$$

为统一式(3-24)左右两边量纲,将影响颗粒起动的主要因素,如两相混合密度 ρ_{m},环境温度 T,节流孔板面积 A 以及气固混合物常数 R_{m} 等考虑进式(3-24)中,由此获得量纲统一的颗粒起动质量流率计算式为

$$\dot{m} = f\frac{(\rho_{\mathrm{m}}R_{\mathrm{m}}TA)\rho d_{\mathrm{p}}}{\mu(aAr^{b})} \tag{3-25}$$

式中:f 为调节系数函数。由于在气固流动中,两相混合物密度、混合物常数、比热比、颗粒质量分数等均与粉末装填率相关,故为简化所构建的颗粒起动质量流率模型,将 f 定义为粉末装填率函数,如果粉末装填率一定,则 f 为常数。由此,颗粒起动质量流率模型公式为

$$\dot{m} = f(\varepsilon_{\mathrm{p}})\frac{(\rho_{\mathrm{p}}R_{\mathrm{g}}TA)\rho d_{\mathrm{p}}}{a\mu[g\rho(\rho_{\mathrm{p}}-\rho)d_{\mathrm{p}}^{3}/\mu^{2}]^{b})} \tag{3-26}$$

由式(3-26)可见,其并未存在初始压强项,但含有气体密度项,由理想气体状态方程(3-27)可知,压强与气体密度存在线性关系,故初始压强项可由气体密度表征。

$$P = \rho R_{\mathrm{g}}T \tag{3-27}$$

至此,基于颗粒起动机理,我们顺利推导了高压环境下启动阶段颗粒瞬态质量流率的计算模型,同时通过分析式(3-26)可知,在气固属性都已知情况下,颗粒瞬态质量流率大小取决于系数 $f(\varepsilon_{\mathrm{p}})$、$a$ 和 b 取值,且 $f(\varepsilon_{\mathrm{p}})$ 大小只影响颗粒瞬态质量流率的整体值,而不改变其随各参数变化规律,而系数 a、b 影响式(3-22)中雷诺数与阿基米德数关系,其系数 a、b 的取值受颗粒粒径影响较大。由此,将式(3-26)与实验数据进行对比拟合,使式(3-26)中颗粒起动质量流率随参数变化规律与实验一致,便可获得系数 a、b 取值,同时通过调整系数 $f(\varepsilon_{\mathrm{p}})$ 大小,使模型结果更贴近于实验。由于不同工况下其粉末装填率均一致,故 $f(\varepsilon_{\mathrm{p}})$ 为常数,经上述分析方法获得 $f(\varepsilon) = 4.627\times10^{-4}$,且雷诺数与阿基米德数随粒径的变化规律如下所示:

$$\begin{gathered} Re_{\mathrm{p}} = 40Ar^{0.63}, d_{\mathrm{p}} = 20\mu\mathrm{m} \\ Re_{\mathrm{p}} = 9.2Ar^{0.63}, d_{\mathrm{p}} = 45\mu\mathrm{m}, d_{\mathrm{p}} = 75\mu\mathrm{m} \end{gathered} \tag{3-28}$$

将颗粒起动质量流率模型计算结果与实验结果进行对比,如图 3-37 所示。由图可见,模型计算结果与实验结果分布规律一致,且在较大粒径时二者重合性较好,而在小粒径(20μm)时其预测值与实验测量值有一定偏差。

为进一步说明所构建模型的合理性,将上述实验数据与模型计算结果进行对比,如图 3-38 所示。模型计算结果与实验结果分布规律一致,且同样存在图 3-37

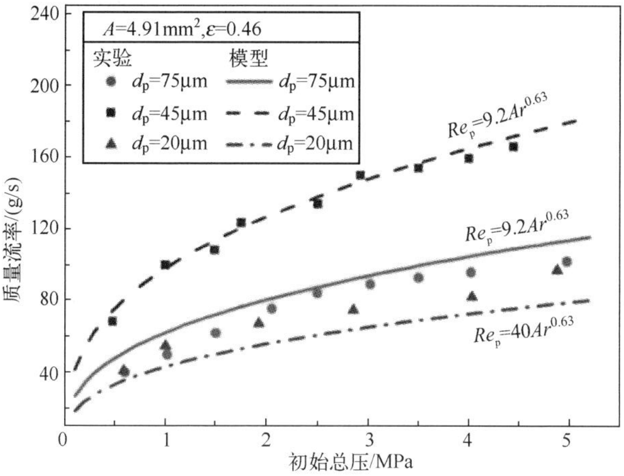

图 3-37　不同颗粒粒径时模型计算结果与实验结果对比

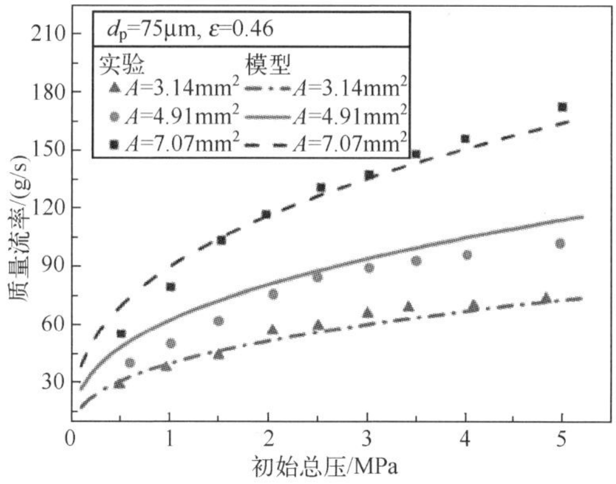

(a)

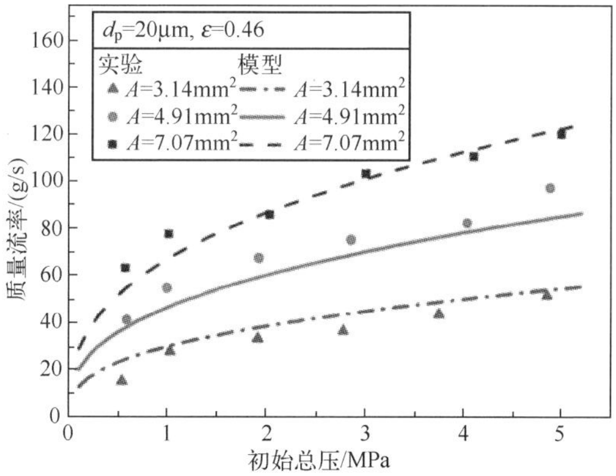

(b)

图 3-38　不同节流孔板面积时模型计算结果与实验结果对比

(a) 75μm;(b) 20μm。

中粒径较大颗粒其预测值与实验值吻合较好的现象。这是由于实验过程中流化气体湿度、粉箱振动以及粉末装填过程中的颗粒弥散等因素均会对小粒径颗粒的装填状态和起动流化状态造成一定影响，且上述对小粒径颗粒的影响因素也未在模型系数 $f(\varepsilon_p)$ 中加以考虑，故小粒径颗粒的预测值与实验值出现一定偏差，但就整体而言，模型计算结果与实验值吻合较好，表明所构建模型相对较为合理。

根据上述实验结果可知，不同工况下颗粒瞬态质量流率随粉末装填率增加呈现"S"型增加趋势，因此，$f(\varepsilon_p)$ 应为关于 ε_p 的"S"型曲线分布，通过对实验数据拟合处理，获得 $f(\varepsilon_p)$ 函数关于 ε_p 的表达式为

$$f(\varepsilon_p)=4.7608\times10^{-4}-\frac{1.28008\times10^{-4}}{1+e^{(\varepsilon_p-0.42713)/0.01531}} \tag{3-29}$$

由上述分析可知，微细铝颗粒在 10~100μm 范围内的颗粒起动质量流率半经验模型为

$$\dot{m}=\left(4.7608\times10^{-4}-\frac{1.28008\times10^{-4}}{1+e^{(\varepsilon_p-0.42713)/0.01531}}\right)\frac{(\rho_p R_m TA)\rho d_p}{a\mu[g\rho(\rho_p-\rho)d^3/\mu^2]^b} \tag{3-30}$$

其中，$\begin{cases} a=40, b=0.63, & d_p=20\mu m \\ a=9.2, b=0.63, & d_p=45\mu m \text{ 或 } 75\mu m \end{cases}$

系统启动阶段颗粒瞬态质量流率随粉末装填率变化规律的模型计算结果与实验结果对比如图 3-39 所示。由图可见，半经验模型的计算结果与实验值吻合程度较好，但同样存在颗粒在较小粒径时吻合程度稍差的现象。

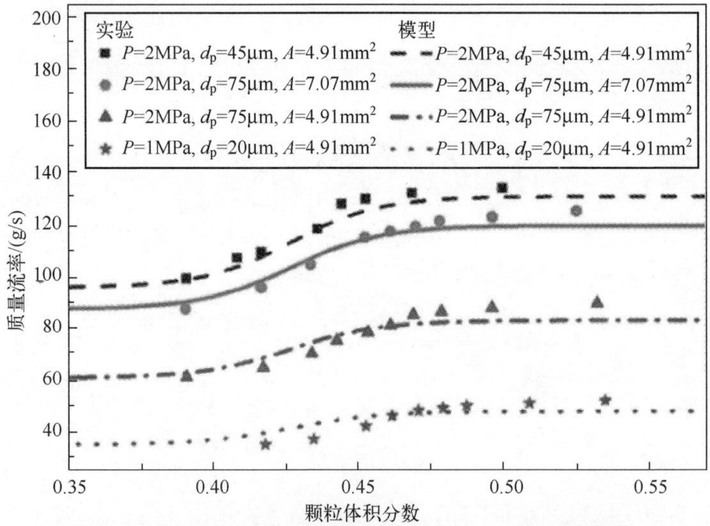

图 3-39　不同粉末装填率时模型计算结果与实验结果对比

通过上述实验和模型计算反映出的规律可知，高压环境下颗粒瞬态质量流率主要受初始总压、节流孔板面积、颗粒粒径以及粉末装填率等影响，而在热态实验过程中，颗粒粒径以及装填率等参数均已固定，剩余初始总压和节流孔板面积是可调量，由式（3-30）可知，颗粒瞬态质量流率与初始总压和节流孔板面积之间关系可简化为

$$\dot{m} \propto \frac{P}{[P(c-P)]^b} \tag{3-31}$$

$$\dot{m} \propto A \tag{3-32}$$

式（3-31）中，b 和 c 均为系数。将式（3-31）和式（3-32）分别做微分处理，获得如下关系式：

$$\frac{\mathrm{d}\dot{m}}{\mathrm{d}P} = \frac{(2b-1)}{P^{b-1}(P-a)^{b+1}} + \frac{c(c-b)}{P^b (P-a)^{b+1}} \tag{3-33}$$

$$\frac{\mathrm{d}\dot{m}}{\mathrm{d}A} = \text{constant} \tag{3-34}$$

由式（3-33）和式（3-34）可知，颗粒瞬态质量流率增加速率随初始总压的增大而逐渐减小，而不随节流孔板面积增大而变化。因此，为了实现颗粒瞬态质量流率的稳定控制，调节节流孔板面积的效果较调节初始总压要好。

值得注意的是，当粉末装填率达到一定值时，颗粒瞬态质量流率增加速率随装填率变化不明显，该规律可为大装填率工况时启动阶段颗粒瞬态质量流率的确定提供工程参考。由于较大的密度比冲有利于发动机性能的提升，这就要求粉末尽可能有较大的装填率，而当粉末装填率高达一定值后，启动阶段颗粒瞬态质量流率随之增大的幅度不大，即颗粒起动质量流率对应一定的粉末“临界”装填率，当粉末装填率大于“临界”装填率时，其对应的启动阶段颗粒瞬态质量流率可在“临界”装填率对应的流率基础上做适当修正即可获得，而无需重新标定或计算该工况下的质量流率，从而提高发动机研制效率。

启动阶段颗粒瞬态质量流率的半经验模型计算结果与实验结果对比图直观反映了模型构建的合理性以及预测准确性，但具体预测精度尚未知，为此，需要对所构建的半经验模型进行误差分析。同时为体现所构建模型在对启动阶段颗粒瞬态质量流率预测方面的优势，将本节所构建的半经验模型（下文统称模型 A）与颗粒瞬态质量流率理论模型（下文统称模型 B）的预测精度作横向对比。

模型 B 是基于气固两相平衡流动理论推导而来，并借用气体壅塞概念，认为气固流动在一定压强比条件下，气固两相亦会形成两相壅塞流动，然后仿效纯气相壅塞时气体质量流率公式推导过程，进而推导出两相壅塞流动条件下的颗粒质量流率。模型 B 的理论计算公式为

$$\dot{m}=\frac{P_0 A}{\sqrt{R_m T}}\sqrt{\gamma_m}\left[\frac{2}{\gamma_m+1}\right]^{\frac{\gamma_m+1}{2(\gamma_m-1)}} \tag{3-35}$$

$$\gamma_m=\gamma_g\left(1+\frac{\phi}{1-\phi}\frac{C_P}{C_{P,g}}\right)\Big/\left(1+\frac{\phi}{1-\phi}\frac{C_P}{C_{P,g}}\gamma_g\right) \tag{3-36}$$

$$R_m=R_g(1-\phi)/(1-\varepsilon_p) \tag{3-37}$$

式中:P_0 为滞止压强(Pa);A 为管道横截面积(m^2);R_m 为两相混合物常数(J/(mol·K));T 为滞止状态温度(K);γ_m 为气固混合物绝热指数;γ_g 为气体绝热指数;ϕ 为颗粒质量分数;C_P 为颗粒有效热容(J/(kg·K));$C_{P,g}$为气体恒压热容(J/(kg·K));R_g 为气体常数(J/(mol·K))。

由式(3-35)可见,颗粒质量流率主要受滞止总压、节流孔板面积、颗粒质量分数和装填率等影响。尽管式(3-35)中颗粒质量流率的求解给出了相对较为明确的物理意义,但却缺少颗粒属性等参数,如颗粒粒径以及颗粒密度等。由于模型 B 中无颗粒粒径和颗粒密度的表征项,当其余工况不变条件下,颗粒粒径或密度的改变对颗粒质量流率的大小无影响,而实际上颗粒粒径和颗粒密度对质量流率有着直接的影响,模型 B 缺乏上述两方面的表征项,其预测精度会相应受影响。

为验证模型 A 的预测精度,将模型 A 与模型 B 的预测精度进行对比,但由于颗粒起动过程中气体质量流率较难测得,故无法计算固气质量比,从而不能用模型 B 直接计算与本节实验工况相同时的颗粒质量流率,即模型 A 和模型 B 预测精度不能进行直接对比分析。而文献[4]中研究者将其实验结果与模型 B 计算结果进行了对比,但并未对模型 B 展开预测精度分析,由此,可将模型 A 和模型 B 预测精度进行横向对比分析,并采用相对误差表征预测精度,相对误差为

$$E(r)=\frac{|\dot{m}_{\mathrm{Model}}-\dot{m}_{\mathrm{Exp.}}|}{\dot{m}_{\mathrm{Exp.}}} \tag{3-38}$$

式中:$\dot{m}_{\mathrm{model}}$为模型计算粉末质量流率(kg/s);$\dot{m}_{\mathrm{Exp.}}$ 为实验测量质量流率(kg/s)。

模型 A 和模型 B 与实验对比后相对误差分布如图 3-40 和图 3-41 所示,其中,基准线为模型计算结果与实验结果相差程度的表征,模型计算结果越接近于基准线,其预测精度越高。

图 3-40 中,模型 A 计算结果值大多靠近于基准线,且 90%以上离散点的相对误差均低于 15%,所有离散点的平均相对误差为 6.43%;而图 3-41 中,所有离散点均远离基准线,且其相对误差都远大于 50%,更为严重的是,所有离散点的平均相对误差高达 93.22%。由此表明,模型 A 的预测精度远高于模型 B,其可对颗粒起动质量流率有较好的预测效果。

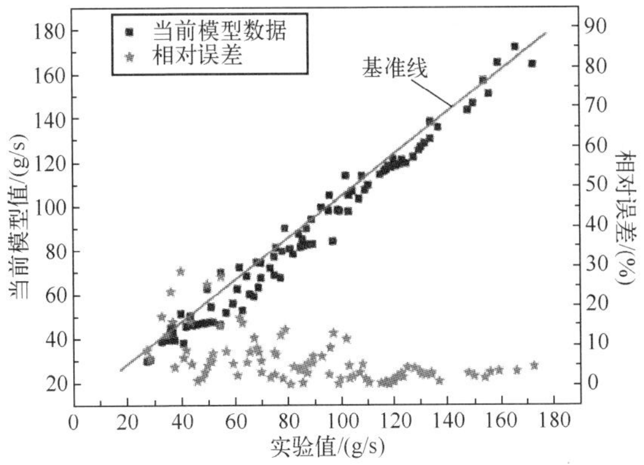

图 3-40　模型 A 相对误差

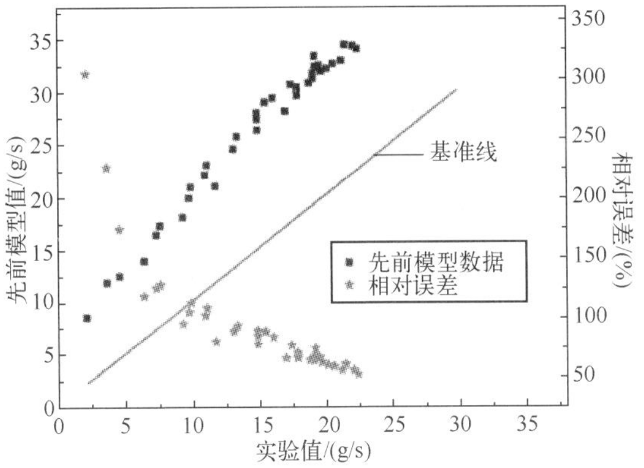

图 3-41　模型 B 相对误差

模型 B 预测精度不高的主要原因是基于气固两相平衡流动理论推导而得，在实际流动中，气固两相较难形成平衡流动，气固相间作用以及颗粒—颗粒间碰撞等因素均会使气固流动变得相当复杂，且模型 B 中缺少诸如颗粒粒径和密度等描述颗粒属性的项，诸多因素共同影响致使模型 B 预测精度不高。

3.5.2　气固壅塞下颗粒质量预测模型

粉末推进剂质量流率大小对发动机燃烧流动有直接影响，在进行发动机点火实验之前，粉末推进剂质量流率是首要确定的参量，通常是采用冷态标定方法来获得相应工况下的推进剂质量流率，且每改变一次点火工况，都要相应地进行冷态标定，从而极大地增加了实验成本。为此，需要建立一套气固质量流率计算方法，以减少实验工作量。

由于在一定工作状态下，气固两相会出现类似于纯气相壅塞流动现象。考虑到气固两相流动中质量流率大小主要由固相承担,而固相为不可压缩离散相,其质量流率主要由固相速度和固相流经某一截面时的容积来决定,因此,可以仿效液体的流量计算公式来构造相应的两相壅塞流动状态下的气固质量流率计算式,即

$$\dot{m}_{\mathrm{mix}}=\rho_{\mathrm{mix}}v_{\mathrm{mix}}A \tag{3-39}$$

式中:$\dot{m}_{\mathrm{mix}}$为两相质量流率(kg/s);ρ_{mix}为两相混合密度(kg/m³);v_{mix}为两相音速(m/s),A 为喷管喉部面积(m²)。

由上式可知,要获得两相质量流率,需首先获得两相混合密度和两相声速。

1. 两相混合密度

假定管道内气固两相混合均匀,则两相混合密度可按气固两相平衡流动时的状态方程给出:

$$\rho_{\mathrm{mix}}=\frac{P_{\mathrm{out}}}{R_{\mathrm{mix}}T}=\frac{p_0 r_{\mathrm{cp}}}{R_{\mathrm{mix}}T} \tag{3-40}$$

式中:p_0 为滞止压强(Pa);r_{cp}为气固两相壅塞时的临界压强比。

王晓鸣等对不同颗粒的气固两相壅塞流动状态的临界压强比进行实验研究,获得了不同种类颗粒的临界压强比与固气比之间的拟合关系式,但每一拟合关系式只适用于其所对应的颗粒,无普适性。为获得较为普适性的临界压强比计算公式,需重新对上述文献中的实验结果进行了整合,将对两相壅塞流动影响较大的颗粒导热系数考虑进来,并以三氧化二铝颗粒的导热系数为基准,通过多元线性回归方法,拟合了临界压强比随固气比和颗粒相导热系数变化的计算公式,即

$$r_{\mathrm{cp}}=0.5845+0.00286n\left(\frac{\lambda_{\mathrm{P}}}{\lambda_{\mathrm{Al_2O_3}}}\right)^{0.14} \tag{3-41}$$

式中:λ_{P} 为颗粒相导热系数;n 为固气质量比。

两相混合常数计算式如下:

$$R_{\mathrm{mix}}=\frac{R_{\mathrm{g}}(1-\phi)}{1-\varepsilon_{\mathrm{p}}} \tag{3-42}$$

由于已假定管道内气固混合均匀,故颗粒相质量分数为

$$\phi=\frac{n}{1+n} \tag{3-43}$$

气固平衡流动状态时颗粒体积分数计算式为

$$\varepsilon_{\mathrm{p}}=\frac{n}{(n+\rho_{\mathrm{p}}/\rho_{\mathrm{g}})} \tag{3-44}$$

由于颗粒体积分数在沿流动方向大小分布不一致,需对其进行修正。对不

同固气质量比时颗粒体积分数分布进行计算，并将计算结果与式(3-44)计算结果进行对比，如图 3-42 所示。由图可见，喷管上游和喷管喉部，颗粒体积分数随固气比变化规律一致，且二者值相当，但数值计算结果与式(3-44)计算结果有较大差异，表明两相平衡流动假设会高估颗粒体积分数值。

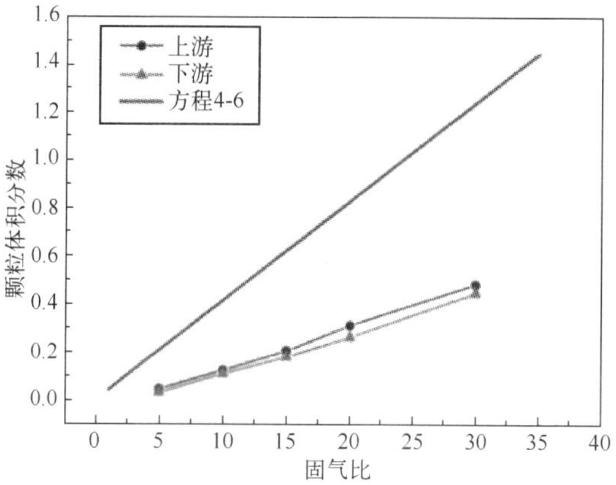

图 3-42　颗粒体积分数计算结果与理论结果对比

图 3-42 中，数值计算的颗粒体积分数随固气比呈线性变化，与式(3-44)规律一致，其差异在于系数不同，故将式(3-44)系数进行修正，从而获得修正后的颗粒体积分数为

$$\varepsilon_{\mathrm{p}}=\frac{n}{2.74(n+\rho_{\mathrm{p}}/\rho_{\mathrm{g}})} \tag{3-45}$$

综上分析，可获得气固混合密度表达式为

$$\frac{P_{\mathrm{out}}}{R_{\mathrm{mix}}T}=\frac{p_0(1+n)\left(0.5845+0.00286n\left(\dfrac{\lambda_{\mathrm{P}}}{\lambda_{\mathrm{Al_2O_3}}}\right)^{0.14}\right)\left(1-\dfrac{n}{2.74(n+\rho_{\mathrm{p}}/\rho_{\mathrm{g}})}\right)}{R_{\mathrm{g}}T} \tag{3-46}$$

2. 两相表观音速

如果两相流动当作平衡流处理时，则气相和固相在同一区域的流动速度应相同，且两相壅塞状态下流经喷管喉部的速度定义为两相声速，基于气固两相平衡流动详细推导了两相声速理论计算公式。但实际流动中，气固两相，尤其是稠密气固两相很难形成平衡流动，且两相壅塞计算结果表明，气相和固相流经喷管喉部时气相速度明显远高于固相速度，这就说明，基于两相平衡流动理论推导的两相声速会与实际值有较大出入。

虽然实际两相壅塞流动中喷管喉部处的固相和气相速度大小不一致，但由于两相流量中固相流量占绝大部分比例，故而两相声速应略高于固相表观速度，即在工程预测中，两相声速可用固相表观声速表示。国内外研究者对不同颗粒的固相表观声速进行了大量的实验研究，其研究结果显示固相表观声速与理论声速随固气比变化规律一致，但固相表观声速值要远小于理论声速值。由此可见，通过固相表观声速代替两相理论音速进行气固壅塞流动下的气固质量流率计算，可获得更为精确的结果。

虽然已经有了多种颗粒的表观声速与固气比之间的拟合关系式，但各种类颗粒的表观声速关系式之间并无关联，从而大大限制了固相表观声速在计算两相质量流率中的推广应用，故需要建立普适性更强的固相表观声速表达式。

实验用粉末种类属性及其相应的表观声速随固气比变化曲线见表3-7。由表3-7可见，由于粉末物理属性差异，固相表观声速曲线之间的差异较大，但其随固气比变化的趋势基本一致。对比 Al_2O_3 和漂珠可发现，在较小的固气比时，二者的表观速度相当，而随固气比增大，漂珠较氧化铝的表观速度逐渐增大。对比其物理属性可发现，二者的导热系数和热容一致，但密度相差较大，固气比较小时，此时属于稀相流动，颗粒密度差异带来的变化不明显。随着固气比增大，稀相流转变为稠密流，密度越大的颗粒虽然其对应的体积分数越小，相比更为稀疏，但由于其密度大，颗粒的弛豫时间更长（由松弛时间公式决定），故而加速更为缓慢，导致密度大的颗粒的表观速度偏低。对比 Al_2O_3 与Al粉的表观速度可知，在固气比低于40时，Al粉表观速度小于氧化铝，虽然Al粉密度小于 Al_2O_3，且二者热容相当，从弛豫时间上讲，Al粉表观速度应高于 Al_2O_3，但由于在导热系数方面二者相差较大，Al粉在被气相加速过程中释放的热量也相对较大，致使其有效热容较 Al_2O_3 要小得多，故而表观声速相对要小。而当固气比较大时，固相更为稠密，即削弱了导热系数的影响，故而表观速度逐渐与 Al_2O_3 接近。

表3-7　粉末物理属性

粉末	密度 ρ_p /(kg/m^3)	导热系数 λ $W/(m\cdot K)$	热容 C_p $J/(kg\cdot K)$
Al_2O_3	3900	38	758
Al粉	2700	204	900
树脂	1500	0.33	1260
漂珠	700	38	758

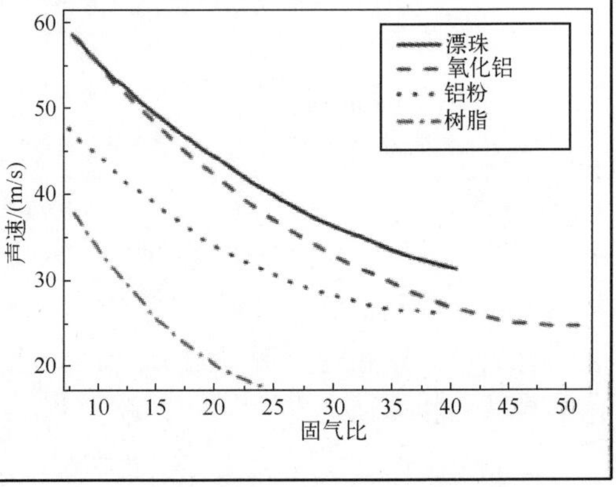

对比树脂与 Al_2O_3，则发现其规律与前面所述不太相符，其密度和导热系数远小于 Al_2O_3，理论上讲树脂的表观声速应更大，但根据计算式(3-47)对比各种类颗粒的斯托克斯准数 St，如表 3-8 所示，发现树脂的 St 远大于其余颗粒。根据 St 对流动的判定法则：当 $St \leqslant 0.1$，固相与气相速度相当，气固两相为平衡流动；而当 $St \geqslant 1$ 时，固相速度接近于常数，不受流场影响，气固两相为冻结流。由于树脂的 St 已远大于 1，为冻结流，颗粒速度随流体加速不明显，故而呈现出最小表观速度。

$$St = \frac{\tau_A}{\tau_R} = \frac{\rho_p d_p^2 v_g}{18\eta_g L} \tag{3-47}$$

表 3-8　粉末的斯托克斯准数

粉　末	Al_2O_3	Al 粉	漂　珠	树　脂
St 准数	0.633	1.604	1.053	132.558

由上述分析可知，颗粒的表观声速主要受颗粒密度、导热系数、固气比和两相流动类型等因素影响。为便于普适性固相表观声速公式的构建，本节只考虑颗粒密度、导热系数和固气比对固相表观速度的影响。由于颗粒属性不同，其表观声速与固气比之间的关系式亦不同，且各关系式之间无直接联系，所以为获得考虑颗粒密度、导热系数、固气比等因素的普适性固相表观声速计算公式，需首先选取某一属性颗粒的表观音速表达式作为基准表达式，然后在此基础上建立其他属性颗粒与之在颗粒密度和导热系数等方面的关联，从而构建出更普适性的固相表观声速计算公式。为此，本节选取取材相对容易且密度最大的三氧化二铝颗粒的表观音速公式作为基准公式，通过将表 3-7 中 Al_2O_3 颗粒的表观声速曲线进行非线性拟合，获得其表观声速与固气比之间的关系式为

$$v = 72 - 1.84n + 0.018n^2 \tag{3-48}$$

由式(3-48)可知，固相表观声速与固气比关系符合二次曲线关系，二次项系数主要影响曲线的弯曲率，而常数项主要影响曲线在 y 轴上大小，故通过对比各表观声速曲线与基准曲线关系，便可构建出考虑颗粒密度、导热系数等量的普适性固相表观声速关系式。

由表 3-7 可知，Al_2O_3 与漂珠的导热系数一致，但密度相差较大，同时对比其表观声速曲线，发现在小固气比时，其表观声速相当，而随固气比增大，曲线的曲率随之变化，表明颗粒密度对曲率的影响较大，应将颗粒密度差异放入基准关系式中的二次项系数部分；而由于二者导热系数相同，致使其在较小固气比时的表观声速一致，故可将导热系数影响放置在基准关系式中的常数项。考虑了颗粒导热系数、颗粒密度以及固气比的表观声速普适性表达式为

$$v=72f(\lambda_{Al_2O_3},\lambda_P)-1.84n+0.018n^2*f(\rho_{Al_2O_3},\rho_p) \quad (3-49)$$

而分别对比 Al 粉和 Al_2O_3，树脂和氧化铝可发现，Al 粉导热系数较氧化铝要大得多，而树脂导热系数却较 Al_2O_3 要小得多，按 Al_2O_3 与漂珠对比规律，在较小固气比时，Al 粉和树脂的表观声速不应该都小于 Al_2O_3，其中有一个必大于 Al_2O_3。另一方面，虽然在密度上 Al 粉和树脂均小于 Al_2O_3，但表观声速曲线的曲率分布却不一致。由此说明，不能仅由一个表达式来涵盖众多种类颗粒，需要依据颗粒属性的不同，对表观声速表达式进行范围界定，即一定范围内采用相应的表达式。由于颗粒密度对表观声速的影响较大，且密度亦是判别颗粒种类的一大重要属性，故本节根据密度不同将颗粒简单划分为两大类：大密度颗粒（Al_2O_3，Al 粉）和小密度颗粒（树脂，漂珠），并将 $2000kg/m^3$ 作为密度划分界限。通过将不同密度颗粒的表观声速曲线与基准曲线进行构建拟合，获得了较为普适性的固相表观声速计算公式，即

$$v=\begin{cases}72\left(\dfrac{\lambda_p}{\lambda_{Al_2O_3}}\right)^{0.072}-1.84n+0.018n^2\left(\dfrac{\rho_{Al_2O_3}}{\rho_{Al_2O_3}-\rho_p}\right) & \rho_P<2000kg/m^3\\ 72\left(\dfrac{\lambda_{Al_2O_3}}{\lambda_p}\right)^{0.11}-1.84n+0.018n^2\left(\dfrac{\rho_{Al_2O_3}}{\rho_p}\right) & \rho_P\geqslant 2000kg/m^3\end{cases} \quad (3-50)$$

将固相声速经验公式（3-50）与实验测量曲线进行对比，如图 3-43 所示。由图可见，Al_2O_3、Al 粉、漂珠三类颗粒的经验公式曲线与实验曲线都基本重合，表明式（3-50）构建相对合理。而树脂颗粒由于其两相流动为冻结流，不属于非平衡流动，故经验公式曲线相比实验曲线要大。但总体而言，针对非平衡两相流动的固相音速经验关系式（3-50）的构造还是较为成功的。

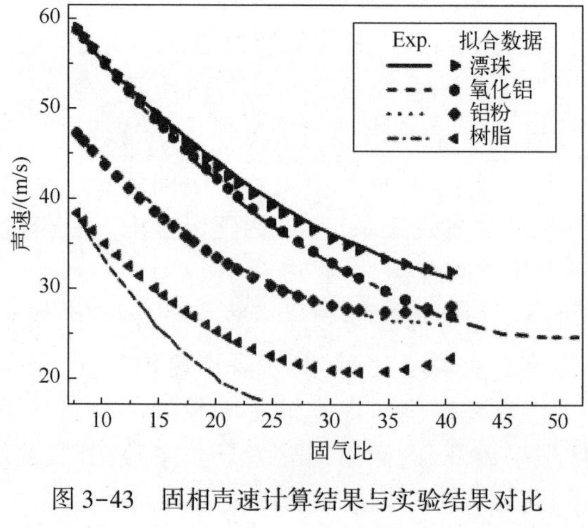

图 3-43 固相声速计算结果与实验结果对比

3. 气固质量流率半经验模型检验

通过前文对实验数据整理与挖掘，并结合数值计算结果，构建了普适性较强的气固两相混合密度公式（3-46）和固相表观声速计算式（3-50），将上述两计算公式代入气固质量流率计算式（3-39），便获得了气固壅塞流动状态下两相质量流率半经验公式，即

$$\dot{m}_{\text{mix}}=\frac{p_0 A v_{\text{mix}}}{R_{\text{g}}T}(1+n)\left(0.5845+0.00286n\left(\frac{\lambda_{\text{P}}}{\lambda_{\text{Al}_2\text{O}_3}}\right)^{0.14}\right)\left(1-\frac{n}{2.74(n+\rho_{\text{p}}/\rho_{\text{g}})}\right) \tag{3-51}$$

式中：v_{mix} 由式（3-50）计算获得。

为检验两相质量流率半经验式（3-51）的预测精度，分别将同一工况条件下两相平衡流理论模型计算结果、本节构建的半经验模型计算结果与实验测量值进行比较。Al_2O_3、Al 粉、漂珠和树脂的对比结果分别如图 3-44 至图 3-46 所示。由图可见，两相壅塞状态下，基于平衡流的理论模型其计算结果均远大于实验值，这是由于理论模型大大高估了两相声速所致，而本节所构建的半经验

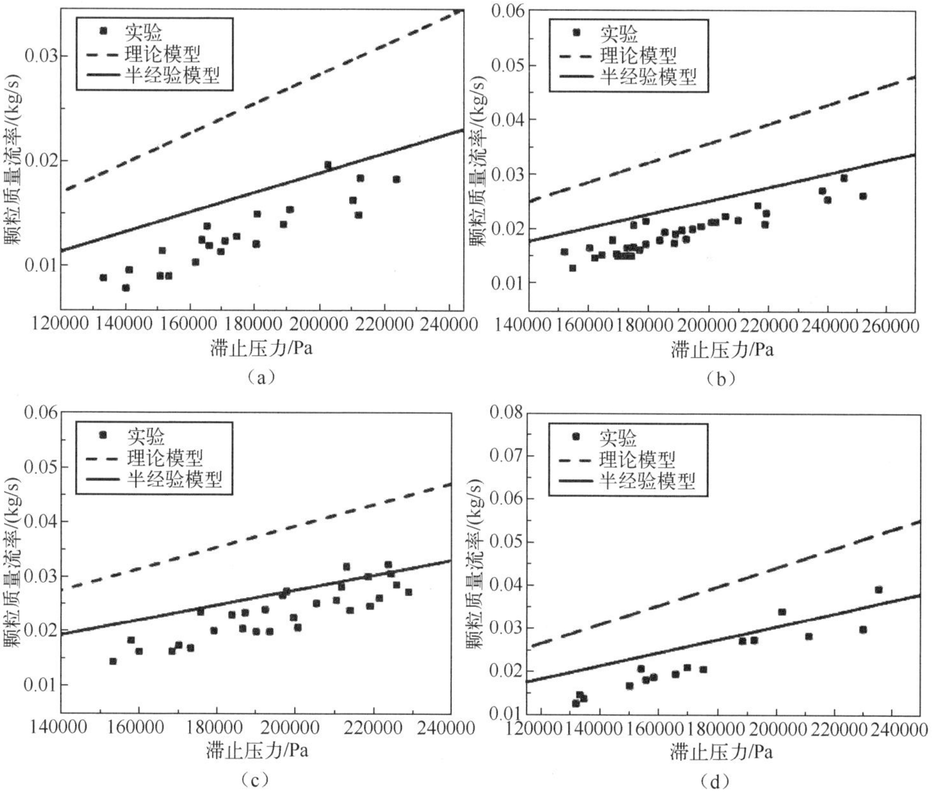

图 3-44　Al_2O_3 颗粒质量流率模型与实验结果对比

（a）固气比 12.8；（b）固气比 21.2；（c）固气比 25.9；（d）固气比 33.1。

模型其计算结果更贴近实验值,表明两相壅塞流动状态下的半经验模型构建相对合理,且精度高于平衡流理论模型。

图 3-44 为 Al_2O_3 颗粒在不同固气比时的对比结果。由图可知,在不同固气比时,本节所构建的经验模型预测值均略高于实验值,而 Al_2O_3 颗粒的固相表观声速在本节中被选作表观声速基准,固相表观声速曲线与实验曲线重合,故而模型偏大的差异不是由固相表观声速引起,而是由两相混合密度造成。在两相混合密度的构造时,由于颗粒体积分数计算式的修正系数是通过铝颗粒的数值计算结果给定的,与 Al_2O_3 颗粒之间必定有所差异,从结果上看,应是 Al 颗粒的修正值小于 Al_2O_3 颗粒的体积分数修正值,从而导致了在半经验关系式(3-51)中两相质量流率偏高,表明要获得更高的半经验模型预测精度,需进一步拟合颗粒体积分数修正系数与颗粒属性之间的关系。

Al 粉颗粒质量流率计算结果与实验测量值对比如图 3-45 所示。由图可见,在固气比低于 30 时,半经验模型的计算结果直线基本位于实验测量散点中

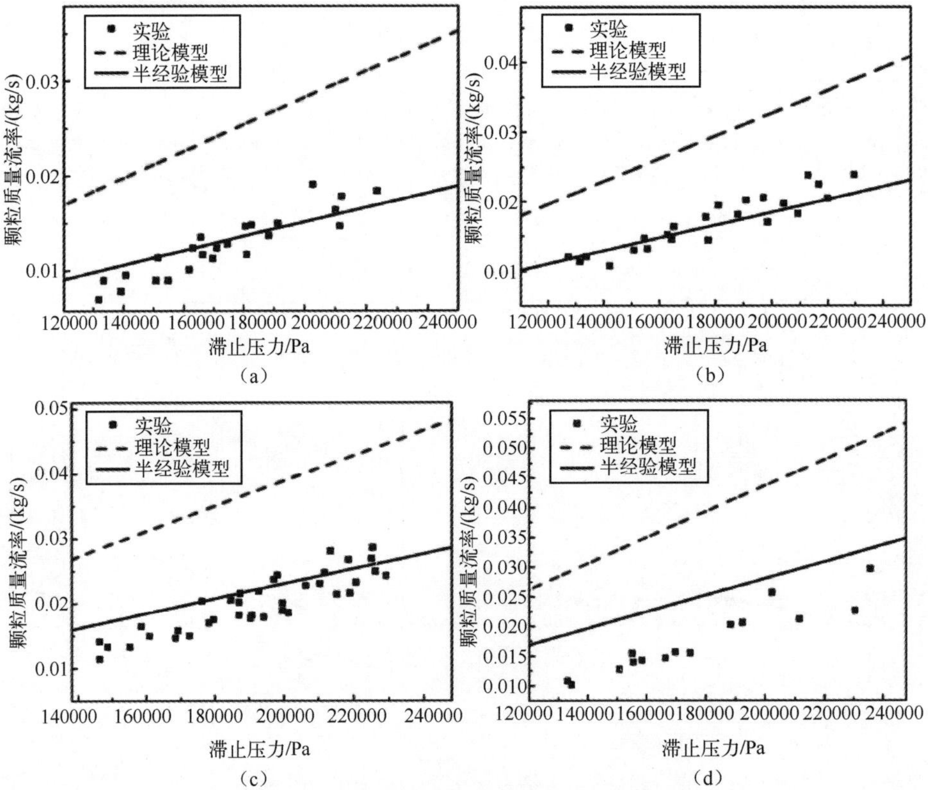

图 3-45 Al 粉颗粒质量流率模型与实验结果对比

(a) 固气比 12.8;(b) 固气比 17.8;(c) 固气比 25.9;(d) 固气比 33.1。

间，具有较高的预测精度。而固气比高于 30 时，半经验模型预测值大于实验值，结合固相表观声速经验关系式与实验测量结果对比图可发现，在固气比大于 30 时，固相表观声速半经验关系式曲线开始逐渐大于实验拟合曲线，从而导致两相质量流率预测结果偏大。

图 3-46 为漂珠的质量流率预测结果与实验测量结果对比。由图可见，不同固气比时，半经验模型的预测结果均高于实验值，其分布规律与 Al_2O_3 一致。由于固相声速经验关系式曲线与实验拟合曲线在固气比小于 40 的范围内基本重合，表明质量流率的预测偏差主要以两相混合密度影响为主，即进一步说明颗粒体积分数的修正系数与颗粒属性之间存在一定关系。

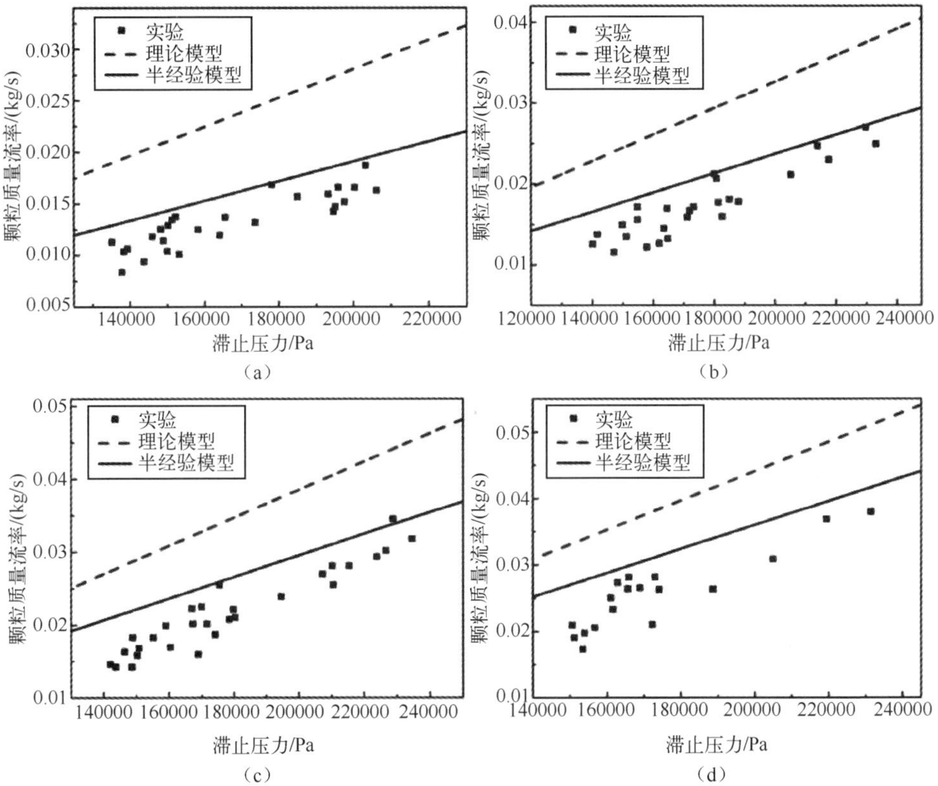

图 3-46 漂珠颗粒质量流率模型与实验结果对比

(a) 固气比 12.8；(b) 固气比 17.9；(c) 固气比 25.9；(d) 固气比 34.8。

图 3-47 为树脂的质量流率预测结果和实验测量值对比。由图可见，树脂颗粒呈现出的规律与上述几种颗粒不同，在固气比小于 20 时，其半经验模型预测值均小于实验值，而在固气比较大时，预测值与实验值基本一致。由

于树脂的斯托克斯准数远大于1,其流动被判定为冻结流,且由固相表观声速经验关系式曲线和实验拟合曲线对比图可见,随固气比增大,表观声速经验关系式计算值与实验值间距逐渐增大,如果此时混合密度预测较为准确,则两相质量流率预测值应大于实验值,但对比结果却出现相反规律,表明此时混合密度预测值偏小,且影响程度大于表观声速。而当固气比增大到一定值时,此时预测的表观声速较实验值要高得多,从而使质量流率预测值与实验值之间的差距逐渐缩小,并呈现二者吻合较好的现象。由此可见,在对冻结流动进行质量流率预测时,采用本节构建的混合密度和固相表观声速公式对冻结流进行计算,会导致计算的混合密度较实际混合密度偏低,计算的表观声速较实际表观声速偏高,二者之间相互协调,从而呈现出固气比较小时,质量流率预测值低于实验值,而固气比较大时,质量流率预测值高于实验值的规律。

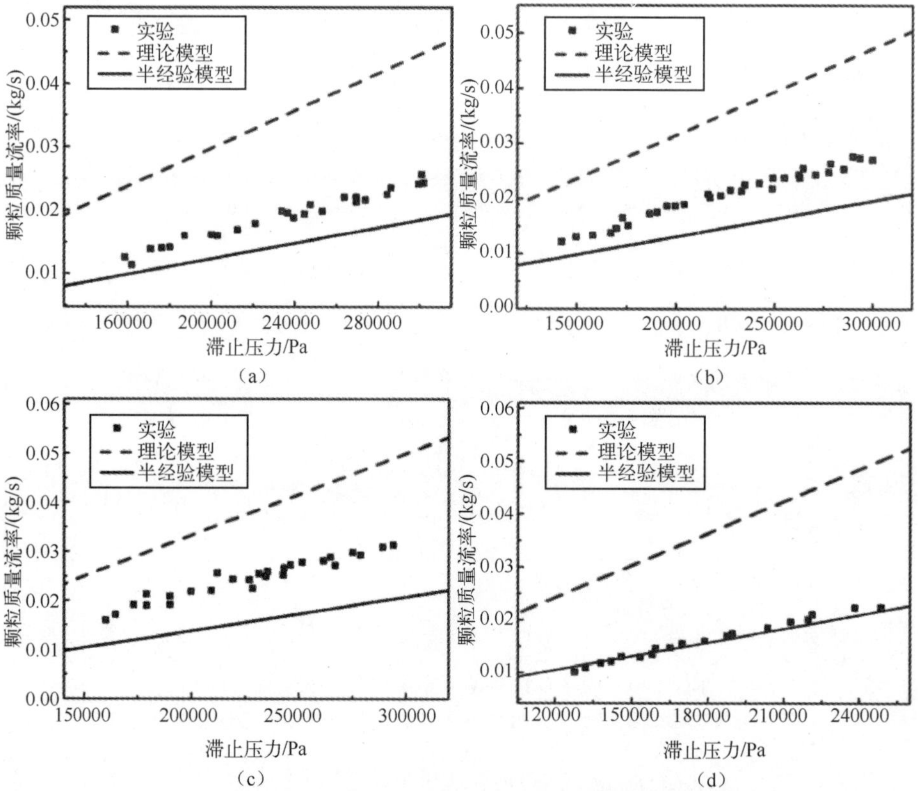

图 3-47　树脂颗粒质量流率模型与实验结果对比

(a) 固气比 14.5;(b) 固气比 16.4;(c) 固气比 18.5;(d) 固气比 28。

为进一步检验所构建的两相质量流率半经验模型的准确性,采用上述颗粒质量流率测量方法,对不同流化压强条件下铝颗粒的质量流率进行测量,同时将测量结果与半经验预测模型以及平衡流理论模型结果进行对比,如图 3-48 所示。由图可见,流化滞止压强相比图 3-44~图 3-47 要高得多,但半经验模型预测结果与实验值接近,表明在相对高压流化条件下,本节所构建半经验模型的预测精度仍可得到保证,同时相比理论模型有大幅提升。

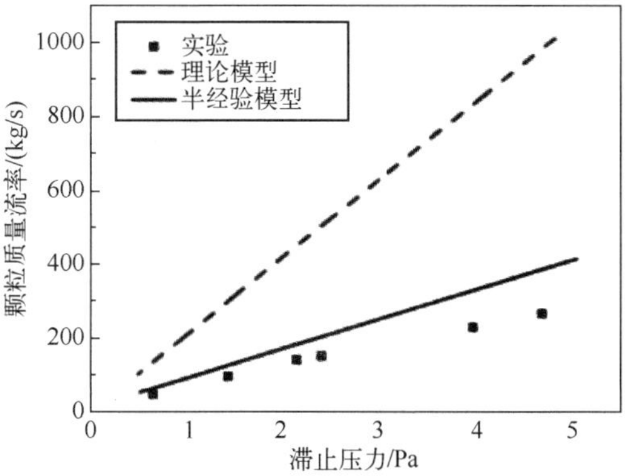

图 3-48 铝颗粒质量流率模型与实验结果对比

综上对比分析可见,本节所构建的颗粒质量流率半经验预测模型普适性较好,且不同粉末类型时,其预测精度普遍比理论模型高。

3.6 粉末流化机制

3.6.1 流化模式演化

不同压强环境下,粉末流动存在多种状态,总体而言,可将粉末流动状态分为低压流化模式、过渡阶段流化模式和高压流化模式,这三种流化模式示意如图 3-49 所示。

当粉末处于低压流化模式时,虽然粉箱上下斜段均设有流化气进气孔,但由于流化进气管路为三通结构,即一路主气流分成两路分支分别从粉箱上下斜段进入,但由于低压环境下粉末输出的质量流率相对较低,致使流化气未能将下方斜段处的粉末及时输送出去,导致有大量粉末堆积,致使下方流化气进入受阻,使大部分流化气从上支路供入粉箱。低压流化模式由于流化进气速度较低,使其与鼓泡床流化模式类似。而受进气位置,活塞推动以及重力等因素影

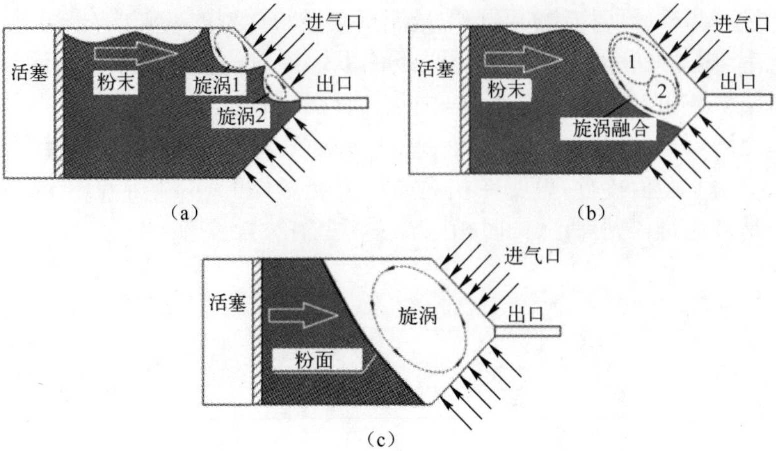

图 3-49 流化模式

(a) 低压流化模式;(b) 过渡阶段流化模式;(c) 高压流化模式。

响,使粉末输送装置内的粉末流动状态与传统意义上的鼓泡床流动有较大差异。其主要区别在于:在粉箱内部区域,无明显鼓泡形成,而鼓泡主要集中于粉箱上边界处。在上部水平边界处,形成的鼓泡带动粉末运动,且其运动为波动式运动规律;而在流化气进气位置,受进气角度影响,形成了上下双旋流鼓泡结构,且两旋涡结构的运动方向均为逆时针方向。粉末受鼓泡运动影响,跟随鼓泡在粉箱内做振荡运动,在该模式下,局部的粉末颗粒可以得到良好的流化掺混,但剩余大部分粉末未能获得气体的流化作用,且在活塞推动、重力作用,以及粉箱斜段结构影响下,处于粉箱中下部的粉末颗粒之间容易被压实,从而更不利于粉末的流化输送。

过渡阶段流化模式较低压流化模式在粉末运动状态方面有较大改善,流化压强增大会相应提升流化气速度,流化气输送粉末的能力增强,促使粉末质量流率增大,粉末型面向后退移。与此同时,由于粉末型面退移,加上低压流化模式时双旋涡流动方向一致,致使两旋涡结构相互融合成一较大旋涡结构,融合后的旋涡结构其方向与融合前一致。相比低压流化模式,过渡阶段流化模式在下方斜段处的粉末堆积明显减小,流化气可同时从上下两支路进入粉箱,并增强旋涡结构。另一方面,由于下方斜段处的粉末堆积面积随时间变化,致使流化气下支路进气量随之改变,从而引起上下两分支的流化气速度不断变化,导致旋涡流动结构和参数改变。而粉末流化输送与旋涡流动结构和参数密切相连,动荡的旋涡结构势必引起粉末型面的波动,进而影响流化输送稳定性。

在过渡阶段流化模式基础上,如果继续增大流化压强,则粉末流动就演变成了高压流化模式。粉末处于高压流化模式时,其型面退移至某一位置并稳定存在,此时下方斜段处无粉末堆积,上下两流化气支路均能供气。由于压强增加,使流化气体速度以及相应的湍动能增加,旋涡结构的影响范围拓宽,卷吸粉末颗粒进入气流中的能力也得到增强,故而粉末质量流率随之增大。有趣的是,无论粉末处于何种流化模式,其粉末主体部分内均未有明显的气泡出现,且粉末整体结构在流化过程中未曾坍塌,尤其是在高压流化模式时,其粉末型面可稳定存在,究其原因,在于粉末输送结构较为特别,粉末不仅受气体流化作用影响,还受活塞的推动影响。流化气总压可分解为静压和动压两部分,其中,静压部分直接作用在粉末型面上,同时粉末还受活塞推力作用,当活塞推力足以克服气体压力以及与壁面摩擦力时,活塞推动粉末向前运动。值得注意的是,粉末型面能否维持与其所处位置有关,当型面底端也处于粉箱水平段时,此时粉末整体所受力(除重力外)均为水平方向,型面容易保持;而当下方斜段上有粉末堆积时,此时粉末整体受力就有所改变,粉末在水平方向上运动受到阻碍,其型面容易出现波动。

3.6.2　高压环境颗粒流化机制

斜面飞升学说认为,颗粒在凹凸不平的表面发生翻滚运动时,颗粒会趁机飞升进入气流中,同时不规则的颗粒表面会增强颗粒翻滚过程中的飞升程度。湍流起动则是基于湍流运动过程是剧烈无序过程,湍流的方向和速度随时在发生变化,而垂直向上的速度分量可将颗粒携带进入气流中。因此,可根据实验观测到的现象并结合上述两种颗粒起动方式对高压流化模式下的颗粒起动流化机制进行分析。

由颗粒斜面飞升机制可知,颗粒在飞升进入气流之前,需要有一定的翻滚动力,而提供颗粒翻滚动力的可以是气力,也可以为势力。在粉箱内,静止的粉末受重力影响可自由坍塌成一斜面,随着活塞的推动,假设粉箱水平段足够长,则在无流化气情况下,粉末整体向前运动,且在自由坍塌形成的斜面上,粉末受重力势能影响不断向下滑落坍塌,如图 3-50(a)所示,但粉末型面将处于坍塌与重建的动态平衡。在粉末滑落坍塌过程中,颗粒获得了初始的翻滚动能,且由于型面是由众多颗粒组成,表面凹凸不平,颗粒满足斜面飞升条件,进而飞升进入气流中,如图 3-50(b)所示。由此可见,活塞推动粉末运动方式为颗粒的斜面飞升创造了良好的条件,使颗粒无需在气力作用下即可飞升进入气流中。

由实验观测以及流化模式的分析可知,在高压环境下,粉箱内会形成较大尺度的旋涡结构,旋流是湍流较为剧烈的一种表现形式。在粉末型面,旋涡的速度和方向在不断地发生改变,且由于粉箱出口为水平方向,致使旋流在水平方向上的速度分量相对较大,可有效地将颗粒卷吸进入气流中。

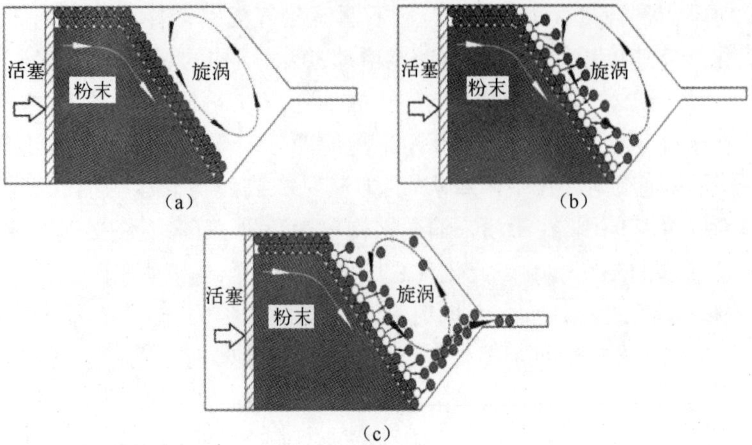

图 3-50 高压环境颗粒起动流化机制

(a) 颗粒飞升前;(b) 颗粒斜面飞升过程;(c) 颗粒斜面飞升与旋流携带。

在颗粒翻滚飞升和湍流的双重作用下,粉末型面上的大量颗粒得以进入气流中,形成一定浓度的气固两相流动。由于粉箱内气流为旋涡结构,且粉箱出口位于中心水平线上,使气固两相流动在斜段出口处会发生离心流动分离,大部分颗粒被输送出粉箱,如图 3-50(c)所示,同时下方斜段进气可增强气固两相的输送动能。气固两相流中粒径较小的颗粒由于随流性相对较好,继续随旋流运动。随旋流运动的颗粒在粉末型面附近会撞击型面上的颗粒,使部分颗粒受冲击而进入气流中,但由于撞击的颗粒粒径和浓度均相对较小,使型面上受冲击起动的颗粒量有限。当然,其他学说的颗粒起动机制也存在于高压环境下的颗粒起动流化过程中,但由于其作用相对微弱,这里不做主要讨论。

综上分析,高压环境下颗粒起动流化机制与颗粒斜面飞升起动和湍流起动相契合,活塞推动粉末颗粒向前运动为颗粒的斜面飞升起动提供了良好条件,而旋涡流动结构则为粉末颗粒的流化输送提供了充足的动力。当粉末型面上飞升进入气流的颗粒量与粉末输出量一致时,粉末型面将处于动态稳定阶段,输出的粉末质量流率也相对稳定。而粉末型面是否稳定主要与两方面影响因素有关:一是活塞的运动速度;二是工作过程中流化气压强是否稳定。两方面影响因素中不论哪方面因素不稳定均可影响粉末进入流量,进而影响粉末的质量流率。

3.7　粉末流化性能分析

3.7.1　均方差分析

在粉末流化过程中，由于气源扰动、气体湍流以及气固相间作用等因素综合影响，流化腔内压强会随时间波动变化。通过分析压强波动信号，可以有效地获取粉箱内真实的气固流动状态与特性。

波动信号的均方差表征了压强波动偏离平均值的幅度，其值越大，表明粉箱内由各因素综合起来的影响效果越明显。均方差的数学表达式为

$$STD = \sqrt{D(P)} = \sqrt{\frac{1}{N}\sum_{k=1}^{N}(P_k - \mu_p)^2} \tag{3-52}$$

式中：μ_p 和 $D(P)$ 分别为压强信号 $P(t)$ 的数学期望和方差，其表达式分别为

$$\mu_p = \frac{1}{N}\sum_{k=1}^{N} P_k, k = 1,2,\cdots,N \tag{3-53}$$

$$D(P) = E\{[P(t) - \mu_p]^2\} = \frac{1}{N}\sum_{k=1}^{N}(P_k - \mu_p)^2 \tag{3-54}$$

截取流化压强较为稳定段用于均方差对比分析，不同压强条件下流化压强的均方差分布如图 3-51 所示，图中横坐标为流化压强的平均值。由图可见，随压强增大，其对应的均方差并未出现线性增大效果，而是呈现先增大后减小的规律。在低压时（<1.5MPa），其均方差最小，在 1.5～2.5MPa 期间，均方差最大，而高压时（>2.5MPa），均方差值介于上述两者之间。由此可见，随压强增大，粉箱内各因素引起的扰动在不断变化。

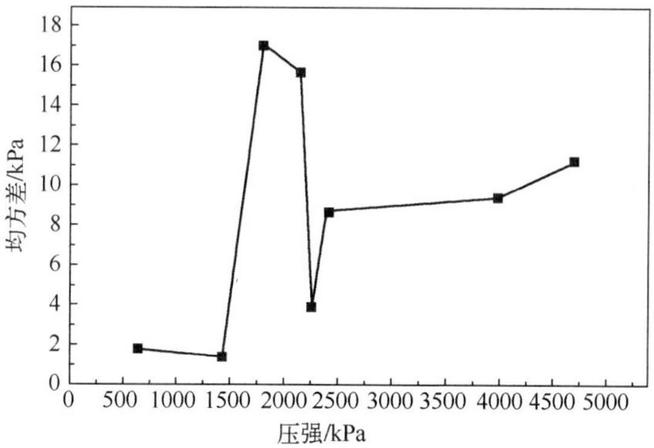

图 3-51　流化压强波动信号均方差分布

结合不同压强条件下的粉末流化模式对均方差的分布进行分析。在低压流化模式下,由于粉末占粉箱内容积较大,此时气源只需提供较小的流量即可使粉箱内压强达到低压状态,故流化气流速度较低,气源扰动作用相对较小;同时低速的流化气体只能使粉末在粉箱内的局部进行运动,无法形成较大面积的湍动。由此说明,低压条件下,气源扰动和粉末运动均不是引起压强波动的主要因素。引起低压流化模式下压强波动的主要原因在于粉箱内鼓泡的形成、融合与破裂。鼓泡的运动演变实则是气体与粉末相互作用的结果,但由于低压流化模式下气固相间作用只在粉箱内局部进行,对整体而言其影响较小,所以其压强波动的均方差相对最小。

随压强增大,流化气流量增大,气源扰动以及气体湍流强度随之增加,势必会增大压强的波动。当流化模式处于过渡阶段时,粉末型面逐渐形成,但不稳定,气固相互作用明显增强,且作用面积增大,颗粒湍流与脉动效应增强;且所形成气固旋涡结构属于强湍流结构,其速度方向和大小时刻在发生变化。可见,随压强增大,上述各影响因素的作用效果明显增强,致使在中间压强段的压强波动均方差变大。

当粉箱处于高压流化状态时,虽然此时流化气流量较大,但由于粉末型面较为稳定,气固进出量属动态平衡过程,故流化气供给稳定,气源扰动影响相对过渡阶段时要小。此外,稳定的粉末型面避免了由于粉末运动等因素引起的流化压强波动。在高压条件下,粉箱内可形成较高浓度的气固两相流动,旋流结构中颗粒数量的增加有利于抑制气体湍流引起的波动,但颗粒浓度增加的同时会增大颗粒间的碰撞概率,颗粒碰撞过程会损失一部分气体动能,从而引起流化压强波动。由此可见,稳定的粉末型面有助于降低流化压强的波动幅度,而颗粒浓度的增加在抑制压强波动的同时也会引起相应的压强波动,最终的影响程度取决于二者博弈的结果。

由于粉箱处于不同压强环境时,其对应的流化模式不同,故而影响流化压强波动的主导因素不一,其压强波动的均方差会有较大差异。

3.7.2 小波变换分析

由上述分析可知,由于均方差分析是对时域信号的平均处理,其虽然可以反映压强信号整体的波动程度,但其无法体现各影响因素对压强波动的贡献程度,故需要采取更高级的方法对压强波动信号进行深入分析。由小波去噪分析可知,时间序列信号通过小波变换,可获得多组不同频段的信号。各频段信号可表征为不同影响因素对压强波动的干扰,且各频段信号均占一定的能量分数,能量分数的大小则可表征各影响因素的干扰程度。由此可见,将压强波动信号进行小波变换,并分别求解经小波变换后的各频段信号的能量分数,则可获得较均方差分析更为细致的流动信号。

由于正交小波的分解系数可以用于表征信号能量,故压强信号的总能量表示为

$$E = \sum_{j,k} \| D_{j,k} \|^2 + \sum_{j,k} \| D_{J2,k} \|^2 \quad J_{j-1} \leqslant j \leqslant J_2 \tag{3-55}$$

尺度信号频率位于 2^{-j} 和 $2^{-(j-1)}$ 的能量为

$$E_j = \sum_{k \in Z} \| D_{j,k} \|^2 \quad J_{I-1} \leqslant j \leqslant J_2 \tag{3-56}$$

各尺度信号能量分数为

$$P_j = \frac{E_j}{E} \quad J_{I-1} \leqslant j \leqslant J_2 \tag{3-57}$$

近似信号能量分数为

$$P_{J_{2+1}} = 1 - \frac{\sum_j E_j}{E} \quad J_{I-1} \leqslant j \leqslant J_2 \tag{3-58}$$

本节采用离散小波变换将不同流化压强波动信号进行 10 层分解,其中,a10 频段信号为近似信号,d1～d10 为细节信号。由于不同的频段信号对应不同的流动特征,在进行各信号能量分数分布的讨论之前,需首先确定各频段的信号所对应和表征的流动特征。

通过小波变换,J. B. Pahk 和丛星亮分别将压强信号进行了 5 层分解和 11 层分解,各频段信号所表征的流动结构见表 3-9。

表 3-9　不同频段信号的流动表征

信　号	流动表征(J. B. Pahk)	信　号	流动表征(丛星亮)
d1	气体湍流	d1～d4	气体湍流和气固相互作用
d2,d4,d5	颗粒运动,气固相互作用	d8～d10	周期性流动结构变化
d3	鼓风引起波动	a11	给料波动
a5	给料波动		

由表 3-9 可见,两位研究者对不同信号尺度所表征的流动特征的划分有所不同,但在高频以及近似信号方面的认识一致,均认为近似信号表征给料波动,d1 认为表征气体的湍流流动结构,所不同的是,J. B. Pahk 认为在气体湍流和气固相互作用所对应的尺度信号间,存在鼓风机引起的波动特征。另一方面,丛星亮将低频尺度信号用于表征周期性流动结构变化,而 J. B. Pahk 则无此方面的划分。

由于实验系统的不同以及波动信号的小波变换分解的层数不一,各尺度信号所表征的流动特征会有局部差异,但整体表征应一致。由于本章节是针对粉箱内压强波动信号进行小波变换分析,实验系统中并无给料装置,故无法用近似信号 a1 来表征给料波动,但从小波变换原理可知,近似信号表征的流动特征应为对压强波动影响最大的影响因素,对本章节实验系统而言,流化气进气波动是对粉箱内流化压强波动影响最大的流动特征,所以可将近似信号 a10 用来表征流化气进气波动。而尺度信号 d1~d10 主要用于表征流化腔内气体湍流、气固相间作用以及粉末流动结构等,为细致区分各尺度信号所表征的流动结构,将流化压强曲线分为基础信号和工作信号,如图 3-52 所示,并将基础信号和工作信号的能量分数进行对比,从而确定尺度信号所表征的流动结构。图 3-52 中, 由于供粉系统在工作前需向流化腔内充气使其处于高压状态,并选取该段压强信号作为基础信号,工作信号选取供粉过程中压强波动幅度相对较小的稳定段。

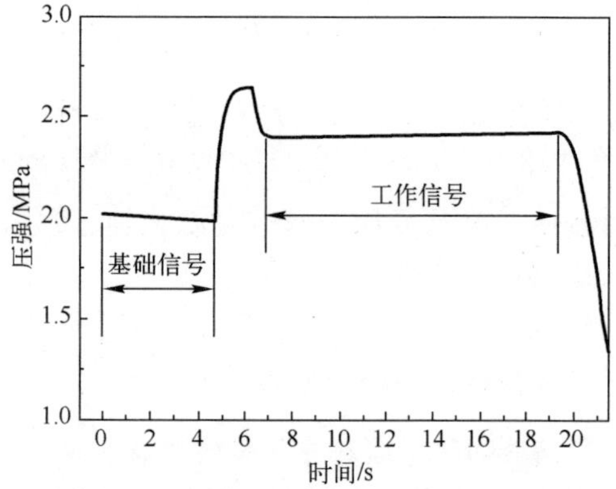

图 3-52　流化压强曲线

由于基础信号段粉箱内供粉系统尚未进行粉末输送操作,故无气固相间以及流动结构等影响,基础信号主要反映的是气体湍流作用,而工作信号是气体湍流、气固相间作用以及粉末流动结构变化等综合影响体现,通过对比基础信号和工作信号的能量分数分布,便可获知各尺度信号所表征的流动结构。

基础信号与工作信号能量分数分布对比如图 3-53 所示。由图可见,基础信号的能量分数呈现先增大后减小的规律,而工作信号则为先增大后减小再增大规律。在尺度信号 d1~d5 区间,此时基础信号和工作信号的能量分数分布均最大,表明此尺度信号区间表征的是气体湍流作用。而在尺度信号 d8~d10 区间,基础信号能量分布趋近于零,而工作信号却逐渐增大,表明此尺度信号区间表征的是气固相间作用和粉末流动作用二者中一类。由压强波动信号的自相关性分析可知,实验系统的有效信号频段主要集中于0~40Hz,即对应尺度信号为d8~d10,表3-9中丛星亮将此尺度信号用于表征周期性流动结构的变化,结合粉末流化状态可知,在不同压强条件下,粉箱内粉末会形成各样的流动结构(如高压流化模式时会形成稳定的粉末型面也可视为一种周期性流动结构),故而可将尺度信号d8~d10用于表征粉末的流动结构变化。由此,将尺度信号d6~d7用于表征气固相间作用,但从图3-53中可见,基础信号的d6和d7所对应的能量分数理应为0,但却不为0,这是由于在图3-53中基础信号压强并非平稳,粉箱的微少漏气致使压强有缓慢的下降,在漏气的过程中会携带部分颗粒进行流动,故而尺度信号d6~d7的能量分数不为0。

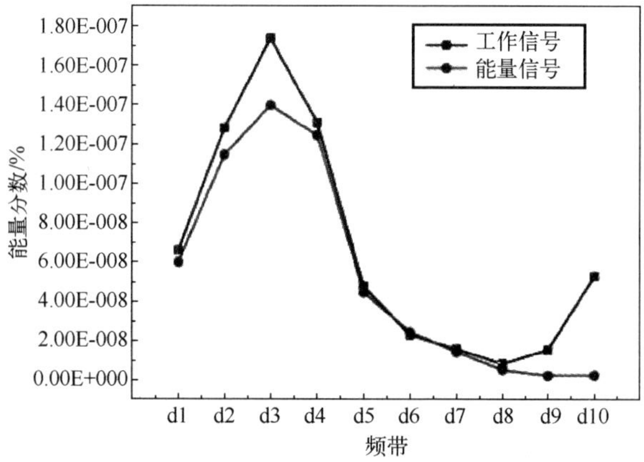

图3-53 基础信号与工作信号能量分数分布对比

图3-54为不同流化压强所对应的近似信号a10的能量分数分布。由图可见,近似信号的能量分数均较大,表明压强波动的主要影响因素为流化气进气波动,故而要使流化腔内压强出现较小波动,得首先保证流化进气稳定。不同流化压强时,近似信号a10的能量分数呈现随流化压强先增大后逐渐平稳的趋势,但总体而言,高压条件下近似信号的能量分数高于低压条件下。由于在低压向高压转变的过程中,会出现相应的流化模式转变,流化模式从低压流化模式,转变为过渡流化模式,继而转为高压流化模式,此过程中流化进气流率在不断增大,引起的波动也相应增大,故而近似信号的能量分数随之快速增长。而当粉箱处于高压流化模式时,此时流化进气流率虽然也随压强在不断升高,但由于粉箱内静压相对较大,流化进气量增加引起的压强波动相比粉箱内静压要小得多,故而近似信号的能量分数在高压流化模式时随压强增大变化不明显。由此可见,高压流化模式可实现流化压强波动平稳化。

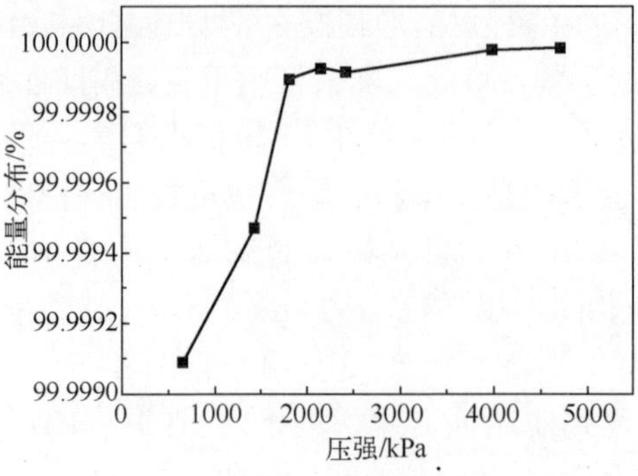

图 3-54　近似信号能量分数分布

不同流化压强时各信号频段对应的能量分数分布如图 3-55 所示。由图可见，一方面，各信号频段的能量分数呈现“S 型”分布，即随信号频率的减小，能量分数出现先增大后减小，之后再增大的规律；另一方面，随流化压强的增大，各信号频段对应的能量分数均随之减小。由前文所述可知，本节将尺度信号 d1~d5用于表征气体湍流影响，d6~d7 用于表征气固相间作用，在上述两频段区间，能量分数均随流化压强增大而减小，表明低压流化时的气体湍流脉动影响和气固相间作用相比高压时要大得多。这在于低压流化模式下，粉末在粉箱上部形成波动式运动规律，该规律的产生源于流化气并没有完全充满粉箱，而是在粉箱局部形成强烈脉动，在气体脉动强烈区域，气固相间作用亦得到增强，从而在活塞的共同作用下，促使粉末在上部呈现波动式运动。随着压强增大，气体脉动作用区域增大，致使脉动强度相应降低，从而进一步削弱气固相间作用强度；另一方面，流化压强增大，颗粒被卷吸起动的量增加，颗粒数量的增加有助于抑制气相振荡，从而使气体湍流和气固相间作用强度降低。在 d1~d7 频段，均有一能量分数峰值，且该峰值均对应 d3 信号频段，可见，d3 信号频段应是

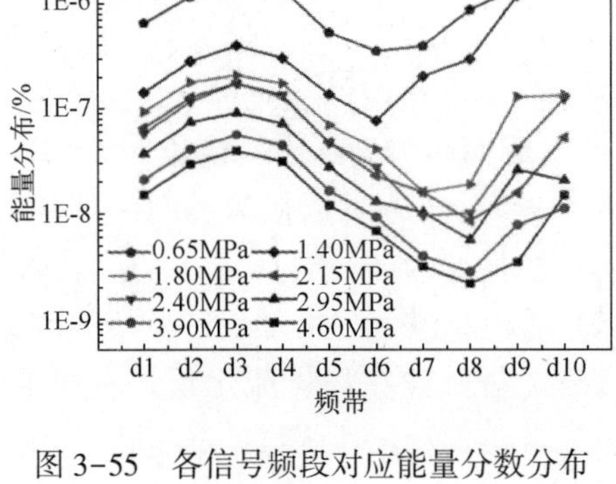

图 3-55　各信号频段对应能量分数分布

气体湍动和气固相间作用两影响因素中起主导作用的那一个。在气固相互作用过程中,气体通过将自身动能传递给颗粒,从而使颗粒获得一定能量进行运动,气体自身能量大小决定了气固相间作用的强弱,而气体强烈的湍动即是气体能量的一种较为直观的表现形式,即气固相间作用是在气体湍动作用下完成的,属于被动形式,由此表明,气体湍动属于主导作用因素。

在 d8~d10 信号频段,能量分数随着频率的降低而逐渐增大,且在低压流化模式时,其对应能量分数最大。这是由于该频段区间表征了粉末的流动结构,当粉箱处于低压流化模式时,此时粉末在粉箱上部形成波动形态,而随压强增大,粉箱内逐渐形成较为稳定的粉末型面,稳定的粉末型面其流动结构也相对稳定,粉末无低压流化模式时的较大波动,故而在高压流化模式时其对应的能量分数偏低。

图 3-56 为不同颗粒粒径条件下,各信号频段的能量分数分布。由图可见,粒径不同时,能量分数分布存在较大差异,在 d1~d5 频段,能量分数随粒径的增加呈现先减小后增加的规律,且粒径为 20μm 和 75μm 时的能量分数相当;在 d6~d7 频段,大粒径颗粒的能量分数相比较大;而在 d8~d10 频段,45μm 和 75μm 粒径颗粒的能量分数区域一致,且均大于 20μm 粒径颗粒的能量分数。

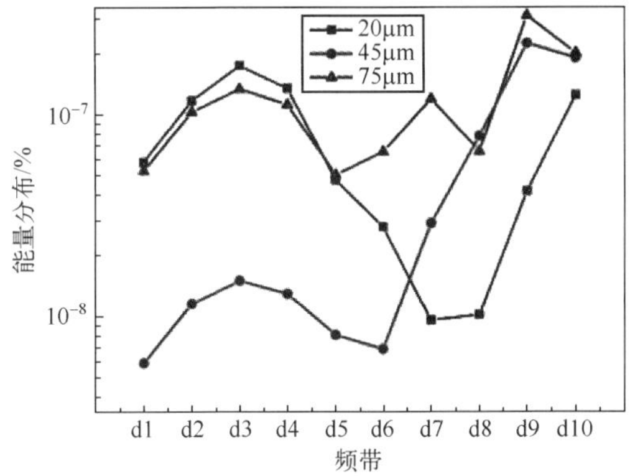

图 3-56　不同颗粒粒径时流化压强信号能量分数分布

由此可见,中间粒径(45μm)时,粉箱内气体湍动强度相对较小,这是由于中间粒径颗粒由于范德华力等黏性力和重力之间的相互博弈,致使其相比 20μm 和 75μm 粒径颗粒更易起动,流化气体用于起动颗粒的能量相对要小,气相能量传递与消耗量减小可降低气相湍动,同时气固相间作用效率更高,致使相应频段的能量分数分布较低。另一方面,由于 45μm 粒径颗粒更易于起动,按照颗粒斜面飞升起动机制,粉末型面上的颗粒更容易飞升进入气相,致使粉末型面稳定性降低,故而在 d8~d10 频段的能量分数分布较高,且远高于 d1~d7

频段。当粒径为 75μm 时,此时颗粒所受范德华力等黏性力大小虽远不及 20μm 粒径颗粒,但此时颗粒的重力占主导力,颗粒也相对较难起动,气相对颗粒能量传递量较大,故相比 45μm 颗粒,气体湍动增强。同时由于大粒径颗粒运动惯性较强,致使气固相间作用效果更为明显,其 d6~d7 频段能量分数分布较高。而 20μm 粒径颗粒所受范德华力等黏性力为主导力,故而相比 45μm 颗粒也更难起动,能量分数分布也相对较大。由此可见,随粒径增大,颗粒之间的黏性作用降低,在活塞推动以及重力等因素影响下,粉末型面上颗粒滚动下降效率随之提升,颗粒脉动作用增强,颗粒飞升进入气相也相对容易,致使粉末型面稳定性降低,从而表现出在 d8~d10 频段较大粒径颗粒的能量分数分布较高。

3.7.3 高阶统计量分析

高阶统计量理论是建立在二阶统计量(功率谱和相关函数等)基础上的一种新的信号分析方法,通常认为是高阶矩、高阶累积量、高阶矩谱和高阶累积量谱这几种主要统计量。由于高阶统计量分析克服了二阶统计量在处理非高斯信号时因缺少相位信息而无法辨识最小相位系统的固有缺陷,且高阶统计量可以有效地抑制高斯或非高斯信号中的有色噪声,同时较二阶统计量而言,高阶统计量包含了更丰富的有效信息,从而使高阶统计量方法在雷达、声纳、通信、地球物理、故障诊断和流体动力学等领域获得了大量的应用。

设随机变量 x 的概率密度函数为 $f(x)$,$g(x)$ 为任意一函数,则 $g(x)$ 数学期望定义为

$$E\{g(x)\} = \int_{-\infty}^{+\infty} f(x)g(x)\mathrm{d}x \tag{3-59}$$

当 $g(x)=\mathrm{e}^{\mathrm{j}\omega x}$ 时,$f(x)$ 的傅里叶反变换为

$$\Phi(\omega) = \int_{-\infty}^{+\infty} f(x)\mathrm{e}^{\mathrm{j}\omega x}\mathrm{d}x = E\{\mathrm{e}^{\mathrm{j}\omega x}\} \tag{3-60}$$

则 $\Phi(\omega)$ 为第一特征函数,同时由于 $f(x)\geqslant 0$,所以 $\Phi(\omega)$ 在原点存在最大值,即

$$|\Phi(\omega)\leqslant\Phi(0)=1| \tag{3-61}$$

第二特征函数 $\Psi(\omega)$ 为矩生成函数,其定义为

$$\Psi(\omega)=\ln\Phi(\omega) \tag{3-62}$$

随机变量 x 的 k 阶矩 $\boldsymbol{m}_k$ 定义为

$$\boldsymbol{m}_k = E\{x^k\} = \int_{-\infty}^{\infty} x^k f(x)\mathrm{d}x \tag{3-63}$$

如果随机变量 x 的 k 阶矩 $\boldsymbol{m}_k$ 存在,则特征函数 $\Phi(\omega)$ 可按照泰勒级数展开,即

$$\Phi(\omega)=1+\sum_{k=1}^{n}\frac{m_k}{k!}(j\omega)^k+O(\omega^n) \tag{3-64}$$

其中：

$$m_k=E\{x^k\}=(-j)^k\frac{d^k\Phi(\omega)}{d\omega^k}\bigg|_{\omega=0}=(-j)^k\Phi^k(0)\quad(k\leqslant n) \tag{3-65}$$

同理,第二特征函数也可以用泰勒级数展开,即

$$\Psi(\omega)=\ln\Phi(\omega)=1+\sum_{k=1}^{n}(j\omega)^k+O(\omega^n) \tag{3-66}$$

其中,c_k 被定义为随机变量 x 的 k 阶累积量,即

$$c_k=\Psi^k(\omega)\mid_{\omega=0}=(-j)^k\frac{d^k\ln\Phi(\omega)}{d\omega^k}\bigg|_{\omega=0}=(-j)^k\Psi^{(k)}(0)\quad(k\leqslant n) \tag{3-67}$$

由于 c_k 是第二特征函数的 k 次导数在原点的值,所以第二特征函数又称累积量生成函数。对于 n 维随机变量$(x_1,x_2,\cdots,x_n)$,其联合概率密度函数为 $f(x_1,x_2,\cdots,x_n)$,则这 n 个随机变量的第一联合特征函数定义为

$$\Phi(\omega_1,\omega_2,\cdots,\omega_n)=E\{\exp[\mathrm{j}(\omega_1x_1+\omega_2x_2+\cdots+\omega_nx_n)]\} \tag{3-68}$$

第二联合特征函数为

$$\Psi(\omega_1,\omega_2,\cdots,\omega_n)=\ln\Phi(\omega_1,\omega_2,\cdots,\omega_n) \tag{3-69}$$

随机变量$(x_1,x_2,\cdots,x_n)$的阶数为 $r=k_1+k_2+\cdots k_n$ 的联合矩定义为

$$m_{k_1k_2\cdots k_n}=(-j)^r\frac{\partial\Phi(\omega_1,\omega_2,\cdots,\omega_n)}{\partial\,\omega_1^{k_1},\omega_2^{k_2},\cdots,\omega_n^{k_n}}\Big|_{\omega_1=\omega_2=\cdots\omega_{12n}=0} \tag{3-70}$$

同样,r 阶联合累积量为

$$c_{k_1k_2\cdots k_n}=(-j)^r\frac{\partial\Psi(\omega_1,\omega_2,\cdots,\omega_n)}{\partial\,\omega_1^{k_1},\omega_2^{k_2},\cdots,\omega_n^{k_n}}\bigg|_{\omega_1=\omega_2=\cdots\omega_{12n}=0} \tag{3-71}$$

在实际应用中,更为常用的是随机过程的高阶累积量。设$\{x(n)\}$为平稳随机过程,$x_1=x(n)$,$x_2=x(n+\tau_1)$,$\cdots$,$x_k=x(n+\tau_{k-1})$,则 k 阶矩和 k 阶累积量为

$$\begin{cases}m_{kx}(\tau_1,\cdots,\tau_{k-1})=mom\{x(n),x(n+\tau_1),\cdots x(n+\tau_{k-1})\}\\c_{kx}(\tau_1,\cdots,\tau_{k-1})=cum\{x(n),x(n+\tau_1),\cdots x(n+\tau_{k-1})\}\end{cases} \tag{3-72}$$

在 $k\geqslant3$ 时,k 阶矩和 k 阶累积量统称为高阶统计量。

而高阶累积量则是将高阶矩 $c_{kx}(\tau_1,\cdots,\tau_{k-1})$的绝对值进行求和,即

$$\sum_{\tau_1=-\infty}^{\infty}\cdots\sum_{\tau_{k-1}=-\infty}^{\infty}|c_{kx}(\tau_1,\cdots,\tau_{k-1})|<\infty \tag{3-73}$$

则 k 阶累积累谱定义为 k 阶累积量的 $k-1$ 维傅里叶变换,即

$$S_{kx}(\omega_1,\cdots,\omega_{k-1})=\sum_{\tau_1=-\infty}^{\infty}\cdots\sum_{\tau_{k-1}=-\infty}^{\infty}c_{kx}(\tau_1,\cdots,\tau_{k-1})\mathrm{e}^{-\mathrm{j}(\omega_1\tau_1+\omega_{k-1}\tau_{k-1})} \tag{3-74}$$

高阶谱又称为多谱，常用的为三阶谱和四阶谱。

当$k=2$时，称为二阶谱或功率谱。

$$P_x(\omega)=S_{2x}(\omega)\sum_{\tau_1=-\infty}^{\infty}c_{2x}(\tau)\mathrm{e}^{-\mathrm{j}\omega\tau} \tag{3-75}$$

当$k=3$时，称为三阶谱或双谱。

$$B_x(\omega_1,\omega_2)=\sum_{\tau_1=-\infty}^{\infty}\sum_{\tau_2=-\infty}^{\infty}c_{3x}(\tau_1,\tau_2)\mathrm{e}^{-\mathrm{j}(\omega_1\tau_1+\omega_{k-1}\tau_{k-1})} \tag{3-76}$$

当$k=4$时，称为4阶谱或双谱。

$$T_x(\omega_1,\omega_2,\omega_3)=\sum_{\tau_1=-\infty}^{\infty}\sum_{\tau_2=-\infty}^{\infty}\sum_{\tau_3=-\infty}^{\infty}c_{4x}(\tau_1,\tau_2,\tau_3)\mathrm{e}^{-\mathrm{j}(\omega_1\tau_1+\omega_2\tau_2+\omega_3\tau_3)} \tag{3-77}$$

利用双谱直接估计法计算的不同流化压强波动信号的频谱分布如图3-57所示，其中，f_1和f_2分别为双谱频率，纵坐标为幅值。

由图3-57可见，不同流化压强时，其相应的频谱分布呈现较大差异。当粉箱处于低压流化模式(0.65MPa)时，此时虽然在部分高频区域有频谱分布，但频谱仍主要集中在低频区域。而当流化压强增大到1.43MPa时，高频区域频谱

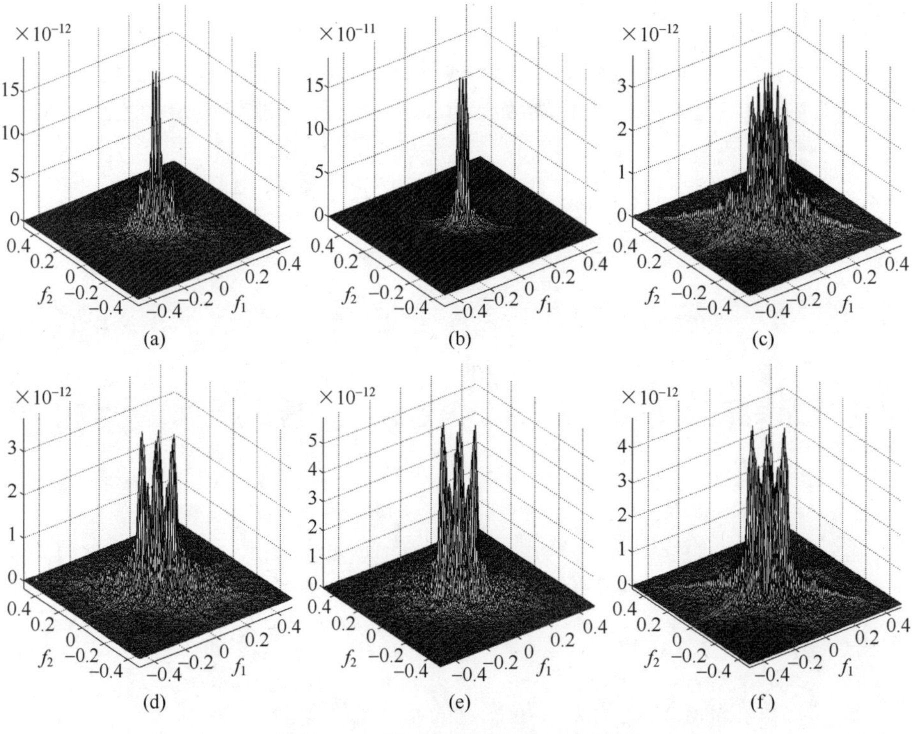

图3-57 不同流化压强时双谱分布

(a) 0.65MPa；(b) 1.43MPa；(c) 1.808MPa；(d) 2.946MPa；(e) 3.981MPa；(f) 4.7 MPa。

随之消失为零，而谱峰则随之增大。这在于低压流化模式时主要以鼓泡运动为主，鼓泡运动属于典型的低频非高斯信号，故而频谱主要在低频区域集中分布，而当压强增大，流化进气量随之增加，流化模式由低压模式转为过渡流化模式，增强了粉箱内鼓泡作用，故而谱峰增大，且频谱在低频区域分布更为集中。当流化压强由 1.43MPa 增大到 1.808MPa 时，此时双谱分布出现了较大差异，频谱由低频区域向高频区域扩展，且谱峰也随之降低。这是由于此时流化模式由过渡流化模式向高压流化模式转变，粉箱内鼓泡作用减弱，气固旋流使得粉末在粉箱内形成稳定的型面，且颗粒起动流化也更为均匀，故而频谱分布逐渐均匀，同时频谱峰值也逐渐降低。一方面，当粉箱处于高压流化模式时，其频谱分布规律基本相当，即频谱在低频和高频区域均有分布，但主要还是集中在低频区域；另一方面，在高压流化模式时，谱峰分布量级相当。由上述分析表明，高压流化模式较低压和过渡阶段流化模式时的粉末流化更为均匀；同时当粉箱处于高压流化模式时，无论压强增加与否，其频谱分布状态基本一致，进一步说明高压流化模式可使颗粒流化状态稳定，即间接表明粉末在高压流化模式时均可形成稳定的型面。

高压流化模式时不同颗粒粒径的双谱分布如图 3-58 所示。由图可见，粒径对频谱的分布影响较大。当粒径较小时（20μm），频谱在低频和高频区域均有分布，谱峰较小。而当颗粒粒径增大到 45μm 时，频谱区域缩小至低频区域，在高频区域其幅值基本为零，而谱峰相对 20μm 时增大两个数量级。当粒径进一步增大至 75μm 时，此时频谱分布区域与 20μm 时相当，且谱峰量级相当，所不同之处在于低频区域的频谱分布状态不同：75μm 时的谱峰区域分布更为细小和集中。由频谱分布可见，粒径对颗粒流化影响较大，当颗粒粒径为 20μm 和 75μm 时，此时颗粒的流化状态相当，即在粉箱内均能形成较为稳定粉末型面，

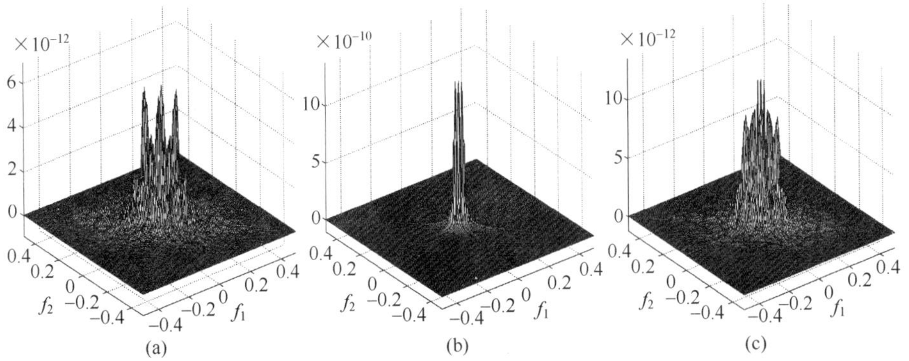

图 3-58　不同颗粒粒径时流化压强信号双谱分布

(a) 20μm；(b) 45μm；(c) 75μm。

但由于颗粒受力状态不同(20μm 时颗粒主要受范德华力等黏性力影响较大,而 75μm 颗粒所受主导力为重力),导致在低频谱峰分布呈现不一致状态。而当颗粒粒径为 45μm 时,此时颗粒所受黏性力和重力相互博弈,颗粒流化状态不如其他粒径颗粒,粉末在粉箱内形成的型面较为不稳定,故而频谱分布主要集中在低频区域,谱峰值较高。

由上述分析可见,通过高阶统计量分析可获得不同压强波动信号的频谱分布规律,其中,双谱的幅值反应的是压强波动信号偏离高斯信号分布的程度。为检验各压强信号的非高斯性,采用特征值 Z 来表征信号的偏离高斯信号分布程度,其计算式为

$$Z = \frac{1}{N}\sum^{N} |B(f_1, f_2)| \tag{3-78}$$

式中:$B(f_1, f_2)$为频率(f_1, f_2)所对应的幅值;Z 为双谱幅值的平均值。

不同流化压强和颗粒粒径时的双谱特征值分布分别如图 3-59 和图 3-60 所示。由图 3-59 可见,不同流化模式时,其双谱特征值有所不同,而在同一流化模式时,其特征值相差不大,因此可以将双谱特征值用于粉末流化模式的判别。在过渡流化模式时,其特征值分布相对较大,而在低压和高压流化模式时的特征值分布差异较小,由此进一步体现了本节对流化模式的划分的正确性。同时相比于前文对压强波动信号的均方差分析,高阶统计量特征值分析虽然与均方差分析基本呈现相同的分布规律,但在某一点(如低压流化模式与过渡阶段流化模式,过渡阶段流化模式与高压流化模式之间的转接点),高阶统计量分析由于所含的信息量更多,故而分析更为细腻、可靠。

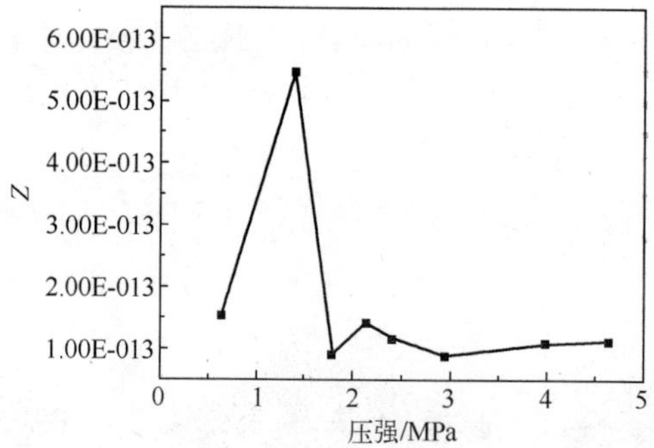

图 3-59 不同流化压强时双谱特征值分布

不同粒径时的双谱特征值分布则呈现出随粒径先增大后减小的规律(见图 3-60),表明颗粒所受主导作用力对颗粒的起动流化性能影响较大。在较小粒径和较大粒径时,颗粒分别受黏性力和重力主导,粉箱内均能形成较为稳定

的型面,故而气固流动相对均匀,而颗粒处于中间粒径时,此时黏性作用力相比小粒径颗粒要小,同时颗粒的重力也不如大粒径颗粒,颗粒较为容易起动和流化,但不利于粉末型面的稳定存在,对流化质量有较大影响,表现出较大的双谱特征值分布。

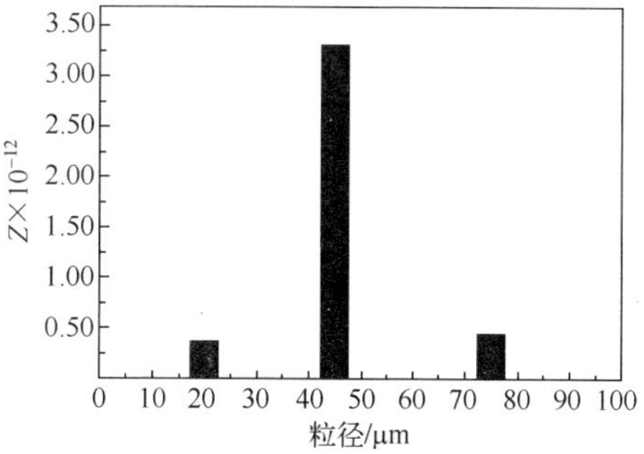

图 3-60　不同粒径时双谱特征值分布

3.8　粉末流化输送稳定性的相干函数分析

信号相干函数可用来检测信号之间在频域内的相关程度以及因果关系,且压强波动信号可良好地表征气固流动特性。

两个压强波动信号为 $x(t)$ 和 $y(t)$ 之间的相干函数定义如下:

$$C_{xy}(\omega)=\frac{|P_{xy}(\omega)|^2}{P_{xx}(\omega)P_{yy}(\omega)} \tag{3-79}$$

式中:$P_{xy}(\omega)$ 为信号 $x(t)$ 和信号 $y(t)$ 的互功率谱密度,$P_{xx}(\omega)$ 和 $P_{yy}(\omega)$ 分别为 $x(t)$ 和 $y(t)$ 的自功率谱密度。

相干函数 $C_{xy}(\omega)$ 的取值区间为 $[0,1]$,若压强波动信号 $y(t)$ 为 $x(t)$ 的线性响应,则 $C_{xy}(\omega)=1$;若 $x(t)$ 和 $y(t)$ 完全互不相关,则 $C_{xy}(\omega)=0$。而通常情况下,$C_{xy}(\omega)$ 取值介于 0~1 之间,表明两压强波动信号之间存在三种可能关系:

(1) 联系压强波动信号 $x(t)$ 和 $y(t)$ 的系统不完全是线性的;

(2) 信号输出 $y(t)$ 是由 $x(t)$ 和其他信号共同输入引起的;

(3) 噪声干扰信号混入了输出端。

通过上述相干函数计算分析,便可获得流道内两压强波动信号之间的相关程度,从而有效判别流道内上游气固流动对下游流动的影响程度。

3.8.1 流化腔与节流孔板上游压强信号相干性分析

粉末流化腔内气固流动是粉末输送的源头，其压强波动影响着气固两相在流道内的流动状态，尤其是节流孔板上游气固流动状态，在受节流孔板结构影响的同时受流化腔内流动状态的影响。

图 3-61 为不同流化压强时，流化腔与节流孔板上游压强波动信号的相干函数分布。由图可见，不同流化压强时相干函数在三个频段的幅值分布较大，分别为第 1 频段：300~1000Hz；第 2 频段：1800~2200Hz；第 3 频段：2500~3200Hz。而在其余频段其相干函数幅值趋于 0，表明在其余频段两压强波动信号之间无关联。由不同压强信号小波变换后能量分数分布可知，尺度信号 d1~d5(156~5000Hz)用于表征气体湍流作用，d6~d10(5~156Hz)用于表征气固相间作用以及颗粒运动等，由此可见，流化腔对节流孔板上游的影响主要为气体湍动影响，而由气固相间作用以及颗粒运动等引起的压强波动影响非常小。在相干函数幅值分布较大的三个频段，随频率增加，相干函数幅值整体降低，这是由于尺度信号 d3(625~1250Hz)所对应的能量分数在由 d1~d5 区间中分布最大，表明此频段的气体湍动作用最为激烈，故而包含了尺度信号 d3 的第(1)频段的相干函数幅值分布最大。

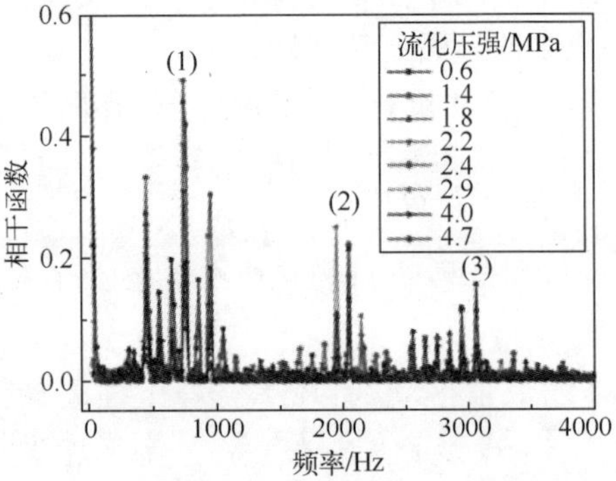

图 3-61 流化腔与节流孔板上游压强相干函数分布

由于图 3-61 中各频段的相干函数大小随流化压强变化规律迥异，不能仅由图中曲线判定流化压强对相干函数分布的影响程度，通过将同一频段处各流化压强所对应的相干函数值相加，其统计结果大小为该频段处的总相干函数值，进而对比不同流化压强在不同频段处的总相干函数值，便可获得流化压强对流化腔和节流孔板上游相干性的影响程度。图 3-62 为图 3-61 中第 1~第 3 频段处总相干函数随流化压强变化规律，由图可见，第 1 频段处的总相干函数

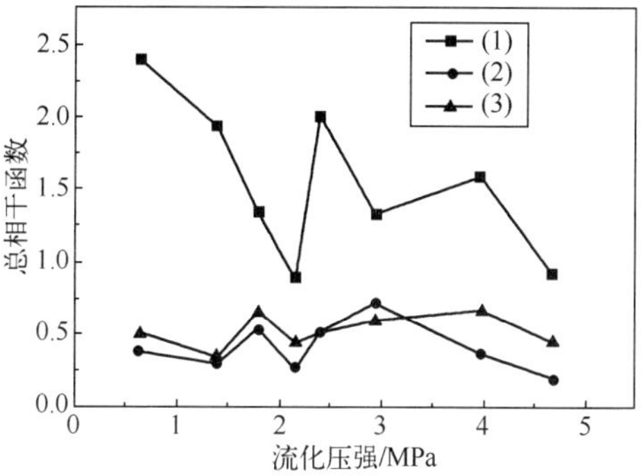

图 3-62　第 1~第 3 频段总相干函数分布

值明显高于第 2 和第 3 频段，且第 1 频段处总相干函数随流化压强增大呈现出先减小后增大之后再减小的规律，而第 2 和第 3 频段处总相干函数值相当，且随流化压强增大其变化不明显。由此说明，在低压流化模式和高压流化模式时，流化腔对节流孔板上游的气体湍流影响基本随压强增大而减小，而中间过渡流化模式会使影响程度有一突增；另外，气体湍流的影响主要集中于第 1 频段处。

颗粒粒径不同时，流化腔与节流孔板上游压强波动信号之间相干函数对比如图 3-63 所示。由图可见，不同粒径时其相干函数分布规律与图 3-61 中基本一致，均在三频段处相干函数幅值分布较大。对比各粒径时相干函数分布发现，75μm 颗粒在低频处的相干函数值明显大于其余粒径颗粒，而在三个高频段，75μm 颗粒的相干函数值亦相对较高，表明大粒径颗粒时流化腔上游对节流孔板上游不仅有较强的气体湍流影响，还有气固相间作用和颗粒运动的影响，但相对而言，还是气体湍流的影响较大。在高频区域，不同粒径颗粒的相干函数分布规律不一致，但整体上 45μm 颗粒的总相干函数值偏低，表明中间粒径时，流化腔对节流孔板上游的气体湍流影响相对较小。这是由于中间粒径颗粒所受的重力和颗粒间黏性力相互博弈，致使其起动流化相对容易，气体用于颗粒起动流化的能量耗散相对要小，故而流化腔内气体湍流变动较小，使流化腔压强波动对节流孔板上游的气体湍流影响较小。

综上可见，气固壅塞流动状态下，粉末流化腔对节流孔板上游气固流动状态的影响主要为气体湍流影响。随流化压强变化，流化腔对节流孔板上游的流动影响程度呈现先降、突增、再降的规律；大粒径颗粒会加强流化腔对节流孔板上游气固相间作用的影响，而中间粒径颗粒则会削弱气体湍流的影响程度。

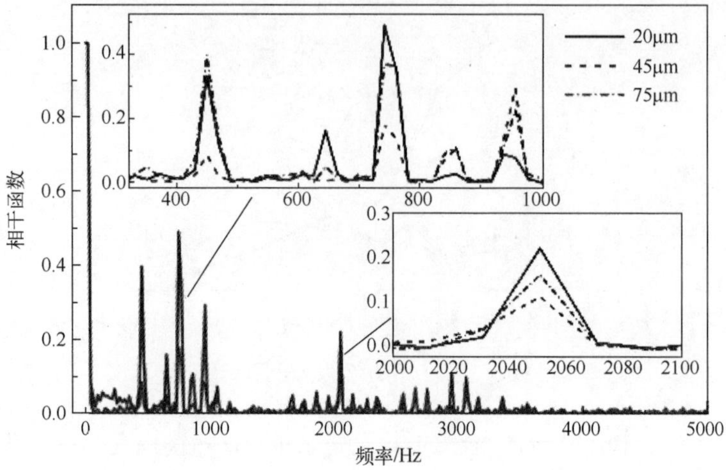

图 3-63　不同粒径颗粒时流化腔与节流孔板上游压强相干函数分布

3.8.2　流化腔与节流孔板下游压强信号相干性分析

不同流化压强条件下，流化腔与节流孔板下游压强波动信号相干函数对比如图 3-64 所示。由图可见，相干函数在高频区域的幅值基本趋近于 0，而其幅值分布较大区域主要集中在低于 120Hz 的频域范围内，但该频段内相干函数幅值明显偏低，除个别情况（0.65MPa）外，其余流化压强状态下，相干函数幅值普遍低于 0.2。由此说明，流化腔对节流孔板下游已无气体湍流的影响，而主要以气固相间作用和颗粒运动影响为主，但由于其相关函数偏低，故整体而言流化腔对节流孔板下游流动影响程度较小。

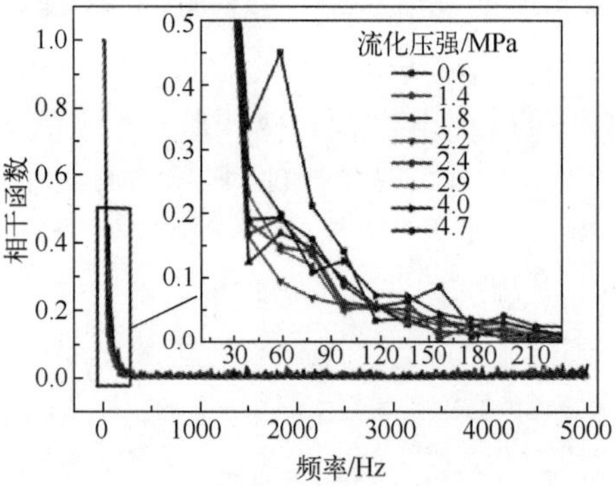

图 3-64　流化腔与节流孔板下游压强相干函数

图 3-65 为不同颗粒粒径时，流化腔与节流孔板下游相干函数分布对比。由图可见，不同颗粒粒径时，其相干函数幅值分布较大区域也均主要集中于低

频区域，且粒径越小，相干函数随频率增大下降得越快，表明大粒径颗粒可增强流化腔和节流孔板下游的关联性，即大粒径颗粒时流化腔内的气固流动对节流孔板下游影响相对较大，这一规律与流化腔对节流孔板上游的影响规律一致。

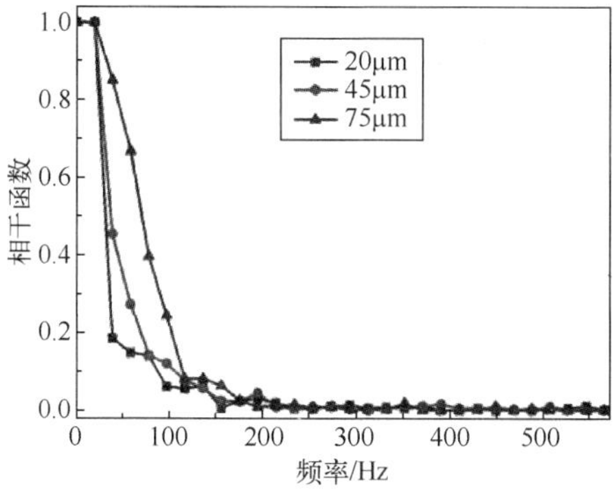

图 3-65　不同粒径颗粒相干函数分布

由此可见，流化压强变化对流化腔与节流孔板下游的相干性影响不大，但颗粒粒径的增大却可以增强流化腔与节流孔板下游的相干性。

3.8.3　节流孔板上下游压强信号相干性分析

不同流化压强条件下节流孔板上下游压强信号相干函数对比如图 3-66 所示。由图可见，相干函数幅值分布较大频域主要集中于 0～200Hz 的低频区域，而在大于 200Hz 的高频区域，其相干函数幅值波动很小，趋近于 0。由于低频区域主要表征颗粒间相互碰撞和气固相间作用，表明气固壅塞流动状态下，节流孔板上游对下游的影响主要体现在颗粒碰撞和气固相间作用等方面，而由气体湍动引起的节流孔板上游和下游的关联性非常弱。图 3-66 中，随

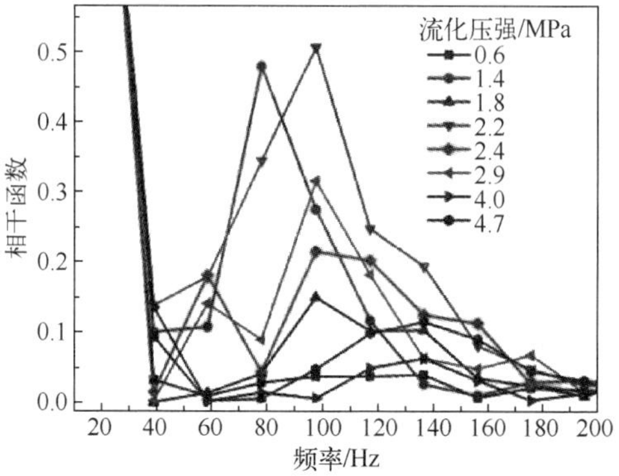

图 3-66　节流孔板上下游压强相干函数分布

流化压强增大,相干函数幅值基本呈现先增大后减小的规律,且在中间过渡流化模式时,其相干函数幅值最大,表明过渡阶段流化模式下节流孔板上游对下游气固流动有较大影响;而在高压流化模式时,其相干函数幅值分布均非常小,表明高压流化模式下,节流孔板上游对下游气固流动影响较小。

图 3-67 为颗粒粒径不同时其节流孔板上下游压强波动信号相干函数分布。由图可见,颗粒粒径对相干函数分布有较大影响,当粒径较大时(75μm),其相干函数幅值最小,上下游气固流动关联性最弱,而粒径为 45μm 时,其相干函数幅值最大,使节流孔板上下游表现出较强的关联性。这是由于大粒径颗粒流经节流孔板后其惯性相对较大,气相对颗粒影响作用较小,故气固相间作用引起的压强波动程度较小,从而表现出上下游较弱的关联性;当粒径为 20μm 时,颗粒的随流性较强,且固气比一定时,单位体积内颗粒数相对较多,故颗粒碰撞更为频繁,故上下游流动关联性增强,另一方面,较小粒径颗粒在节流孔板收敛段处更容易出现碰撞聚团现象,影响节流孔板上下游流动相关性,使其相干函数幅值并未成为最大;而粒径为 45μm 时,颗粒在节流孔板上游聚团现象减弱,且相比大粒径颗粒时其随流性较好,故其相干函数幅值相对最大。

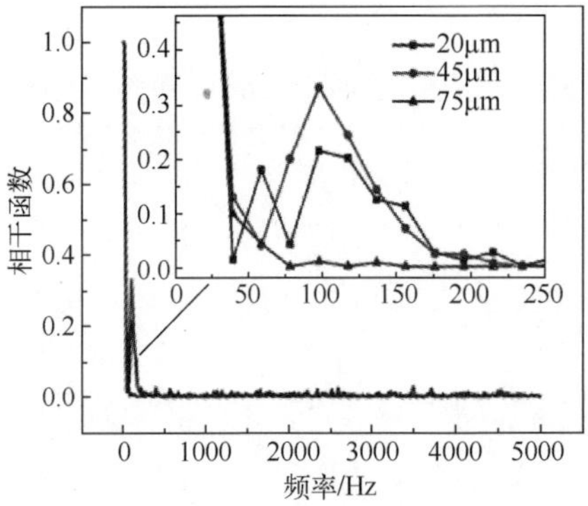

图 3-67　不同粒径颗粒相干函数分布

由上可知,节流孔板上游对下游气固流动状态的影响主要体现在颗粒碰撞和气固相间作用上,其关联强度随流化压强增大呈现先增大后减小的规律,且中间粒径时,上下游之间关联性最强,大粒径颗粒会削弱上游对下游的影响程度。

第 4 章 液体 CO_2 供给系统

Mg/CO_2粉末火箭发动机是以金属镁粉为燃料、液体 CO_2为氧化剂的新型发动机,旨在为火星探测提供动力。Mg/CO_2粉末火箭发动机的供给系统与 Al/AP 粉末火箭发动机存在类似的部分,即镁粉的供应系统与 Al 粉和 AP 粉末的供应系统类似,其区别主要在于液体 CO_2的供给。因此本章对粉末供应系统部分不再重复讲述,而着重介绍液体 CO_2供给系统。

4.1 挤压式液体 CO_2供给系统工作原理

推进剂供给系统的功能是将储箱中的推进剂按照要求的流量和压力输送到燃烧室中。液体推进剂供给系统一般分为两大类:挤压式供给系统和泵压式供给系统。如表 4-1 所列,两者各有优缺点。两种供给系统选择时,主要从发动机推力、工作时间和总冲这些方面进行考虑。推力、工作时间和总冲较小时一般选用挤压式供给系统,而推力、工作时间和总冲较大时一般选用泵压式供给系统。挤压式供给系统推力范围一般为 $1\sim10^5$N,泵压式供给系统一般为 7~40MN。

表 4-1 挤压式供给系统和泵压式供给系统的优缺点

类　别	挤压式供给系统	泵压式供给系统
优点	结构简单; 总冲不大时,具有较小的结构质量和尺寸; 容易实现多次启动; 供给压力比较稳定	储箱压力低,储箱及增压系统质量轻,尺寸小; 发动机质量几乎与工作时间长短无关; 燃烧室压力高,因而比冲高; 涡轮排气可用来控制运载火箭姿态
缺点	总冲大时,储箱及增压系统的结构质量和尺寸大; 燃烧室压力低,因而比冲低	结构复杂; 不易实现多次启动

由于火星探测用 Mg/CO_2粉末火箭发动机燃烧室压力的设计值较低(一般不超过 3MPa),两种供给系统均具有可行性。对于地面返回任务,发动机的推力大、工作时间长,而且一般不需要多次启动,可以选用泵压式系统供给液体

CO_2;而对于火星表面探测任务,发动机推力相对较小、工作时间较短,并且需要多次启动,应该选用挤压式系统供给液体 CO_2。由于前期主要研究火星探测用 Mg/CO_2 粉末火箭发动机的可行性,推力一般较小,为几百到几千牛,工作时间较短。因此,本章只讨论挤压式液体 CO_2 供给系统。

4.1.1 工作过程

图 4-1 为挤压式液体 CO_2 供给系统,它主要包括高压氮气瓶、挤压气路、液体 CO_2 储箱、节流孔板、球阀、喷嘴、背压模拟装置和相应的阀门和传感器。挤压式液体 CO_2 供给系统工作过程为:首先,高压氮气经减压阀和挤压气路,按一定的压力流入储箱的挤压腔,驱动活塞挤压事先加注好的液体 CO_2;然后,在活塞的挤压作用下,液体 CO_2 从储箱流出,经供给管路、节流孔板和喷嘴喷入一定压力的背压模拟装置或燃烧室环境中。

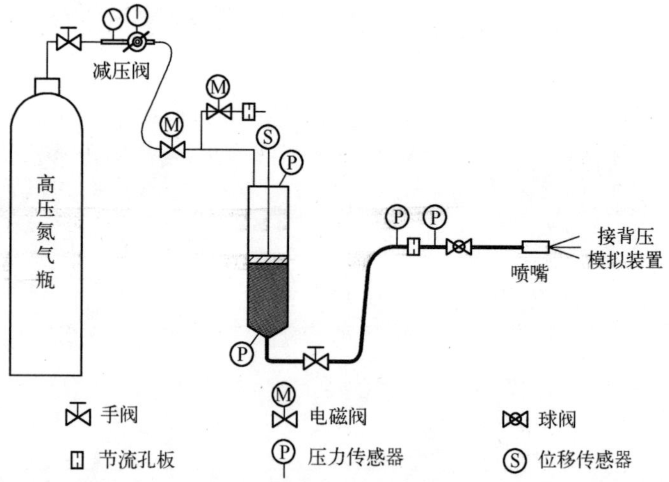

图 4-1 液体 CO_2 供给系统

4.1.2 CO_2 的物理性质

如图 4-2 所示,自然界中 CO_2 存在三种相态——气相、液相、固相。其中,三相呈平衡态共存的点叫三相点。液、气两相呈平衡状态共存的极限点叫临界点。CO_2 的三相点温度 T_{tri} 约为 213.55K(-60℃),三相点压力 p_{tri} 为 5.18×10^5Pa;CO_2 的临界点温度 T_c 约为 304.15K(31℃),临界点压力 p_c 为 73.75×10^5Pa。在 1atm 下,CO_2 的升华点约为 194.65K(-78.5℃)。

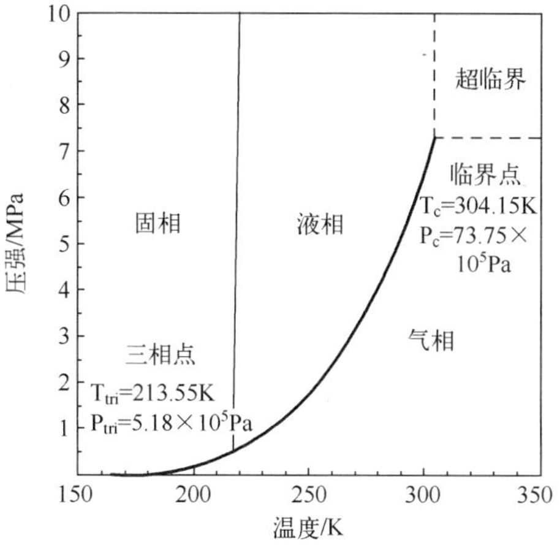

图 4-2　CO_2的三相图

在不加压的条件下，CO_2往往按气液共存的状态存储，即储存容器中的压力等于该温度下的饱和蒸气压。CO_2的饱和蒸气压如表 4-2 所列。

表 4-2　不同温度下 CO_2 的饱和蒸气压

温度/℃	饱和蒸气压/(10^5Pa)	温度/℃	饱和蒸气压/(10^5Pa)
-59.6	5.18	-10	26.494
-55	5.551	-5	30.463
-50	6.957	0	33.940
-45	8.333	5	39.691
-40	10.059	10	45.014
-35	12.038	15	50.857
-30	14.289	20	57.274
-25	16.839	25	64.328
-20	19.706	30	72.109
-15	22.917	31	73.75

由表 4-2 可知，CO_2的饱和蒸气压随温度变化十分明显，而且变化速率越来越快，在临界温度 30℃附近变化速率可达 1.56×10^5Pa/℃。

液体推进剂供给过程中，获取液体的密度、黏度、比热容等参数是至关重要的。如图 4-3 所示，液体 CO_2的密度随温度的升高而减小，并且在 25℃之后急剧减小；如图 4-4 所示，液体 CO_2的动力黏度随温度的增高而减小，接近临界温度时，黏度与气体相近；如图 4-5 所示，液体 CO_2的定压比热容随着温度的升高而增大,在接近临界温度附近急剧增大。

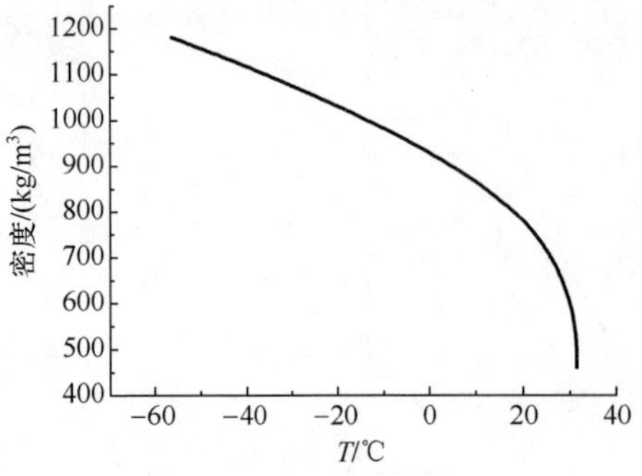

图 4-3　液体 CO_2的密度

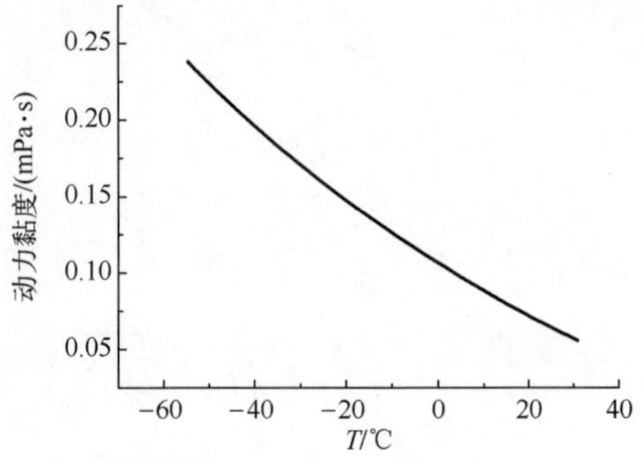

图 4-4　液体 CO_2的黏度

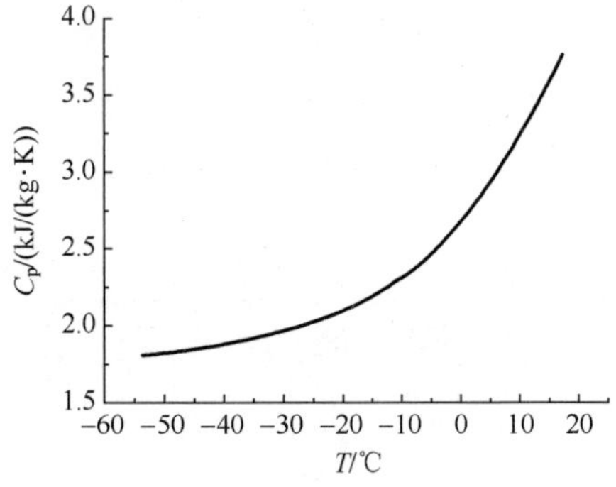

图 4-5　液体 CO_2的定压比热容

由上述分析可知,接近临界温度时,液体 CO_2的饱和蒸气压、密度、定压比热容等性质发生了急剧变化,可能对液体 CO_2的供给压力和流量的稳定性造成不利影响。因此,当环境温度接近临界温度时,需要对供给系统进行温度控制,使工作温度在低于临界点一定的范围内变化。

4.1.3　流量控制原理

液体 CO_2供给流量的控制主要涉及三个方面的问题:①相态的控制,主要通过控制压力和温度保证 CO_2处于液态。②压力平衡和流量平衡这两方面的问题。③压力平衡和流量平衡是紧密相连的,存在相互匹配关系,这一关系直接决定了管路、节流元件和喷嘴的类型和尺寸,从而会影响发动机系统的结构质量和工作性能。

由于火星环境压力较低,受到喷管出口面积的限制,火星探测用 Mg/CO_2粉末火箭发动机燃烧室压力一般为 0.5~3MPa。燃烧室压力均高于火星环境平均温度(-55℃)下 CO_2 的饱和蒸气压(0.5551MPa)。因此,火星条件下氧化剂 CO_2 在整个推进剂供给管路中均可以保持液态,不需要进行冷却和保温处理。而在地球的四季中,环境温度一般在 $-10\sim40$℃,对应的 CO_2 的饱和蒸气压为 2.65~7.37MPa,大部分条件下均高于火星探测用 Mg/CO_2 粉末火箭发动机燃烧室压力的设计值。甚至,当环境温度高于 32℃时,CO_2 只能以气态或者超临界状态存在,这与火星条件下推进剂的状态存在明显的区别。因此,在夏季时,液体 CO_2 供给系统需要进行制冷和保温处理。在冬季温度较低的时候(<5℃),通过提高喷注压降,控制节流元件下游压力高于 4MPa(5℃条件下 CO_2 的饱和蒸气压),使得 CO_2 在节流孔隙中一直保持为纯液相,从而实现 CO_2 的稳定供给和流量控制。在保证 CO_2 为液相的条件下,液体的流量控制原理仍然适用。

液体 CO_2 供给系统中(见图 4-1)管路、节流元件和喷嘴内流动可以归结为管道流动和孔口流动两种类型。

液体流动过程中的压力损失可以分为两种:一种是液体在等径直管中流动时因摩擦而产生的压力损失,称为沿程压力损失;另一种是由于管道截面突然变化,液流方向改变或者其他的液流阻力(如控制阀口),引起的局部非轴向流动而带来的动能的损失,称为局部压力损失。

1. 管道流动

液体流经等直管(直径 d)时,在管长 l 的直段上的沿程压力损失 Δp 的表达式为

$$\Delta p=\lambda\ \frac{l}{d}\ \frac{\rho v^2}{2} \tag{4-1}$$

式中:ρ 为液体密度;v 为液流的平均流速;λ 为沿程阻力系数,与管道材料、雷诺数和流体性质均有关。具体取值可以参照表 4-3。

表 4-3　圆管的沿程损失阻力系数的计算公式

流动区域		雷诺数范围		λ 计算公式
层流		$Re<2320$		$\lambda=64/Re$
湍流	水力光滑管区	$Re<22\left(\frac{d}{\Delta}\right)^{\frac{8}{7}}$	$3000<Re<10^5$	$\lambda=0.3104/Re^{0.25}$
			$10^5\leqslant Re\leqslant10^8$	$\lambda=0.308/(0.842-\lg Re)^2$
	水力粗糙管区	$22\left(\frac{d}{\Delta}\right)^{\frac{8}{7}}\leqslant Re\leqslant597\left(\frac{d}{\Delta}\right)^{\frac{9}{8}}$		$\lambda=\left[1.14-2\lg\left(\frac{\Delta}{d}+\frac{21.25}{Re^{0.9}}\right)\right]^{-2}$
	阻力平方区	$Re>597\left(\frac{d}{\Delta}\right)^{\frac{9}{8}}$		$\lambda=0.11\left(\frac{\Delta}{d}\right)^{0.25}$

管壁表面粗糙度 Δ 的值，在粗估时，钢管取 0.04mm，铜管取 0.0015～0.01mm，铝管取 0.0015～0.06mm，橡胶软管取 0.03mm，铸铁管取 0.25mm。

在液流流经阀口、弯管、流通截面突变等处，会产生局部压力损失。局部压力损失与液流的动能直接有关，可表达为

$$\Delta p=\zeta\frac{\rho v^2}{2} \tag{4-2}$$

式中：ρ 为液体密度；v 为液体平均流速，一般情况下指局部阻力下游处的流速；ζ 为局部阻力系数。

由于液体流经局部阻力区域的流动情况十分复杂，其值必须通过实验或查水力学手册来获得。几种常见的局部阻力区域的局部阻力系数的初步估算值，如表 4-4 所列。

表 4-4　常见的几种局部阻力区域的局部阻力系数

类　型	管道突缩	管道突扩	T 型三通	90°弯曲	90°直角	阀
ζ 估算值	0.35	0.5	1.3	0.5～1	1.2	5～15

2. 孔口流动

在节流孔板、文氏管、阀门以及喷嘴处液体流动均属于孔口流动。根据结构特点的不同，孔口一般分为薄壁小孔、短孔和细长孔等。当长度和直径之比 $l/d\leqslant 0.5$ 时，节流孔称为薄壁小孔；当 $0.5<l/d\leqslant 4$ 时，节流孔称为短孔；当 $l/d>4$ 时，节流孔称为细长孔。

节流孔板、阀门和喷嘴都一般属于薄壁小孔或者短孔，质量流量满足式(4-3)。由式(4-3)可知，流经薄壁小孔或短孔的液体流量与小孔前后的压差的平方根和小孔面积成正比。这两种小孔的沿程损失较小，其流量系数基本与流体的黏性无关。因此常用做固定节流器使用，也称作节流孔板。由于短孔加工比薄壁小孔容易，在工程中应用更为普遍。

液体流经薄壁小孔和短孔的质量流量 q_m 可表示为

$$q_m=C_d A_0\sqrt{2\rho\cdot\Delta p} \tag{4-3}$$

式中：ρ 为液体密度；Δp 为小孔前后压差；A_0 为小孔流通面积；C_d 为小孔流量系数。

当不考虑液体流动过程中黏性损失和非轴向流动损失时，液体质量流量满足下式：

$$q_m=A_0\sqrt{2\rho\cdot\Delta p} \tag{4-4}$$

对比式(4-3)和式(4-4)可知，流量系数 C_d 定义为实际流量与理想流量之比，影响流量系数大小的主要因素有节流孔的类型、孔口的加工处理工艺、流动

雷诺数和流体的相态等。影响因素多,影响规律复杂。因此,其值一般由实验标定,仅有的水力学的经验公式或图表只能用来预估。

液体流经薄壁小孔的过程如图 4-6 所示。由于流体的惯性作用,流体在节流孔下游不远处形成一个收缩截面 A_c(见图 4-6),然后再扩大,这一收缩扩大过程便产生了局部能量损失。当管道直径与小孔直径之比 $d/d_0 \geq 7$ 时,流体的收缩作用不受孔前管道内壁的影响,这时称为完全收缩;当 $d/d_0<7$ 时,孔前管道内壁对流体进入小孔有导向作用,这时称为不完全收缩。

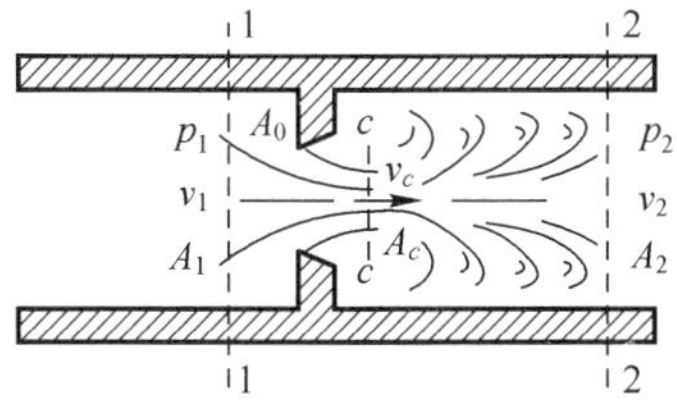

图 4-6　液体流经薄壁小孔示意图

在液流完全收缩时($d/d_0 \geq 7$),当 $Re \leq 10^5$ 时,C_d 与雷诺数 Re 的关系如图 4-7 所示。

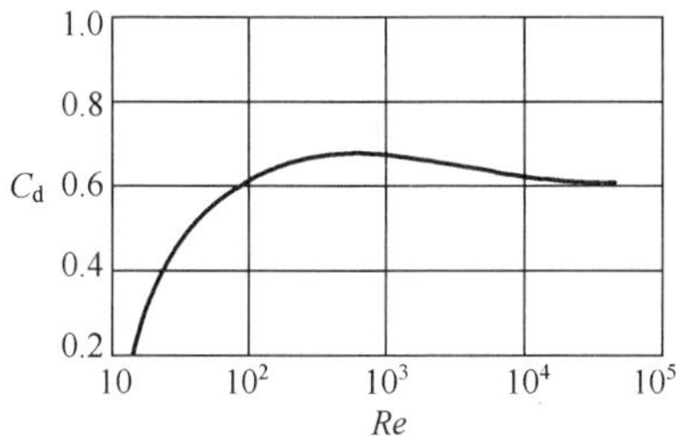

图 4-7　完全收缩时薄壁小孔的流量系数随雷诺数的变化曲线

当 $Re>10^5$ 时,C_d 可认为是不变的常数,取为 0.60~0.61。而雷诺数可按下式预估

$$Re = \frac{d_0}{\nu}\sqrt{\frac{2\Delta p}{\rho}} \tag{4-5}$$

式中:ρ 为液体的密度,Δp 为小孔前后的压差,d_0 为小孔通流直径,ν 为液体的运动黏度。

液流不完全收缩时($d/d_0<7$),流量系数 C_d 可由经验关系式(4-6)或者表 4-5 确定。由于小孔离管壁较近,管壁对液流进入小孔起导向作用,流量系数可以增大到 0.7~0.8。当小孔不是薄刃型而是带棱边或者小倒角的孔时,C_d 值将更大。

$$C_d = \frac{C_{d0}}{\sqrt{1-(C_{d0}A_0/A)^2}} \tag{4-6}$$

式中：C_{d0}为完全收缩时的流量系数；A_0和 A 分别指小孔的通流面积和管道的截面积。

表 4-5　不完全收缩时流量系数 C_d的值($Re>10^5$)

A_0/A	0.1	0.2	0.3	0.4	0.5	0.6	0.7
C_d	0.602	0.615	0.634	0.661	0.696	0.742	0.804

短孔的流量系数可由图 4-8 查出。由于短孔对液流收缩有一定的抑制作用，因此其流量系数往往大于薄壁小孔。

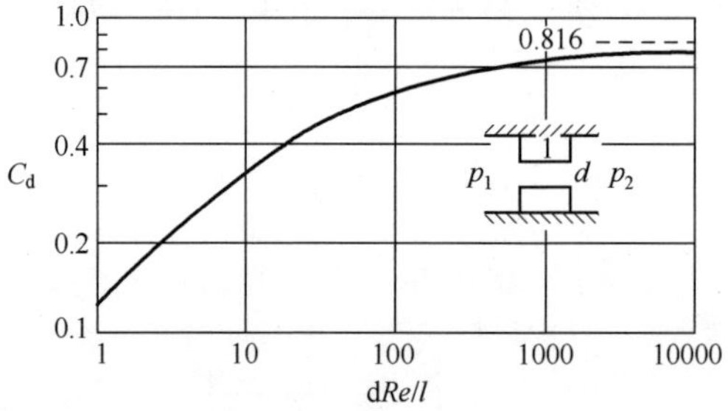

图 4-8　短孔流量系数随雷诺数的变化曲线

液体 CO_2在供给过程中容易发生气化，管路和节流孔板处的液相中含有的气相体积分数具有不确定性，因此其流量控制具有一定的难度。根据目前的研究现状，气液两相流流经节流孔板的流量系数明显小于纯液相，并且流量存在一定的波动。

4.2　液体 CO_2加注方案

将液体 CO_2加注到储箱中是实现液体 CO_2供给的第一步。在地面实验过程中，CO_2往往以气液共存的形式储存在专用气瓶中。因此，实现液体 CO_2快速高效且安全地加注，可以大大提高实验的效率。

图 4-9(a)为活塞挤压式液体 CO_2加注方案。该方案利用小型的活塞缸的往复运动，将液体 CO_2从气瓶加注到储箱中。由于挤压系统工作压力较高，小型活塞缸的往复运动很难通过电机来驱动，一般需要通过气压驱动。图中的活塞缸也可以用高压泵代替。

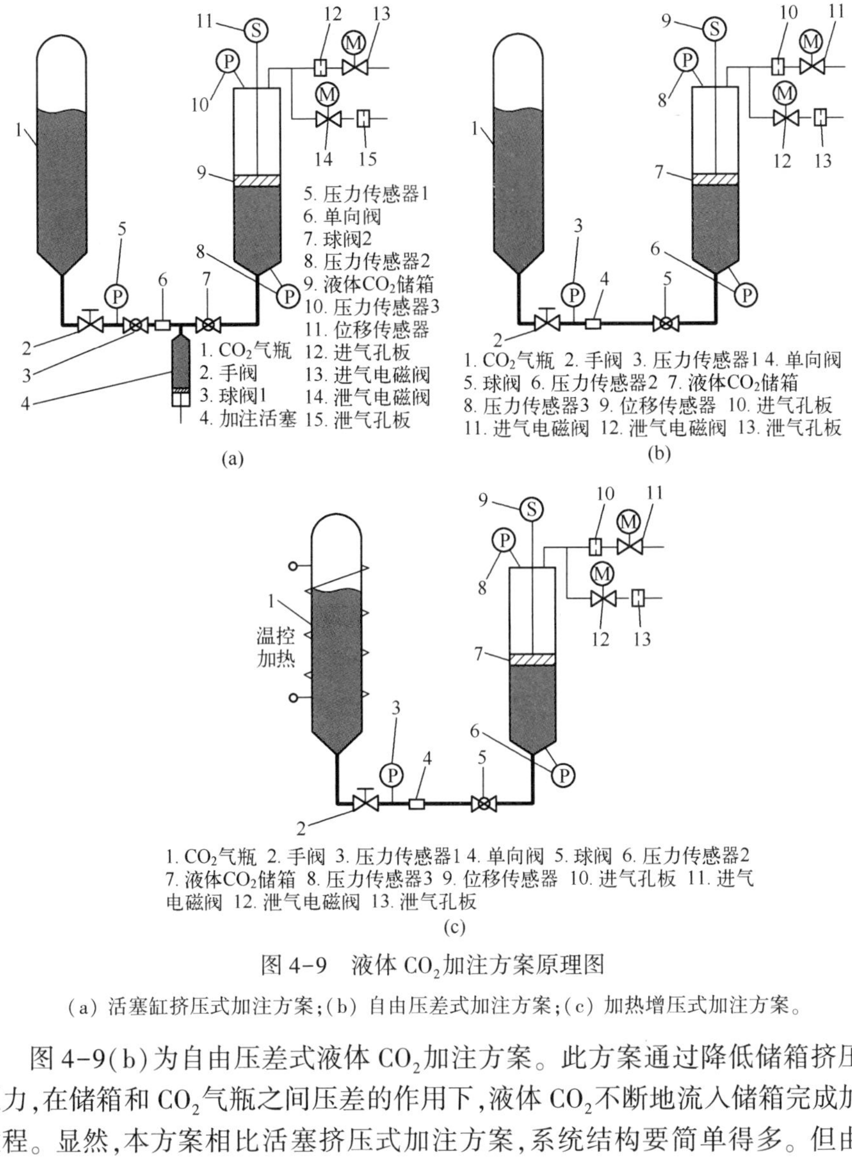

(a)　(b)　(c)

图 4-9　液体 CO_2 加注方案原理图

(a) 活塞缸挤压式加注方案;(b) 自由压差式加注方案;(c) 加热增压式加注方案。

图 4-9(b)为自由压差式液体 CO_2 加注方案。此方案通过降低储箱挤压腔压力,在储箱和 CO_2 气瓶之间压差的作用下,液体 CO_2 不断地流入储箱完成加注过程。显然,本方案相比活塞挤压式加注方案,系统结构要简单得多。但由于储箱压力低于 CO_2 的饱和蒸气压,会有一部分液体 CO_2 在储箱中变为气体,从而导致加注效率降低。

图 4-9(c)为加热增压式液体 CO_2 加注方案。通过温控加热将 CO_2 气瓶加热至 25℃左右,使得气瓶中压力维持在 6.5MPa 左右。由于液体 CO_2 流入储箱过程中温度会降低,当地饱和蒸气压会下降,从而可以减少液体 CO_2 气化带来的损失,提高加注效率。

三种加注方案实验操作过程基本一致,依次为:①充气过程,通过开启进气电磁阀，给液体 CO_2 储箱的挤压腔充气，至挤压腔压力值略高于气瓶压力即可；②加注过程，通过控制球阀和泄气球阀，使得 CO_2 气瓶和液体 CO_2 储箱之间产生一定的压差，液体 CO_2 在压差的作用下流入液体 CO_2 储箱；③加压过程，通过进气电磁阀继续给储箱充气，使得储箱的压力达到 6.5MPa，记录储箱在加压前后的活塞位移 S_0 和 S_1。

在上述的液体 CO_2 加注过程中，管路和储箱压力一般略低于饱和蒸气压，液体 CO_2 会发生气化。一方面，这一过程会影响加注效率，造成不必要的损失；另一方面，由于 CO_2 在管路和储箱中发生相变，会使得其温度急剧降低，管路表面结霜明显，密封件的可靠性下降。此外，在实际使用过程中，操作的简便性和工作速度也需要考虑其中。因而，将从加注效率、加注速率和使用安全性三个方面对液体 CO_2 加注方案进行对比分析。

加注速率通过加注时序总时长的倒数来表征。而加注效率定义为加注过程最后一步加压至 6.5MPa 后液体 CO_2 所占储液腔总体积百分率。表达式为

$$\eta_{\text{fill}}=1-\frac{S_1-S_0}{L} \tag{4-7}$$

式中：S_0 和 S_1 为加压前和加压后位移传感器的示数；L 为储液腔体总长度。

如表 4-6 所列，活塞缸挤压式加注效率最高，但由于气压驱动活塞缸的操作比较复杂，其加注速率最低，通过使用高压液体泵可以提高加注速率和工作效率；自由压差式加注方案，具有操作简单、加注速度快的优点，但由于加注管路和储箱中压力略低于饱和蒸气压，液体 CO_2 气化过程明显，极大地降低了加注效率；加热增压式加注方案，由于增加了 CO_2 气瓶中的压力，储箱中压力也相应地得到了提升，液体 CO_2 气化减弱，加注效率得到了较大的提升。

表 4-6　三种加注方案对比

方　案	加注效率/%	加注速率/s^{-1}	使用安全性
活塞缸挤压式	97.3	1/103	系统复杂
自由压差式	70.7	1/41	CO_2 气化，密封元件可靠性降低
加热增压式	90.2	1/35	安全性较好

综合上述分析，液体 CO_2 液体的加注方案选择为加热增压式方案；自由压差式加注方案由于其便利性，可以作为备选方案；而如果需要加注的总量大，可以考虑使用高压泵代替活塞缸挤压式方案中的活塞缸，进行液体 CO_2 加注。

4.3　液体 CO_2 质量流量测量与标定方法

对于粉末火箭发动机而言，推进剂供给流量特性会直接影响燃烧室内的喷

注、点火和燃烧性能，对发动机推力的控制和调节具有极其重要的意义。液体 CO_2 供给流量特性研究的主要参数包括压力、温度和流量，这些参数都需要实时在线测量。压力和温度可以使用相应的传感器进行测量，相关技术成熟，测量成本较低。

一方面，液体 CO_2 压力高，流量计会比较笨重；另一方面，液体 CO_2 在地面实验条件下容易在管路中发生气化，其密度、压力、温度会表现出较大的随机性。因此，液体 CO_2 流量测量会受到较大的限制，液体 CO_2 流量测量主要可选用有孔板式流量计、涡轮转子流量计、金属管磁浮子流量计、液位计观测法和收集称量法等，对应的工作原理和适用性分析如表 4-7 所列。

表 4-7　液体 CO_2 主要流量测量方法对比

测量方法	工作原理	适用性
孔板式流量计	根据一维不可压理想流体伯努利方程，可得流经孔板液体的流量 $\dot{m}=C_d A_{孔板}\sqrt{2\rho\cdot\Delta p}$。流体的流量越大，孔板前后的压差将越大	1. 易与供给系统搭配使用，可以大大节约实验成本； 2. 孔板拆换方便，通过变换孔板直径可以实现大范围液体流量的测量； 3. 只能测量单相流体，而且孔板流量系数需要事先标定
涡轮流量计	被测流体流入流量计，经过导向架冲击叶轮，叶轮在流体冲击力距和电磁阻力矩的共同作用达到平衡以恒速旋转。在一定流量范围内，转速与流量成正比 $q_V=f/K$。因此，通过磁电感应转换器测量出叶轮转速，便可获得流体的体积流量	1. 只能测量单相流体； 2. 仪表系数 K 一般由生产厂家出厂前标定； 3. 对于液体 CO_2 流量的测量需要重新标定
液位计观测法	通过观测储箱液面下降随时间的变化速度，换算得流出储箱的液体流量	1. 直接测量，可信度高； 2. 液面下降速度一般通过现场录像，实验后分析测量获得，无法在线测量； 3. 只能测量总流量，无法测量各分路流量
金属管磁浮子流量计	根据流量计的结构特点，锥形金属管和磁浮子形成的环隙面积随高度增加而增加。流体流过磁浮子会产生压差。磁浮子所受到压差力随高度的增加而减小，最终在某一高度上，压差力和重力平衡。流过环隙液体流量满足 $q_V=C_d A_h\sqrt{2\Delta p/\rho}$，不同流量会对应不同环隙面积，从而对应不同的平衡高度。通过测量磁浮子平衡高度，可以测量待测流体的体积流量	1. 对于流体类型的适用范围广； 2. 流量范围较窄，比较笨重，不利于移动； 3. 必须竖直安装，不利于供给管路的布置
活塞位移法	通过位移传感器获得活塞挤压速度，从而间接测量液面的下降速度，实现流出储箱液体流量的测量	1. 可以实时在线测量； 2. 只能测量总流量，无法测量分路流量
收集称量法	通过收集管道流出的流体，并对收集装置进行实时称量，从而获得供给系统的质量流量	1. 直接测量，可信度高； 2. 收集装置笨重； 3. 对称量装置要求高； 4. 存在冲击载荷，影响测量精度

由表 4-7 可知,可以通过活塞位移法和孔板式流量计相结合的方式测量液体 CO_2的供给流量。活塞位移法测液体 CO_2的流量的换算方法如下:

$$\dot{m}=\rho_{CO_2,l}\cdot A_p v_p \tag{4-8}$$

式中:A_p为活塞横截面积;v_p为活塞的移动速度,通过安装在储箱上的位移传感器测量获得;$\rho_{CO_2,l}$为液体 CO_2的密度,可以在实验前进行测量和标定。

由于液体 CO_2容易相变,液体 CO_2的密度和孔板流量系数都会受到流体中气相的影响,从而影响活塞位移法和孔板式流量计法的流量测量精确和可靠性。因此需要在实验条件下对液体 CO_2的密度和孔板流量系数进行标定,标定过程如下:

(1) 搭建如图 4-10 所示的挤压式液体 CO_2供给流量标定实验系统;

(2) 通过加注系统给储箱加注液体 CO_2,并给储箱加压至 6.5MPa,记录加压后天平示数 M_1;

(3) 给背压模拟器充气至所需模拟的背压,标定实验中背压 p_b取为 2MPa;

(4) 通过远程测控系统,控制液体 CO_2供给系统工作 5s,并采集实验数据,记录供给实验停止后天平的示数 M_2。

(5) 整理、分析和处理活塞位移、储箱总质量和压力等数据,见图 4-11 和表 4-8。

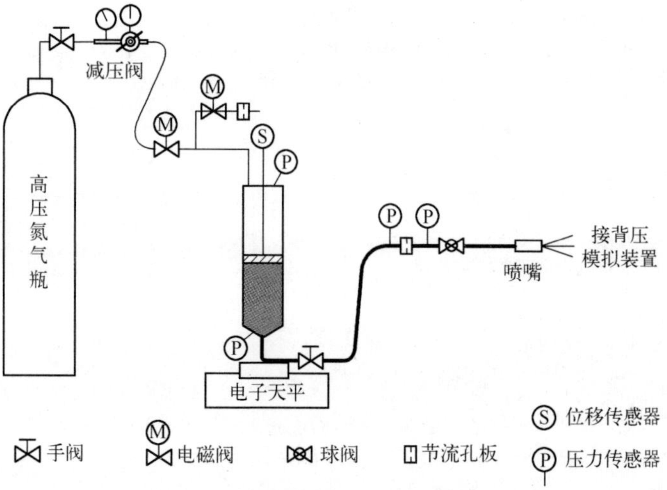

图 4-10 挤压式液体 CO_2供给流量标定实验系统

表 4-8 活塞位移测量液体 CO_2流量的标定实验工作参数

背压 p_b/MPa	2	储箱内径 d/mm	79
活塞移动速度 v_p(mm/s)	55.93	加注后储箱质量 M_1/kg	37.35
供给时间 Δt/s	4.6	储箱剩余质量 M_2/kg	36.1
孔板直径 d_0/mm	2.8	孔板压差 Δp/MPa	1.435

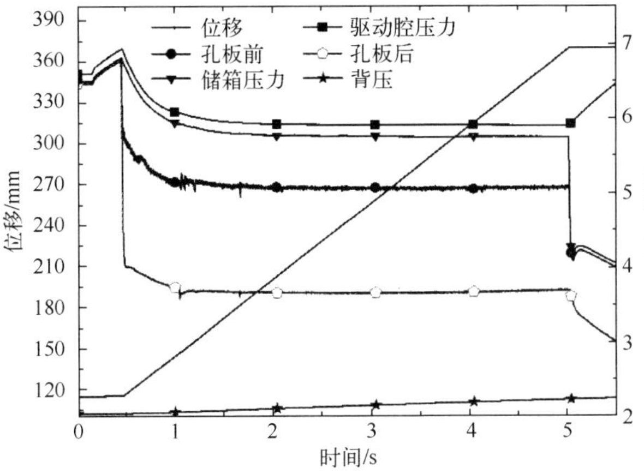

图 4-11　供给流量标定实验曲线

通过天平示数可以换算得到平均质量流率为

$$\dot{m}=\frac{M_1-M_2}{\Delta t}=\frac{37.35-36.1}{4.6}\text{kg/s}=271.74\text{g/s} \tag{4-9}$$

根据活塞位移可以换算得到液体 CO_2的体积流量

$$q_V=\frac{\pi}{4}d^2\cdot v_{\mathrm{p}}=\frac{\pi}{4}\times 79^2\times 55.93\text{mm}^3/\text{s}=0.274\text{L/s} \tag{4-10}$$

从而可以标定得到液体 CO_2的密度

$$\rho_{CO_2,1}=\dot{m}/q_V=271.74/0.274=991.2\text{kg/m}^3 \tag{4-11}$$

考虑到液体的不可压缩性，认为液体 CO_2在储箱中的密度不随压力变化。因此，活塞位移法换算液体 CO_2质量流量公式(4-8)中，液体 CO_2的密度取为 991.2 kg/m^3。

由图 4-11 可知，供给过程中管路各处压力平稳，活塞运动速度恒定，因此可以认为平均质量流量等于瞬时质量流量。在已知液体 CO_2的密度、流经孔板的质量流率和孔板前后压差的条件下，可计算出孔板流量系数为

$$C_{\mathrm{d}}=\frac{\dot{m}}{A_0\sqrt{2\rho\Delta p}}=\frac{271.74}{\pi\cdot/4\cdot 2.8^2\sqrt{2\cdot 991.2\cdot 1.435}}=0.827 \tag{4-12}$$

对于同一个孔板，在工作条件相近的条件下，孔板流量系数取为标定值，从而根据孔板节流公式可以计算流经孔板的流量。但如果孔板更换，或者工作流量和压力等条件变化较大，孔板流量系数需要重新标定，这也是孔板式流量计测量液体 CO_2流量的局限性。

$$\dot{m}=C_{\mathrm{d}}A_0\sqrt{2\rho\cdot\Delta p} \tag{4-13}$$

4.4 液体 CO_2 供给流量特性

4.4.1 供给管路参数设计

已知发动机工作时燃烧室压力 p_c 为 2MPa，所需的液体 CO_2 流量为 243g/s。满足这些要求的条件下，供给管路工作参数设计过程如下所述。

当供给环境温度为 5℃时，CO_2 的饱和蒸气压 $p_{st,5℃}$ 为 3.97MPa。为了实现压力控制，节流孔板下游压力 $p_{孔板后}$ 高于当地饱和蒸气压，取 $p_{孔板后}$ 为 4MPa；而储箱压力 p_0 取为 6.5MPa。根据 4.3 节标定结果，液体 CO_2 的密度为 991.2kg/m³。

取管路内径 d 为 10mm，则液体 CO_2 在管路中的流速为

$$v=\frac{\dot{m}}{\rho\pi d^2/4}=3.12\text{m/s}$$

对应的雷诺数为 $Re=\rho vd/\mu=991.2\times3.12\times0.01/(0.064\times10^{-3})=483210$。对于内壁面材料为钢的管路，由表 4-3 可计算得管路沿程损失系数 λ 为 0.01314。

实验中储箱至孔板的管路长度为 1.5m，经过三个 90°直角转折和一个手阀；孔板至喷嘴管路长度 0.5m，液体流经一个控制阀。根据表 4-4，90°直角局部阻力系数取为 1.2，阀门局部阻力系数取为 7。由 4.1.3 节的式(4-1)、式(4-2)和表 4-3，可计算

储箱至孔板压降 Δp_1：

$$\begin{aligned}\Delta p_1 &= \lambda\ \frac{l}{d}\frac{\rho v^2}{2} + \sum\zeta\frac{\rho v^2}{2}\\ &= \left[0.01314\cdot\frac{1.5}{0.01}+(1.2\times3+7)\right]\cdot\frac{991.2\times3.12^2}{2}\\ &= 60647\text{Pa}\approx0.606\text{MPa}\end{aligned}$$

孔板至喷嘴压降 Δp_2：

$$\begin{aligned}\Delta p_2 &= \lambda\ \frac{l}{d}\frac{\rho v^2}{2} + \sum\zeta\frac{\rho v^2}{2} = \left[0.01314\cdot\frac{0.5}{0.01}+7\right]\cdot\frac{991.2\times3.12^2}{2}\\ &= 36940.2\text{Pa}\approx0.369\text{MPa}\end{aligned}$$

因此，孔板压降 $\Delta p_{孔}=6.5-0.606-4=1.894\text{MPa}$，而喷注压降 $\Delta p_j=4-0.369-2=1.631\text{MPa}$。

由于事先孔板加工和工作条件未知，设计管路时预估孔板流量系数为 0.7，

喷嘴流量系数为 0.3，则孔板直径为

$$d_{节}=\sqrt{\frac{4}{\pi}\dot{m}/[C_d\sqrt{2\rho\cdot\Delta p}]}=\sqrt{\frac{4}{\pi}243/[0.7\times\sqrt{2\times991.2\times1.894}]}=2.69\text{mm}$$

喷嘴直径为

$$d_j=\sqrt{\frac{4}{\pi}\dot{m}/[C_d\sqrt{2\rho\cdot\Delta p}]}=\sqrt{\frac{4}{\pi}243/[0.3\times\sqrt{2\times991.2\times1.631}]}=4.26$$

最终管路的工作参数设计值如表 4-9 所列。

表 4-9　液体 CO_2 供给管路工作参数

参　数	设 计 值
质量流量/(g/s)	243
储箱压力/MPa	6.5
背压/MPa	2
管道内径/mm	10
储箱至孔板压降/MPa	0.606
孔板至喷嘴压降/MPa	0.369
孔板压降/MPa	1.894
喷注压降/MPa	1.631
孔板直径/mm	2.69
喷嘴直径/mm	4.26

4.4.2　供给流量特性实验结果分析

图 4-12 为 2MPa 背压下大流量液体 CO_2 供给时储箱活塞位移和管路各处压强随时间的变化曲线。如图 4-12 所示，液体 CO_2 稳定工作时间为 5.0s。工作过程中系统压力平稳，活塞位移平稳上升，活塞速度保持为常数，经计算为 51.59mm/s。由式(4-14)，可计算得液体 CO_2 质量流量 $\dot{m}_{CO2,1}$ 为 251.32g/s。根据式(4-13)，可得对应的孔板流量系数为 0.8243，喷嘴流量系数为 0.4361。

$$\dot{m}_{CO2,1}=\rho_{CO2,1}\cdot A_{活塞}\cdot v_{活塞} \tag{4-14}$$

式中：$\rho_{CO2,1}$ 为液体 CO_2 的密度；$A_{活塞}$ 为活塞的横截面积；$v_{活塞}$ 为活塞的移动速度。

实验过程中储箱实际工作压力只有 6MPa，未达到设计值 6.5MPa，从而导致管路各处压力与设计值出现偏差。另外，由于孔板流量系数和喷嘴流量系数存在一定的偏差，压力偏离较多，实际流量为 251.32g/s。

此外，由于挤压气路的电磁阀和气动球阀响应时间存在差异，活塞在球阀还未启动之前，会由于挤压气的挤压作用略微移动，移动速度为 10.3mm/s。这

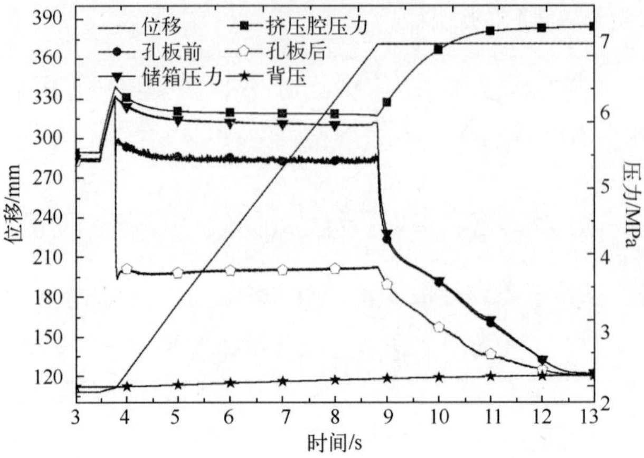

图 4-12 液体 CO_2供给实验的压力和位移曲线(背压为 2MPa)

一过程的持续时间为 304.3ms,这一时间主要是球阀响应较慢所导致的。

图 4-13(a)为背压对供给管路各处压降和流量的影响曲线。根据节流孔板和喷嘴处的压降和流量,可以计算出液体 CO_2供给系统中孔板流量系数和喷嘴流量系数,从而研究背压对流量系数的影响,如图 4-13(b)所示。

由图 4-13(a)可知,液体 CO_2供给流量随背压先增大后减小,流量变化幅度小于 4.4%(相对于 2MPa 下流量)。管路的沿程损失和孔板压降变化趋势和流量的变化趋势一致,都随背压先增大后减小,变化幅度分别小于 17.84%和 14.83%(相对于背压为 2MPa)。喷注压降随背压增加而直线下降,变化十分明显。

类比于电阻的概念,流阻定义为压差和流量的比值。对于本实验系统,流阻分为管路流阻 R_{ξ}、孔板流阻 R_{Δ} 和喷注流阻 R_j,分别对应于管路沿程损失、孔板压降和喷嘴压降。供给系统总流阻为三者之和。它们随背压的变化关系如图 4-14 所示。由图可知,在流量基本不变的条件下,管路流阻和孔板流阻基本不随背压变化,而喷注流阻随背压的增大直线减小,总流阻也随着背压的增大直线减小。由于实验中孔板下游压力在 3.745MPa 以上,可以认为其上游管路和孔板处均为单相流动。因此,管路流阻 R_{ξ} 和孔板流阻 R_{Δ} 几乎为定值;由于喷嘴处一直保持两相流动状态,而随着背压的增加,液相所占比例会增多,液体 CO_2的汽蚀程度会减小,两相流压力损失会减小,因而喷注流阻减小。

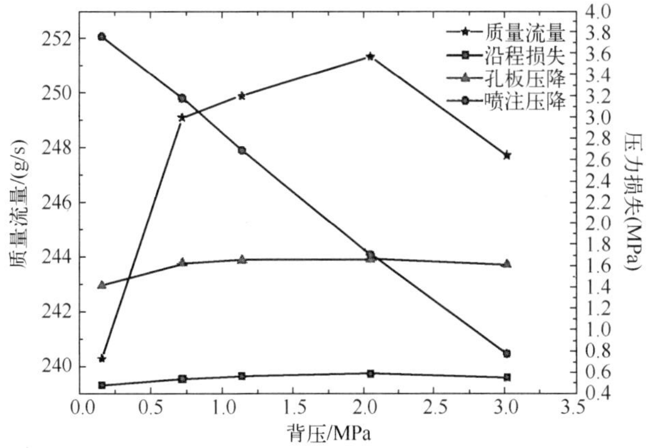

(a)

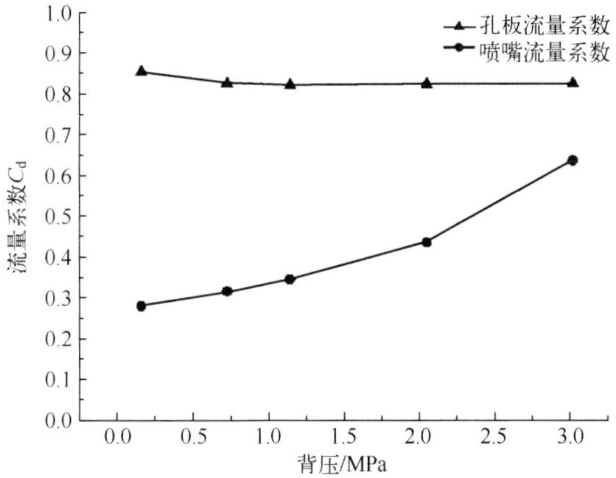

(b)

图 4-13　液体 CO_2 供给特性随背压变化关系曲线

(a) 背压对管路各处压降和流量的影响;(b) 背压对孔板和喷嘴流量系数的影响。

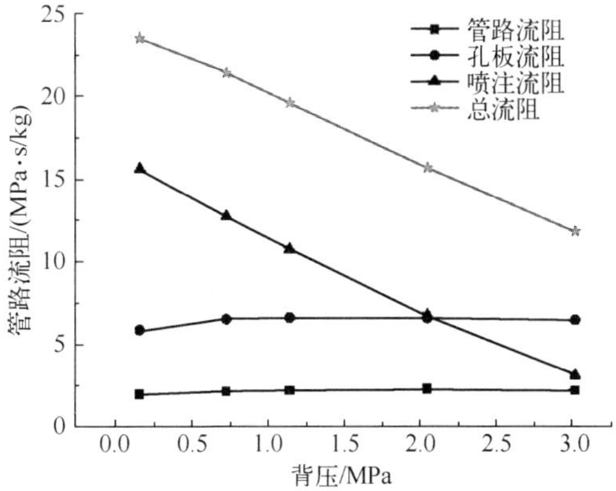

图 4-14　背压对供给管路各流阻的影响

4.5 液体 CO_2 喷注雾化特性

在发动机燃烧室中,液体推进剂需要经过雾化、蒸发、混合等一系列过程之后,才能发生快速高效的燃烧和化学反应。通过将液体推进剂雾化成细小的液滴,可以成百上千地增大液体推进剂的蒸发表面积,提高推进剂的蒸发速率,加速燃烧过程。而且液滴蒸发所需的时间与其雾化粒径的平方成正比,因此平均雾化粒径越小,燃烧所需要的时间和液滴的行程越短,越有利于减少推力室的结构质量。此外,良好的雾化还有利于燃料和氧化剂之间的混合,提高燃烧效率。总之,推进剂的雾化对燃烧过程的优劣(燃烧效率和燃烧稳定性)有极大的影响。

4.5.1 液体雾化原理

简单来说,液体的雾化过程是连续的液体表面积不断扩展,最终失去连续性,破碎成液块、液带和液丝,最终变为微小的液滴的过程。欲使连续的液体雾化,必须首先经过喷嘴喷射。一方面,喷嘴喷射使得液体展成薄膜或射流;另一方面,使液体和周围气体(燃气)之间发生相对运动,两者的速度差会在液体表面形成较大的气动压力。

这些液体射流或薄膜,不可避免地要受到扰动。产生扰动的因素很多,主要有湍流、气动力的作用、液体中夹杂气体、发动机振动和喷嘴表面不光滑等。扰动使得射流或薄膜表面产生变形,特别是在气动压力和表面张力的作用下,使得表面变形不断加剧,以至于射流或薄膜发生分裂,形成液滴或不稳定的液带,后者随之也破碎成液滴。最后,若作用在液滴上的气动力增大到足以克服表面张力时,较大的液滴就会破裂成更小的液滴,这种现象称为“二次雾化”。

从液体破碎的物理过程看,雾化基本上可分为三类:射流雾化、液膜雾化和二次雾化。

1. 射流雾化

射流雾化往往用于气液同轴式喷嘴,为实现良好雾化,射流的速度一般都较高(100m/s 左右)。其雾化机理可描述为:高速射流雾化过程中,射流的湍流和作用在其表面上的气动力起主要作用,形成短波扰动,从而引起部分射流不断从射流表面剥离形成细小的液滴。随着射流速度的增加,导致射流破碎的扰动波波长不断变短。高速射流雾化时,液滴从射流表面剥离的时间远远短于整个射流的破碎时间。因此,雾化在射流喷出后就立即开始,并在整个射流长度上连续进行。

流体黏性增加时,会使从射流表面分离的流体质量减小,并使形成的液滴尺寸增大。高速射流雾化与发动机喷注器雾化的情况比较接近,具有比较大的实际意义。

2. 液膜雾化

液膜雾化主要存在于离心式喷嘴和撞击式喷嘴。按照流速情况液膜雾化分为三类：

（1）流速较小时。此时气动力作用不大，主要是液体表面张力和惯性力的相互作用。当表面张力克服不了惯性力时，液膜便会一直向外扩张，膜越来越薄。同时，表面张力形成的表面位能也越来越高，使得液膜越来越不稳定，破碎成大的液丝和液带，并在表面张力的作用下继续破碎成液滴。

（2）流速较大时。此时除了受表面张力、惯性力及黏性力外，气动力的作用也开始变得重要起来。在气动力的作用下，液膜表面扭曲和起伏形成波纹，再被甩成液丝，继而形成小液滴。

（3）流速十分大时。此时液体离开喷口就立即雾化，液体流速很高时，液体在喷嘴中就发生了气蚀现象，液体中产生了气泡。这些气泡在喷嘴出口立即破裂，从而引起射流强烈的扰动，将液体震碎成微小的液滴。

3. 二次雾化

所谓二次雾化，是指从射流或者液膜分离后形成的大液滴在气体介质中运动时，会继续分裂成更细小液滴的现象。液滴在气体中运动时主要受到两种力的作用：一是气动压力，使液滴变形破碎；二是表面张力，使其维持原状。当液滴直径较大、运动较快时，气动压力就可能大于表面张力，使液滴发生变形继而分裂成更小的液滴。二次破裂所需的气动力条件可用韦伯数来表示

$$We = \frac{\rho_g w^2 d_h}{\sigma} \tag{4-15}$$

式中：w 为相对运动速度；ρ_g 为气体的密度；σ 为表面张力；d_h 为液滴直径。

韦伯数的物理意义为气动压力和液体表面张力之比。液滴开始变形、破碎时的韦伯数称为临界韦伯数。实验经验表明临界韦伯数接近常数，在 10.7～14 之间。当 $We>14$ 时，大液滴均破碎成小液滴。We 数越大，破碎的小液滴粒径越小。

影响雾化质量的主要因素有喷嘴结构形式、喷口尺寸、喷嘴压降、推进剂性质、燃烧室压力和温度。一般离心式喷嘴雾化较细，喷雾角较大，因此雾化质量高。单个直流式喷嘴雾化较粗，喷雾角较小。但两股或多股射流撞击的直流式喷注单元，在合适的撞击角下，其雾化质量也能满足要求。对同一类型的喷嘴而言，喷孔越小，射流越细或液膜越薄，雾化就越细。

喷嘴压降越大，射流出口的流速越大，因而湍流度和韦伯数越大，越有利于雾化。但压降超过一定值后，液雾的平均粒径下降得就不明显。实验表明：推

进剂密度、黏度和表面张力越小，越有利于雾化。

燃烧室压力对液滴的平均粒径有两个方面的影响：由于室压增高，燃气密度增加，使促进雾化的气动力增加；室压增加又会使得射流或液膜受到的阻力增加，从而引起气体的相对速度下降，使气动力减小。实验数据表明，室压越大，液雾直径越小。但室压过大，雾化过细，又会引起小液滴的结合。燃烧室温度增高时，液滴的温度也增高，从而使黏性和表面张力下降，有利于雾化。

液体 CO_2 饱和蒸气压一般都高于燃烧室压力，液体 CO_2 在喷嘴中十分容易发生气蚀，因此雾化过程应该与流速十分大的液膜雾化接近。但此类雾化的研究还相对较少，影响规律可能与常见的雾化过程有所不同。

4.5.2 液体 CO_2 撞击雾化特性

1. 撞击式液体 CO_2 喷注雾化特性

在镁/液体 CO_2 粉末火箭发动机中，液体 CO_2 一般是以液态的形式储存在储箱中，以气液两相的方式喷入燃烧室。因此，实验中的液体 CO_2 喷嘴属于两相流喷嘴。而且在背压较低的时候，液体 CO_2 会迅速蒸发，极大地影响了液体 CO_2 的喷注雾化性能。2MPa 背压下 90°撞击式雾化过程如图 4-15 所示。

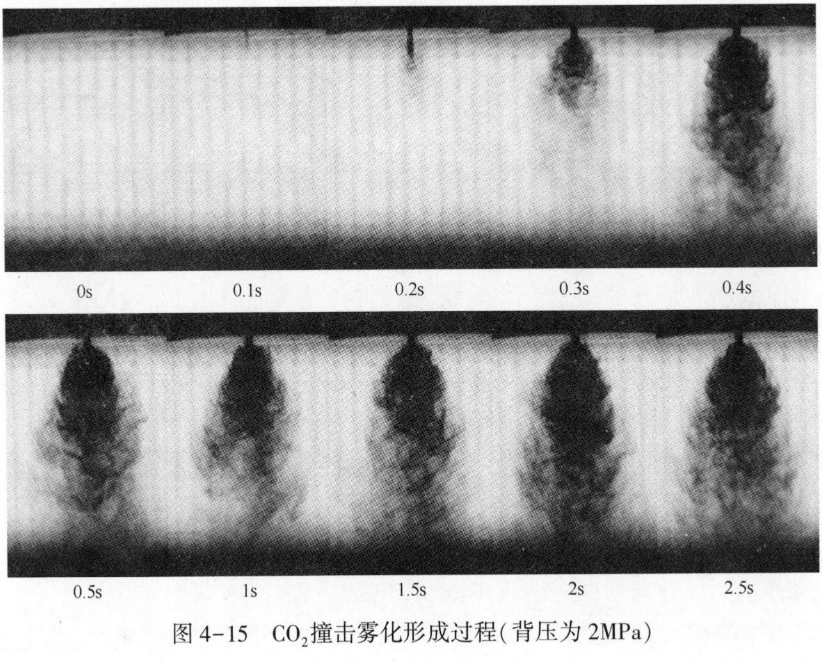

图 4-15 CO_2 撞击雾化形成过程(背压为 2MPa)

如图4-15所示，液体CO_2的撞击雾化与水的撞击雾化特性有着明显的不同。由于实验中喷注背压低于CO_2的饱和蒸气压，CO_2在撞击雾化过程中会蒸发变成气体。因此，液体CO_2撞击雾化无法形成有明显分界面的液膜，大部分液体CO_2会形成烟雾状并最终蒸发为CO_2气体。通过高速摄影只能在喷雾场中观察到少量的液滴。

如图4-16所示，液体CO_2撞击雾化而形成的雾化场主要由核心区、须状区和蒸发雾化区组成。核心区中液体CO_2的分布浓度很大，与射流的浓度相近。须状区，定义为由核心区生成，像浓密的"根须"一样向四周扩展而形成的区域。蒸发雾化区，是由须状区发展而成，液体CO_2像烟雾一般，在向下游扩散的过程中发生蒸发和雾化。由实验拍摄的录像可以看出，蒸发过程可以认为最早发生在须状区，并在蒸发雾化区完成；而雾化液滴最早发生于须状区下游，主要分布于蒸发雾化区。这也是划分三个区域的主要依据。

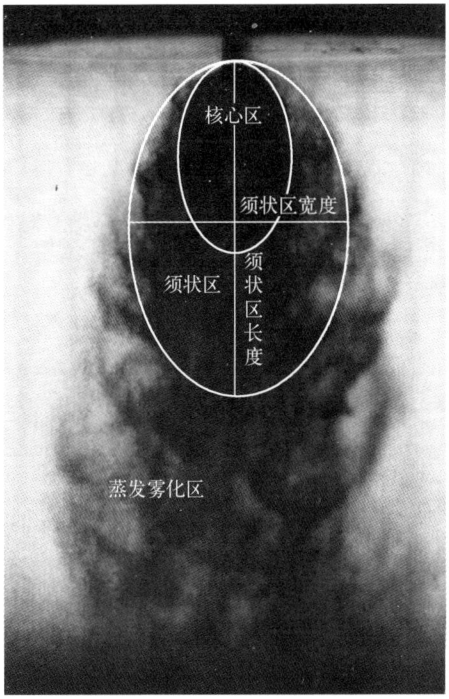

图4-16 核心区域基本参数示意图

根据高速摄影拍摄结果可以看出，尺寸较小的须状结构会蒸发完全而消失，尺寸较大的须状结构如液雾云团一般散开，而形成一组分散的小液滴。由于雾化液滴一般最早出现于须状区下游，认为须状区为未完全雾化区域，设计喷注器时应避开这一区域,而在这一区域之后组织掺混和燃烧。因此,获得须状区的尺寸参数及其变化规律,可以为镁粉液体二氧化碳喷注器的设计提供依据,从而实现氧化剂和燃料良好的掺混效果和燃烧性能。

2. 液体 CO_2 撞击雾化特性影响规律

对于同种液体推进剂,影响撞击雾化效果的因素一般可分为三个:喷注方式、喷注背压和喷注速度。因此设计出如表 4-10 所列的实验工况。通过对比分析 1#、2#、3#工况,研究喷注方式对液体 CO_2 喷注雾化特性的影响;通过对比分析 4#、3#、5#和 6#工况,研究喷注背压对液体 CO_2 喷注雾化特性的影响;通过对比分析 7#、3#、8#和 9#,研究喷嘴孔径对液体 CO_2 喷注雾化特性的影响。由于供给流量随喷嘴直径变化较小,通过改变喷嘴孔径可以明显改变喷注速度。

表 4-10 液体 CO_2 喷注雾化实验工况表

工况编号	喷注方式	背压/MPa	喷嘴孔径/mm
1#	直流	2	1.2
2#	互击 60°	2	1.2
3#	互击 90°	2	1.2
4#	互击 90°	0.1	1.2
5#	互击 90°	1	1.2
6#	互击 90°	3	1.2
7#	互击 90°	2	1
8#	互击 90°	2	1.5
9#	互击 90°	2	2

1) 喷注方式对液体 CO_2 喷注雾化的影响

工况 1#为直流喷注,工况 2#和 3#均为撞击式喷注,撞击角分别为 60°和 90°。须状区的宽度和长度如表 4-11 所列。相比 60°撞击式喷注,90°撞击式喷注形成的须状区宽度和长度均较大,但相差较小。

表 4-11 喷注方式对须状区的影响

工况	喷注方式	须状区宽度/mm	须状区长度/mm
1#	直流	3.82(单股射流)	>40(射流长度)
2#	60°撞击式	10.67	26.31
3#	90°撞击式	15.99	31.67

图 4-17 为不同喷注方式条件下平均粒径在竖直和水平方向上的分布。坐标系原点取在喷嘴出口的中心位置。其中每一个点代表在以这一点的横坐标或纵坐标为中心的长度为 1mm 的区间上的平均粒径。例如:某一点的纵坐标 $y=6.5$mm, 则其粒径表示为纵坐标在[6mm,7mm]的区间上的所有粒子的直径的平均值,对于横坐标亦然。

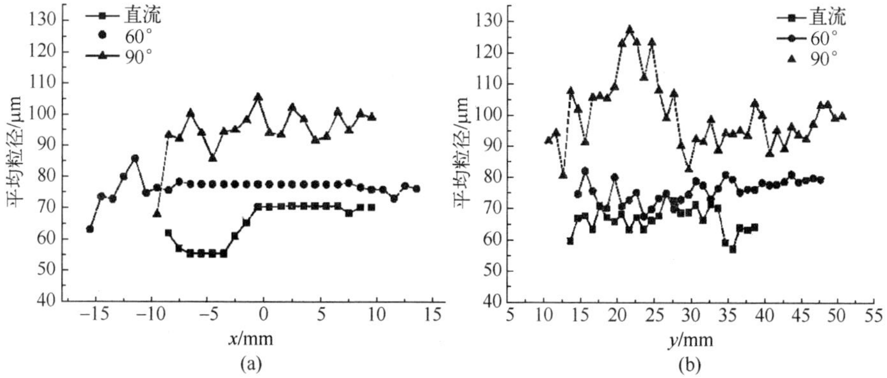

图 4-17　不同喷注方式下平均粒径沿水平和竖直方向变化曲线

直流喷注的平均液滴直径约为 65μm,60°撞击式喷注的平均液滴直径大约为 75μm,90°撞击式喷注的平均液滴直径大约为 90μm。三种喷注方式雾化的粒径自小到大依次为直流式、60°撞击式和 90°撞击式。

2) 喷注背压对液体 CO_2 撞击雾化特性的影响

工况 4#、工况 5#、工况 3# 和工况 6# 的喷注背压分别为 0.1MPa、1MPa、2MPa 和 3MPa。喷嘴均为孔径 1.2mm 的 90°撞击式喷嘴,对应的流量分别为 25.05g/s、21.8g/s、21.6g/s 和 18.6g/s。取射流 CO_2 的密度为 800kg/m^3,工况 4#、工况 5#、工况 3# 和工况 6# 的射流速度分别为 12.81m/s、11.15m/s、11.05m/s 和 9.52m/s。

由图 4-18 可知,在 0.1~2MPa 范围内,随着喷注背压的升高,须状区的宽度和长度均增加。3MPa 背压时的须状区的尺寸急剧减小。2MPa 时须状区的宽度为 15.98mm,长度为 30.58mm。

图 4-19 为不同背压下液滴平均直径随水平位置 x(图(a))和竖直位置 y(图(b))的变化曲线。由于背压为 0.1 和 1MPa 时,喷雾场中没有液滴,因此图中没有对应的曲线。从 x 方向上看,平均粒径均随 x 变化不大,对称性较好。2MPa 和 3MPa 下平均粒径的分布范围分别为 80~105.4μm 和 168.5~261.3μm。从 y 方向上看,平均粒径随 y 的变化曲线为 M 形,而且后面的峰值

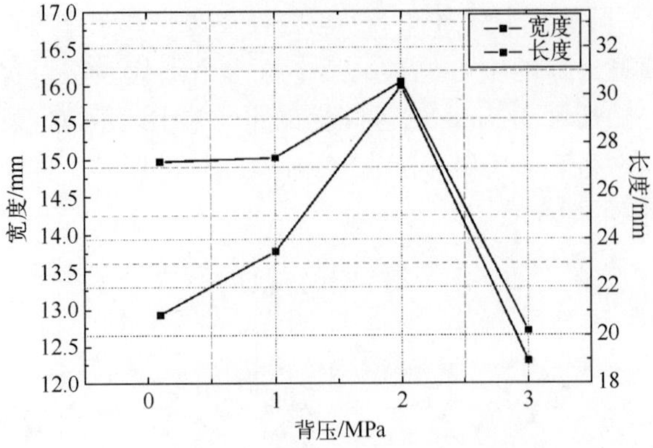

图 4-18　背压对须状区结构参数的影响

粒径大小一般比前一个要小。主要的原因可能与液体 CO_2 的蒸发和液滴的二次破碎有关。

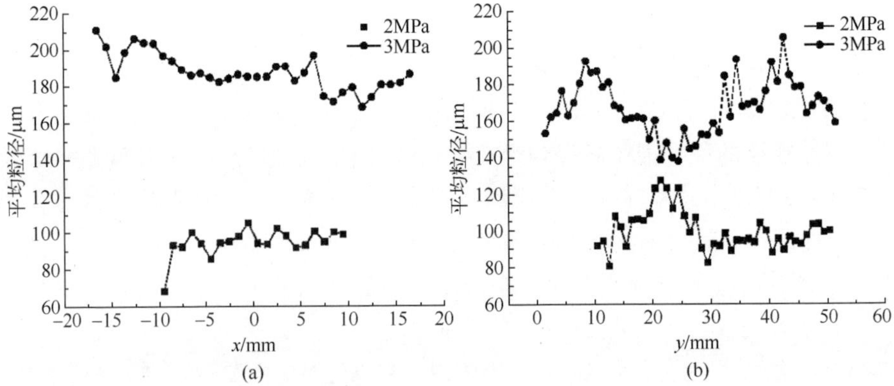

图 4-19　不同背压下液滴平均直径随水平位置 x 和竖直位置 y 的变化曲线

3）喷注速度对液体 CO_2 撞击雾化特性的影响

四个工况的喷注背压均为 2MPa，均采用 90°撞击式喷注。工况 7#、工况 3#、工况 8#和工况 9#的喷嘴孔径分别为 1mm、1. 2mm、1. 5mm 和 2mm。对应的喷注流量分别为 19. 45g/s、21. 60g/s、22. 40g/s 和 22. 50g/s。取射流 CO_2 的密度为 $800kg/m^3$，工况 7#、工况 3#、工况 8#和工况 9#的射流速度分别为 15. 91m/s、11. 05m/s、7. 07m/s 和 3. 98m/s。

由图 4-20 所示，须状区的宽度和长度随喷注速度的增加而呈现增加的趋势。射流速度越大，核心区向四周扩散的速度也就越大，因而形成的须状区的尺寸也就越大。这一规律与水的撞击雾化特性相近。

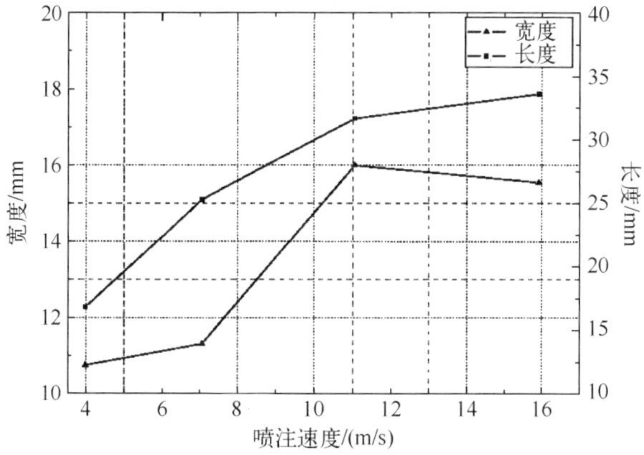

图 4-20　不同喷注速度下须状区的尺寸

图 4-21 为不同喷嘴孔径的工况所得的液滴平均直径随水平位置 x（图(a)）和竖直位置 y（图(b)）的变化曲线。工况 7#、3#、8# 和 9# 的喷嘴孔径依次增大，喷注速度依次减小。从 x 方向上看，粒径变化趋势较小，反应了整个喷雾场粒径水平。由图 4-21(a)可知，工况 7# 的平均粒径分布范围为 84.7～89.3μm，工况 3# 的平均粒径分布范围为 80～105.4μm，工况 8# 的平均粒径分布范围为 86.6～115.2μm，工况 9# 的平均粒径分布范围为 100.7～118.3μm。喷注孔径越小，喷注速度越大，平均粒径越小。

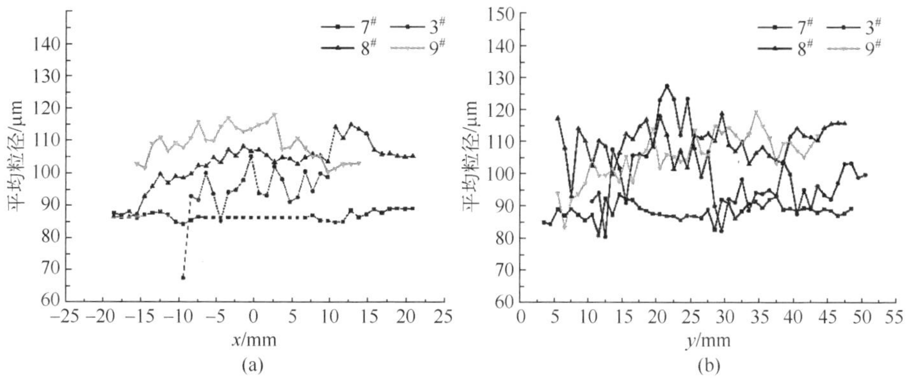

图 4-21　不同喷嘴速度下液滴平均直径随水平位置 x 和竖直位置 y 的变化曲线

第5章 推 力 室

推力室是粉末火箭发动机产生推力的组件,是发动机的最重要的组成部分之一。推力室主要由喷注器、燃烧室和喷管组成。三者在结构上相互连接,在工作过程中相互影响,形成一个有机的整体。在粉末发动机中,粉末推进剂与其他类型推进剂通过喷注器以一定的流量和速度喷入燃烧室,在燃烧室内离散、掺混、点火和燃烧,形成高温高压燃气。随后,燃气在喷管内加速膨胀,在喷管出口高速喷出并产生推力。由于粉末火箭发动机的燃料一般选用热值较高的金属粉末颗粒,其推力室工作过程与金属粉末颗粒的点火燃烧特性有极大的关联。因此,在喷注、掺混、点火、稳定燃烧和喷管流动的过程中都与固体和液体火箭发动机存在较大的差异。

本章首先阐述推力室的工作过程,然后深入介绍喷注器、燃烧室和喷管的工作过程和工作原理,最后简单介绍推力室的性能参数和结构参数的初步计算方法。由于当前粉末火箭发动机主要有 Al/AP 粉末火箭发动机和 Mg/CO_2 粉末火箭发动机两种类型,本章的内容主要围绕这两类发动机的推力室展开。

5.1 推力室工作过程

粉末火箭发动机推力室为将粉末和其他形式的推进剂的化学能转化为燃烧产物的热能,又进一步将热能转化为高速喷管射流动能的装置。推力室的能量转化过程由两个环节组成,第一个环节是推进剂在燃烧室中的燃烧过程,推进剂的化学能转变为热能;第二个环节是高温高压燃烧产物在喷管中加速膨胀形成高速射流,燃烧产物的热能转变为燃烧产物的动能。经过两个环节,推进剂完成了能量转化过程。

从工作时序上看,粉末火箭发动机的工作过程主要包括:准备阶段、启动阶段、建压阶段、稳定工作阶段、推力调节、熄火阶段、推力室吹除、再次启动阶段和关机阶段等过程,各过程的一般工作顺序如图 5-1 所示。发动机的稳定工作阶段不论是在时间上还是重要性上都占主导,是研究和设计发动机的基础。因此,本节将主要介绍发动机稳定工作阶段中推力室的工作过程。

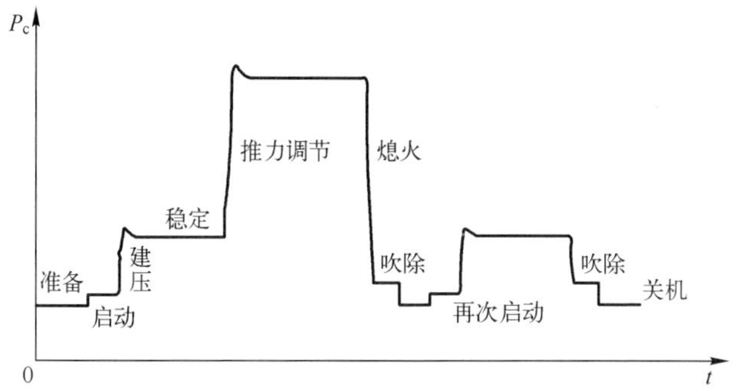

图 5-1　发动机工作过程

粉末火箭发动机最鲜明的特点为直接以颗粒相为燃料(或者氧化剂),推力室中存在明显的多相传热传质和多相燃烧流动过程。为提高发动机密度比冲,粉末燃料一般为金属粉末,但由于金属粉末惯性大、不易破碎和蒸发,推进剂的燃烧过程将主要由金属粉末的燃烧过程决定。

在粉末火箭发动机燃烧室中,粉末颗粒从经喷注器喷入燃烧室开始到完全转变为燃烧产物,中间需要经历十分复杂的物理化学过程,主要包括预热、蒸发、离散、掺混等物理过程和点火、燃烧等物理化学过程。

图 5-2 为粉末颗粒在推力室中的燃烧过程。粉末推进剂组元在进入燃烧室后的物理、化学过程可以大致分为三个区域。区域Ⅰ为颗粒的预热区,颗粒进入该区域时尚处于未燃状态,颗粒粒径基本保持恒定,伴随着粉末颗粒离散过程,颗粒形态推进剂与其他推进剂逐渐掺混,随着颗粒温度逐渐升高,部分颗粒开始发生缓慢的表面反应以及蒸发过程,尽管化学反应过程已经开始,但总的来看颗粒群总体温度相对较低,化学反应速率亦较低;区域Ⅱ为颗粒的着火区,随着颗粒蒸发量和离散程度的继续增大,颗粒开始发生剧烈的燃烧,随着温度的上升,颗粒的蒸发量显著增加,该过程反过来又对推进剂掺混过程起到显著的促进作用,该区域存在较大的温度梯度和气相推进剂组分浓度梯度,形成稳定的气固两相火焰。由于颗粒的蒸发燃烧与表面异相燃烧完全启动,颗粒与流场温度骤升,随着大量炙热燃烧产物的产生,横向浓度梯度和流动强度都较大,推进剂工质体积成百倍增加,形成强烈的横向流动与纵向流动加速;区域Ⅲ属于推进剂的管流燃烧区,这一区域会一直延伸到燃烧室与喷管的流动分界截面,随着燃烧的进行,横向浓度梯度和流动强度梯度逐渐减小,横向流动不再显著,颗粒的蒸气燃烧和表面反应是推力室燃烧过程推进的主要原动力,燃烧产物的扩散主要源于湍流的混合作用,部分颗粒燃烧产物附着于原始颗粒表面,颗粒周围氧化剂浓度逐渐减小,这使得颗粒燃速大大降低,燃烧效率的提升随着颗粒流动距离的增加已经不再明显。

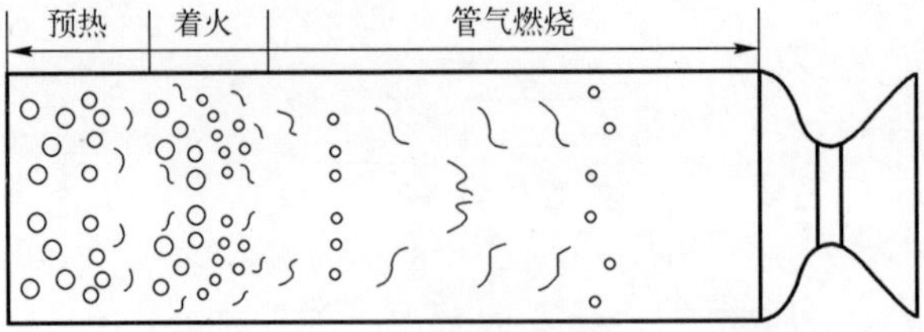

图 5-2　粉末颗粒在推力室中的燃烧过程

燃烧环境参数如温度 T、颗粒速度 v 和凝相燃烧产物生成量的定性变化关系如图 5-3 所示，k-k 为喷注器出口截面，o-o 为喷注器一定距离处的某一截面，c-c 为燃烧室末端的某一截面，t-t 为喷管喉部截面，e-e 为喷管出口截面。由图可以看出，粉末推进剂组元通过推力室头部喷注器进入燃烧室，颗粒进入燃烧室时为常温，燃烧室头部温度迅速上升，随着燃烧的进行，凝相燃烧产物含量亦随之上升，颗粒流速伴随着气流速度逐渐增加，最终完成热能与动能的交换，并在 e-e 截面处达到最大速度。

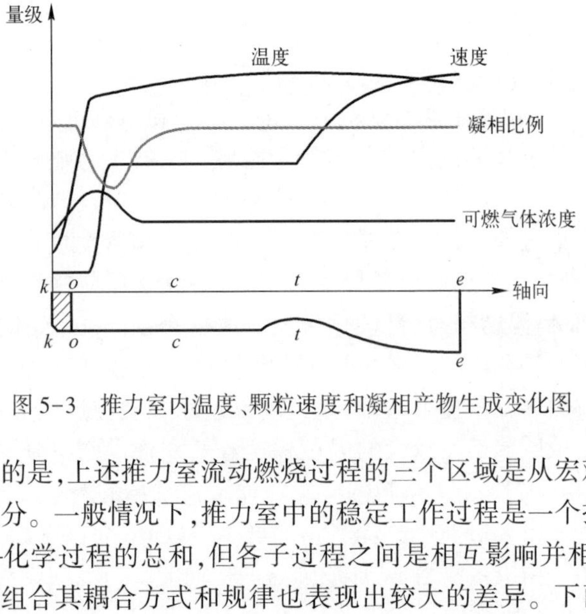

图 5-3　推力室内温度、颗粒速度和凝相产物生成变化图

需要指出的是，上述推力室流动燃烧过程的三个区域是从宏观角度对燃烧过程的大致区分。一般情况下，推力室中的稳定工作过程是一个按照一定顺序进行的物理—化学过程的总和，但各子过程之间是相互影响并相互耦合的，且不同的推进剂组合其耦合方式和规律也表现出较大的差异。下面将以 Al/AP 粉末火箭发动机和 Mg/CO_2 粉末火箭发动机为例介绍推力室各子过程及相互之间的关联。

5.1.1　Al/AP 粉末火箭发动机推力室工作过程

Al/AP 粉末火箭发动机的氧化剂和燃料分别为高氯酸铵（AP）粉末颗粒和

金属 Al 颗粒,此外粉末颗粒还需要少量的流化气将其裹挟进入发动机燃烧室。因此,推进剂是以气固两相流的形式喷入并掺混,进而发生预热、蒸发、点火、燃烧和两相流动等一系列子过程,各子过程的相互关系如图 5-4 所示。

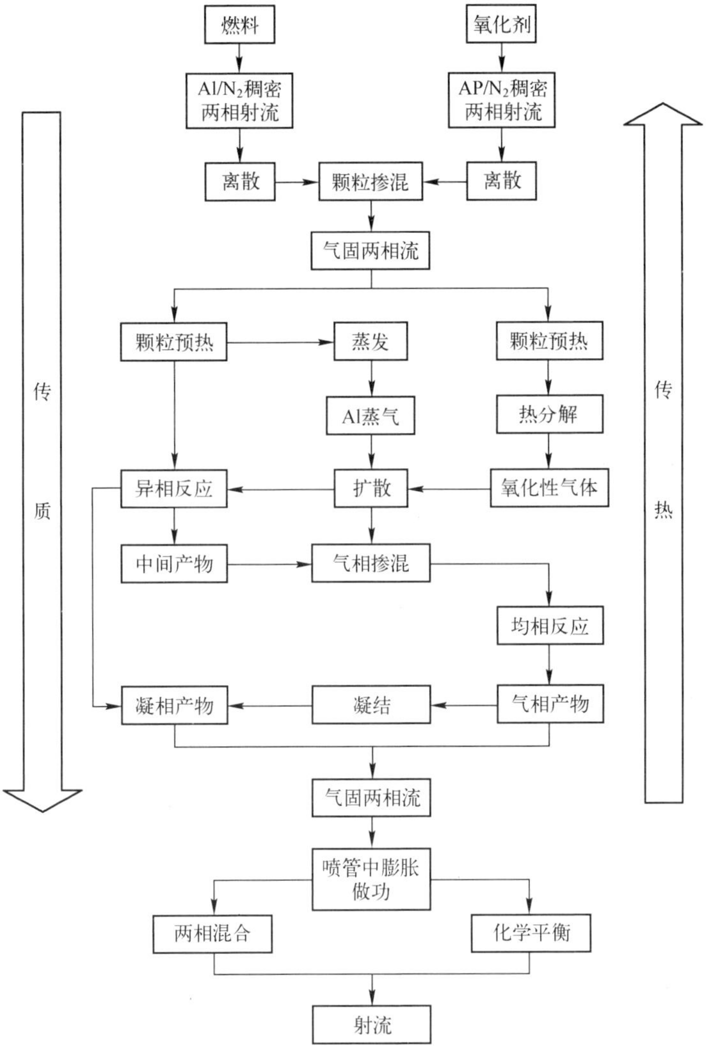

图 5-4　粉末火箭推力室稳态工作过程示意图

Al 颗粒和 AP 颗粒经喷注器以稠密气固两相流的形式,按一定的速度喷入燃烧室。由于气体与颗粒相互作用和颗粒间相互作用,稠密气固两相流中的颗粒逐渐离散开,并在预定的喷注方式下完成颗粒掺混,形成混合程度较好的气固两相流。当流体流经点火器产生的局部高温区时,Al 颗粒和 AP 颗粒逐渐被加热。AP 颗粒率先发生热分解反应,产生大量的氧化性气体并释放出大量热量;在颗粒预热初期,Al 颗粒在高温的氧化性气氛中温度逐渐升高并开始熔化,颗粒表面发生异相反应产生中间产物;当 Al 颗粒温度上升至接近沸点时,颗粒蒸发现象加剧,产生大量的 Al 蒸气,与扩散过来的 AP 分解产生的氧化性气体在燃烧室中掺混和燃烧,产生大量的气相产物,并放出大量的热量,一部分气相产物会凝结成微小的凝相颗粒,另一部分气相产物会在 Al 颗粒表面发生异相反应,生成氧化帽等凝相产物。高温燃烧产物在燃烧室内以湍流气固两相流动的形式继续向前流动并与燃烧室壁面发生传热,部分凝相颗粒与壁面碰撞,发生反弹、沉积和破碎等现象。随着高温燃烧产物在喷管中向出口流动,流体膨胀做功,压力和温度逐渐下降,两相间将会出现速度和温度不平衡,进而会带来化学不平衡。在喷管流动、化学平衡和两相相互作用的共同影响下,推力室的最终燃烧产物以射流的形式从喷管出口喷出。

5.1.2 Mg/CO_2粉末火箭发动机推力室工作过程

Mg/CO_2粉末火箭发动机的燃料一般为金属镁粉,根据应用要求的不同,氧化剂可以选为气态或者液态的 CO_2。Mg/CO_2粉末火箭发动机推力室工作过程如图 5-5 所示。

燃料 Mg 粉经 CO_2气体流化在喷注器出口形成稠密气固两相射流,在气体扩散和湍流的影响下,镁粉在燃烧室头部中逐渐离散开。液体 CO_2通过喷嘴展开成一定厚度的液膜,进而雾化成细小的液滴。由于燃烧室压力在喷嘴出口突降至 CO_2的饱和蒸气压以下,CO_2在燃烧室中快速蒸发(又称为“闪蒸现象”),产生温度较低的 CO_2气体或者气液两相。蒸发产生的气体 CO_2在浓度梯度的作用下扩散至稠密颗粒区,发生气固掺混,形成气固两相混合物。当气固两相流流经点火器的局部高温区时,Mg 颗粒开始预热升温。颗粒温度上升至着火点附近,颗粒开始蒸发产生 Mg 蒸气,与周围环境中的 CO_2进行气相掺混和燃烧,生成 CO 和 MgO 等燃烧产物。由于 MgO 的熔沸点很高,MgO 会快速凝结成细小的颗粒。而 CO 继续扩散至颗粒表面,发生表面异相反应,生成 C 和 MgO 等凝相产物。最终燃烧室中形成了主要组分为 CO、CO_2、凝相碳、镁和氧化镁的两相燃烧产物。高温的两相燃烧产物会继续以湍流的形式沿着燃烧室内壁面向喷管出口流动,并与壁面发生碰撞和传热。在喷管中,两相燃烧产物流速增大,压力和温度减小,出现了气固两相不平衡,两相流体在喷管中会进一步发生混合和化学平衡,形成最终的喷管射流。

由于构成这一总过程的子过程都比较复杂,而且彼此关联,很难建立一个推力室稳态工作过程的通用模型,从而用于定量计算每个子过程和总过程的性

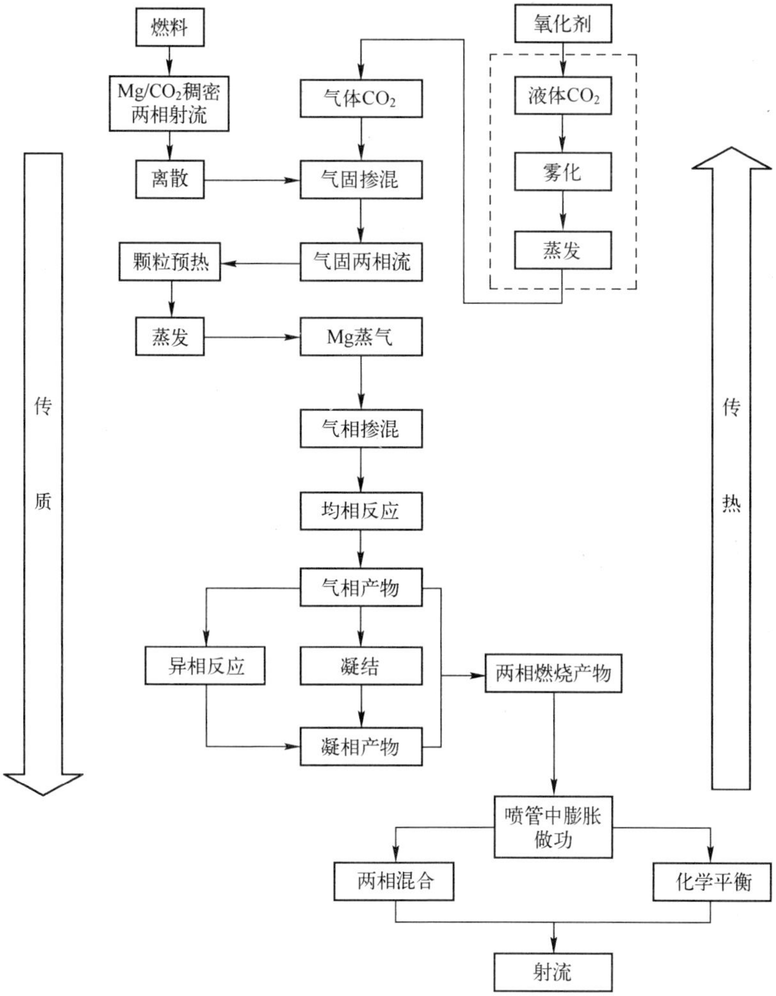

图 5-5 粉末火箭推力室稳态工作过程示意图

能参数。特别是对于粉末火箭发动机,当前国内外有关颗粒流动模型多基于普通的稀疏相气固两相流动,而颗粒燃烧模型的建立多基于静态或者简单的流动实验,凝相产物的生成与沉积机理及模型亦鲜有报道,对其工作过程的认识和计算多基于发动机的研制经验。

5.2 喷 注 器

喷注器是发动机推力室重要的结构组件,连接推进剂供给系统和燃烧室,其主要功能有:

(1) 保证推进剂按预定的流量和速度喷入燃烧室,保证发动机的工作流量和工作压力;

(2) 将液体推进剂展开成液膜或者形成速度足够高的射流,为液体推进剂雾化做准备;

(3) 组织推进剂不同组元间的掺混,为推进剂点火和燃烧做准备;

(4) 保证推进剂有足够的喷注速度,防止火焰回传和管路烧结;

(5) 保证燃烧室合适的流量密度分布,提高燃烧室的燃烧稳定性。

5.2.1 喷注器工作过程

粉末火箭发动机的喷注器中,完成了推进剂的喷注、颗粒离散和混合过程,这些过程是粉末推进剂燃烧的准备过程,决定了燃烧过程的优劣。

粉末颗粒经流化气裹挟按一定流量输送至燃烧室,经喷嘴的作用形成具有一定动量和流动结构的射流。粉末颗粒喷注属于两相流动的范畴,为减小计算量一般需要根据具体条件进行一定的假设和简化。

在粉末喷注通道中气体流速一般较大(15~30m/s),固气比小于4时认为管道内的粉末颗粒处于悬浮流状态。因此,可进行两相平衡流假设,即认为颗粒相和气相间速度和温度均相等,粉末喷注速度可按下式进行预估。

$$\rho_m u_m A = \dot{m}_g + \dot{m}_P \tag{5-1}$$

式中:ρ_m 为两相混合物的密度,$\rho_m = \rho_g + \rho_p$;u_m 为两相混合物的流速,$u_m = u_g = u_p$;A 为喷嘴出口面积。$\dot{m}_g$ 为气体流量;$\dot{m}_p$ 为气体流量。

粉末颗粒喷入燃烧室后在头部离散,并与其他推进剂组元混合。由于颗粒惯性大,颗粒离散仅在流化气的作用下很难快速完成,一般需要通过固有喷注结构或与其他推进剂组元撞击来实现。颗粒离散过程中,存在气体和颗粒的相互作用、颗粒与颗粒的相互作用和颗粒与壁面的相互作用。此时,两相平衡流假设的误差极大,需要以颗粒为研究对象,通过拉格朗日方法对每一个或每一组颗粒的运动过程进行研究。

粉末颗粒的离散过程,可忽略颗粒质量和温度的变化,仅考虑颗粒的动量变化。在假设颗粒形状为球形,且不发生形变时,单颗粒满足动量方程:

$$\frac{\pi d_p^3}{6}\rho_p \frac{du_p}{dt} = F_D - \frac{\pi d_p^3}{6} \cdot \nabla p + G + F_e + F_w \tag{5-2}$$

其中,左边一项为单个小球的质量与其加速度的乘积。等号右边各项表示小球所受的各种力,第一项 F_D 为小球所受的气流的阻力;第二项为气体压强梯度对小球的作用力;第三项,G 表示颗粒所受的重力,$G = \rho_P g \cdot (\pi d_p^3/6)$;第四项,$F_e$ 表示颗粒与颗粒之间的作用力;第五项,F_w 表示颗粒与壁面的作用力。下标 g

表示气体参数,下标 p 表示颗粒参数。

颗粒受到的气流的阻力 F_D 一般通过阻力系数 f_D 进行求解:

$$F_D=\frac{1}{2}\cdot f_D\cdot\rho_g(u_g-u_p)^2\cdot\left(\frac{\pi d_p^2}{4}\right) \tag{5-3}$$

式中:$(\pi d_p^2/4)$ 为球体的迎风面积;$(1/2)\rho_g(u_g-u_p)^2$ 为相对运动的动压头。

阻力系数 f_D 与颗粒雷诺数 Re 存在一定的经验关系式,当颗粒雷诺数较大($500<Re<2\times10^5$)时,阻力系数 f_D 为 0.44;当颗粒雷诺数较小时,阻力系数 $f_D=Re/24$;当颗粒雷诺数为几百时,阻力系数为

$$f_D=\frac{24}{Re}\left(1+\frac{1}{6}Re^{2/3}\right) \tag{5-4}$$

而颗粒雷诺数 Re 是指气流相对颗粒运动的雷诺数,表达式为

$$Re=\frac{\rho_g d_p\,|u_g-u_p|}{\mu} \tag{5-5}$$

式中:μ 为流体的动力黏性系数。

对于粉末发动机推进剂组元间的掺混过程,存在如下矛盾:粉末推进剂组元在富燃状态下点火难度较小,而在恰当比下燃烧温度最高,但为了提高发动机的比冲性能又需要足够的富氧。因此,粉末火箭发动机的氧化剂一般需要多次喷注,进而又会出现新喷入的冷的氧化剂和热的主流之间掺混和稳定燃烧的问题。因此,粉末颗粒的掺混过程是两相流动、燃烧和传热的耦合过程,单个颗粒需要同时满足质量、动量和能量守恒方程。

1) 质量守恒

粉末颗粒的蒸发会导致颗粒质量和粒径的减小,颗粒表面的沉积会导致颗粒质量增加。

$$\rho_p(\pi d_p^2/2)\frac{\mathrm{d}d_p}{\mathrm{d}t}=\dot m_{eva}+\dot m_{dis} \tag{5-6}$$

式中:$\dot m_{eva}$ 为颗粒蒸发速率;$\dot m_{dis}$ 为颗粒表面沉积速率。颗粒蒸发和表面沉积速率与颗粒的燃烧过程有关。

2) 动量守恒

在颗粒掺混过程中,颗粒的动量方程和离散过程一致,均为式(5-2)。为便于阅读,本处重复写出。

$$\frac{\pi d_p^3}{6}\rho_p\frac{\mathrm{d}u_p}{\mathrm{d}t}=F_D-\frac{\pi d_p^3}{6}\cdot\nabla p+G+F_e+F_w$$

3) 能量守恒

单颗粒的能量传输主要是指单颗粒与气流间的传热。如果单个小球的温

度为 T_p,质量为 $(\pi d_p^3/6)\rho_p$,表面积为 πd_p^2,比热为 c,气体的温度为 T_g,在忽略辐射换热的情况下,单个小球与气体间的传热方程为

$$\frac{\pi d_p^3}{6}\rho_p c\frac{\mathrm{d}T_p}{\mathrm{d}t}=\pi d_p^2\cdot h(T_g-T_p)+Q_{eva}+Q_{dis} \tag{5-7}$$

其中,等式右侧第一项为颗粒和气体的对流换热;第二项 Q_{eva} 为颗粒蒸发潜热;第三项 Q_{dis} 为凝相沉积反应的给颗粒带来的热量。

传热系数 h 可根据努赛数 Nu 求解

$$h=\frac{Nu\lambda}{d_p} \tag{5-8}$$

式中:λ 为气体的导热系数。Nu 的大小取决于流场情况,对于斯托克斯流,有

$$Nu=2 \tag{5-9}$$

斯托克斯流以外的高雷诺数流动,可以采用德雷克(Drake)公式,即

$$Nu=2+0.459Re^{0.55}Pr^{0.33} \tag{5-10}$$

5.2.2 粉末喷注器结构

Al/AP 粉末火箭发动机和 Mg/CO_2 粉末火箭发动机是目前最常见的两种粉末火箭发动机。下面将以这两种粉末火箭为例,介绍粉末喷注器的结构及其掺混性能。

1. Al/AP 粉末喷注器

流态化的粉末颗粒具有一定的拟流体性质,但其流变特性远远不如液体推进剂,复杂的粉末喷注结构往往会造成气固两相流动分离,进而导致粉末推进剂的局部沉积与阻塞,对粉末推进剂燃烧的稳定性与安全性带来较大影响。当前技术条件下,粉末喷注器结构形式选择普遍放弃了集液腔配合多点阵列喷注的构型,而采用结构更为简单、流动更为通畅的单点喷注或者环形喷注方式,以达到粉末推进剂连续喷注的目的。此外,Al/AP 粉末推进剂的燃烧环境极端恶劣(燃烧温度最高可达 4000K 以上,凝相产物质量分数达 40%以上),极高的热流密度与凝相沉积不允许燃烧室中采用较为复杂的火焰稳定装置,较为简单凸扩结构与钝体火焰稳定器是当前粉末火箭燃烧室火焰稳定的主要选择。

图 5-6 为 Bell 航空公司开展 Al/AP 粉末火箭发动机研究时所采用粉末喷注器构型,其中图 5-6(a)为预混型粉末喷注方式,粉末燃料与粉末氧化剂分别从中心管路和侧向管道进入预混结构内,经过掺混后注入燃烧室中进行燃烧,该喷注方式并未能有效降低燃烧室压力振荡的现象;图 5-6(b)为非预混型粉末喷注方式,粉末氧化剂以旋流方式进入中心入口,粉末燃料由侧向进入喷注器并以环形喷注进入燃烧室,Bell 航空公司主要采用此种喷注方式进行了大量

的点火实验研究。

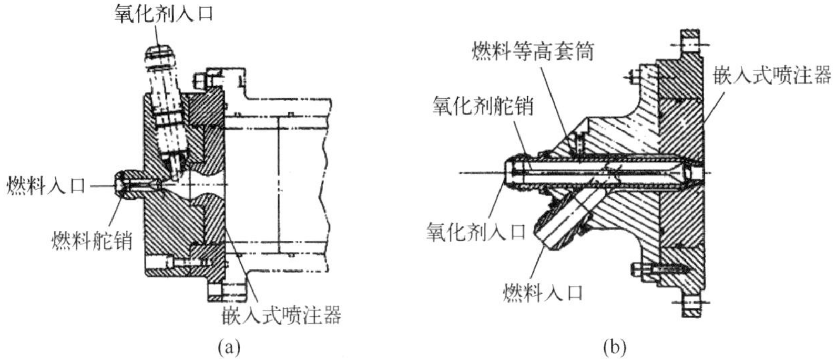

图 5-6　Bell 航空公司粉末喷注方案

(a) 预混;(b) 非预混。

表 5-1 为 Al/AP 粉末喷注器的主要参数,由当前的研究经验分析可以看出:

(1) 非预混方式是粉末喷注的主要选择;

(2) 粉末喷注速度为 14~42m/s,具有爆燃特性的 AP 粉末输送速度较快,Al 粉输送速度较慢,其主要与达到悬浮流的流动速度条件相关;

(3) 喷注器压降区别较大,其原因主要与粉末喷注器的构型以及流化气量的不同有关。

表 5-1　Al/AP 粉末火箭发动机喷注速度

序号	研究者	混合方式	喷注类型		喷注速度		压降		燃烧效率/%
			Al	AP	Al/(m/s)	AP/(m/s)	Al/MPa	AP/MPa	
A	H. J. Loftus	预混式	预混结构	预混结构	14~21	42	0.34~0.48	0.96~1.4	74
B	H. J. Loftus	非预混	环形喷注	中心单点喷注	14~21	24	0.34~0.48	0.96~1.4	84
C	Li Yue	非预混	环形喷注	环形喷注	15	30	0.15	0.10	66.7
注:式中燃烧效率由特征速度效率表征,$\eta = c^*_{exp}/c^*_{th}$									

2. Mg/CO_2喷注器

Mg/CO_2燃烧形式主要以流态化的 Mg 粉、气态或液态 CO_2形式进行气—固两相或者气—固—液三相燃烧,其燃烧形式与常规推进系统燃烧组织方式具有很大差别。Mg 粉喷注方式、CO_2喷注方式、火焰稳定方式以及氧燃比控制是进行 Mg/CO_2喷注燃烧考虑的主要问题,此外,还要考虑 Mg/CO_2发生异质反应产生的积碳问题,这使得 Mg/CO_2燃烧过程需要精细的研究与设计。

$$均相燃烧反应:Mg+CO_2=MgO(s)+CO$$

$$异相燃烧反应:Mg+CO=MgO(s)+C(s)$$

表 5-2 为研究者开展的 Mg/CO_2 喷注与燃烧方式的相关情况，Mg 粉末的喷注与 Al 和 AP 的喷注方式具有很大的相似性，Mg 粉的气固两相流体主要是通过环形或者单点形方式喷注进入燃烧室，并在有限的燃烧空间中离散开来。由于 CO_2 与 Mg 的氧燃比通常为 2～6 之间，CO_2 单独以流化气形式进入燃烧室参与燃烧组织是远远不够的，因此需要 CO_2 以气体或者液体形式由特定喷注通道进入燃烧室参加燃烧反应。此外，CO_2 还可以选择以多次喷注的方式进入燃烧室，采用调整氧燃比的空间分布的方法实现燃烧室局部区域流动速度、燃烧温度的控制，提高燃烧室火焰稳定性并缓解 Mg/CO_2 燃烧产生的积碳现象。

表 5-2　Mg/CO_2 喷注与燃烧方式

Date	研　究　者	Mg 粉喷注	CO_2 喷注	组 织 方 式	燃烧效率(最高)/%
1999	J. H. Wickman	侧壁面单点喷注	轴向单点喷注	垂直互击掺混	87
2005	J. P. Foote	轴向环形喷注			
2011	James Szabo	轴向收敛扩张喷管			69.7
2015	Zhang Shengmin	环形喷注	侧向喷注	多次进气	81.4
2017	Cai Yupeng	环形喷注	旋流+侧向喷注	多次进气	76.7
2018	Hu Jiaming	环形喷注	互击+侧向喷注	多次进液	73.6
注：表中燃烧效率选取研究者多次实验中最大值					

西北工业大学的 Mg/CO_2 粉末发动机的喷注方案如图 5-7 所示，当发动机推力较小时，氧化剂采用 CO_2 气体（图 5-7（a）），气体采用旋流形式喷注，旋流喷注方式可以加强颗粒和气相的掺混，增加颗粒轨迹长度和燃烧室滞留时间；当发动机推力较大时，氧化剂采用 CO_2 液体（图 5-7（b）），通过互击式喷注单元

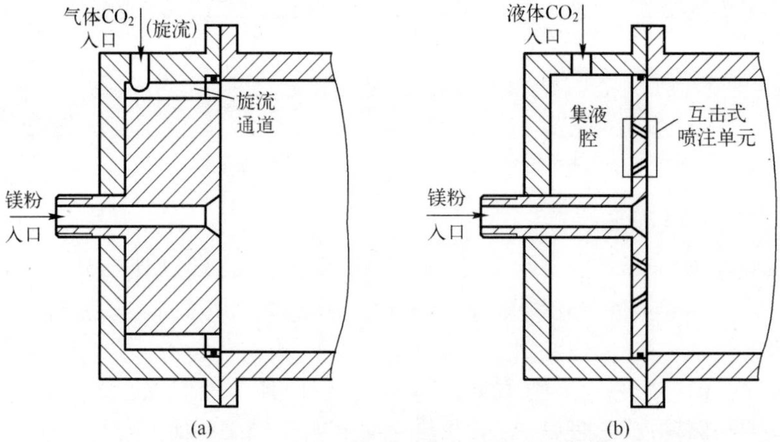

图 5-7　西北工业大学 Mg/CO_2 喷注方案

(a) $Mg/CO_2(g)$ 喷注方案；(b) $Mg/CO_2(l)$ 喷注方案。

实现液体 CO_2 的高效雾化,形成的膜状液雾和镁粉喷注射流以一定角度撞击实现两组元的有效掺混。

5.2.3 喷注掺混性能

粉末推进剂的喷注与掺混质量关系到推力室点火和燃烧性能,对发动机具有十分重要的意义。推力室内粉末喷注质量主要通过喷注流量、流量稳定性、粉末喷注浓度、粉末离散均匀度和粉末掺混度等参数表征。这些参数测试方法如表 5-3 所列。

表 5-3 喷注掺混性能参数

测 试 量	测 试 手 段	目 标 量	测 试 目 的
喷注流量	电学法、成像法	粉末喷注流量	校正流率喷注偏差、波动等
喷注压降	压力传感器	燃烧室压力抗扰动能力	输送稳定性、安全性
粉末喷注浓度	粉末探针	粉末喷注点浓度	粉末喷注品质
离散均匀度	计算	横截面均匀度	空间离散品质
粉末掺混度	计算	横截面掺混度	粉末掺混品质

1. 喷注流量

粉末喷注流量和供给流量均值相同,然而瞬时流量却并不相同。获取粉末推进剂喷注瞬时流量对于研究粉末的喷注性能稳定性和衡量喷注结构优劣具有重要意义。粉末流量的测量方法主要包括电学测量法和成像测量法等。

2. 喷注压降 ΔP_{feed}

粉末喷注压降 ΔP_{feed} 为粉末喷嘴上游压强 P_{fluid} 和燃烧室压强 P_c 之差,其表达式为

$$\Delta P_{feed} = P_{fluid} - P_c \tag{5-11}$$

一般推进剂喷注压降越大,推进剂喷注速度越大,喷注流量的稳定性越好。不同的喷注压降下,粉末输送和喷注过程存在如下现象:

(1) 当 $\Delta P_{feed}<0$ 时,活塞停滞或者后退,燃烧室燃气倒灌进入粉末储箱导致氧化剂储箱的爆炸,燃料储箱的烧结;

(2) 当 $0<\Delta P_{feed}<0.15\text{MPa}$ 左右时,一定概率会诱发粉末流化腔压力与燃烧室压力耦合振荡,并导致气固两相火焰在输送管道内的回传;

(3) 当 $0.15\text{MPa}<\Delta P_{feed}<\Delta P_{choking}$ 左右时,粉末输送速度大于火焰传播速度,粉末输送稳定性得到提高;

(4) $\Delta P_{feed}>\Delta P_{choking}$ 时,粉末输送过程为壅塞式输送,下游燃烧室压力扰动不再对上游粉末输送过程产生影响。

3. 粉末喷注浓度 $C_{\dot{m}}$

粉末喷注浓度是指粉末在离散空间的某一点的颗粒数密度或者颗粒质量密度。获取离散空间上各点的粉末喷注浓度分布是研究粉末掺混、燃烧和燃烧稳定性的基础。粉末喷注浓度一般通过收集探针法进行测量,通过一粉末收集管对燃烧室头部不同截面位置、不同轴向位置粉末浓度进行测量,探针测试端位于被测量粉末喷注区域,另一端与被测端保持恒定压差,粉末流率浓度表达式为

$$C_{\dot{m}}=\alpha M_{c}/\Delta t S_{\text{probe}} \tag{5-12}$$

式中:M_c 为探针收集的粉末质量;Δt 为粉末喷注时间;S_{probe} 为探针入口在测试截面的投影面积;α 为不同压差条件下流率修正系数。

4. 离散均匀度 ξ

参考雾化喷嘴定量评价掺混水平方法,定义颗粒在燃烧室截面离散均匀度为:

$$\xi = 1 - \frac{\frac{1}{n-1}\sum_{i=1}^{n}(C_{\dot{m},i} - \overline{C}_{\dot{m}})^2}{\overline{C}_{\dot{m}}^2} \tag{5-13}$$

式中:$\overline{C}_{\dot{m}}$ 为燃烧室截面上的平均颗粒质量浓度;n 为燃烧室截面细分的份数;$C_{\dot{m},i}$ 为编号 i 的部分截面处的颗粒质量浓度。

5. 粉末掺混度 $\beta_{\text{powder-gas}}$

粉末推力室中的两相掺混燃烧可以大致分为粉末固-气掺混燃烧和固-固掺混燃烧,分别对应 Mg/CO_2 与 Al/AP 推进剂方式,因此掺混均匀度描述方法亦有所区别。

Mg/CO_2 气-固两相点掺混度 $\beta_{\text{powder-gas}}$ 为

$$\beta_{\text{powder-gas}}=1-\frac{1}{1+\lg\left[1+\dfrac{\rho_{co_2}v_{co_2}Y_{co_2}C_{\dot{m}}\phi}{\rho_{co_2}v_{co_2}Y_{co_2}-C_{\dot{m}}\phi}\right]} \tag{5-14}$$

其中,ρ_{co_2}、v_{co_2}、Y_{co_2} 分别为 CO_2 气体密度、速度和在混合气中的质量分数;$C_{\dot{m}}$ 为 Mg 粉的喷注浓度;ϕ 为进入发动机的 CO_2 和 Mg 粉的质量流量比。

Al 粉/AP 粉末的固-固掺混度 $\beta_{\text{powder-powder}}$ 为

$$\beta_{\text{powder-powder}}=1-\frac{1}{1+\lg\left[1+\dfrac{C_{\dot{m}\text{-AP}}C_{\dot{m}\text{-Al}}\phi}{C_{\dot{m}\text{-AP}}-C_{\dot{m}\text{-Al}}\phi}\right]} \tag{5-15}$$

式中:$C_{\dot{m}\text{-AP}}$ 为 AP 粉的喷注浓度;$C_{\dot{m}\text{-Al}}$ 为 Al 粉的喷注浓度;ϕ 为进入发动机的 CO_2 和 Mg 粉质量流量比。

5.3 燃烧室

粉末火箭发动机燃烧室中存在复杂多相燃烧流动,推进剂组元及其燃烧产物通常是气液固三相共存的。金属颗粒点火温度高,蒸发速率慢,流动中颗粒燃烧容易出现火焰脱体等现象。因此,粉末火箭发动机燃烧室中气固两相流速一般较慢,颗粒点火延迟时间较长,进而导致燃烧室长度明显增加。与固体和液体火箭发动机相比,凝相组分的浓度明显要高,凝相颗粒间存在复杂地碰撞、颗粒群燃烧等现象,进而导致颗粒沉积、局部爆燃、温度分布不均甚至燃烧室压力振荡等现象。

5.3.1 燃烧室工作过程

在粉末发动机燃烧室中,主要存在流动、点火、预热、蒸发和燃烧过程。一般金属颗粒不仅存在气相反应还存在复杂的表面异相反应,因此燃烧室中的燃烧过程会表现得十分复杂。燃烧过程中,推进剂不同组元间存在明显的不同步现象。例如,Al/AP 粉末火箭发动机中 AP 分解速度明显高于 Al 颗粒的燃烧速度;Mg/CO_2粉末火箭发动机中氧化剂 CO_2能快速蒸发和扩散,Mg 颗粒在 CO_2气体中继续燃烧。因此,金属颗粒将在粉末火箭发动机的燃烧流动过程中占主导地位。

在燃烧室中,颗粒首先在气流的裹挟作用和颗粒间相互作用力的影响下偏离初始方向运动而离散开,最终和气体一起以悬浮两相流的形式在燃烧室中流动。因此,燃烧室的流动速度一般不可太低。但是由于颗粒燃烧过程中会释放大量的热,从而导致气体温度和流速快速增加,颗粒和气体的速度差也明显增加,颗粒雷诺数大于临界值时,可能出现火焰脱体现象,进而导致燃烧室稳焰失败。因此,燃烧室内的流动速度也不可太高。根据当前研究经验,粉末火箭发动机燃烧室内燃气流速一般为10~30m/s。

点火过程主要由颗粒在流动的气体环境中预热、发生表面反应和蒸发等复杂的传热、传质和动力学过程组成。对于气粉两相流,点火过程研究的宏观特征主要有着火温度、着火时间、着火浓度极限和火焰传播速度,微观特征主要有着火机理和燃烧化学反应机理等。当前研究表明,Al 粉和空气混合物的层流火焰传播速度约为19.227cm/s,Al 粉和 AP 粉末混合物的层流火焰传播速度约为73.88cm/s,Mg 粉和 CO_2的混合物在圆管内的湍流火焰传播速度低于1m/s。

蒸发过程主要包括金属颗粒的蒸发和液体 CO_2的蒸发等。其中根据本书第4章的研究,液体 CO_2的蒸发十分迅速,燃烧室中主要以金属颗粒的蒸发为主。金属颗粒的蒸发速率一般低于碳氢燃料液滴的蒸发过程,主要是因为金属颗粒表面的氧化膜会阻止金属液滴的蒸发过程。

燃烧过程也以金属颗粒的燃烧为主。金属颗粒的燃烧过程是气相反应和表面反应的综合,当前研究表明 Al 颗粒的燃烧时间一般和粒径的 1.8 次方成正比。然而发动机环境中存在复杂的湍流和两相流动,流动和燃烧的耦合会使颗粒的燃烧行为更加复杂。

总的来说,粉末发动机燃烧室中由于稠密气固两相流的存在,工作过程中主要存在流动条件复杂、流速较慢、点火温度高、点火延迟时间长、蒸发燃烧速率低等问题。

5.3.2 燃烧室结构及其特征参数

1. 燃烧室结构

在容积相同的情况下,粉末燃烧室的形状是多种多样的。现有的发动机燃烧室的形状基本为三种形式:球形、接近球形(包括椭球形和梨形)和圆筒形。在早期推力较小的发动机上也采用过更为简单的锥形燃烧室,如图 5-8 所示。

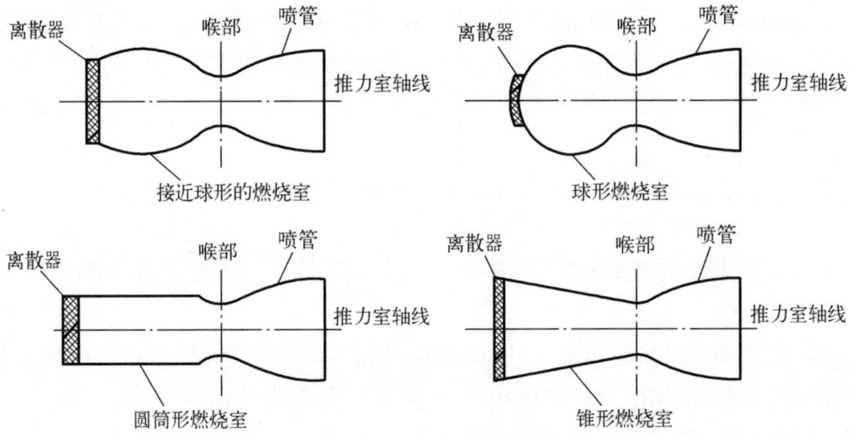

图 5-8　常用的燃烧室形状

球形和接近球形燃烧室具有以下优点:

(1) 当燃烧室容积一定时,在一定程度上也就相当于推进剂在燃烧室内燃烧的时间一定,球形燃烧室受热表面积最小,而且球形燃烧室的结构质量最小;

(2) 承受同等压力所需的壁厚最小;

(3) 燃烧稳定性较好。

其缺点是:结构复杂,加工困难,头部离散器较难布置。

对于圆筒形燃烧室,其缺点是相对较容易产生不稳定燃烧。在 20 世纪 60

年代,圆筒形燃烧室不稳定燃烧问题得到解决,目前大多数发动机都采用圆筒形燃烧室,其优点是构造和制造简单。由于冶金和工艺水平的发展(高轻度耐热钢的出现和钎焊等新工艺的采用),圆筒形燃烧室完全能够保证工作的可靠性和高效性。综合考虑,粉末火箭发动机燃烧室形状选取离散器可以布置在平顶头部的圆筒形燃烧室。

2. 燃烧室特征参数

燃烧室的特征参数主要包括收缩比、特征长度、推进剂平均滞留时间和流量密度等。

燃烧室的收缩比 ε_c 是指燃烧室横截面积与喷管喉部面积之比,即

$$\varepsilon_c = \frac{A_c}{A_t} \tag{5-16}$$

不同类型的燃烧室收缩比 ε_c 的取值应视条件而定,一般来说大推力燃烧室的 ε_c 在 1.3~2.5 之间,采用离心式喷嘴的小型液体发动机 ε_c 取 4~5 之间,粉末火箭发动作为一种新型火箭发动机在选取 ε_c 时有其特殊性,Al/AP 粉末火箭发动机预计最高温度大概 4000K,从推力大小来看属于小推力火箭发动机,较之固体火箭发动机具有更高的热流密度,参考 Bell 航空公司 Al/AP 粉末火箭发动机设计经验,粉末火箭发动机燃烧室收缩比 ε_c 一般取 6。燃烧室直径的设计方法除了使用收缩比外,还可以通过流量密度进行。

燃烧产物的质量流量 q_{mc} 与头部附近的燃烧室流通截面积 A_c 的比值,称为燃烧室质量流量密度(简称流密),也称为质量流量强度(简称流强)。对于圆筒燃烧室(燃烧室横截面面积 A_c 为常数),燃烧室质量流量密度 q_{mdc} 的计算公式为

$$q_{mdc} = q_{mc}/A_c \tag{5-17}$$

流量密度实质上与燃烧室内火焰传播和稳焰等有关,是燃烧、流动和传热之间耦合的结果。流量密度偏大,来流速度偏大,会导致燃烧产生的热量无法及时加热来流工质,造成燃烧温度逐渐降低,最终稳焰失败;流量密度偏小,来流速度偏小,会使得来流工质快速被加热而进入燃烧状态,火焰区不断向头部移动,造成头部喷注器烧蚀,甚至回火等现象。

燃烧室流量密度与主要推进剂组合类型、氧燃比、燃烧室压力和喷注器构型有关。推进剂组合类型和氧燃比会影响燃烧室温度,温度越高,回传热流越大,可加热的来流工质越多,燃烧室流量密度越大。流量密度一般与燃烧室的压力成正比。当燃烧室压力增加时,高温燃气的回流量也相应增加,在不影响燃烧室头部附近的推进剂组元的加热、蒸发、初步混合的条件下,可加热的推进剂也就增多,即流量密度增大。根据液体火箭发动机设计经验,对于采用直流

式喷注器的推力室，q_{mdc}值取为$(20\sim30)P_c$；对于采用离心式喷注器的推力室，q_{mdc}的取值为$(10\sim20)P_c$。其中，燃烧室压力P_c的单位为MPa，质量流量密度的单位选取为$g/(cm^2\cdot s)$。

燃烧室特征长度L^*定义为将燃烧室容积V_c折合成以喷管喉部面积为底的等体积圆柱体的高度，故也称L^*为折合长度，即

$$L^*=V_c/A_t \tag{5-18}$$

推进剂平均停留时间τ_r指的是推进剂在燃烧室内完成喷注、雾化、蒸发、掺混和燃烧等一系列物理化学过程所需要的总时间。对于粉末发动机，燃烧室内金属颗粒燃烧流动占主导，推进剂平均停留时间τ_r为喷注和掺混所需的时间τ_m、颗粒点火延迟时间τ_i和颗粒燃烧时间τ_b三者之和。

在燃烧室直径一定的情况下，燃烧室越长，容积越大，燃气的停留时间越长，越有利于粉末颗粒的充分燃烧，从而获得更高的燃烧效率；但燃烧室过长则会导致燃烧室的压降和散热增加，并且使燃烧室的结构质量增加。燃烧室设计时，可以首先利用燃气停留时间和燃烧室特征长度得出燃烧室容积V_c。由于燃烧室容积V_c包括了圆筒段容积V_a和喷管收敛段容积V_j，收敛段容积可以根据喷管设计型面计算确定，计算圆筒段长度的计算公式为

$$L_a=(V_c-V_j)/A_c \tag{5-19}$$

5.3.3 燃烧室启动性能

气压驱动活塞和气流夹带式粉末供给技术是一种新型的推进剂供给技术。如3.5节所述，目前存在发动机启动时粉末供给流量偏大的现象，为发动机点火可靠性和启动安全性造成一定的不利影响。一般，在发动机实际工作之前，通常采用无喷管式的常压点火实验对发动机启动与关机过程进行测试和标定。

粉末火箭发动机点火过程影响因素十分复杂，点火工作参数难以准确预测，常温常压下，粉末燃料与粉末氧化剂均为高体积能量密度的推进剂，发动机点火过程中由于点火延迟易造成粉末推进剂堆积现象，粉末推进剂在推力室中的爆燃易诱导形成发动机启动压力振荡，甚至造成燃烧室火焰向粉末储箱的回传，对发动机安全、稳定启动带来严重威胁。

推力室工作压力振荡与火焰回传导致的发动机爆炸是发动机启动过程面临的主要问题，图5-9为Al/AP发动机启动过程不稳定造成的燃烧室压力振荡。粉末推进剂与流化气流量的增加会导致发动机启动点火难度的增大，点火器点火能量也应该相应增加。如图5-10所示，点火能量的不足会致使点火过程中气固两相火焰的不稳定，发动机反复处于着火与熄火的状态中，发动机燃烧室压力振荡与上游粉末供给过程相耦合，导致活塞卡死等现象。该振动频率

一般为 0~10Hz 以内，振动幅度一般小于粉末输送压力，当发动机点火能量持续减小或者粉末喷注速度持续增加时，振荡频率逐渐增加，甚至出现发动机熄火，燃烧室中堆积的粉末推进剂（如图 5-11 所示）被点燃即会造成发动机的爆炸。

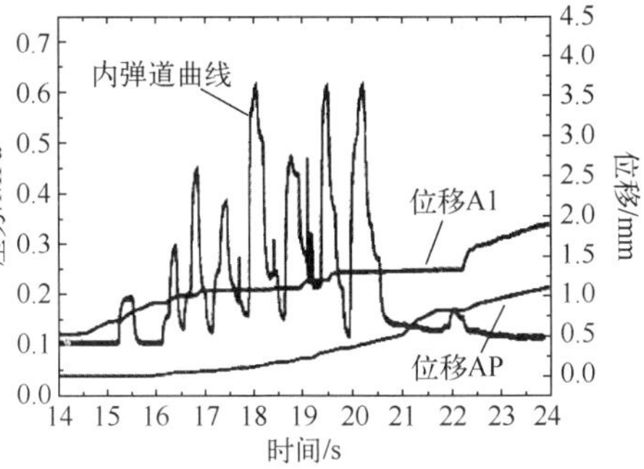

图 5-9　发动机启动不稳定造成的压力振荡

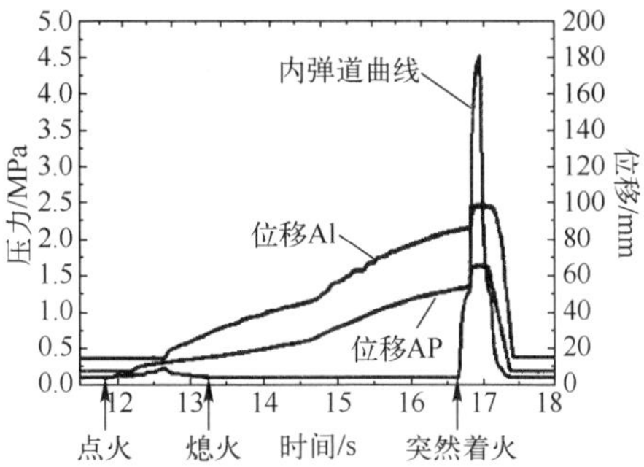

图 5-10　发动机启动不稳定造成的爆炸

图 5-11　发动机启动过程中粉末推进剂堆积

因此，由于粉末火箭发动机点火环境与关机环境一般为常压的，在进行粉末火箭发动机点火之前，采用无喷管的常压实验对粉末火箭发动机点火燃烧性能进行初步研究是十分必要的，通过调整工作参数（流化气流量、粉末流量、点火功率、吹除气量等）与发动机部件结构（点火位置，点火结构、关停机构等）保证发动机启动与关机过程稳定、安全。

Mg/CO_2推力室启动特性与其一次进气和二次进气之间的关系如图 5-12 所示。一次进气采用头部喷注，二次进气采用侧向进气。镁粉流量范围为 10~30g/s，点火器功率为 400W。一次进气流量会直接影响到预燃室内两相流体的流动速度和氧燃比。一次进气流量越大，流动速度越高，氧燃比也越高，燃烧室内的温度越低，点火难度越大。当一次进气流量较大时（预燃室氧燃比大于恰当比），预燃室的燃烧产物是富氧的，二次进气补充的氧化剂 CO_2无法起到补燃的效果,而只与其发生掺混,进而导致燃烧室温度降低。此时当二次进气量大于一定程度后,燃烧室温度下降至临界值,导致点火失败;而当一次进气量较小时(预燃室氧燃比小于恰当比),预燃室的燃烧产物是富燃的,二次进气可以补充氧化剂,使得预燃室燃烧产物可以继续燃烧,进而发动机点火成功。值得注意的是,除了补燃的作用之外,二次进气一般会与预燃室的来流互击掺混,仅考虑掺混的作用,一般会使得燃烧室温度下降。因此,即使在预燃室氧燃比小于恰当比时,二次进气流量过大,也可能导致吹熄现象的发生。

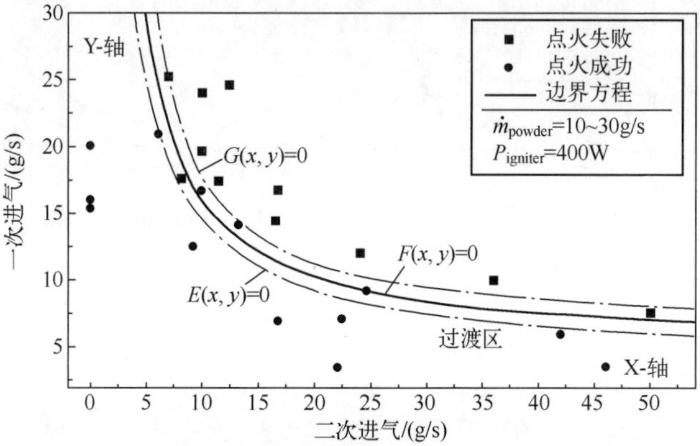

图 5-12　Mg/CO_2推力室启动特性与流化气量之间的关系

综合上述分析可知,Mg/CO_2粉末火箭发动机点火成功与否不仅需要考虑预燃室氧燃比的大小,还需要考虑补燃室二次进气量的大小。

5.3.4　燃烧室燃烧性能

目前对粉末发动机燃烧组织的研究还只是初步阶段,燃烧室燃烧性能较差,燃烧效率和比冲效率低,燃烧室存在明显的低频振荡。

Bell 航空公司进行了 Al/AP 粉末发动机点火燃烧性能研究,发动机工作过程中存在明显的压力振荡,振荡频率为 45~85Hz,振幅最高可达±88%的平衡压强。研究表明:金属铝粉的燃烧是影响发动机内弹道性能的关键因素,相比氮气流化,使用甲烷流化铝粉可以将燃烧室压力振幅从±47%降低至±12%的平衡压强。实验中 Al/AP 粉末火箭发动机比冲效率最高可达 87%。

韦克曼公司的 J. H. Wickman 等人进行了 Mg/CO_2粉末火箭发动机可行性验证实验,其工作时间相对较短,最大推力 180N 左右,如图 5-13(a)所示。宾州州立的 James Szabo 等人对 Mg/CO_2粉末火箭发动机进行了最长为 40 余秒的点火实验研究,并采用 UV 和可视光谱等仪器对发动机工作过程发动机温度进行测量,根据普朗克定律 $I_b(\lambda_i)=2hc^2/(\lambda_i^5[\exp(hc/\lambda kt)-1])$ 计算得到

Mg/CO_2 火焰平均温度为 3500K 左右，燃烧室温度约为 3200K 左右，这与理论计算结果十分接近，同时点火实验中出现了较为明显的压力偏移与压力振荡问题，如图 5-13(b)所示。

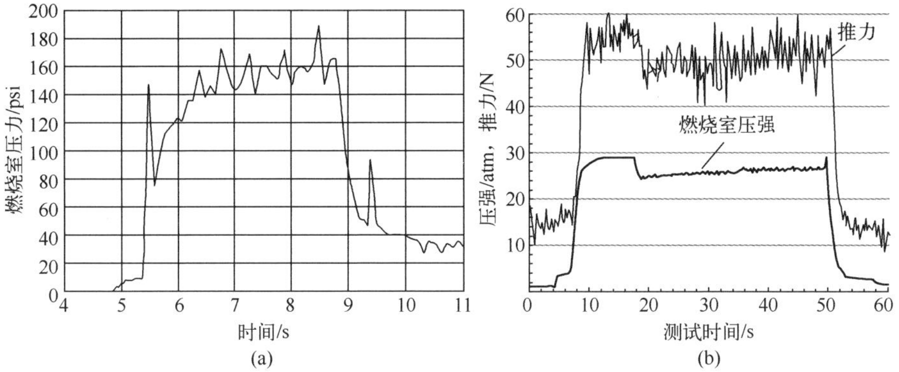

图 5-13　Mg/CO_2粉末火箭定压燃烧内弹道(1psi = 6.89kPa)

(a) J. H. Wickman-Mg/CO_2工作内弹道；(b) James Szabo-Mg/CO_2长时间工作。

5.4 喷　　管

火箭发动机喷管是将推进剂燃烧产生的热能转换为射流动能，这一过程的能量转换效率直接影响了发动机的比冲性能。喷管中的比冲损失主要包括：化学不平衡损失、非轴向损失、摩擦损失、散热损失和两相流损失等。在复合推进剂固体火箭发动机中，凝相燃烧产物含量一般为 30%，两相流损失一般占总损失的 1/3～1/2，可使比冲下降 1.5%～2.5%。而对于粉末火箭发动机，凝相燃烧产物含量一般为 40%～50%，喷管两相流损失会更大。因此，研究喷管内的两相流损失对粉末火箭发动机具有极其重要的意义。

大多数火箭的喷管是收敛—扩张形的拉瓦尔喷管。由于燃气在火箭喷管的收敛段中的流动速度较低，任何光滑的、圆弧转接的喷管收敛段的能量损失都很小；相反，喷管扩张段中的流速很高，两相流损失较大，型面对性能影响十分大。

5.4.1　喷管内的两相流动

1. 喷管两相流的特点

两相混合物在喷管中由亚声速经跨声速到超声速的流动过程，一般称为喷管两相流。喷管两相流中，凝相颗粒对压强的贡献极小，且不能像气体那样膨胀做功。凝相颗粒受气动力作用才能在喷管中加速运动,一般比气体流动速度慢,这种现象称为速度滞后。这样,在喷管出口截面上凝相颗粒速度必然小于气体的喷出速度,由于这种速度滞后引起的比冲损失称为速度滞后损失。流动过程温度逐渐下降,但是凝相颗粒的温度一般也比气相温度下降得慢。凝相颗粒的热能只能通过向气相传热,通过气相绝热膨胀做功,而最终间接地转变为动能。在喷管同一截面处凝相颗粒温度总比气相温度高,这种现象称为温度滞后,由其引起的比冲损失称为温度滞后损失。由以上几种原因引起的比冲损失统称为喷管两相流损失。另外,在喷管内两相混合物的流动过程中,高速运动的颗粒可能对喷管壁面有冲刷,会引起壁面粗糙度增大或壁面的微弱剥蚀。前者使喷管摩擦损失增加,后者如发生在喷管喉部将使发动机的推力-时间曲线下降。

由上述分析可知,喷管中的两相流动与纯气相流动大不相同。为提高粉末火箭发动机性能,在喷管型面设计中必须充分考虑两相流。例如,根据减小两相流损失的观点设计的锥形喷管,要比按纯气体的最佳性能设计的喷管性能要好。

研究两相流时,通常将它作为连续介质处理。把均匀分散在气相中的颗粒群视为假想流体,如果气相的流速相当高时,颗粒群就具有如同一般的流体属性,可把它当作准流体处理。这样,就可以采用连续介质的经典理论方法,同时考虑两相之间的质量、动量和能量传输,便可写出其控制方程组。即使这样处理推导出的一维两相流控制方程组也相当复杂,必须采用数值计算方法求解,从而得出凝相的速度滞后和温度滞后,并计算出喷管两相流损失。

2. 一维定常两相流控制方程组

图 5-14 所示是在气体中均匀悬浮凝相颗粒的两相混合物的流动模型。其中每一个颗粒所受的阻力为 F_D,向周围气体的传热量为 Q_p。

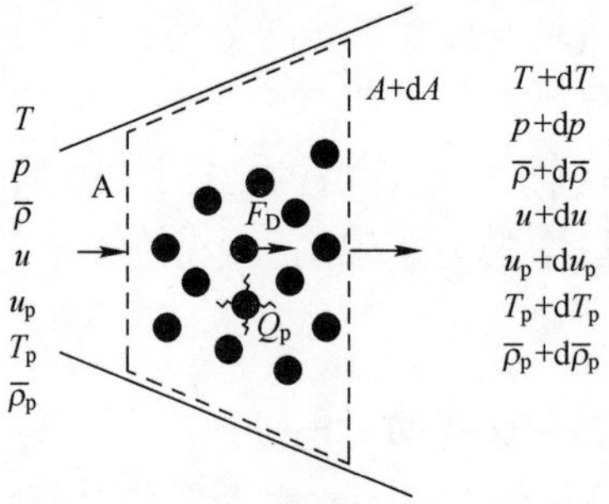

图 5-14 在气体中均匀悬浮凝相颗粒的两相混合物的流动模型

对这个一维定常喷管两相流的流动系统做如下假设:

(1) 系统与环境无质量、动量及能量交换,忽略外力对于系统的作用;

(2) 系统内部无相变,也无化学反应,颗粒是离散的,即颗粒之间无相互作用;

(3) 气相为完全气体,其比热恒定,气体无黏性,但考虑其与颗粒之间的作用时除外;

(4) 颗粒为相同尺寸的球形,其比热恒定,颗粒内的温度是均一的;

(5) 忽略颗粒群容积率 φ,即取 $\varphi=0$,颗粒群准流体对于系统的压强无贡献,即系统的压强可单独由气体的压强确定;

(6) 认为气-固两相混合物的流动为斯托克斯流,颗粒与气体间的换热仅由对流方式进行,忽略颗粒与气体间热辐射的影响。

对于无化学反应和无相变的一维定常喷管两相流,气体的质量流量沿喷管全长是不变的,则气相的质量守恒方程可写为

$$\dot{m}_g=\rho_g u_g A=\text{常量} \tag{5-20}$$

显然,凝相的质量流率沿喷管轴线也是不变的,则凝相的质量守恒方程可写为

$$\dot{m}_p=\rho_p u_p A=\text{常量} \tag{5-21}$$

值得注意的是,ρ_p 表示单位体积流体中颗粒相的质量,而非颗粒材料的密度。

根据假设(2)~(4),单个颗粒在气流中所受的力最主要的就是黏性阻力 $F_D=\dfrac{1}{2}f_D\dfrac{\pi d_p^2}{4}\rho_g(u_g-u_p)^2$。因此,凝相动量方程为

$$u_p\frac{\mathrm{d}u_p}{\mathrm{d}x}=\frac{3}{4}\frac{f_D\rho_g}{d_p\rho_p}(u_g-u_p)\,|u_g-u_p| \tag{5-22}$$

根据假设(1)和(3),可以不考虑壁面间摩擦力和重力的影响。则两相流的动量方程为

$$\rho_p u_p\frac{\mathrm{d}u_p}{\mathrm{d}x}+\rho_g u_g\frac{\mathrm{d}u_g}{\mathrm{d}x}+\frac{\mathrm{d}p}{\mathrm{d}x}=0 \tag{5-23}$$

根据假设(2)~(5),凝相的能量守恒方程为

$$u_p\frac{\mathrm{d}T_p}{\mathrm{d}x}=\frac{6h}{\rho_p c d_p}(T_g-T_p) \tag{5-24}$$

式中:h 为颗粒和气相的对流换热系数;c 为颗粒的热容。

两相流的能量守恒方程为

$$\dot{m}_g\left[c_p(T_g-T_{g0})+\frac{1}{2}u_g^2\right]+\dot{m}_p\left[c(T_p-T_{p0})+\frac{1}{2}u_p^2\right]=0 \tag{5-25}$$

式中：c_p为气相的热容；T_{g0}为气流的滞止温度；T_p 为凝相的温度；T_{p0}为凝相的滞止温度。

另外，由于气相为完全气体，服从完全气体的状态方程：

$$p=\rho_g RT_g \tag{5-26}$$

由式（5-20）~式(5-26)共 7 个方程，有 7 个未知量 u_g、u_p、T_g、T_p、ρ_g、ρ_p 以及 p 是可以求解的。7 个方程中有 3 个方程式(5-22)、式(5-23)及式(5-24)是一阶非线性常微分方程，必须采用数值法求解。

在以上 7 个方程中还有两个未知量，阻力系数 f_D 及传热系数 h，对于斯托斯克流，阻力系数 f_D 为

$$f_D=f_{D,s}=\frac{24}{Re} \tag{5-27}$$

对于非斯托克斯流，建议采用下式求 f_D，即

$$f_D=\frac{24}{Re}\left(1+\frac{1}{6}Re^{2/3}\right) \tag{5-28}$$

求 h 的公式为

$$h=\frac{Nu\lambda}{d_p}=\frac{2\lambda}{d_p} \tag{5-29}$$

$$Nu=2+0.459\,Re^{0.55}Pr^{0.33} \tag{5-30}$$

3. 恒定比例之后的两相流

此流动模型除了采用本节所做的五点假设以外，又假设颗粒速度与气体速度之比，在流动过程中保持恒定，并且二者的温度也保持恒定。其表达式为

$$\frac{u_p}{u_g}=K,\ 0<K\leqslant 1 \tag{5-31}$$

$$\frac{T_{g0}-T_p}{T_{g0}-T_g}=\bar{L},\ 0<\bar{L}\leqslant 1 \tag{5-32}$$

恒定比例之后的两相流也是一维定常的喷管两相流，其控制方程组当然也是式(5-20)~式(5-26)这 7 个方程。另外要增加式(5-31)和式(5-32)两个限制条件。而 K 和 $\bar{L}$ 是给定的。

根据两相流能量方程(5-25)，再利用式(5-31)及式(5-32)，可得

$$T_g=T_{g0}-\frac{1}{2}\frac{u_g^2}{c_p}\left[\frac{1+\varepsilon K^2}{1+\varepsilon\delta\bar{L}}\right] \tag{5-33}$$

或其微分形式为

$$\frac{dT_g}{dx}=-\frac{u_g}{c_p}\left[\frac{1+\varepsilon K^2}{1+\varepsilon\delta\bar{L}}\right]\frac{du_g}{dx} \tag{5-34}$$

式中:ε 为颗粒相质量流量 $\dot{m}_p$ 与气相质量流量 $\dot{m}_g$ 之比;δ 为凝相比热 c 和气相定压比热 c_p之比。

将气相的质量守恒方程化为 $\rho_g=\dot{m}_g/u_gA$ 代入式(5-26)后,得 $p=\dot{m}_gRT_g/u_gA$,又由凝相质量守恒方程得出 $\rho_p=\dot{m}_p/u_pA$。将以上诸关系代入两相动量方程(5-23),经整理可得

$$\frac{RT_g}{\mu}(M^2-1)\frac{\mathrm{d}u_g}{\mathrm{d}x}+\frac{\dot{m}_p}{\dot{m}_g}\left[\left(u_g-\frac{u_pR}{c_p}\right)\frac{\mathrm{d}u_p}{\mathrm{d}x}-\frac{cR}{c_P}\frac{\mathrm{d}T_P}{\mathrm{d}x}\right]-\frac{RT_g}{A}\frac{\mathrm{d}A}{\mathrm{d}x}=0 \tag{5-35}$$

利用 $u_p=Ku_g$,代入凝相动量方程(5-22)后,得

$$\frac{\mathrm{d}u_g}{\mathrm{d}x}=\frac{18\mu}{\rho_pd_p^2}\left(\frac{1-K}{K^2}\right) \tag{5-36}$$

再利用 $u_p=Ku_g$ 及$(T_{g0}-T_p)/(T_{g0}-T_g)=\bar{L}$ 的关系式,将二者代入凝相能量守恒方程(5-24)后,得

$$\frac{\mathrm{d}u_g}{\mathrm{d}x}=\frac{3h}{\rho_pd_pc}\left(\frac{1-\bar{L}}{K\bar{L}}\right) \tag{5-37}$$

于是 7 个控制方程经以上推演后,减为式(5-34)~式(5-37)等 4 个方程,其未知量 u_g、u_P、T_p、T_g 也是 4 个。另外,利用方程(5-36)与方程(5-37)相等,可以得出下面的关系式:

$$\bar{L}=\frac{1}{1+3Pr\,\dfrac{c}{c_p}\left(\dfrac{1-K}{K}\right)} \tag{5-38}$$

式(5-38)反映了温度滞后与速度滞后的相互关系。因此,对于恒定比例滞后的喷管两相流,只要给定 K 和 $\bar{L}$ 当中的任何一个值,另外一个数值也就已知了。对于粉末火箭发动机的喷管两相流,由于 $\mathrm{Pr}(c/c_p)>1/3$,则 $K>\bar{L}$。

为使方程的形式简化,采用下列公式

$$\beta=\frac{1+\varepsilon K^2}{1+\varepsilon\delta\bar{L}} \tag{5-39}$$

$$C=1+\varepsilon\{K[k(1-K)+K]+(k-1)\delta\bar{L}\beta \tag{5-40}$$

$$\bar{M}_K=\left(\frac{C}{kRT}\right)^{1/2}u_g=C^{1/2}M \tag{5-41}$$

$$\bar{k}_K=1+(k-1)\frac{\beta}{C} \tag{5-42}$$

对式(5-37)做进一步整理,可变为

$$(\overline{M}_{\mathrm{K}}^{2}-1)\frac{\mathrm{d}u_{\mathrm{g}}}{u_{\mathrm{g}}}=\frac{\mathrm{d}A}{A} \tag{5-43}$$

式(5-43)与纯气相的喷管流所具有的表达式在形式上是相同的,只不过两相流的等价比热比 $\bar{k}_{\mathrm{K}}$ 代替纯气相的比热比 k,用两相流的等价马赫数 $\overline{M}_{\mathrm{K}}$ 代替纯气相的马赫数 M。这样,就可以利用纯气相的气动函数表解出恒定比例滞后的喷管两相流了。这样模型的两相流,当然存在下列类似于气流的关系,即

$$\frac{A^{2}}{A_{\mathrm{t}}^{2}}=\frac{1}{\overline{M}_{\mathrm{K}}^{2}}\left[\frac{2}{\bar{k}_{\mathrm{K}}+1}\left(1+\frac{\bar{k}_{\mathrm{K}}-1}{2}\overline{M}_{\mathrm{K}}^{2}\right)\right]^{\frac{\bar{k}_{\mathrm{K}}+1}{\bar{k}_{\mathrm{K}}-1}} \tag{5-44}$$

$$\frac{T_{\mathrm{g0}}}{T_{\mathrm{g}}}=1+\frac{\bar{k}_{\mathrm{K}}-1}{2}\overline{M}_{\mathrm{K}}^{2} \tag{5-45}$$

$$\frac{\rho_{0}}{\bar{\rho}_{\mathrm{g}}}=\left[1+\frac{\bar{k}_{\mathrm{K}}-1}{2}\overline{M}_{\mathrm{K}}^{2}\right]^{\frac{2}{\bar{k}_{\mathrm{K}}-2}} \tag{5-46}$$

$$\frac{p_{0}}{p}=\left[1+\frac{\bar{k}_{\mathrm{K}}-1}{2}\overline{M}_{\mathrm{K}}^{2}\right]^{\frac{\bar{k}_{\mathrm{K}}}{\bar{k}_{\mathrm{K}}-1}} \tag{5-47}$$

$$\frac{u_{\mathrm{g}}}{(u)_{\mathrm{g,L}}}=\left[\frac{(\bar{k}_{\mathrm{K}}-1)\overline{M}_{\mathrm{K}}^{2}}{2+(\bar{k}_{\mathrm{K}}-1)\overline{M}_{\mathrm{K}}^{2}}\right]^{1/2} \tag{5-48}$$

式中:$(u)_{\mathrm{g,L}}$为气流充分膨胀所达到的理想极限速度,$(u)_{\mathrm{g,L}}=(2c_{\mathrm{p}}T_{\mathrm{g0}}/\beta)^{1/2}$。

根据 $\overline{M}_{\mathrm{K}}=C^{1/2}M$,在喷管喉部处有

$$\overline{M}_{\mathrm{Kt}}=C^{1/2}M_{\mathrm{t}}=1 \tag{5-49}$$

则 $M_{\mathrm{t}}=C^{-1/2}$,可知 $M_{\mathrm{t}}<1$,即在喷管两相流动中,在几何喉部处的气相马赫数小于1,在几何喉部下游的某一位置,气相马赫数才等于1。

根据式(5-37)可知,恒定比例滞后的喷管两相流,气体速度梯度 $\mathrm{d}u_{\mathrm{g}}/\mathrm{d}x=$ 常量,在拉瓦尔喷管的喉部区,气流的流动规律大致与此相似。然而,在喷管的其他部分,尤其是进口部分与上述情况相差很大。按恒定比例滞后模型设计的喷管形状是喇叭形的,从喷管喉部区向进出口两个方向移动时,面积按指数规律增大。

恒定比例滞后的喷管两相流,计算简便易行,用它进行定性分析还是比较有用的。此外,当凝相和气相流量比 ε 很小时,用在喉部区作粗略估算也是有用的。由于这个流动模型与实际的喷管两相流流动情况差别较大,在其他情况下未得到广泛的采用。

4. 考虑两相流损失的比冲计算和两相流损失系数

在纯气相流动情况下，火箭发动机的理论比冲由 $I_{s,V}=u_e+\frac{A_e}{\dot{m}}p_e$、$I_s=u_e+\frac{A_e}{\dot{m}}(p_e-p_a)$ 和 $I_s=u_e$ 计算。对于两相流动，计算其比冲的关键是计算出喷管出口截面处的凝相颗粒的喷出速度 u_{pe} 和气相的喷出速度 u_{ge}。如果凝相的质量流率 $\dot{m}_p$，气相的质量流率 $\dot{m}_g$，喷管出口截面的压强可取气相的压强 p_e，可利用下面的公式估算发动机的比冲。

发动机处于真空条件下的比冲为

$$I_{s,v,2\varphi}=\frac{\dot{m}_g u_{ge}+\dot{m}_p u_{pe}}{\dot{m}_g+\dot{m}_p}+\frac{A_e}{\dot{m}_g+\dot{m}_p}p_e \tag{5-50}$$

当环境压强为 p_a 时，发动机的比冲为

$$I_{s,v,2\varphi}=\frac{\dot{m}_g u_{ge}+\dot{m}_p u_{pe}}{\dot{m}_g+\dot{m}_p}+\frac{A_e}{\dot{m}_g+\dot{m}_p}(p_e-p_a) \tag{5-51}$$

当 $p_e=p_a$ 时，发动机的比冲为

$$I_{s,v,2\varphi}=\frac{\dot{m}_g u_{ge}+\dot{m}_p u_{pe}}{\dot{m}_g+\dot{m}_p}=\frac{u_{ge}+\varepsilon u_{pe}}{1+\varepsilon} \tag{5-52}$$

式(5-50)及式(5-51)等号右边第一项，均可用 $(u_{ge}+\varepsilon u_{pe})/(1+\varepsilon)$ 代换。

对于恒定比例滞后的喷管两相流，由于 $u_{pe}=Ku_{ge}$，只讨论 $p_e=p_a$ 情况下的发动机比冲的公式，则有

$$I_{s,2\varphi}=\frac{u_{ge}(1+K\varepsilon)}{1+\varepsilon} \tag{5-53}$$

根据式(5-33)，可以求出喷管出口截面气相的喷出速度 u_{ge} 为

$$u_{ge}=\sqrt{2c_p(T_{g0}-T_g)\frac{1+\varepsilon\delta\bar{L}}{1+\varepsilon K^2}} \tag{5-54}$$

利用 $\beta=1+\varepsilon K^2/1+\varepsilon\delta L$，则上式变为

$$u_{ge}=\sqrt{2c_p(T_{g0}-T_{ge})\beta^{-1}} \tag{5-55}$$

将式(5-55)代入式(5-53)后，得

$$I_{s,2\varphi}=\frac{1+K\varepsilon}{1+\varepsilon}\sqrt{2c_p(T_{g0}-T_{ge})\beta^{-1}} \tag{5-56}$$

将式(5-45)和式(5-47)代入式(5-56)，得

$$I_{s,2\varphi}=\frac{1+K\varepsilon}{1+\varepsilon}\sqrt{2c_p T_{g0}\left(1-\left(\frac{p_e}{p_0}\right)^{\frac{\bar{k}_K}{\bar{k}_K-1}}\right)\beta^{-1}} \tag{5-57}$$

对于气相与凝相处于平衡的喷管两相流,由于 $u_{ge}=u_{pe}=u_{me}$ 和 $T_{ge}=T_{pe}=T_{me}$,K 和 $\bar{L}$ 均为 1。

在 $p_e=p_a$ 的情况下,发动机的平衡喷管两相流比冲为

$$I_{s,2\varphi}=\sqrt{\frac{2k_m}{k_m-1}(1-\varepsilon)2RT_{0e}\left[1-\left(\frac{p_e}{p_{0e}}\right)^{\frac{\bar{k}_m-1}{\bar{k}_m}}\right]} \tag{5-58}$$

由式(5-50)~式(5-58)可见,只就两相流这一因素来说,影响发动机比冲大小的主要是凝相含量、凝相颗粒的速度滞后以及温度滞后的数值。近年来,很多计算结果也证实了上面的结论。由于两相流所引发的发动机比冲损失,可称为两相流损失,用考虑喷管两相流损失的冲量系数 ξ_p 表示,其表达式为

$$\xi_p=\frac{I_{s,2\varphi}}{I_{s,理}} \tag{5-59}$$

式(5-59)中 $I_{s,2\varphi}$ 及 $I_{s,理}$ 分别表示存在及不存在两相流损失的实际比冲与理论比冲。根据 $\zeta_i=\frac{I_{s,i,th}-I_{s,i,exp}}{I_{s,i,th}}=\frac{\Delta I_i}{I_{s,i理}}$ 可知,两相流损失系数 $\zeta_i=1-\xi_p$,ζ_p 一般在 0.03~0.10 范围内。ζ_p 的大小主要取决于凝相含量、速度滞后及温度滞后。此外,喷管型面设计的优劣也会影响两相流损失。

5.4.2 喷管的形状

按照几何形状的不同,发动机喷管可分为锥形喷管、钟形喷管和可调节针栓喷管三种类型。锥形喷管设计简单,制造方便,便于拼装,在需要改变喷管扩张比时,只需要进行相应的截短或者加长,为了研究推力室的性能,初期的点火实验中,会遇到许多不可期的问题,使用简单易加工的锥形喷管能够使实验工况的调整更加灵活,推进实验进度。钟形喷管具有更好的推力性能,并且能够有效缩短喷管尺寸,研究中设计的钟形喷管主要使用于推力测试的实验中。

1. 锥形喷管

锥形喷管采用具有一定锥角的直线作为喷管扩张型面的母线。早期的火箭发动机,一般都采用锥形喷管。典型的锥形喷管构型如图 5-15 所示。喷管喉部段具有圆弧型面,其半径 R 为喉部半径 R_t 的 0.5~1.5 倍,扩张段的半角 α 大约为 12°~18°,锥形喷管段的长度 L_n 为

$$L_n=\frac{R_e-R_t+R(\sec\alpha-1)}{\tan\alpha} \tag{5-60}$$

式中:L_n 为喷管扩张段长度;R_t 为喷管喉部半径;R 为喷管圆弧段半径;R_e 为喷管出口半径;α 为锥形喷管扩张半角。

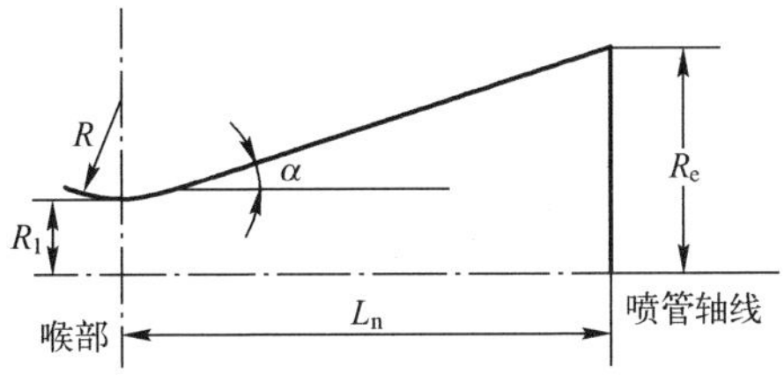

图 5-15　锥形喷管型面

由于具有 15°扩张半角的锥形喷管较好的调节了重量、长度和性能之间的关系,几乎已成为标准喷管,因此本节研究中选取锥形喷管扩张半角 $\alpha=15°$。

由于锥形喷管并不是轴向排气,所以存在一定的性能损失。在计算燃气的动量时,应引入一个修正系数(也称之为喷管的非轴向损失系数)η_{ng},此系数是锥形喷管的出口燃气动量与理想喷管出口燃气动量的比值,η_{ng}可以由下式计算获得:

$$\eta_{ng}=\frac{1+\cos\alpha}{2} \tag{5-61}$$

对于理想喷管,$\eta_{ng}=1$;当 $\alpha=15°$时,$\eta_{ng}=0.983$,其出口燃气的动量或出口速度将是理想喷管出口速度的 98.3%。喷管的真空推力系数正比于喷管所产生的推力或喷管出口的燃气速度,因此 15°半角锥形喷管的理论真空推力系数(忽略摩擦和其他流动损失)也是理想喷管的 98.3%。

2. 钟形喷管

钟形喷管也称为特型喷管,是目前最常用的喷管形状。钟形喷管在初始扩散区内采取了一个快速膨胀或径向流动的部分,然后在喷管出口处为一个均匀的轴向流动。

将钟形喷管与具有相同面积扩张比的锥形喷管进行对比后可以发现,在推力相同的情况下,钟形喷管可缩短 30%~50%,喷管结构质量和表面积的减少量也是 30%~50%。如果这两种喷管具有相同的长度,则钟形喷管增大的推力可增大约 3%(也就是说,比冲增加 3%)。

5.4.3　喷管气动型面设计方法

喷管型面设计所需要的参数有:燃烧室设计时所确定的燃烧室直径 D_c,热力计算所确定的喉部直径 D_t和喷管出口直径 D_e,以及有关热力计算参数。

1. 喷管收敛段设计

对于非潜入喷管来说,其收敛段型面一般采用圆锥形,其收敛半角 β 在 20°~45°范围内选择。β 值选得过小,会增加收敛段长度,使质量和散热损失增大，β值过大，会发生颈缩现象，造成流量损失，同时会加重烧蚀。对于小型的发动机来说，由于发动机质量对整体质量影响较小，收敛角可以根据具体情况选取更小的收敛半角。

粉末火箭发动机燃烧室产物中凝相颗粒所占质量分数较大，凝相颗粒在燃烧室内的流动过程中会加剧喷管收敛段壁面烧蚀和冲刷（图5-16），颗粒在喷管喉部沉积会影响发动机工作时的喷管喉部直径尺寸甚至阻塞喷管（图5-17～图5-19）导致实验失败，因此粉末火箭发动机喷管的收敛角度选取尤为重要。较小的收敛角能使凝相颗粒更加通畅的流出喷管，但这又会导致喷管长度的增加，综合考虑这两方面因素，喷管收敛段设计应选取较小的收敛半角（$\beta=20°\sim30°$）；为了便于拼装和实验工况调整，在喷管直径较大的（$d_t>10\mathrm{mm}$）锥形喷管设计中选取较大的收敛半角（$\beta=45°$）。

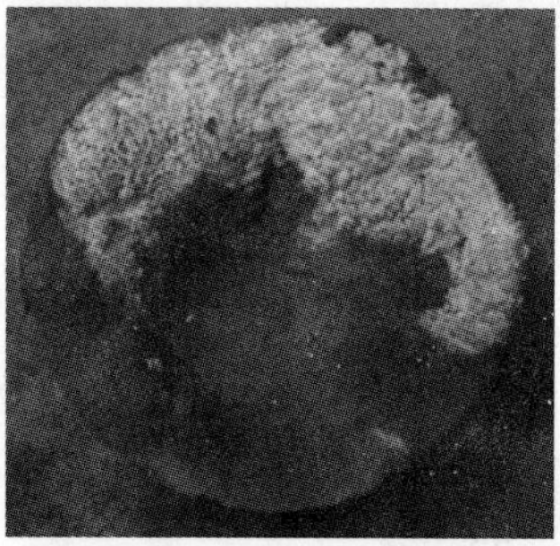

图5-16　吹除时喷管沉积

图5-17　燃烧室沉积

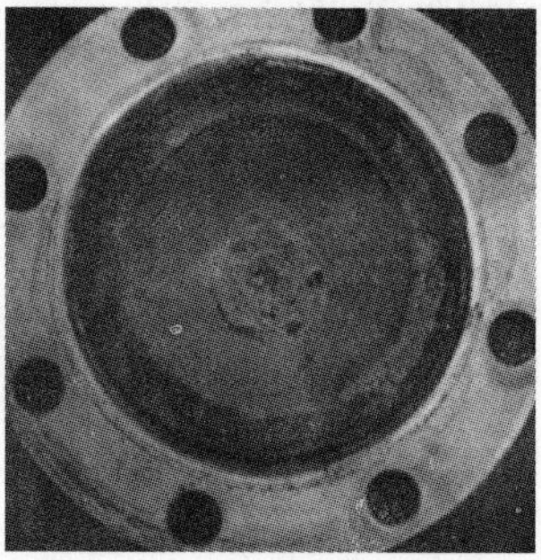

图5-18　喷管收敛段沉积和冲刷

图5-19　喷管喉部堵塞

收敛段的形式主要有双圆弧和双圆弧加直段等（图5-20和图5-21），喷管亚声速收敛段的形状应能保证气流均匀的加速，使喉部界面处的流场均匀，流动不发生分离，符合几何声学的要求，保证燃烧过程的稳定性。同时，应使外廓尺寸最小，减小喷管收敛段结构质量，降低摩擦损失。若燃烧室与收敛段过渡圆弧能直接连接在一起则为双圆弧类型，若不能，它们中间需要使用一段直线连接起来，即为双圆弧加直段类型。一般可取收敛段上游过渡圆角 $R_2 = 0.6R_c$。

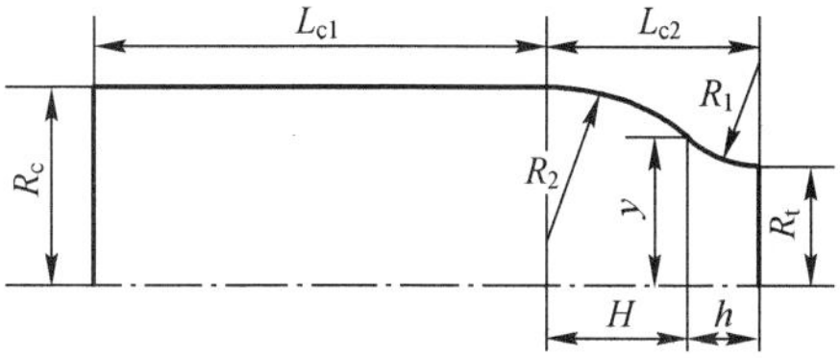

图5-20　双圆弧喷管收敛段

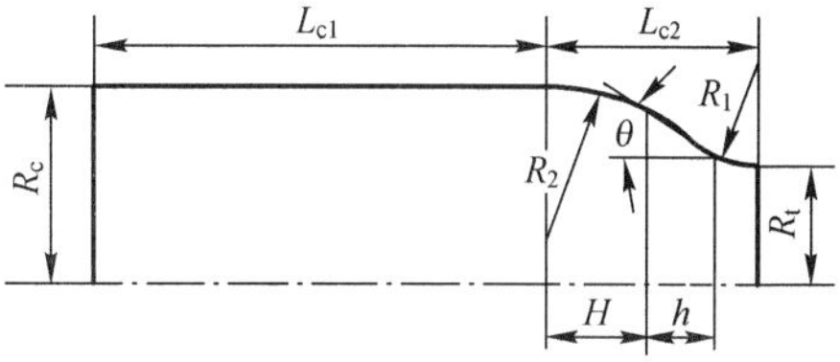

图5-21　双圆弧加直段喷管收敛段

喷管喉部包括喷喉的上游与收敛段相切的部分和下游的初始扩张段。按照喉部结构不同可以分为3种类型，单一圆弧过渡，双圆弧过渡和双圆弧直线过渡（见图5-22(a)）。喷管喉部形状的设计如果不合理，会造成2%～3%的比冲损失，实验结果表明 r_c 越小，喷管效率越低，比冲损失越大。当 r_c 的取值等于或大于喉径（$2r_t$）时，损失最小。但如果太大也会影响喷管的总体长度，所以设计时一般取 $r_c = 1 \sim 2r_t$。

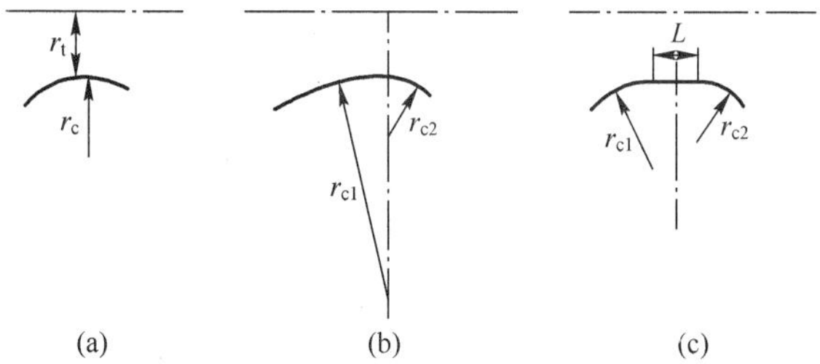

图5-22　喷管收敛段和喉部构型

为了适应结构布局需要，喉部上下游设计成两个不相等的曲率半径，如图5-22(b)所示，或将喉径处设计成圆柱段，如图5-22(c)所示。对于喉径 $r_t >$ 10cm 的喉部，取圆柱段 $L = 0.5r_t$，喉部下游圆弧半径 r_{c2} 对喷管下游壁面烧蚀有明显影响，r_{c2} 大，燃气加速缓慢，使初始扩张区下游烧蚀减轻；r_{c2} 小，燃气加速急剧，初始扩张区下游烧蚀严重，一般 r_{c2} 取值为 $0 \sim r_t$。

2. 喷管扩张段设计

对于锥形喷管的设计方法，上文中已经介绍，设计方法不再赘述，以下主要介绍钟形（特型）喷管型面设计方法。所谓特型喷管，指的是扩张段的母线为曲线构成的喷管。钟形扩张段比锥形扩张段造型复杂，需用空气动力学特征线原理造型，其性能也比锥形扩张段优越。

扩张段的造型有两种方法：一个是特征线方法；另一个是印度科学家 G. V. R. Rao 提出的饶氏方法，用以求定长喷管最大推力的扩张段型面。由于两种方法都比较麻烦，通常用取代的近似法，前者用双圆弧法，后者用抛物线法。文中设计方法采用的为抛物线近似法，如图 5-23 所示。

一个钟形喷管的设计需要下列数据：喉部直径 D_t；从喉部到出口平面的喷管轴向长度 L_n；扩张面积比 ε；抛物线的初始壁面扩张角 θ_n；喷管出口壁面角 θ_e。

图 5-24 为出口壁面初始角 θ_n 和终止角 θ_e 与扩张面积比的关系。通过选择适当的进口条件，就可以十分精准地接近最佳型面，虽然没有考虑对不同推进剂组合进行修正，但经验表明，比热比 k 对型面的影响是很小的。

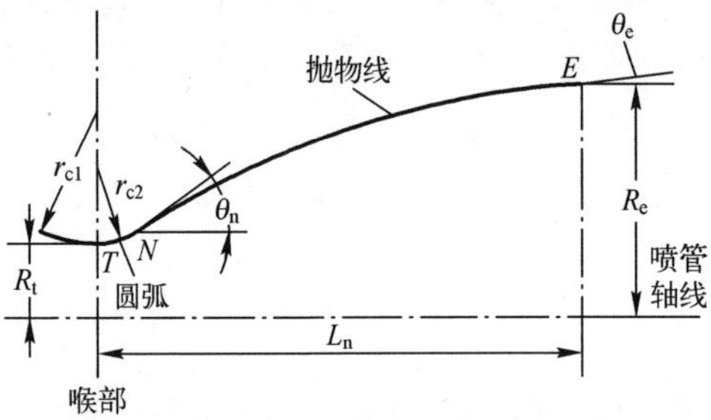

图 5-23　钟形喷管型面的抛物线近似

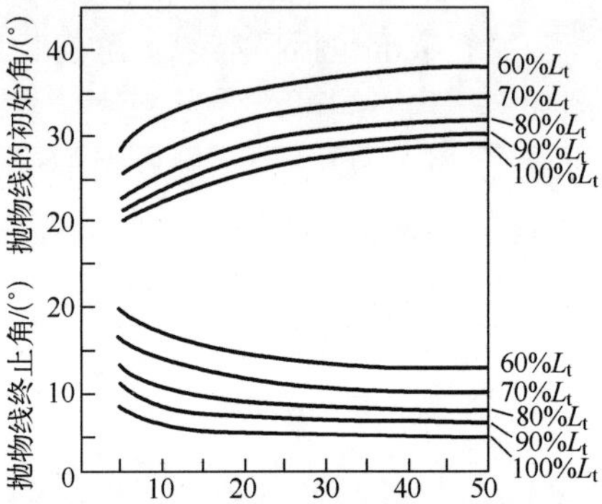

图 5-24　θ_n 和 θ_e 与扩张面积比的关系

设计钟形喷管时：

(1) 为了限定喷管长度 L_f(图 5-24 中 L_t为锥形喷管长度)，可以根据图 5-24 先确定 θ_n 和 θ_e，一般来说，钟形喷管的初始扩张角 θ_n 为 20°~26°，最大可取为 32°。实验表明，当 $\theta_n-\theta_e>12°$时，实际比冲会有较大的比冲损失。

(2) 由于喷管扩张圆弧与抛物线以相切方式连接，根据初始扩张角 θ_n 即可确定喷管扩张段过渡圆弧型面和抛物线型面。考虑到粉末火箭发动机燃烧产物中存在大量的凝相颗粒，两相喷管造型非常复杂，有很多未知因素，并不适用，因此采用工程方法，使用下列幂函数求解扩张段型面：

$$y=a+bx+cx^2 \tag{5-62}$$

其中，常数 a、b、c 可以根据喉径、后喉面到出口的长度、出口直径、初始扩张半角和出口半角求得。

(3) 计算喷管的损失系数和校验设计参数。对于粉末火箭发动机来说，喷管的性能损失主要包括非轴向损失和两相流损失。喷管的非轴向损失冲量系数 η_{ng}可以通过下式计算求得：

$$\eta_{ng}=\frac{1}{2}\left[1+\cos\left(\frac{\theta_n+\theta_e}{2}\right)\right] \tag{5-63}$$

粉末推进剂以 Al 粉为燃料,燃烧产物中的 Al_2O_3颗粒会使喷管的流场变得复杂,使排气速度减小,并造成发动机的损失。一般喷管两相流冲量系数 η_p 为 0.985~0.900。

5.5 推力室参数初步计算

5.5.1 总体任务需求

总体任务中要求的性能参数包括:比冲性能、工作时间、推力大小等,具体数值参量如表 5-4 所列。

表 5-4 推力性能设计参数

推进剂类型	推力大小/ N	理论真空比冲/(m/s)	工作时间/s	燃烧效率/%
Al/AP	1000	3000	30	>80

5.5.2 推力室工作参数

Al/AP 粉末火箭发动机真空比冲主要与燃烧室工作压强 P_c、推进剂氧燃比和喷管面积比有关。根据 2.1.2,取燃烧室工作压强为 3MPa、氧燃比为 2.5、喷管面积比为 100、流化气 N_2气固比为 0.03,通过热力计算得到发动机的理论真空比冲、理论比冲、特征速度、比热比、燃烧室总温和凝相分数等参数如表 5-5 所列。由表可知,该条件下 Al/AP 粉末火箭发动机理论真空比冲为 3069.1m/s,该工作参数下可以满足总体任务需求。

表 5-5 推力室设计主要参数

参数类别		参数值
工作压强 P_c/ MPa		3.0
氧燃比		2.5
面积比		100
热力参数	理论真空比冲/(m/s)	3069.1
	理论比冲/(m/s)	2909.5
	特征速度 c^*/(m/s)	1443.6
	比热比 k	1.099
	总温 T_c/ K	4015.43
	凝相分数/%	19.2

取发动机燃烧效率 η_c 为 90%、喷管效率 η_n 为 95%,Al/AP 粉末火箭发动机地面实际比冲 $I_{exp} = I_{th}\eta_c\eta_n = 2909.5\times0.9\times0.95 = 2487.6$m/s。因此,推力为

1000N 时，Al/AP 粉末火箭发动机工作所需总流量为

$$\dot{m}=\frac{F}{I_{\exp}}=1000/2487.6=0.402\text{kg/s}=402\text{g/s}$$

可计算得 Al 粉流量为 402/(1+2.5+3.5×0.03)=111.5g/s，AP 粉末流量为 111.5×2.5=278.7g/s，对应的流化气 N_2 流量分别为 3.3g/s 和 8.5g/s。

Al/AP 粉末火箭发动机实际特征速度为 1443.6×0.9=1299.24m/s。利用式(1-17)，喷管喉部面积 $A_t=174.1\text{mm}^2$，喷管喉径 $D_t=15\text{mm}$，喷管出口直径 D_e 为 150mm。

综合考虑粉末推进剂的供给性能和点火燃烧性能，Al 颗粒和 AP 颗粒的粒径分别取为 20μm 和 100μm。

5.5.3　推力室结构参数

根据以上获得的发动机工作主要参数，对推力室各组件(喷注器、燃烧室、喷管、热防护、点火器等)结构进行初步设计，获得组件构型及详细的结构设计参数，保证推力室性能要求得以实现。由于发动机工作时间要求为 30s，因此采用结构较为简单的被动热防护方式即可满足要求，点火器应选取具有多次点火功能的电点火方式，当前研究中一般使用空气射流式等离子点火器。接下来将主要介绍推力室的 3 个主要部件(喷注器、燃烧室、喷管)，包括其构型选取和具体结构型面参数的计算。

1. 粉末喷注器

粉末推进剂的喷注方式主要有预混和非预混两种喷注方式。当前研究表明预混式喷注容易造成燃烧室压力振荡，非预混粉末喷注能有效改善这一现象。因此，拟采用如图 5-25 所示的非预混粉末喷注器结构。粉末喷注器置于燃烧室头部，Al 粉和 AP 粉末分别从轴向和周向进入喷注器。为了使粉末喷注器具有良好的粉末离散和掺混的性能，喷注器设计过程中需要考虑粉末流动速度大小和方向、流道截面积、粉末喷射角度等性能参数。

粉末喷注器内型面主要由入口平直段、扩张段和出口平直段组成。入口平直段流通面积较小，Al 粉和 AP 粉末流速较大。由于 AP 粉末在一定温度下会发生爆炸式分解，往往需保证 AP 粉末在流道内的流动速度大于推进剂在通道内的火焰传播速度。扩张段通过增加粉末流通面积，降低推进剂流速，并使不同射流形成一定夹角，为推进剂喷注和掺混做准备。为使 AP 粉末和 Al 粉射流间以一定的夹角互击，AP 粉末通道在出口处增加了平直段。两股射流以一定的夹角和动量比互击，形成掺混良好的 Al/AP 混合流。形成的混合流速度的大小和方向，会极大地影响发动机的点火和燃烧性能。综上所述，对于 Al/AP 粉末喷注器内型面进行设计计算，主要参数见表 5-6。

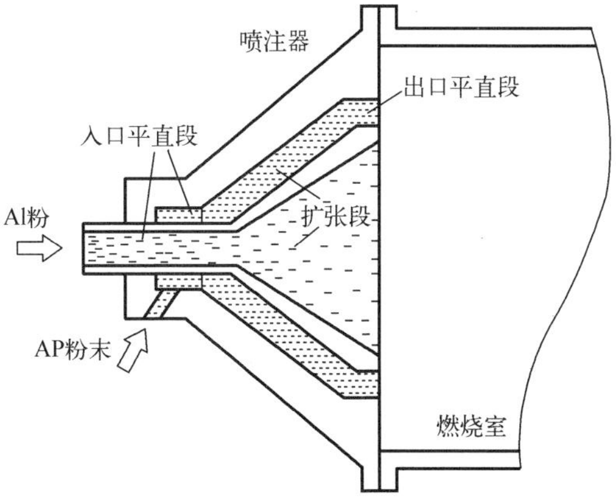

图 5-25　粉末喷注器总体结构

表 5-6　粉末喷注器内型面设计主要参数

部　　件	设 计 参 数	数　　值		依　　据
		Al 粉	AP 粉末	
入口平直段	流速、面积	7.2m/s、12.56mm^2	20m/s、11.61mm^2	火焰传播速度
出口平直段	流速、面积，角度	1.96m/s、46.14mm^2、20°	4m/s、58.05mm^2、0°	混合物流动速度、动量比
扩张段	角度	20°	22°	喷注速度和互击角

2. 燃烧室

燃烧室选为圆筒形燃烧室，使用收缩比的方法来确定燃烧室直径，根据设计经验，选取收缩比 $\varepsilon_c=6$。由式(5-64)可以计算得到燃烧室直径 D_c：

$$D_c/D_t=\sqrt{\varepsilon}=2.449 \tag{5-64}$$

$$D_c=36.7\text{mm}(\text{取为 }37\text{mm}) \tag{5-65}$$

式中：D_c燃烧室直径；D_t为喷管喉部直径。

由于粉末火箭发动机采用非预混粉末喷注方式，其喷注原理类似于离心式喷注推力室，燃烧室质量流量密度 q_{mdc}的取值范围一般为$(1\sim2)P_c$ g/(cm^2 · s)(其中 P_c单位为 bar)。

根据流量公式可得，设计燃烧室的质量流量密度 q_{mdc}为 37.4g/(cm^2 · s)，满足 30~60 g/(cm^2 · s)的质量流量密度取值范围要求。

燃烧室容积的取值可以通过特征长度 L^* 来确定，计算式为

$$V_c=L^*\times A_t \tag{5-66}$$

式中：V_c 为燃烧室容积（m^3）；L^* 为燃烧室特征长度（m）；A_t 为喷管喉部面积（m^2）。

燃烧室的特征长度 L^* 一般通过燃气在燃烧室的停留时间 τ_{rg} 进行计算，计算式为

$$L^* = \Gamma^2 c^* \tau_{rg} \tag{5-67}$$

式中：c^* 为特征速度；Γ 仅与燃气的比热比有关，$\Gamma=\left(\frac{2}{k+1}\right)^{\frac{k+1}{2(k-1)}}\sqrt{k}$。

对于 Al/AP 粉末火箭发动机，燃气停留时间必须大于 Al 颗粒喷入燃烧室至燃烧完全所需的时间。当前研究表明，20μm 金属 Al 颗粒完全燃烧所需的时间约为 2ms。为保证一定余量，燃气停留时间 τ_{rg} 取为 5ms。而根据热力计算结果，$\Gamma=0.628$。

由式（5-67）可得，燃烧室的特征长度 L^* 为 2846.9mm，由式（5-66）可得，燃烧室容积 V_c 为 503088.8mm^3。

燃烧室包括直筒段和收敛段，其容积为

$$V_c = V_a + V_j \tag{5-68}$$

式中：V_a 为燃烧室直筒段容积，V_j 为收敛段容积。

为减少凝相颗粒在喷管收敛段沉积，喷管收敛半角 β_c 可尽量取小，本次设计 β_c 取为 30°，可得 $V_j=0.2267\times(D_c^3-D_t^3)=10717.9mm^3$，因此，圆筒段燃烧室容积 $V_a=V_c-V_j=503088.8-10717.9=492370.9mm^3$。

则燃烧室圆通段的长度 $L_a=V_a/A_c=492370.9/(\pi\times37^2/4)=457.9mm$，取整为 458mm。

3. 喷管设计

火箭发动机喷管主要有锥形喷管和钟形喷管。为获得较好的气动性能和推力性能，Al/AP 粉末火箭发动机的喷管设计型面选为钟形。如图 5-26 所示，喷管由收敛段、喉部以及扩张段 3 部分组成。根据 5.4.3 节，可选取如表 5-7 所列的喷管型面参数。

表 5-7　喷管内型面参数

收敛段		喉部		扩张段	
上游过渡圆弧 R_2	11mm	喉径 D_t	15mm	出口直径 D_e	150mm
收敛半角 β_c	30°	上游过渡 r_{c1}	8mm	初始角 θ_n	25°
下游过渡圆弧 R_1	8mm	下游过渡 r_{c2}	4mm	终止角 θ_e	10°
直段轴向长度 h	14.64mm	平段 L_t	4.5mm	喷管长度 L_f	90%L_t

采用抛物线方法,设计喷管扩张段型面。由表 5-7 扩张段参数,可得喷管扩张段型面方程为

$$x=0.0525y^2+1.7311y-16.8877 \quad (7.8748\text{mm}<y<75\text{mm}) \qquad (5-69)$$

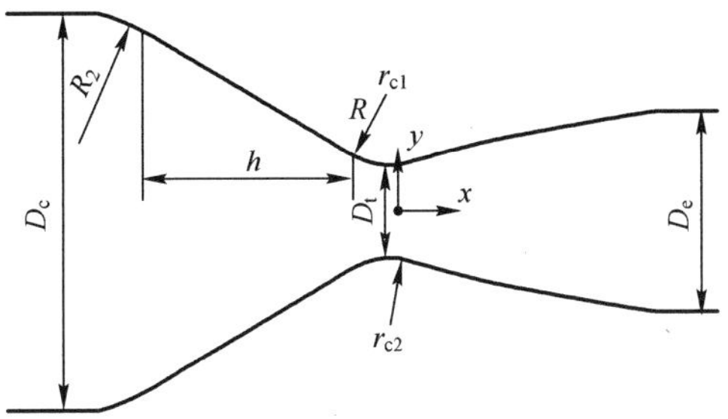

图 5-26　喷管气动型面

第6章 点火系统

在粉末火箭发动机点火系统的研究过程中，曾调研并试用过多种点火装置，包括电炉丝、火花塞、点火发动机和等离子点火器，研究表明点火发动机和等离子点火器点火能量足，可满足粉末火箭发动机多次点火的要求，是当前技术水平下粉末火箭发动机较为合适的点火装置。

6.1 点火发动机

点火发动机，是由电发火管、点火药盒、点火药柱、壳体和喷嘴等组成，属于三级点火方式。其多次点火的实现主要是通过在粉末发动机上安装多个点火发动机，各点火发动机通过隔温材料与燃烧室隔绝，粉末发动机工作时按照一定的时序进行点火。

6.1.1 点火发动机结构

典型的点火发动机结构示意图如图6-1所示，主要由压帽、密封塞、燃气发生器、挡药板、紫铜片和后封头等组件构成。由于粉末推进剂点火难度高，因此选择高燃速、高燃温的装药。壳体采用轻合金或玻璃钢，喷嘴可采用多孔喷嘴或单孔喷嘴。

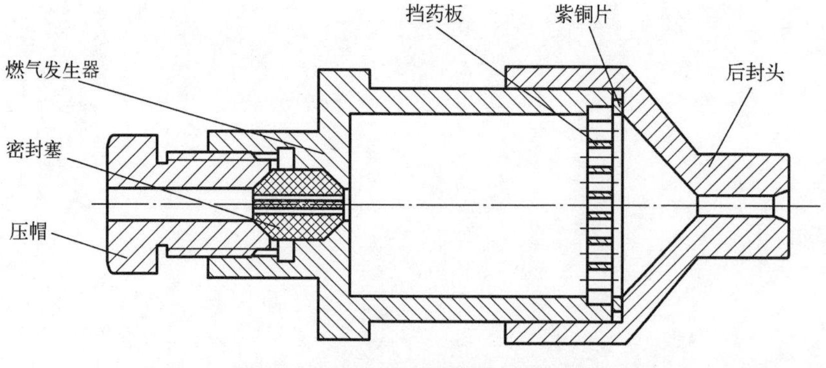

图6-1 点火发动机结构示意图

点火发动机可以安装在主发动机的头部或喷管内,前者称为上游喷射,后者称为下游喷射。若采用下游喷射,点火器喷出的高速燃气会对粉末供应系统造成影响,不利于粉末的正常供应。因此在研究中点火发动机一般安装在主发动机头部。

6.1.2　点火发动机性能参数设计

1. 点火发动机装药

装药应具有以下特性:

(1) 在使用条件下点火性能好;

(2) 燃烧时放出的能量大,燃温高;

(3) 燃速高,具备较快的能量释放速率;

(4) 燃烧产物中有固体微粒,可以增加接触导热和辐射换热。

对于 Al/AP 粉末火箭发动机,一般采用与其燃气成分类似的 HTPB/AP/Al 复合推进剂药柱。

2. 点火发动机的质量流率

传统固体火箭发动机在使用点火发动机作为点火器时,为了便于应用,使用点火器平均流量与主流量之比来确定点火器质量流率。几种发动机点火流量数值见表 6-1。

表 6-1　传统发动机点火流量

发动机名称	$\dot{m}_{ig}/\dot{m}$
航天飞机助推器	0.054
侦察兵	0.079
MX 第三级	0.044
民兵第一级	0.062
日本 M-3A	0.043
日本 M-22	0.08

由表 6-1 可见,传统固体火箭发动机 $\dot{m}_{ig}/\dot{m}=3\%\sim8\%$,实际中一般取 4%~5%。对于粉末火箭发动机,也可采用同样的方法来表示点火发动机的质量流率,但考虑到粉末发动机点火困难及其本身与固体发动机较大的差别,上述公式可能并不适用,还需通过实验进行进一步研究。

通过多次点火实验,初步得到了点火器流量与粉末发动机流量的比例关系。几组典型的实验数据如表 6-2 所列。

表 6-2 点火实验数据

发动机流量/(g/s)	点火器平均流量/(g/s)	$\dot{m}_{ig}/\dot{m}$	点火状态
32.18	14.17	0.440	正常
42.73	9.01	0.211	点火延迟长
49.63	15.29	0.308	正常
50.46	16.09	0.318	正常
56.7	13.66	0.241	点火延迟长
63.2	18.50	0.293	正常
65.5	29.7	0.401	正常
74.59	16.5	0.221	点火延迟长
92.2	25.17	0.273	正常
96.8	19.22	0.198	未点燃

为了更直观地显示点火器平均流量与发动机流量之间的关系，将不同点火器流量条件下的发动机点火结果汇总绘于图 6-2 中。其中，横坐标为主发动机流量，纵坐标为两者的比值。从图中可以看出，当 $\dot{m}_{ig}/\dot{m}$ 低于 0.27 时，发动机点火延迟长甚至无法点燃；当 $\dot{m}_{ig}/\dot{m}=0.273$ 时，发动机能够正常点火。为了保证有足够的能量确保发动机成功点火，$\dot{m}_{ig}/\dot{m}$ 的取值应略高于 0.273，同时为了尽量减小点火压强峰，$\dot{m}_{ig}/\dot{m}$ 取值 0.3。

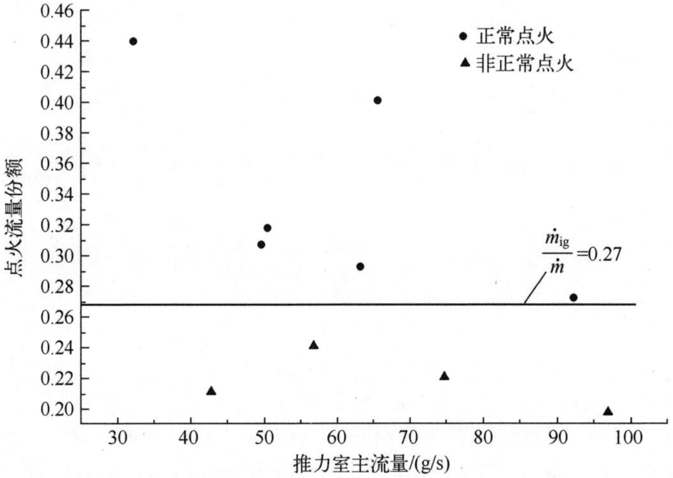

图 6-2 点火发动机流量与主发动机流量关系

3. 点火发动机的燃烧时间

点火发动机药柱质量由燃气质量流量 $\dot{m}_{ig}$ 及其燃烧时间 t_i 来确定，即

$$m = \int_0^{t_i} \dot{m}_{ig}(t)\,dt \tag{6-1}$$

点火发动机的燃烧时间可以根据推进剂的燃烧特性和点火燃气在发动机内的停留时间 t_r 来确定，点火燃气在发动机内的停留时间 t_r 为

$$t_r = \frac{1}{\tau^2(c_i^*)}\frac{V_c}{A_t} \tag{6-2}$$

$$\tau = \sqrt{k}\left(\frac{2}{k+1}\right)^{\left[\frac{(k+1)}{2(k-1)}\right]} \tag{6-3}$$

式中：c_i^* 为点火发动机燃气的特征速度（m/s）；k 为点火发动机燃气的绝热指数。

点火发动机的燃烧时间为

$$t_i = At_r \tag{6-4}$$

式中：A 为一常数，由实验确定。当前研究阶段，为了确保发动机的成功点火，点火药柱的燃烧时间通常取 1s 左右，即 $t_i \approx 1\text{s}$。

4. 点火发动机药柱的燃烧面积

当确定了点火发动机的质量流率 $\dot{m}_{ig}$ 和燃烧时间 t_i 之后，就可进行点火发动机的药柱设计。

点火发动机的工作压强应高于主发动机工作压强，然而为防止过高的压强对粉末供应系统造成不利影响，选取的点火器工作压强 P_i 不能过高。

根据已选定的 P_i，可求出点火药柱的燃烧速度 $\gamma_i = \alpha P_i^n$。这时点火发动机的质量流率为

$$\dot{m}_{ig} = \rho_i A_i \gamma_i \tag{6-5}$$

故燃烧面积为

$$A_i = \frac{\dot{m}_{ig}}{\rho_i \gamma_i} \tag{6-6}$$

式中：ρ_i 为点火药密度。

5. 点火能量的计算

采用的点火装药为 HTPB/AP/Al 复合推进剂，通过 CEA 热力计算得到该装药的燃烧产物 $C_p = 2.7055\text{J/(g}\cdot\text{K)}$，燃温为 3000K。能量为

$$Q = C_P m \Delta T \tag{6-7}$$

其中，

$$m = \dot{m}_{ig} t_i \tag{6-8}$$

$$\dot{m}_{ig} = 0.3\dot{m} \tag{6-9}$$

t_i 为点火发动机的燃烧时间，所以有

$$Q \approx 2.2\dot{m}t_i \tag{6-10}$$

其中，$\dot{m}$，$\dot{m}_{ig}$单位为 g/s，t_i 单位为 s。

6.1.3 点火发动机设计案例

依照粉末火箭发动机燃烧室主流量 250g/s，工作压力为 2.5MPa 设计点火发动机，性能参数设计过程如下：

(1) 点火发动机质量流率为

$$\dot{m}_{ig} = 0.3\dot{m} = 75\text{g/s}$$

(2) 点火发动机工作时间：取发动机工作时间 $t_i = 1\text{s}$。

(3) 点火发动机工作压强：主发动机工作压强为 2.5MPa，点火发动机工作压强应高于主发动机工作压强，取值为

$$P_i = 6\text{MPa}$$

(4) 点火发动机推进剂：HTPB/AP/Al 复合推进剂特征速度约为 1500m/s，6MPa 压强下燃速约为 25mm/s，具体性能参数见表 6-3。

表 6-3 推进剂性能参数

推进剂	理论比冲 /(N·s/kg)	火焰温度 /K	密度 /(g/cm³)	金属含量 /%	压强指数	加工方法
HTPB/AP/Al	2550~2600	3366~3478	1.8	8	0.40	浇注

(5) 点火发动机喷孔面积：设点火发动机喷孔面积为 $(A_t)_i$，点火发动机的特征速度为 c_i^*，点火发动机的燃烧室工作压强为 P_i，则点火发动机的质量流率为

$$\dot{m}_{ig} = \frac{1}{c_i^*} P_i (A_t)_i$$

故

$$(A_t)_i = \frac{\dot{m}_{ig} c_i^*}{P_i} = 18.75(\text{mm}^2)$$

则喷孔直径为

$$(d_t)_i = 5.97\text{mm} \approx 6\text{mm}$$

(6) 装药燃烧面积：装药的截面积主要与产生燃气速度有关，可以根据装药燃速和设计燃气质量流率确定，可以通过下式计算获得，即

$$A_i = \frac{\dot{m}_{ig}}{\rho_i \gamma_i} = 16.67(\text{cm}^2)$$

则装药直径为

$$d_i \approx 46\text{mm}$$

6.1.4　实际工作过程存在的问题

1. 点火时序问题

点火时序问题归根结底是粉末供给系统与点火发动机工作匹配问题。如果点火发动机先启动粉末推进剂后进入，流化气会携带走高温燃气的热量，使反应时间延长，甚至点火失败。如果粉末推进剂提前进入时间过早，会在燃烧室中积聚，容易造成很高的点火压强峰值。粉末火箭发动机在点火时序设计上需要考虑点火器启动和粉末推进剂喷入燃烧室时的合理配合，以期尽量缩短氧化剂和燃料的点火延迟时间，尽快进入正常工作状态。因此，在点火起动时序设计中应避免以上两种情况的发生。

点火时序的设定以粉末推进剂的进入时间和点火器的启动时间同步为佳，但在实际上是难以实现的。研究中通过进行冷态粉末喷撒实验获得了粉末进入燃烧室的延迟时间，以此为依据编写点火时序并通过点火实验证明了该点火时序的合理性，最终实现发动机平稳启动。实验获得粉末供应系统启动与点火启动的间隔时间 Δt 为 0.2~0.6s，图 6-3 为点火器和燃烧室的内弹道曲线。

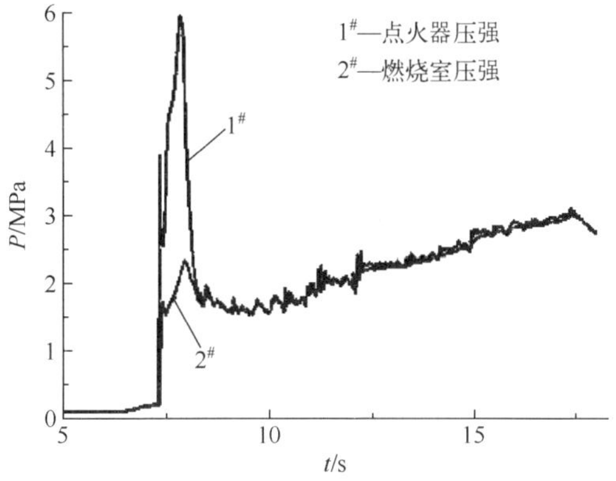

图 6-3　点火器和燃烧室的内弹道曲线

2. 点火发动机隔热问题

可通过在燃烧室头部安装多个点火发动机的方法实现粉末火箭发动机多次启动，如图 6-4 所示，发动机点火实验时 3 个点火发动机均匀分布于主发动机头部，点火发动机轴线与主发动机轴线夹角为 8°，热试车时可通过匹配点火发动机与粉末供应系统开启时序实现主发动机多次启动。

火箭发动机式点火器属于热能点火装置，其引燃后会释放出炙热燃气，以辐射、对流方式给主发动机粉末推进剂传热，并诱导主发动机内部产生局部湍流，有利于发动机安全稳定启动。但必须防止未工作点火发动机被主发动机内

图 6-4　点火器布置

高温高压燃气引燃,为此,需采取隔温措施保证主发动机工作过程时未点火发动机内为常温环境。采用在点火器喷孔处加置隔温塞的方法对点火发动机进行密封处理能有效地解决点火发动机隔热问题。

隔温塞材料为三元乙丙(EPDM),比密度为 0.85,具有优异的耐氧化、耐热、抗侵蚀能力。隔温塞形状设计为锥台,锥角 α 为 20°,这种设计形状既能保证点火发动机工作时顺利打开又能有效防止燃气逆流。图 6-5 和图 6-6 分别为隔温塞结构和实物。

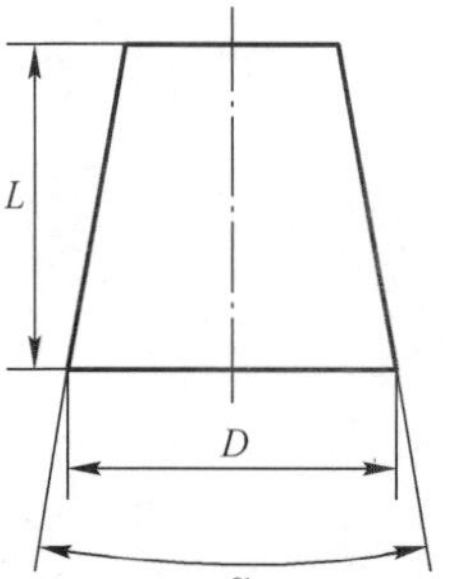

图 6-5　隔温塞结构

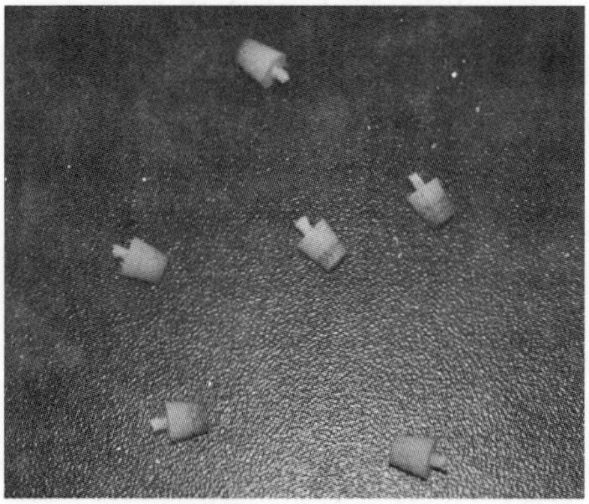

图 6-6　隔温塞实物

图 6-7 和图 6-8 分别为加隔温塞和未加隔温塞两种情况下点火器内弹道曲线,由图可见:①未加置隔温塞时点火器点火压力峰为 2MPa,加置隔温塞时点火器启动具有较高的压力峰,为 7MPa;②加置隔温塞导致点火器工作压力较高,工作时间较短,具有较长的拖尾段。

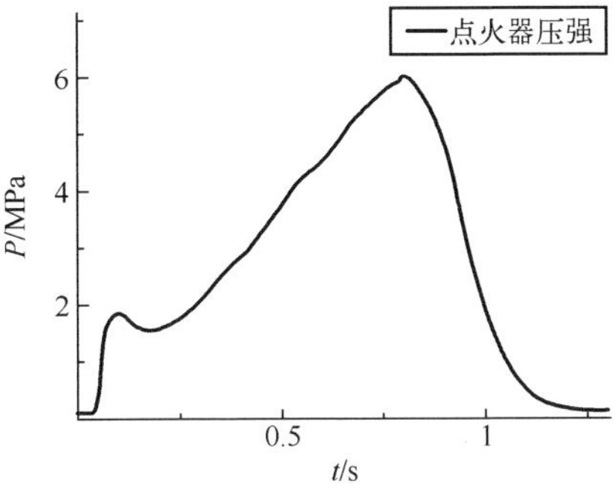

图6-7　无隔温塞点火器内弹道曲线

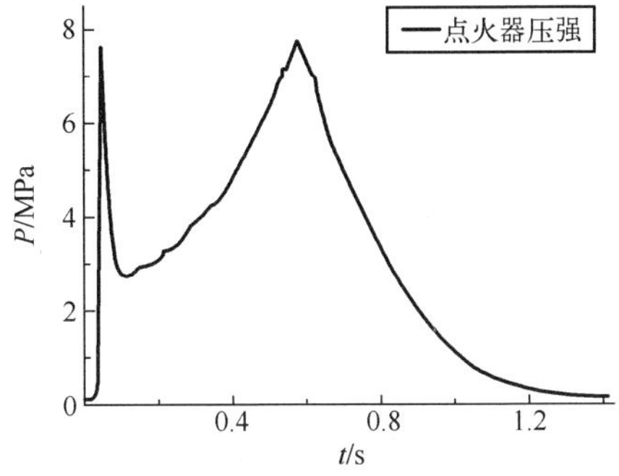

图6-8　装有隔温塞内弹道曲线

通过粉末火箭发动机点火实验验证，加置隔温塞时可以实现发动机稳定启动，并保证未点火发动机内为常温环境。

6.2　等离子点火器

1978年，美国的CE公司成功研制出世界上第一台高能电弧点火煤粉燃烧器，并在90万kW的锅炉上成功应用，之后经过其他研究者的改进，逐步演变成了现在可连续引弧的等离子点火燃烧系统。目前，等离子点火技术在发动机领域的应用研究已得到广泛的开展，乌克兰已将该技术应用到了舰船燃气轮机和地面燃气轮机上。

在发动机中采用等离子点火技术，加速了燃料和氧化剂燃烧的物理化学过程，扩大了点火的浓度极限，增加了火焰的传播速度，可以很大程度上提高点火的可靠性及燃烧的稳定性。当粉末火箭发动机采用等离子点火启动方式时，粉末-粉末燃烧形式转变为部分活性离子-粉末燃烧的形式，大大降低了发动机点火难度，同时可以避免由于多次冷启动、粉末燃料和氧化剂在发动机启动阶段掺混不均而引起的燃烧室爆燃，提高了多种工况下发动机点火的安全性和使用便捷性。等离子点火方式在发动机研制阶段是非常理想的选择。

6.2.1　等离子点火工作原理

等离子体是固体、液体、气体之外的物质第四态，具有十分独特的物理、化学特性，等离子体在航空、航天行业中具有十分广阔的应用前景，包括流动控制、点火、助燃等方面。等离子弧具有温度高、能量集中、气氛可控和冲击力大等特点。本节中研究的等离子点火方式有两种：第一种是通过引弧直接电离来流气体及其携带的粉末推进剂，这种点火方式我们称之为直接电离式点火；第二种是将引射流体首先电离成高温等离子体，通过这种等离子体的高温、高化学活性将来流气固两相混合物引燃,称之为射流式点火。

1. 直接电离式点火机理

直流电流在一定介质气压的条件下通过阴阳极引弧,可以在强磁场控制下获得稳定功率的定向流动空气等离子体,该等离子体在离开等离子发生器时可形成核心温度为4000~10000℃的高温火核,发动机上游输送的Al和AP颗粒通过等离子火核时,可在10^{-3}s的时间量级内迅速蒸发分解,从而引起燃烧反应,直接电离式点火机理如图6-9所示。由于反应是在气固两相混合物中进行,高温等离子体使混合物发生了一系列物理和化学反应,使Al颗粒的蒸发燃烧速度加快,达到点火并加速Al和AP粉末燃烧的目的,大大降低了Al和AP燃烧所需点火能量。

优点:直接电离Al和AP的气粉混合物,点火延迟小;

缺点:点火头位置暴露于粉末喷撒区域内,不利于热防护,影响粉末掺混流动,有可能黏结Al粉导致放电位置改变,点火稳定性较差

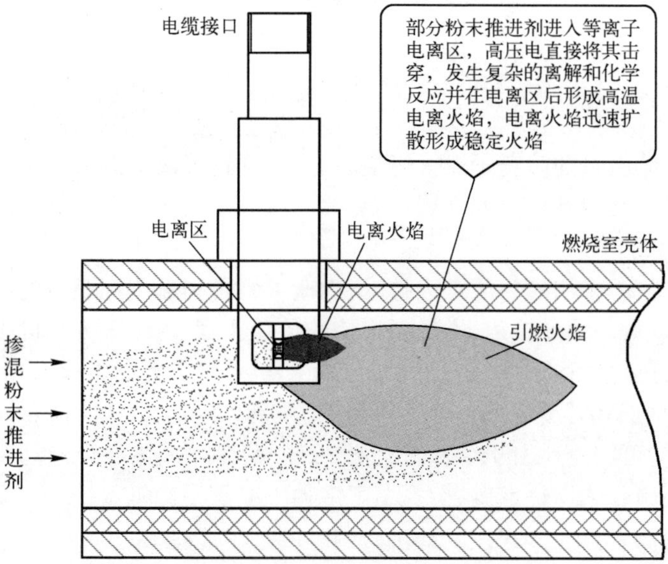

图6-9　直接电离式点火原理

2. 空气射流式点火机理

空气射流式点火机理如图6-10所示,这种点火方式引射少量空气并将其电离加热,通过将高温等离子混合物喷射到粉末掺混离散区域以达到发动机点火目的。

常温常压下,空气的化学成分近似为79%的N_2,20%的O_2,和1%的微量组元,如Ar、He、CO_2和H_2O等,在高温下,N_2和O_2之间将出现化学反应,其中包括

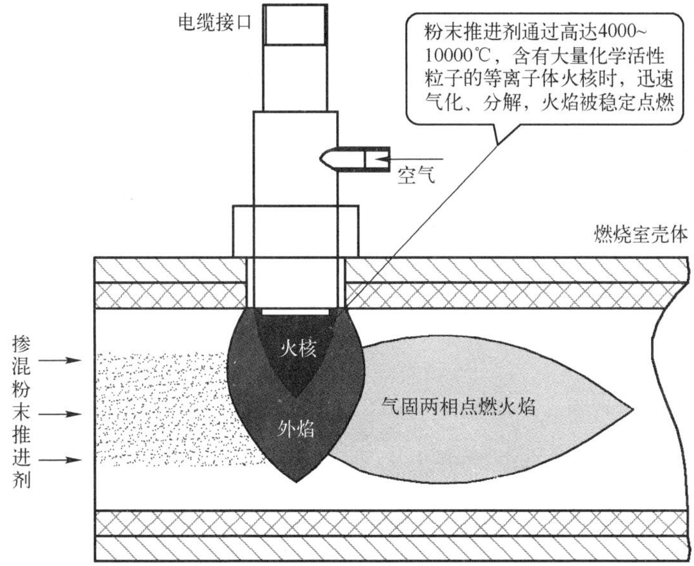

图 6-10　射流式等离子点火器点火原理

如下的碰撞离解反应、置换反应、缔合电离反应等 7 种主要的化学反应：

$$O_2+M+5.12eV \rightarrow 2O+M$$

$$N_2+M+9.76eV \rightarrow 2N+M$$

$$NO+M+6.49eV \rightarrow N+O+M$$

$$NO+O+1.37eV \rightarrow O_2+N+M$$

$$N_2+O+3.27eV \rightarrow NO+N$$

$$N_2+O_2+1.90eV \rightarrow 2NO$$

$$N+O+2.76eV \rightarrow NO+e^-$$

空气射流式点火头通过射出高温、高化学活性气体将来流点燃，而其自身处于粉末推进剂来流主火焰区域之外，在发动机工作过程中能够保证自身结构的完整性，因此在发动机多次启动点火工作时，具有较强的点火稳定性和重复性，是粉末火箭发动机较为理想的点火方式。

优点：点火过程中受烧蚀影响较小，点火重复性、稳定性较高；

缺点：需要更大的点火能量，结构相对直接电离式较为复杂。

6.2.2　等离子点火器结构

等离子点火器结构主要包括等离子点火电源、供电线缆和等离子点火头。实验中所用的等离子电源将 220V 交流电转换为 6000~8000V 的高压电，点火功率在 400~2000W 之间可变，供电电缆将高压电施加在点火头的阴阳两极，通过高压电弧击穿气体介质，在阴阳两极间形成等离子体，实验中直接电离式与空气射流式共用一套点火电源与电缆，其区别在于两种不同形式的等离子点火头。

1. 直接电离式等离子点火头

图 6-11 为直接电离式等离子点火头结构，点火头通体由不锈钢制作而成，通过阴阳两极引弧放电电离气体和气固两相混合物。阴阳两极间为点火头的放电窗口，使用点火器时将点火头旋入发动机内，通过紫铜垫片（见图 6-12）调整点火窗口深入发动机的位置，使部分粉末推进剂能通过放电窗，进而引燃剩余的粉末推进剂。

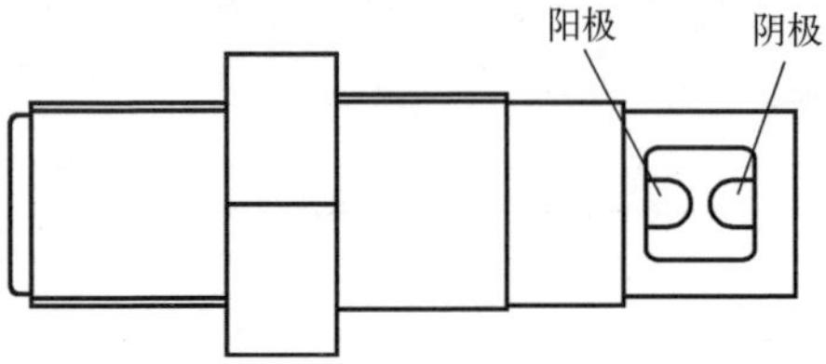

图 6-11　直接电离式等离子点火头结构

图 6-12　紫铜垫片

图 6-13 为直接电离式等离子点火头实物，从左向右分为加长式直接电离式、普通直接电离式、单一电极式、单一电极改进式。前两种点火头，等离子阴阳两极集成在点火头上，第三种点火头只有阳极，通过与发动机喷注器后的加长钝体（见图 6-14 所示）（点火阴极）放电引弧实现对粉末推进剂直接电离点火，由于其阳极没有进行隔离防护，其放电位置不稳定且易烧坏，第四种为改进型，通过在阳极周围增置陶瓷套进行隔离保护。

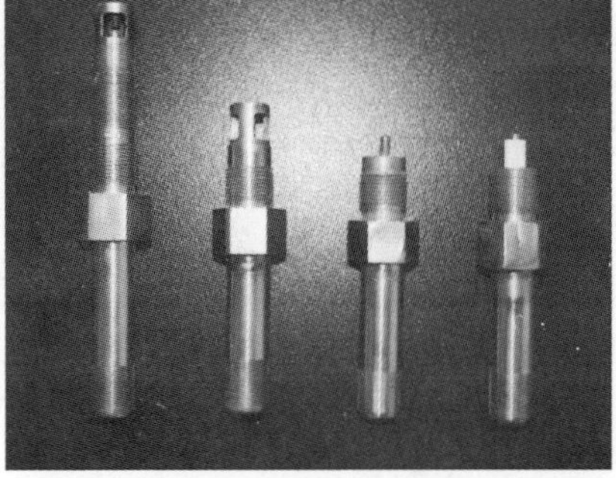

图 6-13　直接电离式等离子点火头实物

图 6-14　喷注器后的加长钝体（点火阴极）

2. 空气射流式等离子点火头

图 6-15 为射流式等离子点火头结构，主要由电源接口、保护气入口和点火

电极三部分组成,如图所示,保护气流经由保护气入口进入点火头,电离后经由阴极和阳极之间的点火通道喷出点火头,高温燃气喷入粉末推进剂气固两相混合物中以达到点火启动的目的。

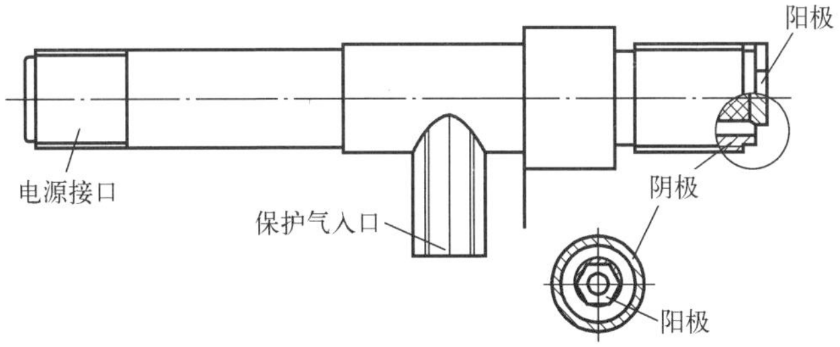

图6-15　射流式等离子点火头结构

射流式点火器的点火性能主要与点火器自身两方面因素有关:一方面与点火器电源功率有关,当点火功率为400W,不带后封头情况下射流式点火器点火成功时,延迟从0.7~3.6s不等,无法满足发动机点火要求,当点火功率增加至2000W时,空气射流式点火器点火成功率达到100%,且没有点火延迟;另一方面射流式点火器点火能力还与点火头阴极与阳极间距(见图6-16)、阳极凸出的位置有关(见图6-17)。

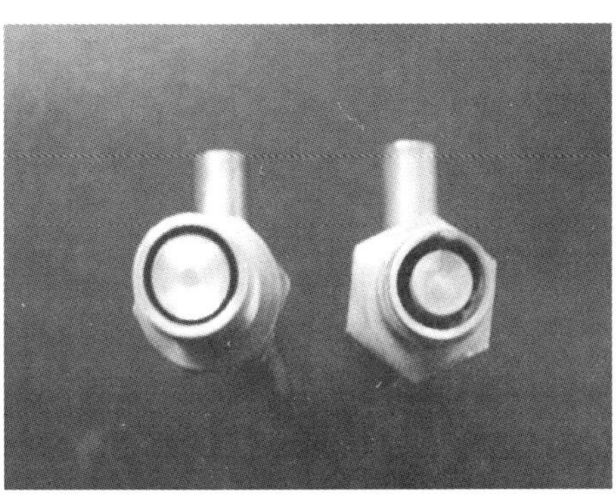

图6-16　不同放电间隙的射流式点火头

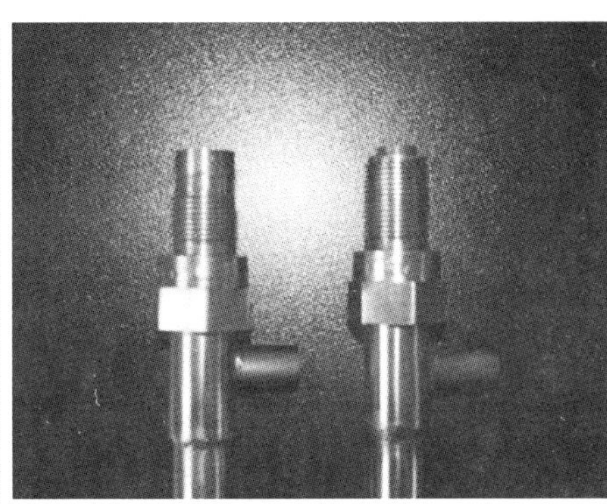

图6-17　阳极在内与阳极凸出的点火头

第7章 粉末推进剂燃烧理论及层流火焰传播性能

7.1 金属颗粒的燃烧

金属颗粒燃烧属于固体颗粒燃烧，但又与碳、硼之类的高熔点颗粒燃烧存在显著差异。因为金属颗粒（如铝、镁等）的熔点均低于火焰温度，在颗粒的燃烧过程中通常是首先发生熔化现象，随后金属蒸气将会从颗粒表面向环境扩散，并与周围介质中的氧化性气体（如 O_2、H_2O 等）在颗粒表面附近燃烧，形成扩散火焰，因此金属颗粒的燃烧与传统液体燃料的液滴蒸发燃烧相类似。然而在金属蒸气的燃烧过程中会生成许多细微凝聚态的金属氧化物，并释放大量的热。而凝相燃烧产物将会同时向液滴表面与环境中扩散，由于颗粒表面温度较低，凝相燃烧产物扩散到金属表面时，会发生沉积而形成氧化帽，如图7-1所示。由于氧化帽的覆盖会导致金属液滴蒸发表面积减小，金属颗粒并不会像传统液体燃料一样随着燃烧放热而燃速持续显著上升。因此，金属颗粒的燃烧过程比传统液体燃料要复杂得多。

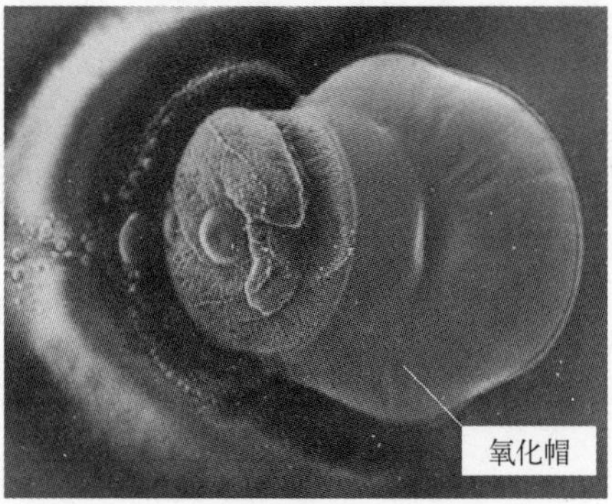

图7-1 金属颗粒表面的金属氧化帽

7.1.1 基本假设

由于金属颗粒的燃烧与液体燃料类似，因此将采用薄膜理论分析金属燃烧，即认为金属液滴被球形气体薄膜所包围，薄膜内环境气体是静止的。因此，做如下假设：

（1）金属颗粒在燃烧过程中被球形火焰均匀包围，存在于静止、无限的介质中。不考虑与其他颗粒的相互影响作用；

（2）被金属氧化物所覆盖的颗粒表面不燃烧；

（3）燃烧过程是准稳态的；

（4）颗粒周围无压力梯度；

（5）在火焰处，燃料与氧化剂以等化学当量比反应。假设化学反应动力学速率无限快，则火焰表现为一个无限薄的面；

（6）Le 数为 1，即 $\lambda=\rho D c_{\mathrm{p}}$；

（7）所有不参与反应的气体均假设为惰性气体。

基于这些假设，金属颗粒燃烧模型建立分为两步：第一步仅考虑金属氧化物在颗粒表面积累、不计其对燃烧的影响来计算整个球形颗粒表面的蒸发燃烧速率，第二步从整个颗粒的燃烧速率中扣除金属氧化帽覆盖表面的燃烧速率。

7.1.2　金属颗粒燃烧模型

1. 方程推导

设金属颗粒蒸气的燃烧反应为

$$\mathrm{F}+b_1\mathrm{O}\rightarrow c_1\mathrm{P}_{\mathrm{g}}+d_1\mathrm{P}_{\mathrm{moxg}}+e_1\mathrm{P}_{\mathrm{mox(l,s)}} \tag{7-1}$$

该式表示为 1mol 金属燃料蒸气 F 与 b_1 mol 的氧化性气体发生反应，生成 c_1 mol的气相产物 $\mathrm{P_g}$、d_1 mol 的气相金属氧化物 $\mathrm{P_{moxg}}$和 $e_1$mol 的凝相金属燃烧产物 $\mathrm{P_{mox}}$。凝相金属燃烧产物没有质量扩散，随蒸发燃烧的主气流流向环境介质，气相金属氧化物可向颗粒表面和环境扩散。燃烧场中除了反应物和产物外，还有惰性气体 N。

混合气体的质量守恒方程为

$$\dot{m}=4\pi r^2\rho v=4\pi r_{\mathrm{s}}^2\rho_{\mathrm{s}}v_{\mathrm{s}}=\mathrm{constant} \tag{7-2}$$

组分的质量守恒方程为

$$\dot{m}\frac{\mathrm{d}Y_{\mathrm{i}}}{\mathrm{d}r}-\frac{\partial}{\partial r}\left(4\pi r^2\rho D\frac{\mathrm{d}Y_{\mathrm{i}}}{\mathrm{d}r}\right)=4\pi r^2\dot{\omega}_{\mathrm{i}}\quad i=\mathrm{F,O,P_g,P_{moxg},N} \tag{7-3}$$

式中：$\dot{m}$ 为混合气体的质量流率；Y_{i} 为组分 i 的质量分数；$\dot{\omega}_{\mathrm{i}}$ 为单位体积重组分 i 的质量净生成率，对于惰性气体，该值为 0，即 $\dot{\omega}_{\mathrm{N}}=0$。

混合气体的能量方程为

$$\dot{m}\frac{\mathrm{d}c_{\mathrm{p}}T}{\mathrm{d}r}-\frac{\mathrm{d}}{\mathrm{d}r}\left(4\pi r^2\rho D\frac{\mathrm{d}c_{\mathrm{p}}T}{\mathrm{d}r}\right)=4\pi r^2\dot{\omega}_{\mathrm{F}}Q_{\mathrm{F}} \tag{7-4}$$

式中:Q_F为单位质量金属蒸气燃烧的热效应;c_p为气相混合物的定压比热容。

根据化学计量关系,各组分质量净生成率之间有如下关系式:

$$\dot{\omega}_O = \frac{b_1 M_O}{M_F}\dot{\omega}_F \tag{7-5}$$

$$\dot{\omega}_{P_g} = -\frac{c_1 M_{P_g}}{M_F}\dot{\omega}_F \tag{7-6}$$

$$\dot{\omega}_{P_{moxg}} = -\frac{d_1 M_{P_{moxg}}}{M_F}\dot{\omega}_F \tag{7-7}$$

各组分的质量守恒方程可以分别写为

$$\dot{m}\frac{dY_F}{dr} - \frac{\partial}{\partial r}\left(4\pi r^2 \rho D \frac{dY_F}{dr}\right) = 4\pi r^2 \dot{\omega}_F \tag{7-8}$$

$$\dot{m}\frac{dY_O}{dr} - \frac{\partial}{\partial r}\left(4\pi r^2 \rho D \frac{dY_O}{dr}\right) = 4\pi r^2 \frac{b_1 M_O}{M_F}\dot{\omega}_F \tag{7-9}$$

$$\dot{m}\frac{dY_{P_g}}{dr} - \frac{\partial}{\partial r}\left(4\pi r^2 \rho D \frac{dY_{P_g}}{dr}\right) = -4\pi r^2 \frac{c_1 M_{P_g}}{M_F}\dot{\omega}_F \tag{7-10}$$

$$\dot{m}\frac{dY_{P_{moxg}}}{dr} - \frac{\partial}{\partial r}\left(4\pi r^2 \rho D \frac{dY_{P_{moxg}}}{dr}\right) = -4\pi r^2 \frac{d_1 M_{P_{moxg}}}{M_F}\dot{\omega}_F \tag{7-11}$$

$$\dot{m}\frac{dY_N}{dr} - \frac{\partial}{\partial r}\left(4\pi r^2 \rho D \frac{dY_N}{dr}\right) = 0 \tag{7-12}$$

设金属颗粒表面没有反应,金属氧化物向颗粒表面的质量流率为$\dot{m}_{Pmoxg,s}$,金属蒸气的质量流率为$\dot{m}_{F,s}$,金属蒸气流动方向与金属氧化物的流动方向相反(反应物为正,产物为负),在颗粒表面($r = r_s$)处有:

混合气流的流率为

$$\dot{m} = \dot{m}_{F,s} + \dot{m}_{P_{moxg},s} \tag{7-13}$$

金属蒸气的流率为

$$\dot{m}_{F,s} = \dot{m}Y_{F,s} - 4\pi r_s^2 \rho D\left(\frac{dY_F}{dr}\right)_s \tag{7-14}$$

气相金属氧化物的流率为

$$\dot{m}_{P_{moxg},s} = \dot{m}Y_{P_{moxg},s} - 4\pi r_s^2 \rho D\left(\frac{dY_{P_{moxg}}}{dr}\right)_s \tag{7-15}$$

氧化性气体的流率为

$$\dot{m}_{O,s} = \dot{m}Y_{O,s} - 4\pi r_s^2 \rho D\left(\frac{dY_O}{dr}\right)_s = 0 \tag{7-16}$$

气相产物的流率为

$$\dot{m}_{P_g,s}=\dot{m}Y_{P_g,s}-4\pi r_s^2\rho D\left(\frac{dY_{P_g}}{dr}\right)_s=0 \tag{7-17}$$

惰性气体的流率为

$$\dot{m}_{N,s}=\dot{m}Y_{N,s}-4\pi r_s^2\rho D\left(\frac{dY_N}{dr}\right)_s=0 \tag{7-18}$$

由颗粒定常燃烧假设,金属液滴蒸发所消耗的热量等于气相传导给颗粒的热量、积累于颗粒表面的金属氧化物凝结释热量 q_c 及外界向颗粒的辐射传热 q_r 之和。在颗粒表面的能量平衡方程为

$$4\pi r_s^2\lambda\left(\frac{dT}{dr}\right)_s+q_c+q_r=\dot{m}_F L_v \tag{7-19}$$

式中:下标 s 表示颗粒表面;L_v 为金属液滴的蒸发潜热。

式(7-13)~式(7-19)为颗粒表面的边界条件。

为简化方程式,根据式(7-5)~式(7-7),令

$$\beta_O=\frac{b_1M_O}{M_F},\beta_{P_g}=-\frac{c_1M_{P_g}}{M_F},\beta_{P_{moxg}}=-\frac{d_1M_{P_{moxg}}}{M_F}$$

由式(7-8)和式(7-9)可得

$$\dot{m}\frac{d(Y_F-Y_O/\beta_O)}{dr}-\frac{d}{dr}\left[4\pi r^2\rho D\frac{d(Y_F-Y_O/\beta_O)}{dr}\right]=0 \tag{7-20}$$

由式(7-8)和式(7-10)可得

$$\dot{m}\frac{d(Y_F-Y_{P_g}/\beta_{P_g})}{dr}-\frac{d}{dr}\left[4\pi r^2\rho D\frac{d(Y_F-Y_{P_g}/\beta_{P_g})}{dr}\right]=0 \tag{7-21}$$

由式(7-8)和式(7-11)可得

$$\dot{m}\frac{d(Y_F-Y_{P_{moxg}}/\beta_{P_{moxg}})}{dr}-\frac{d}{dr}\left[4\pi r^2\rho D\frac{d(Y_F-Y_{P_{moxg}}/\beta_{P_{moxg}})}{dr}\right]=0 \tag{7-22}$$

由式(7-4)和式(7-8)可得

$$\dot{m}\frac{d(c_pT-Y_FQ_F)}{dr}-\frac{d}{dr}\left[4\pi r^2\rho D\frac{d(c_pT-Y_FQ_F)}{dr}\right]=0 \tag{7-23}$$

令

$$Z=\begin{cases}Z_1=Y_F-Y_O/\beta_O\\ Z_2=Y_F-Y_{P_g}/\beta_{P_g}\\ Z_3=Y_F-Y_{P_{moxg}}/\beta_{P_{moxg}}\\ Z_4=Y_N\\ Z_5=c_pT-Y_FQ_F\end{cases}$$

则式(7-20)~式(7-23)可以写成:

$$\dot{m}\frac{\mathrm{d}Z}{\mathrm{d}r}-\frac{\mathrm{d}}{\mathrm{d}r}\left(4\pi r^2\rho D\frac{\mathrm{d}Z}{\mathrm{d}r}\right)=0 \tag{7-24}$$

定义金属氧化物的质量流率分数为$f=\dot{m}_{\mathrm{P_{moxg}},\mathrm{s}}/\dot{m}$,由于$\dot{m}_{\mathrm{P_{moxg}},\mathrm{s}}$为负值,因此$f$小于0。因此式(7-13)可以写为

$$\dot{m}_{\mathrm{F}}=\dot{m}(1-f) \tag{7-25}$$

结合式(7-14)和式(7-16),则

$$\left(\frac{\mathrm{d}Z_1}{\mathrm{d}r}\right)_{\mathrm{s}}=\frac{\dot{m}[Y_{\mathrm{F,s}}-(Y_{\mathrm{O,s}}/\beta_{\mathrm{O}}+1-f)]}{4\pi r_{\mathrm{s}}^2\rho D} \tag{7-26}$$

结合式(7-14)和式(7-17),则

$$\left(\frac{\mathrm{d}Z_2}{\mathrm{d}r}\right)_{\mathrm{s}}=\frac{\dot{m}[Y_{\mathrm{F,s}}-(Y_{\mathrm{P_g},\mathrm{s}}/\beta_{\mathrm{P_g}}+1-f)]}{4\pi r_{\mathrm{s}}^2\rho D} \tag{7-27}$$

结合式(7-14)和式(7-15),则

$$\left(\frac{\mathrm{d}Z_3}{\mathrm{d}r}\right)_{\mathrm{s}}=\frac{\dot{m}\{Y_{\mathrm{F,s}}-[Y_{\mathrm{P_{moxg}},\mathrm{s}}/\beta_{\mathrm{P_{moxg}}}-(1+1/\beta_{\mathrm{P_{moxg}}})f+1]\}}{4\pi r_{\mathrm{s}}^2\rho D} \tag{7-28}$$

式(7-18)则可改写成

$$\left(\frac{\mathrm{d}Z_4}{\mathrm{d}r}\right)_{\mathrm{s}}=\frac{\dot{m}Y_{\mathrm{N,s}}}{4\pi r_{\mathrm{s}}^2\rho D} \tag{7-29}$$

由式(7-19)及$Le=1$,有

$$4\pi r^2\lambda\left(\frac{\partial T}{\partial r}\right)_{\mathrm{s}}=\dot{m}\left[(1-f)L_{\mathrm{v}}-\frac{q_{\mathrm{c}}+q_{\mathrm{r}}}{\dot{m}}\right] \tag{7-30}$$

结合式(7-14),则有

$$\left(\frac{\mathrm{d}Z_5}{\mathrm{d}r}\right)_{\mathrm{s}}=\frac{\dot{m}\left[(1-f)L_{\mathrm{v}}-\dfrac{q_{\mathrm{c}}+q_{\mathrm{r}}}{\dot{m}}+Q_{\mathrm{F}}(1-f-Y_{\mathrm{F,s}})\right]}{4\pi r_{\mathrm{s}}^2\rho D} \tag{7-31}$$

基于式(7-25)~式(7-31),引入新综合变量

$$b=\begin{cases}b_{\mathrm{F-O}}=\dfrac{Y_{\mathrm{F}}-Y_{\mathrm{O}}/\beta_{\mathrm{O}}}{Y_{\mathrm{F,s}}-(Y_{\mathrm{O,s}}/\beta_{\mathrm{O}}-f+1)}\\ b_{\mathrm{F-P_g}}=\dfrac{Y_{\mathrm{F}}-Y_{\mathrm{P_g}}/\beta_{\mathrm{P_g}}}{Y_{\mathrm{F,s}}-(Y_{\mathrm{P_g},\mathrm{s}}/\beta_{\mathrm{P_g}}-f+1)}\\ b_{\mathrm{F-P_{moxg}}}=\dfrac{Y_{\mathrm{F}}-Y_{\mathrm{P_{moxg}}}/\beta_{\mathrm{P_g}}}{Y_{\mathrm{F,s}}-[Y_{\mathrm{P_{moxg}},\mathrm{s}}/\beta_{\mathrm{P_{moxg}}}-(1+1/\beta_{\mathrm{P_{moxg}}})f+1]}\\ b_{\mathrm{N}}=\dfrac{Y_{\mathrm{N}}}{Y_{\mathrm{N,s}}}\\ b_{\mathrm{F-T}}=\dfrac{c_{\mathrm{p}}T-Y_{\mathrm{F}}Q_{\mathrm{F}}}{(1-f)L_{\mathrm{v}}-(q_{\mathrm{c}}+q_{\mathrm{r}})/\dot{m}+Q_{\mathrm{F}}(1-f-Y_{\mathrm{F,s}})}\end{cases}$$

因此式(7-24)可以写成

$$\dot{m}\frac{\mathrm{d}b}{\mathrm{d}r}-\frac{\mathrm{d}}{\mathrm{d}r}\left(4\pi r^2\rho D\frac{\mathrm{d}b}{\mathrm{d}r}\right)=0 \tag{7-32}$$

边界条件为

在 $r=r_s$ 处
$$\left(\frac{\mathrm{d}b}{\mathrm{d}r}\right)_s=\frac{\dot{m}}{4\pi r_s^2\rho D} \tag{7-33}$$

在 r→∞ 处
$$b=b_\infty \tag{7-34}$$

对式(7-32)在 $[r_s, r]$ 的区间内进行积分,可得

$$\dot{m}b-4\pi r^2\rho D\frac{\mathrm{d}b}{\mathrm{d}r}=\dot{m}b_s-4\pi r_s^2\rho D\left(\frac{\mathrm{d}b}{\mathrm{d}r}\right)_s \tag{7-35}$$

将式(7-33)代入方程,得

$$\dot{m}b-4\pi r^2\rho D\frac{\mathrm{d}b}{\mathrm{d}r}=\dot{m}(b_s-1) \tag{7-36}$$

对该方程进一步整理可得

$$\frac{\mathrm{d}b}{(1-b_s)+b}=-\frac{\dot{m}}{4\pi r^2\rho D}\mathrm{d}\left(\frac{1}{r}\right) \tag{7-37}$$

在区间 $[r, r_\infty)$ 上对上式进行积分,则

$$\frac{1}{r}=\frac{4\pi\rho D}{\dot{m}}\ln\frac{1-b_s+b_\infty}{1-b_s+b} \tag{7-38}$$

在颗粒表面上则为

$$\frac{\dot{m}}{4\pi r_s\rho D}=\ln(1+b_\infty-b_s) \tag{7-39}$$

引入输运数 B,令 $B=b_\infty-b_s$,则 B 的表达式为

$$B=\begin{cases}B_{\mathrm{F-O}}=\dfrac{(Y_{\mathrm{F},\infty}-Y_{\mathrm{F,s}})+(Y_{\mathrm{O,s}}/\beta_{\mathrm{O}}-Y_{\mathrm{O},\infty}/\beta_{\mathrm{O}})}{Y_{\mathrm{F,s}}-(Y_{\mathrm{O,s}}/\beta_{\mathrm{O}}-f+1)}\\[2ex] B_{\mathrm{F-P_g}}=\dfrac{(Y_{\mathrm{F},\infty}-Y_{\mathrm{F,s}})+(Y_{\mathrm{P_g,s}}/\beta_{\mathrm{P_g}}-Y_{\mathrm{P_g},\infty}/\beta_{\mathrm{P_g}})}{Y_{\mathrm{F,s}}-(Y_{\mathrm{P_g,s}}/\beta_{\mathrm{P_g}}-f+1)}\\[2ex] B_{\mathrm{F-P_{moxg}}}=\dfrac{(Y_{\mathrm{F},\infty}-Y_{\mathrm{F,s}})+(Y_{\mathrm{P_{moxg},s}}/\beta_{\mathrm{P_{moxg}}}-Y_{\mathrm{P_{moxg}},\infty}/\beta_{\mathrm{P_{moxg}}})}{Y_{\mathrm{F,s}}-[Y_{\mathrm{P_{moxg},s}}/\beta_{\mathrm{P_{moxg}}}-(1+1/\beta_{\mathrm{P_{moxg}}})f+1]}\\[2ex] B_{\mathrm{N}}=\dfrac{Y_{\mathrm{N},\infty}-Y_{\mathrm{N,s}}}{Y_{\mathrm{N,s}}}\\[2ex] B_{\mathrm{F-T}}=\dfrac{c_p(T_\infty-T_s)+(Y_{\mathrm{F,s}}-Y_{\mathrm{F},\infty})Q_{\mathrm{F}}}{(1-f)L_v-\dfrac{q_c+q_r}{\dot{m}}+Q_{\mathrm{F}}(1-f-Y_{\mathrm{F,s}})}\end{cases}$$

因此,金属液滴的蒸气流率为

$$\dot{m}_{\mathrm{F}}=\dot{m}(1-f)=4\pi r_{s}\rho D(1-f)\ln(1+B_{\mathrm{F-O}}) \tag{7-40}$$

金属液滴的质量净生成率为

$$\dot{\omega}_{\mathrm{F}}=-\dot{m}_{\mathrm{F}} \tag{7-41}$$

单位金属液滴表面的质量净生成率为

$$q_{\mathrm{F}}=\frac{\dot{\omega}_{\mathrm{F}}}{4\pi r_{s}^{2}}=-\frac{\rho D(1-f)}{r_{s}}\ln(1+B_{\mathrm{F-O}}) \tag{7-42}$$

金属液滴的直径变化速率则可以表示为

$$\frac{\mathrm{d}(d_{s}^{2})}{\mathrm{d}t}=-\frac{8\rho D(1-f)}{\rho_{\mathrm{m}}}\ln(1+B_{\mathrm{F-O}}) \tag{7-43}$$

式中:ρ_{m}为金属液滴的密度。

由上述公式可得

$$d_{s}^{2}=d_{0}^{2}-Kt \tag{7-44}$$

其中

$$K=\frac{8\rho D(1-f)}{\rho_{\mathrm{m}}}\ln(1+B_{\mathrm{F-O}})$$

由式(7-44)可见,由于忽略了金属氧化物在颗粒表面积累对燃烧的影响,整个金属液滴燃烧公式服从 d^2 定律。因此金属液滴的燃烧时间可以表示为

$$t_{\mathrm{b}}=\frac{d_{0}^{2}}{K} \tag{7-45}$$

根据方程(7-38),金属液滴的火焰半径为

$$\frac{1}{r_{\mathrm{f}}}=\frac{4\pi\rho D}{\dot{m}}\ln\frac{1-b_{\mathrm{F-O,s}}+b_{\mathrm{F-O,\infty}}}{1-b_{\mathrm{F-O,s}}+b_{\mathrm{F-O,f}}} \tag{7-46}$$

设火焰厚度无限薄,在火焰面上令 $Y_{\mathrm{F,f}}=Y_{\mathrm{O,f}}=0$,则

$$\frac{1}{r_{\mathrm{f}}}=\frac{4\pi\rho D}{\dot{m}}\ln\left(\frac{Y_{\mathrm{O},\infty}/\beta_{\mathrm{O}}-f+1}{1-f}\right) \tag{7-47}$$

当颗粒表面金属蒸气的质量分数已知时,则可由式(7-47)求得火焰半径。

2. 方程数值解

将输运数 B 代入式(7-39),将会得到 5 个非线性代数方程。若远场($r\to\infty$)处的参数为已知的,则方程中含有的未知参数可表示为气相组分的质量分数(金属蒸气、氧化剂、气相燃烧产物,气相金属氧化物以及惰性气体)、金属氧化物质量流率分数 f、混合气体的质量流率 $\dot{m}$、颗粒温度和辐射参数。由于辐射换热仅与颗粒温度有关,因此方程中实际含有 8 个未知参数。为求解方程组,还需补充 3 个条件。补充条件如下:

(1) 假设金属液滴表面液体与蒸气处于两相平衡,由 Clausius-Clapeyron 关

系式可获得颗粒表面饱和蒸气压力与颗粒温度的关系

$$\ln\frac{p_{\mathrm{F}}}{p_{\mathrm{ref}}}=\frac{L_{\mathrm{v}}}{R}\left(\frac{1}{T_{\mathrm{ref}}}-\frac{1}{T_{\mathrm{s}}}\right) \tag{7-48}$$

式中：p_{F}为金属蒸气的饱和蒸气压；L_{v}为蒸发潜热；R 为气体常数；T_{s}为颗粒温度；p_{ref}和 T_{ref}分别为参考压力和参考温度。

利用道尔顿分压定律：

$$\frac{p_{\mathrm{F}}}{p}=Y_{\mathrm{F,s}}\frac{\overline{M}}{M_{\mathrm{F}}} \tag{7-49}$$

得

$$Y_{\mathrm{F,s}}=\frac{M_{\mathrm{F}}}{\overline{M}}\frac{p_{\mathrm{ref}}}{p}\exp\left[\frac{L_{\mathrm{v}}}{R}\left(\frac{1}{T_{\mathrm{ref}}}-\frac{1}{T_{\mathrm{s}}}\right)\right] \tag{7-50}$$

式中：$\overline{M}$ 和 M_{F} 为混合气和蒸气的相对分子量；p 为混合气压力。

（2）氧化性气体向金属表面扩散时会与金属蒸气发生燃烧反应而被耗尽，故可认为在颗粒表面处 $Y_{\mathrm{O,s}}=0$。需要注意的是，此时并未假设火焰面无限薄。

（3）设金属氧化物在颗粒表面能瞬间完成沉积，即 $Y_{\mathrm{P_{moxg},s}}=0$。

由上面补充的条件以及 $Y_{\mathrm{F},\infty}=0$，输运数 B 可简化为

$$B=\begin{cases}B_{\mathrm{F-O}}=\dfrac{Y_{\mathrm{F,s}}+Y_{\mathrm{O},\infty}/\beta_{\mathrm{O}}}{1-f-Y_{\mathrm{F,s}}}\\[2ex] B_{\mathrm{F-P_g}}=\dfrac{(Y_{\mathrm{P_g,s}}/\beta_{\mathrm{P_g}}-Y_{\mathrm{P_g},\infty}/\beta_{\mathrm{P_g}})-Y_{\mathrm{F,s}}}{Y_{\mathrm{F,s}}-(Y_{\mathrm{P_g,s}}/\beta_{\mathrm{P_g}}-f+1)}\\[2ex] B_{\mathrm{F-P_{moxg}}}=\dfrac{-Y_{\mathrm{P_{moxg}},\infty}/\beta_{\mathrm{P_{moxg}}}-Y_{\mathrm{F,s}}}{Y_{\mathrm{F,s}}+[(1+1/\beta_{\mathrm{P_{moxg}}})f-1]}\\[2ex] B_{\mathrm{N}}=\dfrac{Y_{\mathrm{N},\infty}-Y_{\mathrm{N,s}}}{Y_{\mathrm{N,s}}}\\[2ex] B_{\mathrm{F-T}}=\dfrac{c_{\mathrm{p}}(T_\infty-T_{\mathrm{s}})+Y_{\mathrm{F,s}}Q_{\mathrm{F}}}{(1-f)L_{\mathrm{v}}-(q_{\mathrm{c}}+q_{\mathrm{r}})/\dot{m}+Q_{\mathrm{F}}(1-f-Y_{\mathrm{F,s}})}\end{cases}$$

由 $B_{\mathrm{F-O}}=B_{\mathrm{F-T}}$，可求得

$$f=1-\frac{Y_{\mathrm{F,s}}[Q_{\mathrm{F}}Y_{\mathrm{O},\infty}/\beta_{\mathrm{O}}-c_{\mathrm{p}}(T_\infty-T_{\mathrm{s}})]+(Y_{\mathrm{F,s}}+Y_{\mathrm{O},\infty}/\beta_{\mathrm{O}})(q_{\mathrm{c}}+q_{r})/\dot{m}}{L_{\mathrm{v}}(Y_{\mathrm{F,s}}+Y_{\mathrm{O},\infty}/\beta_{\mathrm{O}})+[Q_{\mathrm{F}}Y_{\mathrm{O},\infty}/\beta_{\mathrm{O}}-c_{\mathrm{p}}(T_\infty-T_{\mathrm{s}})]} \tag{7-51}$$

取 $B_{\mathrm{F-O}}=B_{\mathrm{F-P_{moxg}}}$，可求得

$$f=1-\frac{(1-Y_{\mathrm{F,s}})(Y_{\mathrm{P_{moxg}},\infty}/\beta_{\mathrm{P_{moxg}}}-Y_{\mathrm{O},\infty}/\beta_{\mathrm{O}})}{(Y_{\mathrm{P_{moxg}},\infty}+Y_{\mathrm{F,s}})/\beta_{\mathrm{P_{moxg}}}-(Y_{\mathrm{O},\infty}/\beta_{\mathrm{O}})(1+1/\beta_{\mathrm{P_{moxg}}})} \tag{7-52}$$

根据 $B_{\mathrm{F-O}}=B_{\mathrm{F-P_{moxg}}}$，$B_{\mathrm{F-O}}=B_{\mathrm{F-P_g}}B_{\mathrm{F-O}}=B_{\mathrm{N}}$，$B_{\mathrm{F-O}}=B_{\mathrm{F-T}}$和补充条件，数值计算的

代数方程组为

$$\frac{Y_{F,s}+Y_{O,\infty}/\beta_O}{1-f-Y_{F,s}}=\frac{-Y_{P_{moxg},\infty}/\beta_{P_{moxg}}-Y_{F,s}}{Y_{F,s}+(1+1/\beta_{P_{moxg}})f-1} \tag{7-53}$$

$$\frac{Y_{F,s}+Y_{O,\infty}/\beta_O}{1-f-Y_{F,s}}=\frac{(Y_{P_g,s}/\beta_{P_g}-Y_{P_g,\infty}/\beta_{P_g})-Y_{F,s}}{Y_{F,s}-(Y_{P_g,s}/\beta_{P_g}-f+1)} \tag{7-54}$$

$$\frac{Y_{F,s}+Y_{O,\infty}/\beta_O}{1-f-Y_{F,s}}=\frac{Y_{N,\infty}-Y_{N,s}}{Y_{N,s}} \tag{7-55}$$

$$\frac{Y_{F,s}+Y_{O,\infty}/\beta_O}{1-f-Y_{F,s}}=\frac{c_p(T_\infty-T_s)+Y_{F,s}Q_F}{(1-f)L_v-(q_c+q_r)/\dot{m}+Q_F(1-f-Y_{F,s})} \tag{7-56}$$

$$Y_{F,s}=\frac{M_F}{\overline{M}}\frac{p_{ref}}{p}\exp\left[\frac{L_v}{R}\left(\frac{1}{T_{ref}}-\frac{1}{T_s}\right)\right] \tag{7-57}$$

$$\dot{m}=4\pi r_s\rho D\ln(1+B_{F-O}) \tag{7-58}$$

式(7-53)~式(7-56)为4个独立的方程,再加上式(7-57)和式(7-58),共计6个独立方程,求解6个未知变量($Y_{F,s}$、$Y_{P_g,s}$、$Y_{N,s}$、T_s、f、$\dot{m}$)。其他变量($\dot{m}_{P_{moxg},s}$、$\dot{m}_F$)可由如下方程求解

$$\dot{m}_{P_{moxg},s}=\dot{m}f \tag{7-59}$$

$$\dot{m}_F=\dot{m}(1-f) \tag{7-60}$$

这是一组非线性代数方程,可采用预估—校正迭代法求解。利用颗粒表面物质组分之和为1对求解结果进行检验,因此求解结果应满足

$$y=Y_{F,s}+Y_{P_g,s}+Y_{N,s}=1 \tag{7-61}$$

预估初值:

(1) 给定$Y_{F,s}$猜测值$Y_{F,s}^0$,由式(7-52)计算f^0值;

(2) 根据输运数B表达式,求出B_{F-O}^0的预报值;

(3) 由式(7-54)和式(7-55)求解$Y_{Pg,s}^0$和$Y_{N,s}^0$;

(4) 根据式(7-61)计算$y^0=Y_{F,s}^0+Y_{Pg,s}^0+Y_{N,s}^0$,一般情况下$y^0$不等于1;

(5) 根据式(7-61)修正各组分的质量分数,即

$$y_{i,s}^n=Y_{i,s}^0(1-Y_{F,s}^0)/(y^0-Y_{F,s}^0) \tag{7-62}$$

(6) 由各组分质量分数求解气体平均分子量$\overline{M}$和混合气体比热c_p;

(7) 由式(7-57)计算T_s^0;

(8) 根据式(7-56)求解获得B_{F-O}^{new}。

校正值:

(1) 根据预报值,按式(7-51)计算f的校正值f^{new};

(2) 根据B_{F-O}的表达式,利用B_{F-O}^{new}求解$Y_{F,s}^{new}$;

(3) 由式(7-54)和式(7-55)求解 $Y_{P_g,s}^{new}$ 和 $Y_{N,s}^{new}$；

(4) 计算 $y^{new}=Y_{F,s}^{new}+Y_{P_g,s}^{new}+Y_{N,s}^{new}$，如果 $y^{new}\neq 1$，按式(7-62)继续修正各组分质量分数；

(5) 由式(7-57)计算 T_s^{new}；

(6) 根据式(7-56)求解获得 B_{F-O}^{new}；

(7) 重复校正值(1)～(6)的计算，直到收敛为止。

当求得各组分在颗粒表面的质量分数及颗粒温度后，由式(7-58)～式(7-60)可得混合气、金属氧化物气体和金属颗粒蒸气的质量流率。

由方程推导过程可见，本模型可推广到周围介质中有多种氧化性气体(如 O_2、H_2O、CO_2 等)的情况，只要增加金属蒸气与氧化性气体之间的综合函数(如 b_{F-O_2}，b_{F-H_2O}，b_{F-CO_2} 等)即可。

7.1.3　金属氧化物覆盖时的金属颗粒燃烧模型

1. 金属氧化物在颗粒表面的积累

金属氧化物在颗粒表面的积累速率为

$$\dot{m}_{P_{moxg}}=\dot{m}f=4\pi r_s\rho Df\ln(1+B_{F-O}) \tag{7-63}$$

由式(7-52)以及 B_{F-O} 的表达式可知，f 和 B_{F-O} 是金属颗粒表面蒸气质量分数($Y_{F,s}$)的函数。假设燃烧过程中颗粒温度不变，则由式(7-57)可知，燃烧过程中 $Y_{F,s}$ 也为常数。因此由式(7-63)可以得出，流向颗粒的金属氧化物质量流率与颗粒半径成正比。构建关于 $Y_{F,s}$ 的函数，令

$$F(Y_{F,s})=4\pi\rho Df\ln(1+B_{F-O})$$

则式(7-63)可以表示为

$$\dot{m}_{P_{moxg}}=F(Y_{F,s})r_s \tag{7-64}$$

设金属颗粒和积累在颗粒上的金属氧化物组成一个球体，不考虑金属氧化物对金属表面的覆盖，金属颗粒全表面蒸发燃烧，则球体体积的变化率为

$$\frac{dV}{dt}=-\frac{\dot{m}(1-f)}{\rho_m}-\frac{\dot{m}f}{\rho_{ox}}=-\left(\frac{1-f}{\rho_m}+\frac{f}{\rho_{ox}}\right)4\pi r_s\rho D\ln(1+B_{F-O}) \tag{7-65}$$

式中：ρ_m 和 ρ_{ox} 分别为金属及其凝相氧化物的密度。球体的直径变化为

$$d_p^2=d_0^2-K_pt \tag{7-66}$$

式中：$K_p=8\rho D[(1-f)/\rho_m+f/\rho_{ox}]\ln(1+B_{F-O})$。

残留的金属氧化物直径为

$$d_{pb}^2=d_0^2(1-K_p/K) \tag{7-67}$$

当考虑金属氧化物对金属表面覆盖时，设覆盖面积为 A_{ox}，金属颗粒仅部分表面蒸发燃烧，则

$$\begin{aligned}\frac{\mathrm{d}V}{\mathrm{d}t}&=-\frac{4\pi r_s^2-A_{ox}}{4\pi r_s^2}\frac{\dot{m}(1-f)}{\rho_m}-\frac{\dot{m}f}{\rho_{ox}}\\&=-\left(\frac{4\pi r_s^2-A_{ox}}{4\pi r_s^2}\frac{1-f}{\rho_m}+\frac{f}{\rho_{ox}}\right)4\pi r_s\rho D\ln(1+B_{F-O})\end{aligned} \tag{7-68}$$

由于A_{ox}是时间函数，式(7-68)不能简单地积分。但由上式可知，考虑了金属氧化物对金属颗粒表面的覆盖，颗粒直径的变化率将不满足d^2定律。

2. 球冠状金属氧化帽时的金属颗粒燃烧

为了简化计算，通常把金属氧化帽视为球形颗粒的球冠，如图7-2所示。

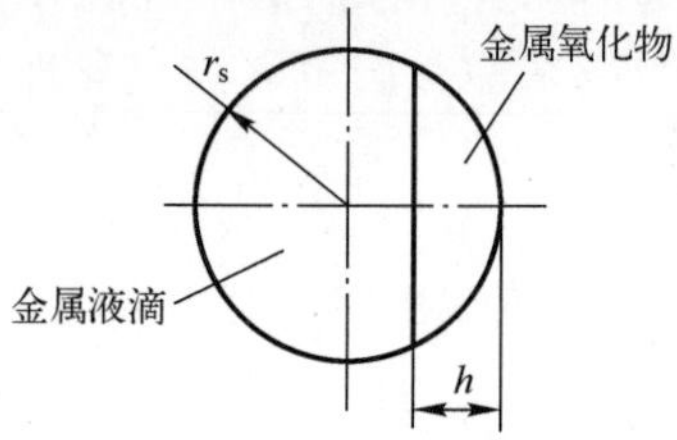

图7-2　金属氧化物和金属液体所组成的球体

设金属氧化帽为球冠状，则其球冠部分表面积为

$$A_{ox}=2\pi r_s h \tag{7-69}$$

因此

$$\frac{4\pi r_s^2-A_{ox}}{4\pi r_s^2}=1-\frac{h}{2r_s} \tag{7-70}$$

根据式(7-68)，颗粒的半径变化率可以表示为

$$\frac{\mathrm{d}r_s}{\mathrm{d}t}=-\left[\left(1-\frac{h}{2r_s}\right)\frac{(1-f)}{\rho_m}+\frac{f}{\rho_{ox}}\right]\frac{\rho D}{r}\ln(1+B_{F-O}) \tag{7-71}$$

金属氧化帽的体积为

$$V_{ox}=\pi h^2(3r_s-h)/3 \tag{7-72}$$

由此可得金属氧化帽体积变化率为

$$\begin{aligned}\frac{\mathrm{d}V_{ox}}{\mathrm{d}t}&=\pi\left[(2hr_s-h^2)\frac{\mathrm{d}h}{\mathrm{d}t}+h^2\frac{\mathrm{d}r_s}{\mathrm{d}t}\right]=-\frac{\dot{m}_{P_{moxg}}}{\rho_{ox}}\\&=-\frac{4\pi r_s\rho Df}{\rho_{ox}}\ln(1+B_{F-O})\end{aligned} \tag{7-73}$$

因此

$$\frac{\mathrm{d}h}{\mathrm{d}t}=-\frac{1}{2hr_s-h^2}\left[\frac{4\pi r_s\rho Df}{\rho_{ox}}\ln(1+B_{F-O})+h^2\frac{\mathrm{d}r_s}{\mathrm{d}t}\right] \tag{7-74}$$

把式(7-71)代入上式，得

$$\frac{\mathrm{d}h}{\mathrm{d}t}=-\frac{\rho D}{2hr_{\mathrm{s}}-h^{2}}\left\{\frac{4r_{\mathrm{s}}f}{\rho_{\mathrm{ox}}}-\frac{h^{2}}{r_{\mathrm{s}}}\left[\left(1-\frac{h}{2r_{\mathrm{s}}}\right)\frac{1-f}{\rho_{\mathrm{m}}}+\frac{f}{\rho_{\mathrm{ox}}}\right]\right\}\ln(1+B_{\mathrm{F-O}}) \tag{7-75}$$

当已知颗粒温度，从而求解 f 和 $B_{\mathrm{F-O}}$后，即可从式(7-71)和式(7-75)中得到颗粒半径随时间的变化。

3. 球状金属氧化帽时的金属颗粒燃烧

设金属颗粒燃烧时，颗粒及附着在其表面的金属氧化物均为液态。两种液滴黏附在一起的结构如图 7-3 所示。图中的 γ_1 和 γ_2 为表面张力所引起的接触角，R_1 和 R_2 分别为金属液滴及其氧化帽液滴的半径。

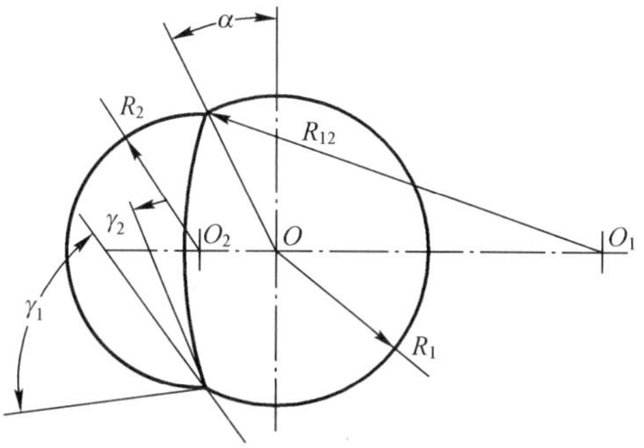

图 7-3　液态金属氧化帽附着在金属颗粒表面的几何关系

设系统处于平衡状态，设金属氧化帽的质量分数为 η，则其表达式为

$$\eta=m_{\mathrm{ox}}/(m_{\mathrm{ox}}+m_{\mathrm{m}}) \tag{7-76}$$

式中：m_{m} 和 m_{ox} 为金属液滴及其液态氧化帽的质量。

通过对金属蒸气及气相金属氧化物的质量流率进行积分计算，可获得金属液滴及其液态氧化帽的质量，计算公式为

$$m_{\mathrm{m}}=m_0-\int_0^t\frac{A_{\mathrm{m}}}{A_{\mathrm{m}}+A_{\mathrm{ox}}}\dot{m}_{\mathrm{F}}\mathrm{d}t \tag{7-77}$$

$$m_{\mathrm{ox}}=-\int_0^t\dot{m}_{\mathrm{P_{moxg}}}\mathrm{d}t \tag{7-78}$$

式中：m_0 为金属液滴初始质量，A_{m} 和 A_{ox} 分别为金属液滴蒸发的表面积和被覆盖的面积。

金属液滴及其液态氧化帽的体积表达式为

$$\begin{aligned}V_{\mathrm{ox}}=\frac{\pi}{3}R_1^3\Big\{&\frac{\cos^3\alpha}{\cos^3(\alpha-\gamma_1)}[1-\sin(\alpha-\gamma_1)]^2[2-\sin(\alpha-\gamma_1)]\\&-\frac{\cos^3\alpha}{\cos^3(\alpha+\gamma_2)}[1-\sin(\alpha+\gamma_2)]^2[2+\sin(\alpha+\gamma_2)]\Big\}\end{aligned} \tag{7-79}$$

$$V_m=\frac{\pi}{3}R_1^3\left\{(1-\sin\alpha)^2(2-\sin\alpha)+\frac{\cos^3\alpha}{\cos^3(\alpha+\gamma_2)}[1-\sin(\alpha+\gamma_2)]^2[2+\sin(\alpha+\gamma_2)]\right\}\tag{7-80}$$

设 σ_1 和 σ_2 分别为金属液滴及其液态氧化帽的表面张力，σ_{12} 是金属与金属氧化物界面上的表面张力，根据界面上力的平衡得

$$\gamma_1=\arccos\frac{\sigma_1^2+\sigma_2^2-\sigma_{12}^2}{2\sigma_1\sigma_2}\tag{7-81}$$

$$\gamma_2=\arccos\frac{\sigma_1^2+\sigma_{12}^2-\sigma_2^2}{2\sigma_1\sigma_{12}}\tag{7-82}$$

金属氧化帽覆盖金属颗粒的面积为

$$A_{ox}=\begin{cases}2\pi R_1^2(1-\sin\alpha) & (R_1\geqslant R_2)\\ 2\pi R_1^2[1-\sin(\gamma_1-\alpha)] & (R_1<R_2)\end{cases}\tag{7-83}$$

在假设氧化帽覆盖的金属颗粒表面不发生蒸发燃烧条件下，颗粒的质量蒸发速率为

$$\dot{m}_F=(4\pi R_1^2-A_{ox})\frac{\rho D(1-f)}{R_1}\ln(1+B_{F-O})\tag{7-84}$$

7.2 Al/AP 点火和燃烧

7.2.1 Al 颗粒点火机理

纯 Al 颗粒在空气中暴露一段时间后表面会形成一层 Al_2O_3 薄膜，薄膜的厚度与颗粒的粒度、表面特征有关，厚度大小可以使用 TEM、XPS、TGA 等检测方法进行粗略估算。由于颗粒表面的 Al_2O_3 氧化膜十分致密，常温情况下空气中的氧气无法扩散到 Al 颗粒内部。因此在 Al 颗粒点火过程中，外部热源必须将颗粒加热融化，使 Al_2O_3 薄膜结构完整性遭到破坏，Al 颗粒才能接触到氧化性气氛而发生化学反应。

Al 颗粒作为固体推进剂的常用高能添加组分，国内外学者对其点火机理进行了详尽的研究，研究表明 Al 的点火温度是 Al_2O_3 的熔点 2300K。有学者将热电偶埋于铝颗粒中间测量得到其点火温度为 2000～2100K，未达到 Al_2O_3 熔点，点火延迟时间与颗粒直径的平方成正比。

Prasanth George 和 Paul E. DesJardin 等学者认为 Al 颗粒与 Al_2O_3 接触面发生的表面异相反应（HSR）对点火过程的影响不能忽略，考虑表面异相反应 HSR 的点火阶段 Al 颗粒内部结构如图 7-4 所示。

(1) 在外部加热作用下 Al 颗粒温度逐渐上升至熔点;

(2) Al 颗粒融化后形成的液态 Al 在 Al_2O_3 接触面上发生表面异相反应,使液态 Al 的质量被消耗,Al_2O_3 外壳厚度增大;

(3) 随着 Al 颗粒不断融化而体积膨胀,颗粒内部应力加大使 Al_2O_3 膜出现裂纹,考虑 HSR 反应后 Al 颗粒在点火前的质量将被少量消耗,且点火延迟时间变短。

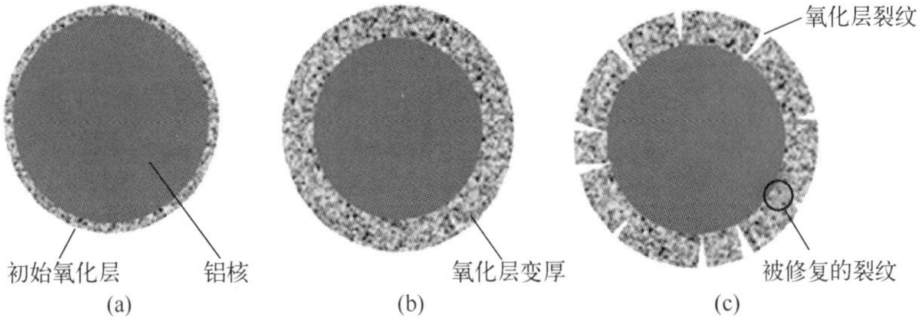

图 7-4　Al 颗粒点火过程氧化层外壳变化示意图
(a) 初始;(b) HSR 反应;(c) 外壳修复。

目前研究认为 Al 颗粒点火机理主要有两种,一种是液态 Al_2O_3 外壳的蒸发吹除破坏;另一种是固态 Al_2O_3 外壳的拉伸断裂破碎。对于粒度较大的颗粒,在相同的加热环境下其升温速率较慢且 Al_2O_3 外壳较薄,在外部热源的加热作用下,温度达到 933K 时内部 Al 核开始向液态转变,而 Al_2O_3 在达到 2300K 之前仍然保持固体状态,此时液态的 Al 由于热膨胀作用将对固态 Al_2O_3 外壳进行挤压,使 Al_2O_3 外壳产生拉应力,Al_2O_3 外壳很快出现裂纹,少量液态 Al 暴露于气相中生成 Al_2O_3,将裂纹修复,而且粒度较大的 Al 颗粒内部固液相变过程十分缓慢,Al_2O_3 外壳受到的拉伸应力较小且过程缓慢,为 Al_2O_3 外壳修复提供了足够的缓冲时间,直至 Al_2O_3 外壳融化为液态以后,外部氧化性气氛将穿透 Al_2O_3 液膜接触 Al 颗粒快速反应并大量放热,导致 Al 颗粒表面温度迅速超过 Al 的熔点,产生大量的 Al 蒸气将 Al_2O_3 液膜吹开,如图 7-5(a)所示,使 Al 颗粒暴露出来,点火成功。

对于粒度较小的颗粒,在相同的加热环境下其升温速率较快且 Al_2O_3 外壳与 Al 液滴直径比值更大,Al 核融化将产生 6%的体积增加,对 Al_2O_3 外壳产生更大的拉伸应力(3~11GPa),快速的应力冲击过程使 Al 液滴内部产生剧烈的压力波动,使固态的 Al_2O_3 外壳炸裂,最表层 Al 液滴与液滴球心处的压力差为 3~8GPa,超过了 Al 液滴的临界压强,故液态 Al 核将分散成无数纳米尺度液滴簇以 100~200m/s 的速度向四周喷溅,如图 7-5(b)所示,故小粒度 Al 颗粒可以在温度低于 Al_2O_3 熔点时发生点火,而且研究表明 Al 颗粒比表面积的增大使颗粒表面能增大，Al 和 Al_2O_3 的熔点沸点都会降低，1μm 粒度 Al 粉的点火温度甚至会下降到 1000K。而且不同批次的 Al 粉由于纯度、粒度的不同，点火温度存在一定差别，在工程应用中使用基于 Al_2O_3 外壳破碎动力学的建模方法来估计点火延迟难度巨大且非常耗费计算资源，编者认为 Al 颗粒成功点火以前其粒径基本保持不变，只需要确定所使用 Al 颗粒的点火温度，结合颗粒表面传热计算，即可得到点火延迟。需要注意的是，铝颗粒在火箭发动机中的升温速率是极快的，升温速率较慢的实验方式，如 TG、DSC 等无法揭示 Al_2O_3 的破坏机理，常用的快速加热手段有激光点火，激波管点火、T-jump 检测等。

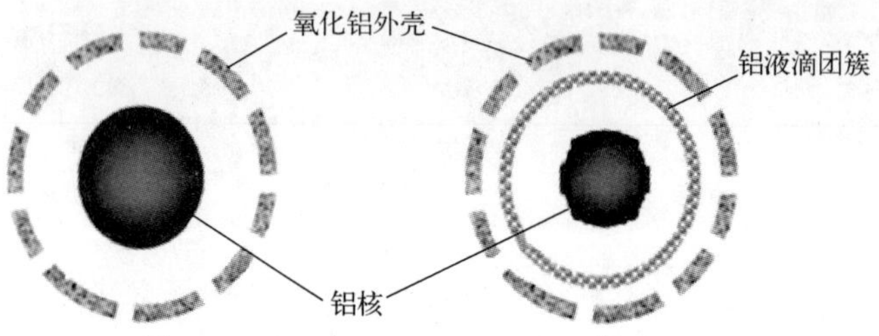

图 7-5　Al 颗粒点火的两种机理示意图

(a) 蒸发吹除；(b) 拉伸断裂。

7.2.2　Al 颗粒燃烧机理

Al 颗粒燃烧机理及燃烧时间的确定对于粉末火箭发动机设计非常重要，Glassman 和 Brzustowski 认为金属的沸点低于其氧化物沸点时，金属颗粒可以像液滴蒸发一样燃烧，Al 的熔点为 933K，沸点为 2750K，皆低于 Al_2O_3 的熔点(2327K)及沸点(4073K)。粒径较大的 Al 颗粒点火成功后 Al 蒸气和 O_2 之间反应速率极快，并且活化能很低，这些反应的速率大约比碳氢燃料与 O_2 的反应速率快 3 个数量级，而大粒径颗粒的比表面积较小，Al 颗粒热反馈速率受限，所以化学反应动力学并不是限制铝燃烧的因素，对于纳米级 Al 颗粒来说，由于其比表面积非常大，蒸发过程迅速，而且点火成功后可能分散成粒度更小的颗粒，故其燃速是化学反应动力学控制的，粒度介于中间的 Al 颗粒则可能是两种情况同时存在。

研究人员对 Al 颗粒点火燃烧过程进行大量研究后，认为铝颗粒进入准稳态液滴蒸发燃烧(QSC)时的反应可以用以下 9 步反应机理表示。

表面反应：

$$Al_{(l)} \rightarrow Al_{(g)} \tag{R1}$$

$$Al_{(l)} + AlO_{(g)} \rightarrow Al_2O_{(g)} \tag{R2}$$

气相反应：

$$Al_{(g)}+O_2 \rightarrow AlO+O \tag{R3}$$

$$AlO+O_2 \rightarrow AlO_2+O \tag{R4}$$

$$O+O \rightarrow O_2 \tag{R5}$$

离解反应：

$$Al_2O_{3(l)} \rightarrow 2AlO+\frac{1}{2}O_2 \tag{R6}$$

冷凝反应：

$$2AlO+\frac{1}{2}O_2 \rightarrow Al_2O_{3(l)} \tag{R7}$$

$$Al_2O+O_2 \rightarrow Al_2O_{3(l)} \tag{R8}$$

$$Al_2O+Al_2O \rightarrow Al_2O_{3(l)}+\frac{1}{2}O_2 \tag{R9}$$

以上 9 步反应在 Al 液滴准稳态燃烧时的位置及组分扩散方向如图 7-6 所示，液态铝在火焰热反馈作用下不断蒸发形成气态铝，并沿颗粒径向向火焰区扩散，与周围环境扩散来的 O_2 在火焰区内相遇并进行 R3、R4、R5 反应，最先开始的反应是 R3，其产物 AlO 和 O 是反应 R4 和 R5 的反应物。P. Bucher 用 PLIF 测量了 AlO 在 Al 颗粒径向上的分布情况，发现 AlO 的最大浓度位于火焰锋面和颗粒之间的区域，反应 R3～R5 是最主要的热量来源，故整个流场中火焰区的温度最高，火焰区向 Al 颗粒表面传热以产生铝蒸气，伴随着一部分 AlO 产物向 Al 液滴表面的扩散将发生表面异相反应 R2，火焰区的反应温度一般会维持在 3800K 这个恒定值，随着压强和氧化剂浓度的改变，火焰温度的变化范围也较小，为 3500～4200K，原因是火焰区温度高于 3800K 后会发生反应 R6，吸收大量热量使火焰温度难以持续上升。反应产物从火焰区不断向外扩散的过程中由于温度降低会发生 R7、R8、R9 三个冷凝反应，形成细小的 Al_2O_3 液滴，其中一部分 Al_2O_3 液滴反向扩散至 Al 液滴表面，由于两种液体界面间表面张力低且 Al_2O_3 拥有较高的表面张力（0.6N/m），使 Al_2O_3 聚集在背风区形成 Al_2O_3 帽，并遮挡 Al 液滴一部分表面，使 Al 液滴的燃速降低，斯蒂芬流与周围流体环境会影响 AlO 和 Al_2O_3 的反向扩散，使 Al_2O_3 帽的形成机理越加复杂，这是 Al 液滴燃烧建模过程中与碳氢燃料液滴的最大难点与区别。气相环境中的氧化剂浓度使颗粒表面温度无法达到 Al 的沸点时，液滴蒸发燃烧无法进行，火焰将熄灭，这是由于在化学计量比情况下 Al 颗粒无法完全燃烧，所以固体火箭发动机中常常会产生大量 Al 沉积。

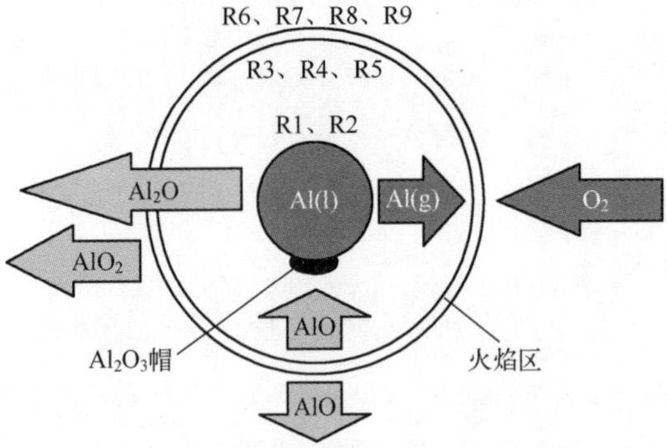

图 7-6　Al 液滴蒸发燃烧原理示意图

在相同的热环境下颗粒表面积与其质量的比值(即比表面积)反映了蒸发速率的快慢,粒径越大的球形颗粒其比表面积越小,火焰区也越靠近颗粒表面,但是不可能贴于 Al 液滴表面,这是因为火焰区离颗粒表面越近,热反馈越强烈,铝蒸气产量越高,沿法向向外的气流速度越快,然而火焰区半径也不是无限大的,随着火焰区与 Al 颗粒表面之间距离的增大,热反馈逐渐减小,降低了铝蒸气的产量,从而火焰区向 Al 颗粒表面移动。总的来看 Al 液滴燃烧是由铝蒸气扩散及 O_2扩散共同控制的,研究表明 Al 的火焰区半径一般为 Al 液滴半径的 1.5~5 倍,常压空气中火焰区半径大概为 Al 液滴半径的 2~5 倍,Al 液滴蒸发速率反映了颗粒燃速。

液滴蒸发时间表达式为 $\tau_b = D_0^2/a$,其中 τ_b 为燃烧时间、D_0 为初始粒径、a 为燃烧速率常数,其中 a 代表了温度、压强和组分浓度对反应速率的影响。由于 Al_2O_3帽的阻碍作用,Al 液滴的燃速公式写为 $\tau_b = D_0^n/a$,其中 $n = 1.5 \sim 1.8$,且粒径越小的 Al 颗粒 n 值越小。实验观察到,当 Al 颗粒粒径小于 20μm 时,铝颗粒的扩散火焰几乎完全贴近金属液滴表面。用静电悬浮 2~20μm 铝粉并观测 AlO 光谱的方法测量燃烧时间和火焰温度,由实验现象可知 Al 颗粒在空气中的燃烧由扩散控制向动力学控制的转化点发生在粒径为 10μm 时。由于 Al 颗粒粒度、纯度、氧化层厚度的不同将导致不同批次 Al 颗粒的点火温度存在差异。对于纳米级 Al 颗粒来说 $n = 0.3$,表明粒径变小会使燃烧由扩散控制向动力学控制转变,总的来看,Al 颗粒的燃烧机理根据粒径、压强、气体组分、温度等因素的不同存在显著的差异。

7.2.3　Al/AP 点火模型

1. 高氯酸铵热解特性

在模型建立前应当确定 AP(高氯酸铵)的热分解特性及气相产物,对于 AP

在缓慢升温(TG、DSC 等)环境下的热解规律研究很多,然而在 Al/AP 粉末火箭发动机中,颗粒从供粉系统流动至燃烧室的时间极短,颗粒的升温速率极快,其热解规律发生了巨大变化。

AP 分解的机理比较复杂,前人的研究主要集中在压强对其燃速的影响规律上,但是却没有对温度的影响进行研究,通常认为第一步分解是$NH_4ClO_4=NH_3+HClO_4$,由 Jacobs 在 1969 年提出的。广泛接受的观点是 AP 内质子转移产生氨气和高氯酸,然后氨气和高氯酸继续反应:

$$NH_3+HClO_4 = 0.5N_2+1.5H_2O+HCl+1.25O_2$$

反应很接近于 AP 颗粒表面,低压下这个预混火焰会远离颗粒面,研究气相的氨气-高氯酸火焰被认为对于研究 AP 燃烧机理是有价值的,实验发现高氯酸是比O_2活性更强的氧化剂,燃烧时发射光谱表明 NO,OH,NH 和 NO+O 的存在。

1996 年 Behren 提出 AP 的固相低温分解温度为 240~270℃,他认为产物为H_2O,O_2,Cl_2,N_2O和 HCl。470℃时分解反应最为剧烈。AP 固相分解的温度敏感系数为 0.002~0.0027(1/K)之间,产物主要是H_2O,O_2,HCl,N_2。Ermolin 认为 AP 分解产物中共包含 12 种组分,主要分解组分为H_2O_2和O_2,并提出了 AP 单独燃烧时的 79 个基元反应。

Trevor D. Hedman 将 AP 颗粒在克劳福德链燃烧器中堆积成一条“直线”后使用电热丝进行点火,测量了 AP 颗粒串的火焰传播速度,在忽略点火阶段质量消耗前提下建立了单个 AP 颗粒的燃烧模型为$\tau_{AP}=kd^{1.8}+k_1d$。分析表明 AP 无催化剂时的点火温度为 350℃。1997 年以后,Beckstead 发现 AP 中大量的放热反应发生于凝相中,表面H_2O和O_2的浓度非常接近于平衡浓度的 36%和 29%。并且得到了 AP 分解的动力学参数,其高温升华活化能为 117~125kJ/mol,低温热解活化能为 92kJ/mol。

AP 在室温下是稳定的,在 420K 左右开始发生分解,从斜立方晶型向正立方晶型的转换发生在 510K 左右。在强烈的加热条件下,670K 时 AP 完全分解。在温度超过 720K 时,AP 的热解(TD)非常快,从而导致爆炸。逐渐升温过程中,在 410~460K 范围内活化能为 63kJ/mol,在 470~520K 时活化能为 120kJ/mol,在此温度范围内最多仅 30%的 AP 发生热分解,在 520~620K 温度范围内,分解达到 100%,活化能为 126kJ/mol,高于 620K 后迅速达到 100%分解。除分解之外 AP 在高压下可以升华,已确定NH_3和$HClO_4$是升华产物,升华热焓为 244kJ/mol。

2. Al/AP 点火模型

通常认为粒径大于 10μm 的 Al 颗粒燃烧时受氧化剂扩散和 Al 液滴蒸发过程共同控制,故与气体燃料不同的是,某种自由基引起的链式反应很难加速燃烧过程,考虑详细组分基元反应的意义不大。综合以上文献中的研究结果,忽略氨气与高氯酸的初步反应,考虑 AP 的热解动力学建立模型。将 AP 的分解过程分为两个阶段:

(1) 在 300~420K 阶段颗粒受到外部热源(CO_2激光)加热,温度上升;

(2) 在 420~670K 阶段 AP 开始分解,产生大量高温气体,气体组分为 N_2,O_2,H_2O,HCl,并对 Al 颗粒进行对流加热。

Al/AP 颗粒混合物在激光加热条件下,还会受到 AP 分解气体的加热作用,Al 颗粒的能量方程为

$$m_{Al}C_{Al}\mathrm{d}T_{Al}/\mathrm{d}t=\dot{Q}_{laser}+\dot{Q}_{HSR}-\dot{Q}_{convection}-\dot{Q}_{radiation} \tag{7-85}$$

其中,对流换热项$\dot{Q}_{convection}$表示气相温度的变化对 Al 颗粒产生散热或加热作用。

AP 物理属性及分解动力学参数如表 7-1 所列,其中指前因子代表了 AP 颗粒半径的变化率。

表 7-1 AP 物理属性及分解动力学参数

密度/(kg/m^3)	导热/(W/(m·K))	热容/(J/(kg·m))	反应热/(J/kg)	指前因子 $A_{1,AP}$/(m/s)	活化能 Ea_{AP}/(J/mol)
1950	0.31	1170	180000	492	83700

AP 分解后其气相产物温度为 1349K,密度为 0.2414kg/m^3,气体平均分子量为 27.68,热容变为 1405J/(kg·K),比热比 k 为 1.27,由于氧气浓度的上升,Al 颗粒表面异相反应的指前因子变为 314kg/m^2。

AP 在激光照射下将发生热解,为了建立 CO_2激光器加热条件下的 Al/AP 粉末推进剂点火模型,需要知道 AP 颗粒对 CO_2激光的吸收效率。通过激光加热实验条件对纯 AP 的 CO_2激光吸收效率进行校准,可获得 AP 近似的吸收效率,以便建立模型。使用 CO_2激光对纯 AP 在 N_2环境中进行的加热点火如图 7-7 所示。

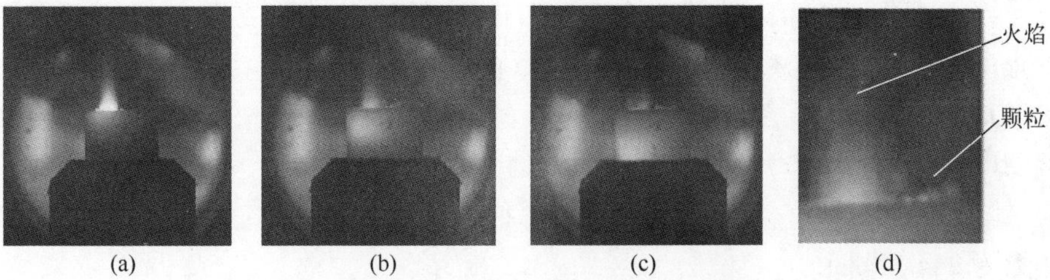

图 7-7 AP 颗粒点火燃烧录像

(a) 18ms;(b) 26ms;(c) 36ms;(d) 坩埚开口。

AP 颗粒在激光加热条件下样品会从不发光阶段直接进入火焰燃烧阶段，并不存在如 Al 颗粒般缓慢变成红色再产生火焰的阶段，这说明 AP 颗粒在 900K 以前就彻底分解。火焰根部颜色为白色，上方为黄色，说明气相产物成分复杂，辐射波长范围较大。火焰位置随着时间逐渐向下缓慢而均匀的移动，若停止激光加热则火焰立即熄灭，无法自维持稳定。激光光斑的面积并没有样品坩埚的开口面积大，本次实验中激光光斑照射在图片中偏左的区域，故火焰也处于左侧，如图 7-7(d)所示，右侧部分的 AP 颗粒并没有燃烧，且在左侧 AP 分解产物气体的强制对流下呈沸腾状跳出坩埚，AP 火焰随着时间增加向下移动，如图 7-7(c)所示，36ms 时刻左侧火焰已经完全进入坩埚内，而右侧的 AP 颗粒仍然在分解燃气的吹拂作用下跳出坩埚而未被点燃，当左侧 AP 全部分解后停止 CO_2激光加热，取出样品坩埚后用天平称量实验前后质量，发现 62.5%的 AP 并未燃烧，以上两点说明 AP 颗粒在常压下无外部热源加热时是无法自维持稳定燃烧的，而且理论温度为 1400K 的高温 AP 分解燃气对未燃 AP 进行强制对流加热也不能明显点燃 AP 颗粒，说明 CO_2激光对 AP 颗粒的能量传递功率远大于 1400K 燃气对流加热功率。

AP 颗粒在 CO_2激光点火情况下的三维光谱如图 7-8 所示，由于光谱信号的峰值强度在 567nm 处，其色温明显高于 1400K 的理论值，说明 AP 分解产生的气相产物种类较多，各种高温气相组分对光谱信号干涉强烈。AP 在快速加热情况下温度达到 670K 时将产生火焰，而 300～1100nm 光谱只能响应温度 900K 以上温度，故 AP 光谱信号的点火时刻的信号响应来自高温燃气，且 567nm 信号在点火时刻一定是突越状的，只需对 567nm 信号进行追踪，得到突越点时间即可得到 AP 的点火延迟，继而可以分析 AP 对 CO_2激光能量的吸收效率。

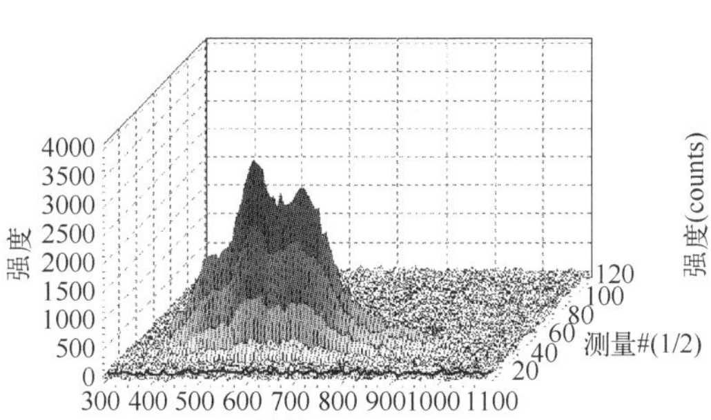

(a)

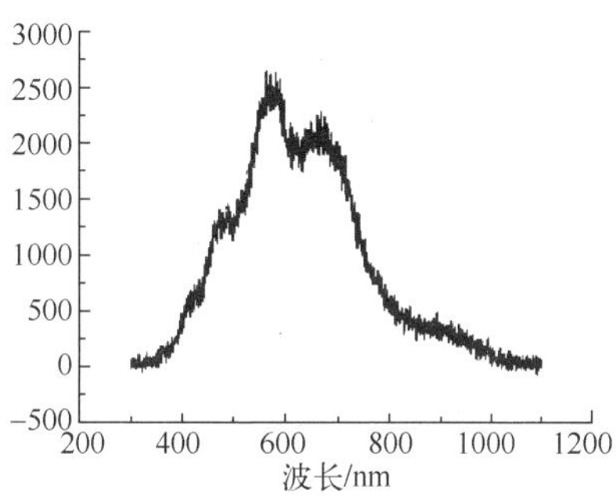

(b)

图 7-8　AP 单独燃烧光谱

(a) 三维；(b) 29ms 时刻。

567nm 光谱信号随时间变化情况如图 7-9 所示，567nm 波长信号突越时间为 18.73ms，如以上分析可知，AP 颗粒被 CO_2 激光从 300K 加热至 670K 的时间为 18.73ms。AP 燃烧后其火焰不断向下移动，光线被坩埚遮挡，进入光纤探头的光强度也会逐渐变弱，所以光谱信号达到一个最大值后并不会维持成平台段，其信号也将不断下降，从成功点火到火焰触底持续了 19.33ms，坩埚深度为 4mm，故其退移速率为 0.207m/s，之后还有一个强度为 372 的信号峰，可能是左侧 AP 燃烧完毕后，坩埚右侧 AP 颗粒失去了气流的挤压作用向左侧倒塌后被点燃造成的。

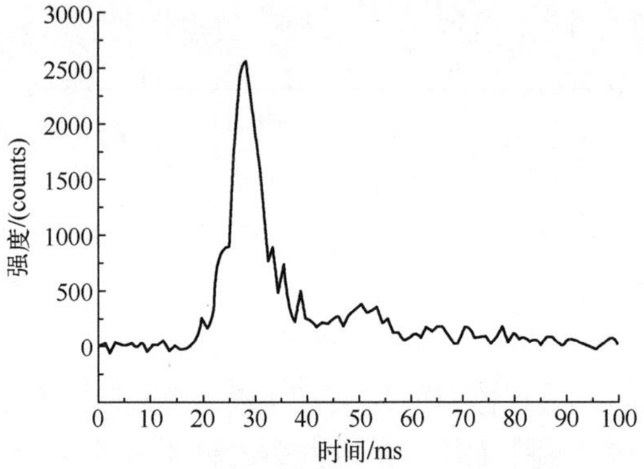

图 7-9　AP 点火燃烧光谱在 567nm 处信号随时间变化

图 7-10(a)为 AP 颗粒的 SEM 图，可见 AP 颗粒多呈方块立方体状，由于 AP 易溶于水和乙醇，使用氯苯作为分散介质测量了 AP 粉末的粒度分布，粒度分布情况如图 7-10(b)所示，其比表面积为 0.156m^2/g，平均粒度为 95.86μm。联立激光加热的能量传递公式：$\dot{Q}_{\text{laser}}=\pi D_{\text{AP}}^2\eta_{\text{AP}}I/4$ 和 AP 颗粒能量方程：$m_{\text{AP}}C_{\text{AP}}\mathrm{d}T_{\text{AP}}/\mathrm{d}t=\dot{Q}$，可得 AP 对 CO_2 激光吸收效率平均值 η_{AP}，由于 AP 在加热至 420K 时其分解速度十分缓慢，所产生气相组分不能被光谱仪检测出来，故光谱仪检测下限温度为 670K，计算 η_{AP} 所需参数及边界条件如表 7-2 所列，其他参数如密度 ρ_{AP}、热容 C_{AP} 不再列出，计算可得 $\eta_{\text{AP}}=56.47\%$。虽然 AP 在 420K 时才开始分解，到 670K 时已经完全分解完毕，AP 颗粒粒径是逐渐减小的，然而 670K 以前 AP 颗粒的分解速度十分缓慢，AP 颗粒粒径变化不大，且根据 Salil Mohan 的研究结果表明，颗粒对 CO_2 激光吸收效率随粒径变化幅度不大，故使用平均吸收效率 η_{AP} 来估算 AP 的整个加热过程是合理的。

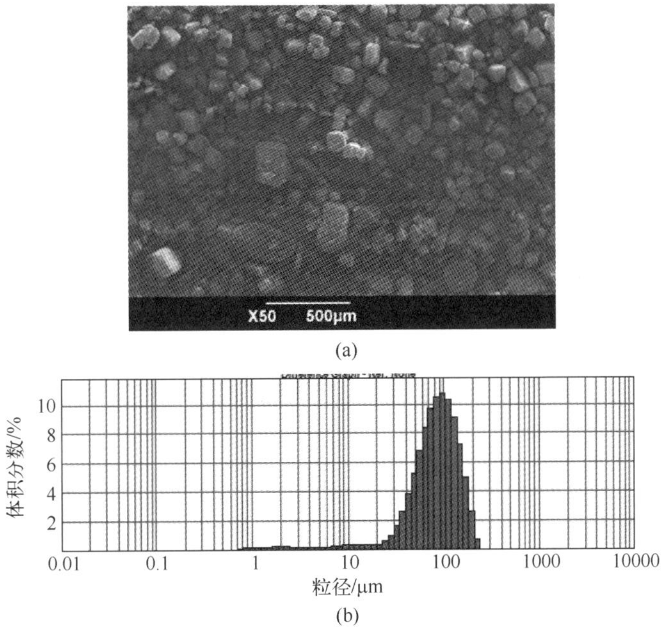

图 7-10　AP 颗粒形貌图

(a) SEM;(b) 粒度分布。

表 7-2　计算参数条件

粒度 $D_{AP,0}$/m	激光能量密度 I/W/m^2	点火延迟 $t_{d,AP}$/s	分解温度 $T_{D,AP}$/K	初温 $T_{0,AP}$/K
0.00009586	5100000	0.01873	670	300

使用 AP 颗粒质量 m_{AP} 的变化情况来描述 AP 的分解过程,则

$$\mathrm{d}m_{AP}/\mathrm{d}t=-4\pi r_{AP}^2\rho_{AP}\mathrm{d}r_{AP}/\mathrm{d}t \tag{7-86}$$

AP 粒径减小遵循动力学规律:

$$\frac{\mathrm{d}r_{AP}}{\mathrm{d}t}=A_{surf-AP}A_1\exp(-E_a/RT_{AP}) \tag{7-87}$$

对于激光点火过程,AP 颗粒和环境的换热过程可分为两个阶段,分解前向环境散热,开始分解后被自身分解气体产物加热,故能量方程为

$$m_{AP}C_{AP}\mathrm{d}T_{AP}/\mathrm{d}t=\dot{Q}_{laser}-\dot{Q}_{convection}-\dot{Q}_{radiation} \tag{7-88}$$

需要注意的是 T_{AP}>420K 时,式(7-88)中 $\dot{Q}_{convection}$ 项为负。

在初始时刻,燃烧器内气氛为常温常压氮气。在激光照射下,AP 颗粒和 Al 颗粒的温度均不断上升,在 AP 颗粒达到 AP 分解温度 420K 之前,颗粒温度高于环境气体温度,在对流换热作用下 Al 颗粒向环境散热;在 AP 颗粒增加到

420K 后,AP 颗粒会分解产生大量的高温燃气,其温度约为 1349K。由于 AP 颗粒与 Al 颗粒事先混合均匀,AP 分解产物会快速将 Al 颗粒完全包裹,Al 颗粒在高温分解产物的气氛下逐渐升温至着火点而被点着。因此,研究 Al/AP 点火特性时,在 AP 颗粒达到分解温度 420K 之前,可将环境气氛简化为初始温度 $T_{g,0}=300K$ 的 N_2 环境;在 AP 颗粒达到 420K 以后,可将环境气氛当成温度为 1349K 的 AP 分解产物。

Fedorov 的研究结果表明 Al 颗粒在 O_2 环境中的异质表面反应速率与 O_2 的浓度有关,Bizot 对 AP/HTPB/Al 固体推进剂燃烧过程进行研究后认为 AP 分解产物可以看成 O_2 和其他惰性气体成分,即 $NH_3+HClO_4=1.21O_2+3.0P$。使用 NIST 软件对 Al 颗粒在 O_2、H_2O、HCl 三种组分中的氧化速率进行了研究,动力学表达式如表 7-3 所列。

表 7-3　Al 与 O_2、H_2O、HCl 反应的热力学参数

反应	速率/(cm^3/mol·s)	温度范围/K
$Al+O_2=AlO+O$	2×10^{13}	933~2000
$Al+H_2O=AlO+H_2$	$60.5T_p^{3.59}\exp(525/T_p)$	298~1174
$Al+HCl=AlCl+H$	$3.3\times10^{11}\exp(-3925/T_p)$	1000~4000

计算表明在 933~2300K 温度范围内 O_2 与 Al 颗粒反应的速率比 HCl 与 Al 颗粒的反应速率在 1000~2300K 温度范围内大三个数量级,在 1174K 之前,H_2O 和 Al 的反应速率不断上升,然而在 2300K 时仍然比 O_2 与 Al 颗粒反应速率小两个数量级,因此可以认为 Al 与 AP 的反应过程只需考虑 Al 和 O_2 的反应即可。

3. 计算验证

式(7-86)~式(7-88)完全描述了 AP 分解的动力学过程,其中有 m_{AP}、T_{AP}、r_{AP} 三个未知数,与 Al 颗粒点火模型联立求解 Al/AP 激光点火模型,可获得相应的点火延迟时间。在 1atm 的氮气环境下,不同粒径 Al 颗粒与粒径 95.86μm AP 颗粒在 510W/cm^2 能量密度的 CO_2 激光点火下点火延迟实验测量值与 Al/AP 点火模型计算值对比情况如图 7-11 所示,D_{32} 为 3.242μm、5.541μm、10.238μm、18.70μm 的 Al 粉点火延迟实验平均值分别为 18.28ms、24.96ms、51.71ms、110.20ms,与各粒径 Al 粉的理论点火延迟之间的误差分别为 16.67%、8.33%、25.5%、28.18%,说明实验值与理论计算值的吻合度较好,点火模型中的设定是合理的,然而在粒度增大后有实验值大于理论值的趋势,分析原因可能是粒度增大后 Al 颗粒的随流性变差,从而使颗粒与 AP 分解产生的高温燃气之间的速度差增大,导致 Nu 数变大,使对流换热的强度增大。

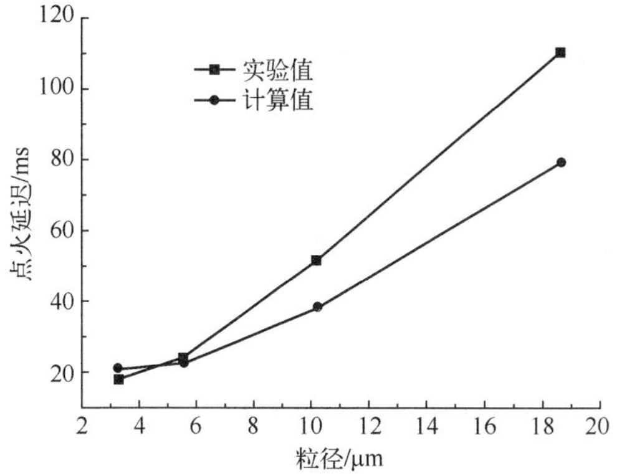

图 7-11　Al 颗粒点火延迟实验值与计算值对比

不同粒度 Al 颗粒温度上升具体过程如图 7-12 所示，与 Al 颗粒在空气中点火一样，Al/AP 在激光加热情况下的点火过程依然分为三个阶段：第一阶段为温度 933K 之前，Al 颗粒单纯受外部热源加热而不发生化学反应释放热量；第二阶段为温度维持在 933K，Al 颗粒开始熔化并受到表面异相反应 HSR 加热作用直至 Al 颗粒全部液化；第三阶段为 Al 液滴温度从 933K 上升至 2300K 的 Al_2O_3熔点处。其不同之处在于第一阶段分为前后两个部分，AP 颗粒的升温过程受 CO_2激光和其高温燃气的热反馈共同作用，所有工况都是在激光加热后 19.08ms 出现高温燃气，图中所有工况均在 19.08ms 处出现明显拐点，在此之前为第一阶段的前半部分，其温度上升的速率与 Al 粉在空气中加热时情况完全一致，第一阶段前半部分结束时，平均粒径为 3.242μm、5.541μm、10.238μm、18.70μm 的 Al 粉的温度分别被加热至 480K、407K、345K、321K，粒度越大则温度越低。

第一阶段的后半部分以 AP 达到热解温度 420K 并产生 1400K 的高温燃气为标志，开始时刻都为 19.08ms，此部分持续时间随颗粒的增大而非线性增大，此时 Al 颗粒没有达到 Al 的熔点 933K，不能进行表面异相反应放热来加速 Al 颗粒预热，然而由于 AP 高温燃气强烈的对流加热作用，使原本漫长的第一阶段后半部分持续时间大大压缩。之前的研究已经表明 Al 颗粒点火的第一阶段所占时间最长，故这是 AP 作为氧化剂时 Al 颗粒点火延迟远小于空气作为氧化剂的主要原因之一。

第二阶段的持续时间相比空气作为氧化剂时变化不大，虽然 Al 颗粒升温热源项增加了高温燃气对流加热作用，但是由于 AP 燃气在高温情况下的密度较低，使其中的 O_2浓度减少，削弱了表面异相反应 HSR 的放热作用。

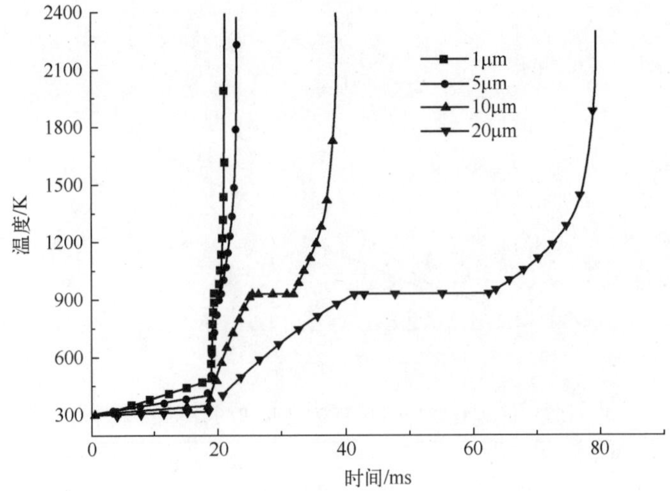

图 7-12　点火模型计算 Al 颗粒温度变化情况

7.3　粉末推进剂层流火焰传播

7.3.1　层流火焰传播理论

火焰传播的方式可以划分为缓燃和爆震两种形式，根据流体流动情况可分为层流传播和湍流传播。大部分情况下燃烧波传播是依靠热传导的形式将未燃混合气温度升高，或由于扩散使活化的中间产物输运到未燃混合气，这种传播的速度一般不大于 1～3m/s。爆震燃烧波的传播不是通过传热传质发生的，而是依靠激波的压缩作用使未燃气体的温度升高而引起化学反应，速度通常大于 1000m/s。

层流火焰传播研究剔除了湍流干扰，可以对粉末火箭发动机这种新型燃烧系统中的火焰传播特性提供参考依据。层流火焰传播过程示意图如图 7-13 所示，等截面圆管静止不动，在平衡状态下燃烧波也处于等截面圆管的某个位置静止不动，未燃新鲜混合物从左侧以初速度 v_u 进入管内后不断靠近燃烧波，混合物受到燃烧波传热作用后温度不断上升，至燃烧波左侧时达到点火温度，并在燃烧波厚度的运动距离内完成燃烧反应，可见初速度 v_u 决定了燃烧波的位置，通常情况下 $v_u=S_L$ 时燃烧波可以在管内静止，燃烧波后为已燃产物区，通常采用薄火焰层假设（认为燃烧波厚度为“零”）来简化分析，层流火焰传播研究还需要满足流体 Re 数小于 2320，对于气固两相流体来说同样适用。

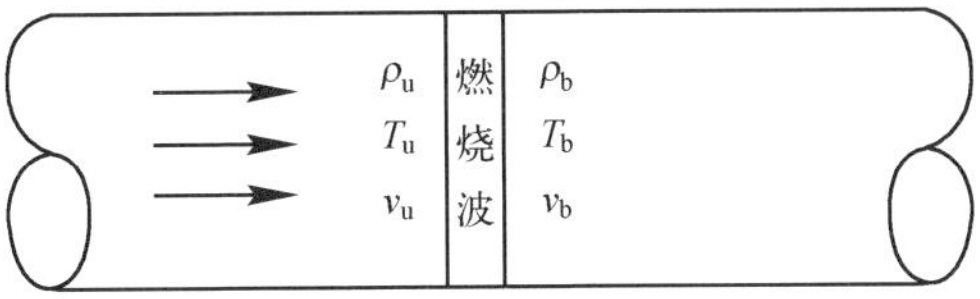

图 7-13　一维燃烧波研究的控制面方法示意图

7.3.2　Al 粉/空气层流火焰传播

1. Al 粉/空气层流火焰传播理论

AL 粉/空气火焰传播模型及传播原理如图 7-14 所示,白色球形代表 Al 颗粒、黑色点代表 Al_2O_3产物,圆管内可分为 1 预热区、2 燃烧区(处于图中两条虚线之间的区域)、3 产物区三个区域。若忽略管道壁面的传热影响,当两相混合物在管道中的流动速度 v_u 等于层流火焰传播速度 S_L 时,燃烧区将相对静止于管道中某固定位置处。物理量 T_g、T_s、T_{gi}、T_{si}、c_{Al}、$c_{Al_2O_3}$、W_f 分别表示气相温度、固相温度、气相点火温度、固相点火温度、Al 浓度、Al_2O_3浓度和燃烧波(区域 2)厚度。Al 颗粒向燃烧波运动过程中,不断受到气相组分的热传递作用,温度逐渐上升,至颗粒温度达到点火温度 T_{si}时,颗粒所处位置即燃烧波的起点(1 区和 2 区分界线),颗粒成功点火后进入燃烧模式,放出大量热,颗粒温度迅速上升,粒径随燃烧的进行而逐渐变小,在燃烧波厚度 W_f 距离内颗粒完成燃烧过程,产生大量亚微米尺度 Al_2O_3颗粒。产物区的组分随当量比的不同会存在一定差异,若两相混合物为富氧状态,Al 会全部转化为 Al_2O_3;若两相混合物为富燃状态,颗粒的燃速将趋于无限缓慢,甚至熄灭,因此产物区内还存在 Al 颗粒。由于亚微米尺度 Al_2O_3的辐射吸收系数较低,因此认为辐射传热是可以忽略的,故只需要考虑气相热传导即可,所以在预热区内气相温度必须高于颗粒相温度才能对颗粒相进行加热,故在预热区中 Al 颗粒的温度一定是滞后于气相的,图中区域 1、2 交界面处存在关系 $T_{si}<T_{gi}$。在区域 2 中由于 Al 颗粒的燃烧放热,T_s 很快超过了 T_g,因此颗粒相向气相传递热量。进入区域 3 以后高温 Al_2O_3颗粒很快与气相产物达到热平衡状态并以相同的温度冷却。

2. 典型实验方法

在粉末火箭发动机工作过程中,若火焰传播速度较慢则火焰将被吹出燃烧室,从而使发动机熄灭;若火焰传播速度较快则火焰扩散至推进剂储箱内引起回火爆炸。优良的燃烧组织方式应当使火焰前锋尽可能固定于燃烧室前端,这样可以加快颗粒点火,增大颗粒在燃烧室中的驻留时间,提高燃烧效率。实验研究是最直接的研究方式,对于固体颗粒和气相混合物粉尘云燃烧的火焰传播研究方式很多,如球形爆炸器、燃烧管等。

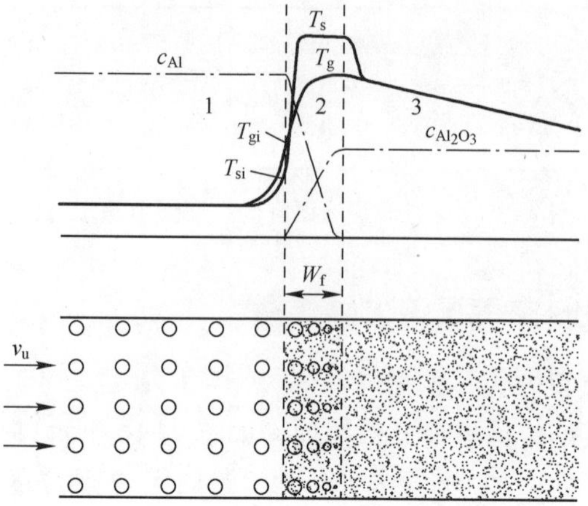

图 7-14　铝粉/空气火焰传播原理示意图

1) 球形爆炸器

球形密闭爆炸器(球形 CVE)工作原理如图 7-15(a)所示,Al 颗粒由空气携带吹入燃烧器圆心处,然后使用电火花进行点火,观察火焰前锋沿半径的传播位置 $r(t)$,如图 7-15(b),同时使用压力传感器记录球体内部压强变化与时间的关系 $P(t)$,然后使用下式计算火焰传播速度 $S_L(t)$。

$$S_L=\frac{dr}{dt}=\frac{dP}{dt}\frac{R^3-r^3}{3Pkr^2} \tag{7-89}$$

式中:R,k 为球形爆炸器的半径及混合气体的比热比。

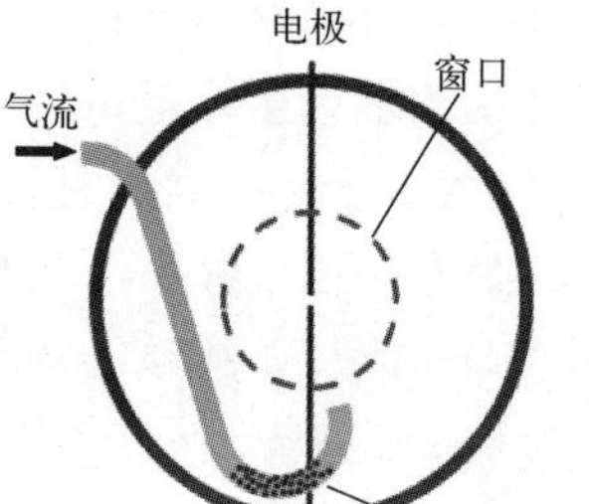

(a)

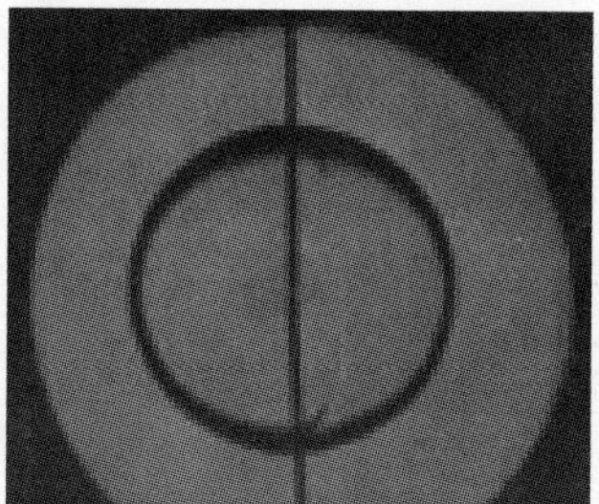

(b)

图 7-15　球形密闭燃烧器实验

(a) 实验方法;(b) 火焰纹影。

球形爆炸器的优点是一次实验便可以获得不同压力及温度下的火焰传播速度,这种方法适合于火焰传播速度较大的情况,可以近似假设为绝热过程。在粉末火箭发动机推进剂体系中若将颗粒制作为纳米级,其供应性能和装填密度将大大下降，而微米级固体颗粒在重力作用下较难保持均匀分布，因此球形密闭爆炸器并不适用于粉末推进剂火焰传播特性的研究。

2）燃烧管

燃烧管的工作原理是在充满均匀两相混合物的长管的一端点火后观察火焰前锋在直管内的移动规律，火焰波向前推进的速度即火焰传播速度，其工作原理图如图 7-16 所示。燃烧管测量层流火焰传播速度存在一定的技术问题，首先是在火焰传播的整个过程中存在火焰前锋与管壁的剧烈换热，以至于测量得到的火焰传播速度明显小于理论值，其次火焰前锋在传播过程中容易产生非轴对称的变形使预热面积增大从而造成火焰传播速度加快，最后在含有微米级颗粒相的两相混合物中很难使颗粒相在整个测量过程中都均匀分布于管内。

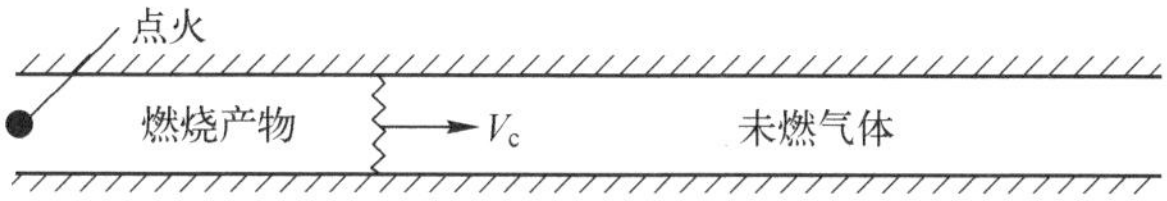

图 7-16　燃烧管实验原理图

3）本生型燃烧器法

由于颗粒相均匀散布存在问题，以上方法都不适合于研究气固两相流体层流火焰传播速率，1996 年—2014 年，含 Al 颗粒层流火焰传播速度的测量一直是以本生灯型燃烧器为主，如图 7-17 所示。在气固两相层流火焰传播研究上，

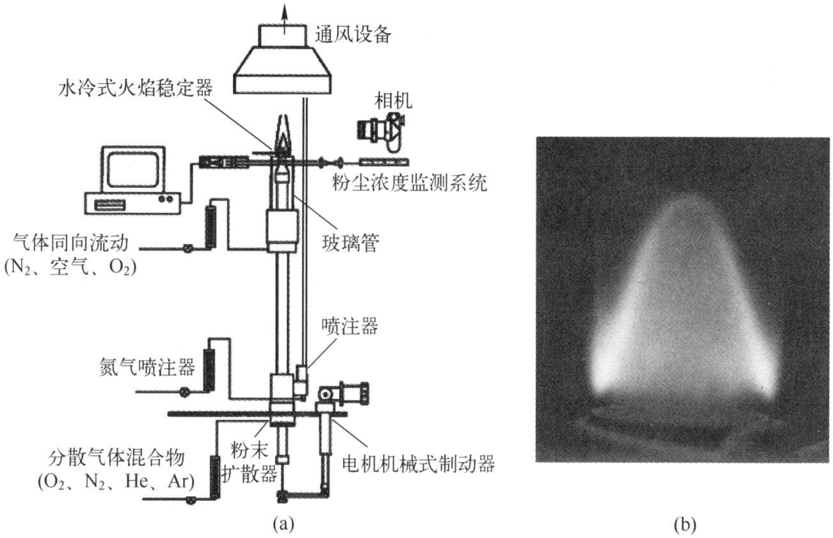

图 7-17　Al/空气本生灯型燃烧器及火焰图片

（a）实验装置；（b）火焰图片。

本生灯型燃烧器的独特优势在于不断流动的流体消除了重力影响，加上合理的气动结构设计大大增加了研究结果的准确性。

颗粒本生灯整流管的内径范围最好在 14～22mm，直径过小会导致火焰对整流管壁面的热量损失加大，难以稳定火焰并且使所测火焰速度偏小，同时在相同的氧燃比下，整流管直径过小必然导致粉末质量流率变小，这就加大了供粉质量流率的控制难度。而直径过大会导致火焰面扭曲，在点火器熄灭后难以快速稳定。

图 7-18 为气固两相流动本生灯燃烧器实验装置示意图及实物图，在实验开始前将水平仪放置于整流管出口处，调节调整螺丝，使整流管处于垂直水平面方向。实验时将粉末样品均匀装填于粉末储箱中，步进电机向上运动将推动活塞挤压粉体向上运动，粉体经过流化气入口处时与进入的流化气体相遇并均匀掺混为气固两相流体后沿整流管向上流动至空气等离子体引导火焰处并与引导火焰相遇，点火成功后关闭等离子点火器直至火焰稳定燃烧后通过观察窗拍摄火焰图像。燃烧室可以防止环境气流对火焰形状的干扰，位移传感器有两

(a) (b)

图 7-18　本生灯型燃烧器结构图

(a) 结构示意图；(b) 实物照片。

1—观察窗；2—燃烧室；3—空气等离子体引导火焰；4—整流管；5—流化气；6—吹除气；7—粉末储箱；8—活塞；9—步进电机；10—位移传感器；11—调整螺丝。

个作用:一方面在实验中观测电机是否按预定速度平稳运行;另一方面监测活塞的所处位置,防止活塞高度超出流化气入口破坏收敛段。粉末储箱一次装填量可以进行多次实验,这样不仅可以使多次实验的粉末装填密度保持一致,而且减少了装填工序,增加了实验效率,然而在停机时刻关闭流化气后,由于层流发展的最小长度为 58.4cm,较长的整流管不利于粉末提升。

空气等离子体引导火焰对 Al 粉/空气两相混合物进行点火的照片过程如图 7-19 所示,不断调整空气流量可以改变引导火焰长度,一般情况下,引导火焰能够完全覆盖管道出口时点火能力最佳。实验时先启动流化气体和空气等离子引导火焰,在 2.3s 时启动电机供粉,经过大约 2.6s 以后等离子体引弧成功(图 7-19(a)),3.1s 后两相混合物到达整流管出口处被点燃(图 7-19(b)),此时火焰还无法自持稳定燃烧,3.4s 时刻可见火焰逐渐向下移动(图 7-19(c)),直到 3.8s 时火焰的左侧部分与整流管口相连时火焰的雏形轮廓已经生成(图 7-19(d)),此时已经能够自持燃烧,然后在 3.9s 时刻关闭等离子体引导火焰,失去了右侧的吹拂作用,火焰顶部开始向右侧移动(图 7-19(e)),4.1s 时锥形火焰仍然将连续晃动(图 7-19(f)),在 5s 之前逐渐形成稳态的预混层流火焰,整个点火过程大概为 5s 左右。

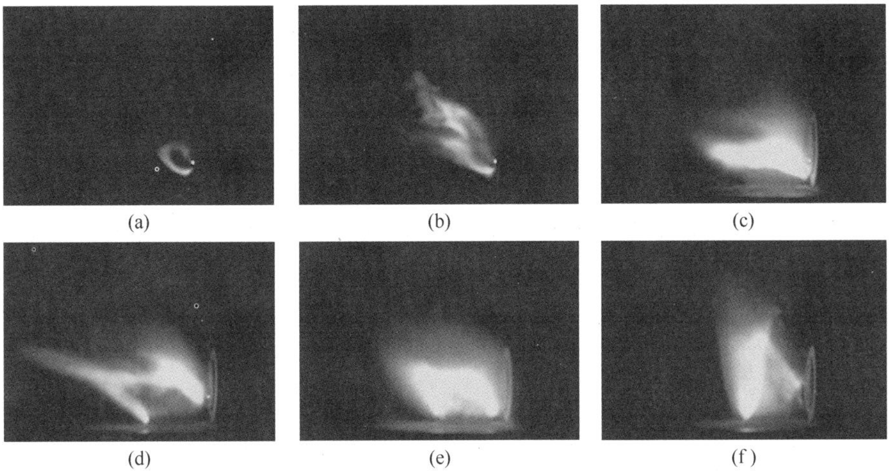

图 7-19　空气等离子引导火焰点火过程

(a) 2.6s;(b) 3.1s;(c) 3.4s;(d) 3.8s;(e) 3.9s;(f) 4.1s。

3. Al 粉层流火焰传播速度

1) 单一粒度 Al 粉层流火焰传播速度测量

图 7-20(a)所示为实验测算得到的 Al/空气层流火焰传播速度与 Al 颗粒粒度之间的关系,空气质量流率为 0.286g/s,气流在管内的平均速度为 78cm/s,

颗粒相浓度为720g/m³,随着颗粒粒径的增大,完全燃烧所需的时间更长,在相同的氧燃比下需要更多的时间来释放热量,削弱了燃烧区向预热区的传热作用,故层流火焰传播速度随粒径的增大而减小。图7-20(b)为层流火焰传播速度与Al颗粒比表面积之间的关系。由图可见,其线性度较高,线性拟合表达式分别为$S_L=-0.640D+23.387$、$S_L=11.146A_{sp}+8.358$,其中S_L为火焰速度(cm/s),D为颗粒粒径(μm),A_{sp}为颗粒比表面积(m^2/g)。由拟合所得的线性关系表达式计算可知粒径6.5μm时的火焰传播速度为19.227cm/s。

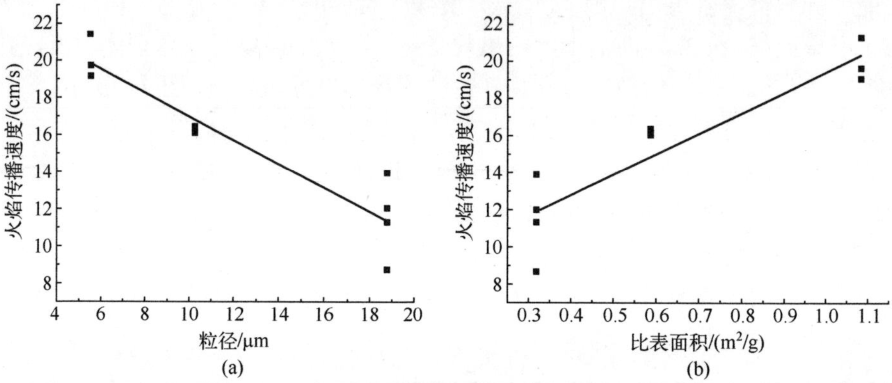

图7-20 火焰传播速度随粒径和比表面积变化情况
(a) 随粒径变化;(b) 随比表面积变化。

图7-21为5μm铝粉火焰传播速度与两相流动速度之间的关系,粉末浓度控制在600g/m³附近,从图中可见随着气流速度的加大,火焰传播速度也越来越大,这是由于本生灯型燃烧器计算的是整个流动面内的平均层流火焰传播速度,而气流速度越高则锥形火焰的高度越高,锥形面积越大,而在锥形火焰结构中,管壁附近的组分是最先点燃的,锥形面积增大导致整流管截面圆心位置处的两相混合物在点火前受到管壁附近组分的预热时间越长,更容易点火,故越靠近轴线处的当地火焰传播速度越大,所以锥形火焰的高度升高增大了整个截面上的平均火焰传播速度。越靠近整流管壁面附近的两相混合物由于管壁的吸热作用,其散热损失较大,局部火焰传播速度较低,总的来说整个火焰面内的平均层流火焰传播速度测量值是接近理论值的。

对粒径5μm、10μm、20μm的Al粉与空气混合物的层流火焰传播速度与颗粒相浓度的关系进行研究,为了去除气流速度的影响,使用相同的空气流量0.286g/s进行实验,实验结果及拟合曲线如图7-22所示,Al颗粒层流火焰传播速度在某浓度下达到最大值,且与浓度之间为二次函数关系,故对三种粒径情况下的层流火焰传播速度与Al颗粒浓度之间进行二次拟合,其表达式依次为:

$$S_L = -2.045\times10^{-5}c_{Al}^2+0.025c_{Al}+18.446$$

$$S_L = -1.426\times10^{-5}c_{Al}^2+0.017c_{Al}+10.542$$

$$S_L = -1.792\times10^{-6}c_{Al}^2+0.00216c_{Al}+10.642$$

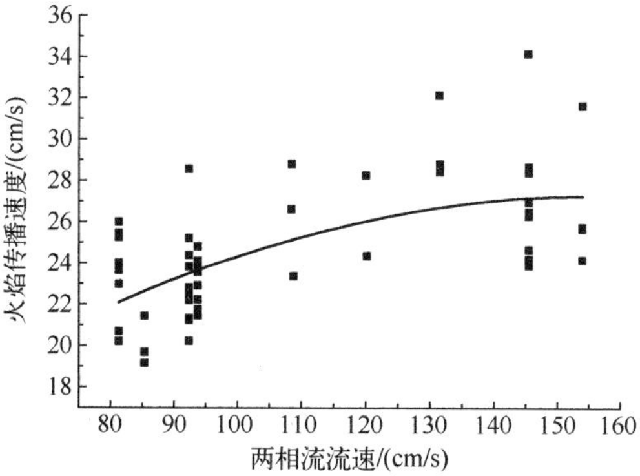

图 7-21　微米铝粉平均火焰传播速度与管内气流速度关系

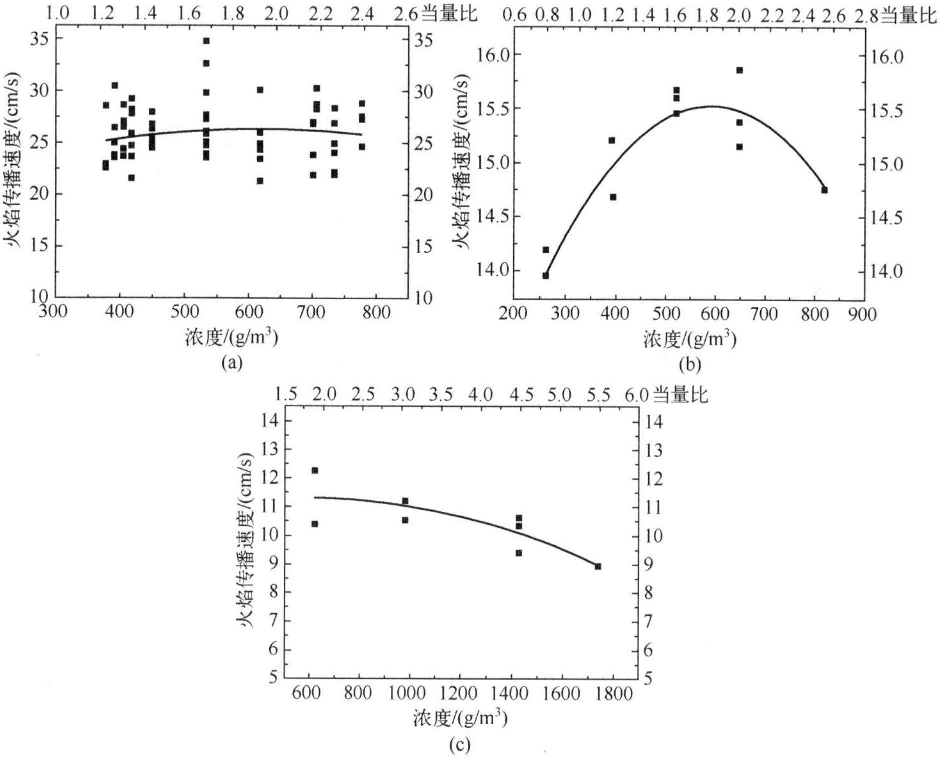

图 7-22　Al 粉浓度对火焰传播速度影响

(a) 5μm;(b) 10μm;(c) 20μm。

5μm 颗粒在浓度为 614g/m³时火焰传播速度达到最大值 26.3cm/s，对应当量比为 2.32，粒径 10μm Al 粉其层流火焰传播速度最大值为 15.5cm/s，处于浓度为 586g/m³位置，对应当量比为 2.14，粒径 20μm Al 粉其层流火焰传播速度最大值为 11.3cm/s，处于浓度为 617g/m³位置，对应当量比为 2.28，可见所有粒径 Al 粉均在 600g/m³浓度附近达到层流火焰传播速度最大值，而且混合物处于富燃状态。由热力计算可知，Al/空气在化学当量比情况下的平衡温度为 3440K，对于 5μm Al 粉来说，当量比为 2.32 时的产物平衡温度低于化学当量比温度，为 2686K，富燃状态下 Al/空气混合物层流火焰传播速度更快的原因在于 Al 的导热系数为 202W/(m·K)，而空气的导热系数只有 0.024W/(m·K)，Al 颗粒越多则未燃新鲜混合物的传热速率越快，颗粒浓度偏大或偏小时产物温度都会降低，使层流火焰传播速度也降低，故层流火焰传播速度是燃烧释热和介质传热两方面因素综合影响的结果，哪一方面过低都会降低 Al/空气的层流火焰传播速度。实验结果还表明，当 5μm 粒径 Al 粉浓度低于 357g/m³(当量比 1.33)时，10μm 粒径 Al 粉浓度低于 140g/m³(当量比 0.45)时，20μm 粒径 Al 粉浓度低于 610g/m³(当量比 1.97)时，层流火焰无法稳定传播。20μm Al 粉的浓度下限最高，原因是其燃速低于其他粒径颗粒，颗粒相浓度过小，即颗粒数量密度过小会导致火焰前锋热量释放不足，温度降低，削弱了热传导作用，火焰无法传播。

2) 双级配铝粉层流火焰传播速度测量

级配 Al 粉中的小粒径颗粒能够改善大粒径颗粒的点火性能，并提高装填密度，可能也会提高大粒径 Al 颗粒粉尘的火焰传播性能。本生灯型燃烧器在气固粉尘流动火焰传播测量的难度体现在调试过程中，无论是颗粒相浓度、速度等流动参数还是整流管长度和直径等装置几何参数都应当与颗粒粒径和燃烧性能相匹配。

双级配 Al 粉在空气中的层流火焰传播速度随 1μm Al 粉质量分数变化情况如图 7-23 所示，空气流量设置为 0.292g/s，由图可见，随着 1μm Al 粉质量分数的增大，层流火焰传播速度将显著提高，1μm Al 粉质量分数含量低于 15%时，添加 1μm Al 粉对于层流火焰传播速度的提高幅度并不大，而含量高于 15%时，层流火焰传播速度迅速增大，在 1μm Al 粉质量分数含量为 25%时的层流火焰传播速度是不添加 1μm Al 粉时的两倍。产生这种现象的原因为，1μm Al 粉的燃烧过程由动力学控制，故其点火延迟及燃烧时间都极短，能够先于 10μm Al 粉点火并对 10μm Al 粉进行提前预热，1μm Al 粉含量超过 15%之后动力学燃烧机制占据了主导地位，火焰传播速度呈现指数增长趋势。通过以上实验分析可知，级配法能够显著提高 Al 基粉末燃料层流火焰传播性能。

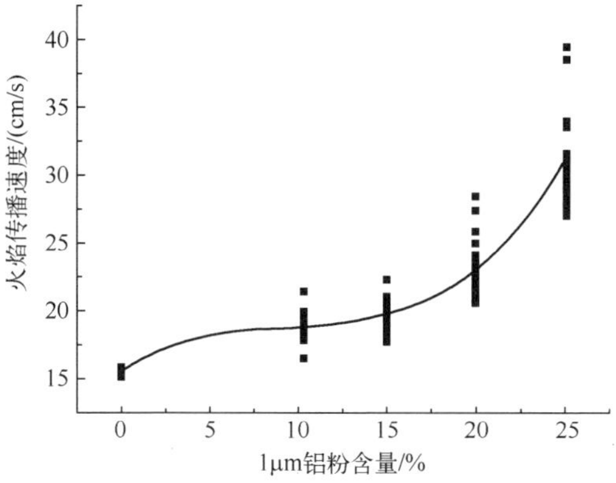

图 7-23　级配比例对火焰传播速度影响

分析层流火焰传播速度随比表面积的变化趋势，将以上单一粒度和双粒度级配的实验结果绘入一张图中，如图 7-24 所示，分析层流火焰传播速度和平均比表面积及平均粒径之间的关系，对图 7-24(a)进行三次拟合，结果为

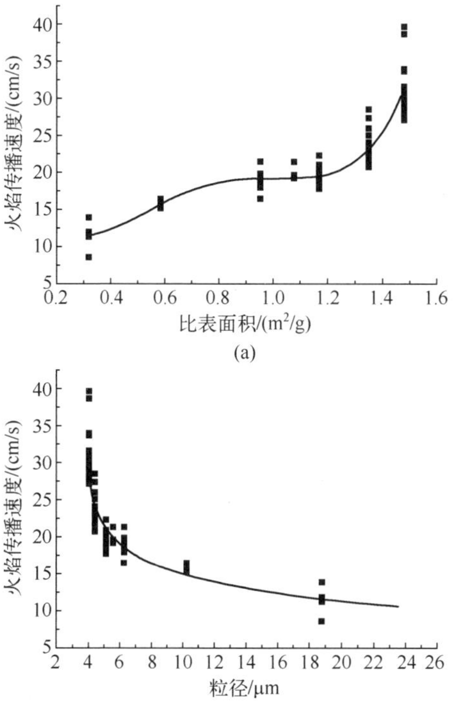

图 7-24　比表面积及粒径对火焰传播速度影响

(a) 随比表面积变化；(b) 随粒径变化。

$$S_L = 55.983A_{sp}^3 - 143.612A_{sp}^2 + 121.070A_{sp} - 15.329$$

在图7-24(a)中,比表面积增大至1.17m²/g(1μm Al质量分数含量15%)以后的变化过程也显示出了与图7-23同样的指数增长趋势,比表面积1.08m²/g处是5μm单级配Al粉火焰传播速度,无论是比表面积还是火焰传播速度都接近于比表面积1.17m²/g的双级配情况,说明5μm Al粉的燃烧过程已经开始从扩散控制向动力学控制过渡。平均粒径与层流火焰传播速度之间也存在类似趋势,在平均粒径5μm以后似乎变化平缓且线性度较高,平均粒径小于5μm以后随着粒径变小层流火焰传播速度将快速变小,对图7-24(b)进行对数拟合,表达式为

$$S_L = -3.66\ln(d_{32} - 4) + 21.57$$

7.3.3 Al/AP层流火焰传播

对Al/AP粉末推进剂火焰传播性能和机理的研究是粉末发动机内火焰稳定系统及燃烧室设计的前提,也为Al/AP粉末推进剂火焰传播模型建立提供数据支持。7.3.2节中通过Al/空气层流火焰传播速度测量实验,证明了本生灯燃烧器中各参数的准确性,本章首先开展Al/AP混合物层流火焰观测实验,研究燃烧现象及火焰形态,然后将Al/空气层流火焰传播模型拓展成为Al/AP层流火焰传播模型。

7.3.3.1 Al/AP粉尘层流火焰形态

在燃烧学领域内,火焰传播的机理一般是已燃产物将热量传递给未燃混合物将其点燃,或者是燃烧产物中的某种自由基扩散至未燃混合物中引起链式反应,而在Al/AP层流火焰中,由于氧化剂为固体形态,必须分解后产生气相产物扩散至燃料表面后才能够开始燃烧,与常规气体氧化剂相比,多出了分解扩散的环节,而金属颗粒燃料也要经过融化、蒸发等过程,为简化起见采用总包反应描述Al颗粒燃烧,因此认为火焰传播过程中不存在链式反应,故本节将通过传热机理描述Al/AP粉尘火焰的传播。

1. 实验研究

在7.3.2节中已经说明球形爆炸器和燃烧管不能够保证颗粒的均匀分散性,调试出稳定火焰的难度剧增,主要体现在:首先,在常压层流情况下是否存在Al/AP/N_2的稳定火焰结构是完全未知的;其次,即使Al/AP/N_2存在这种火焰,那么这种火焰的熄火临界点、着火临界点、火焰可拉伸程度等因素都是未知的;再次,颗粒粒径、AP/Al质量比、气流速度、颗粒浓度等可变参数太多,难以确定关键性参数及关键性参数的调试方向。采用本生灯装置可有效解决颗粒扩散分布不均的问题,获得了一种Al/AP/N_2本生灯火焰,如图7-25所示,在整

个燃烧过程中火焰外形没有改变，且可以长时间处于稳定的状态，成功证实了 Al/AP/N_2常压层流本生灯型火焰是存在的，并且这种火焰在常压和层流情况下不会出现燃烧振荡的现象，通过计算得出火焰传播的速度为 73.88cm/s。

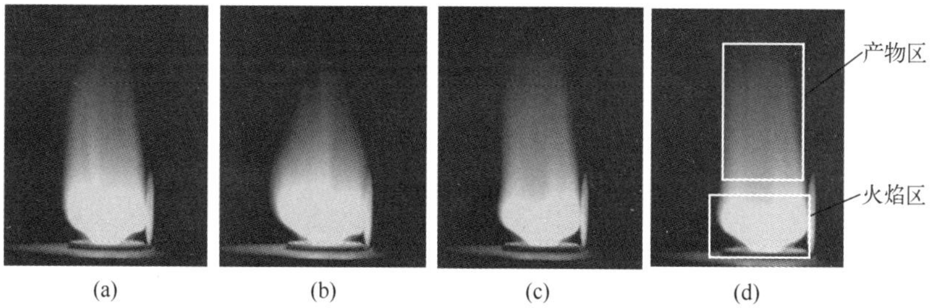

图 7-25　Al/AP/N_2常压层流本生型火焰燃烧情况

(a) 1s;(b) 7s;(c) 10s;(d) 区域划分。

将图 7-25(c)进行区域划分如图 7-25(d)所示，火焰区呈现倒锥型，由于本生灯型火焰大部分情况下呈现锥形结构，故火焰几何形态的研究较少，普林斯顿大学的 C. J. Sung 认为根据 *Le* 数的不同，本生灯火焰将呈现如图 7-26 所示的四种形态，分别为：(a)锥形，(b)开口倒锥形，(c)开口锥形，(d)倒锥形。对照 Al/AP/N_2火焰与图 7-26(b)相似，AP 分解造成气相中浓度差剧增，致使 $Le>1$，即气体中的质量输运速率大于能量输运。若将照片中的高亮度区域作为燃烧区，那么 Al/AP/N_2火焰厚度较大约为 11mm，产物区有大量高温 Al_2O_3向上运动且发光距离明显长于 Al/空气本生灯火焰。

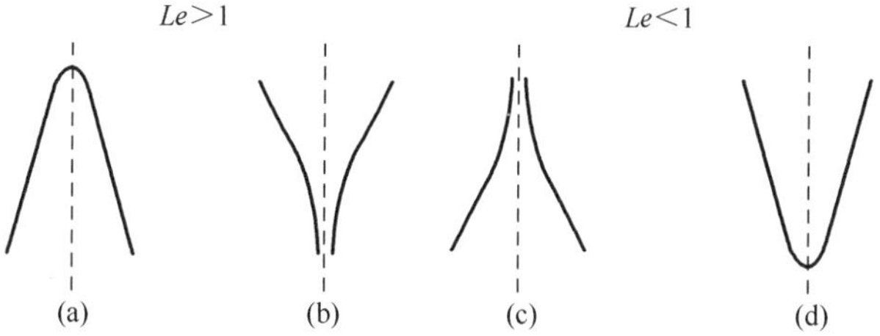

图 7-26　本生灯火焰结构与 *Le* 数关系

(a) 锥形;(b) 开口倒锥形;(c) 开口锥形;(d) 倒锥形。

2. 火焰几何形态理论分析

1) 计算方法

在 Al/AP/N_2本生型火焰研究中，由于 AP 颗粒会先于 Al 颗粒转化气相组分，且 Al 颗粒的燃烧过程可以使用液滴蒸发模型进行描述，故采用两相液滴喷雾燃烧理论对 Al/AP/N_2和 Al/空气本生型火焰形态进行对比研究，揭示现象本质，其火焰结构示意图如图 7-27 所示，采用柱坐标描述火焰相关区域，绝对坐标系为(x,R)，x 为管道轴线，R 为管道径向，绝对坐标原点为位于未燃混合物处的某点；火焰前锋面上各点的轴坐标由函数 $\phi(R)$ 确认，故使用相对坐标变换 $y=x-\phi(R)$ 后，$y=0$ 即火焰前锋面位置，同时，在薄火焰层假设情况下 $y<0$ 为预热区，$y>0$ 为产物区。

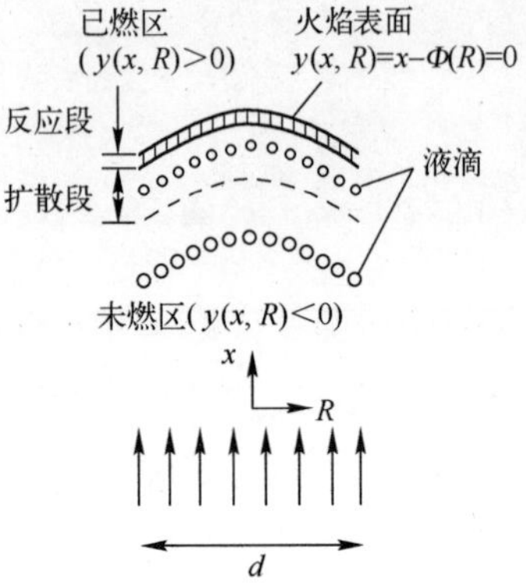

图 7-27　含液滴燃料本生灯区域划分

火焰厚度 ℓ_D 用下式进行估算：

$$\ell_D = \bar{\lambda}/(\rho_{Gi} C_{PG} S_L) \tag{7-90}$$

式中：$\bar{\lambda}$、ρ_{Gi}、C_{PG}、S_L 分别为混合物的平均导热系数、气相组分初始密度、气相组分定压比热及一维绝热层流预混火焰传播速度。

无量纲火焰厚度 δ' 为

$$\delta' = \ell_D/d \tag{7-91}$$

当火焰厚度满足 $\delta' \ll 1$ 时，可以采用式(7-92)计算火焰面各点沿半径 R 方向的斜率。

$$\begin{aligned}\frac{d\psi}{d\tau} + \frac{\psi}{\tau} = & T'_f \ln\left\{\frac{(1+\psi^2)^{0.5}}{\dot{m}} \frac{T'_f}{Q'Y_{k,i}}\left[\Lambda\left(\frac{T'_f}{T'_a}\right) Y_{wd} Le\right]^{0.5}\right\} \\ & + \frac{\gamma}{2}\left[T'_b - \frac{C_{PL}}{C_{PG}}(T'_b - 1) - (T'_f - f'_T) + \frac{\dot{m}}{1+\psi^2}(T'_f - f'_T)\right. \\ & \left.\times \int_0^{\xi_e} \exp\left(-\frac{\dot{m}}{1+\psi^2}\xi\right) z_i d\xi\right] \\ & - \frac{1}{2}K(Q'Y_{k,i})\frac{1+\psi^2}{\dot{m}^2} \times \left[1 - \exp\left(\frac{\dot{m}}{1+\psi^2}\xi_v\right)\right]\end{aligned} \tag{7-92}$$

式中：ψ 为火焰面斜率；τ' 为无量纲半径；$T'_f = T_f/T_i$ 为无量纲火焰温度，其中 T_i 为混合物初始温度；$\dot{m}=\rho v$ 为单位截面积质量流率，其中 v 为流速；$Q' = Q/(C_{pG} T_i)$

为燃料的无量纲燃烧热，其中 C_{pG} 为气相平均比热容；$Y_{k,i}$ 为初始情况下不足反应物的摩尔分数；$T'_a=E_a/\widetilde{R}T_i$ 为活化温度，其中 E_a 为活化能，$\widetilde{R}$ 为普适气体常数；Y_{wd} 为产物区内剩余反应物的摩尔分数，Le 为不足反应物的 Lewis 数，$T'_b=T_b/T_i$ 为液滴燃料的沸点。

$$\psi=\mathrm{d}\Phi/\mathrm{d}R \tag{7-93}$$

$$\tau=\frac{2\dot{m}Le}{(T'_f-1)(Le-1)}R' \tag{7-94}$$

式中：$R'=R/d$，d 为本生灯出口直径。

考虑蒸发潜热后的无量纲燃烧热 f'_T 为

$$f'_T=Q'-h'_{LG} \tag{7-95}$$

式中：h'_{LG} 为无量纲相变潜热。

$$h'_{LG}=h_{LG}/(C_{PG}T_i) \tag{7-96}$$

γ 表征了相变过程对气动拉伸作用的影响，即

$$\gamma=(1-z_i)/\delta \tag{7-97}$$

蒸发区域拉伸范围 ξ 为

$$\xi_v=[(1+\psi^2)/\dot{m}]\ln[(T'_b-1)/(T'_f-1)] \tag{7-98}$$

$$\xi_e=z_i^{2/3}/\{2\Lambda\ln[1+(T'_f-T'_b)/h'_{LG}]/(3\dot{m}T'_f)\} \tag{7-99}$$

$$\Lambda=2(T'_f/T'_a)(A_1\sigma/\widetilde{M}_0)(P\overline{\widetilde{M}}/\widetilde{R})^2\{\overline{\lambda}/[C_{PG}(\rho_{Gi}S_L^0)^2]\}\exp(-T'_a/T'_f) \tag{7-100}$$

式中：下标 v 和 e 对应蒸发开始及结束时刻；A_1 为燃烧反应的指前因子；σ 为当量比；$\widetilde{M}_0$ 为氧化剂分子量；$\overline{\widetilde{M}}$ 为混合物平均分子量；P 为压强；$\overline{\lambda}$ 为混合物平均导热系数；ρ_{Gi} 为初始气相密度；S_L^0 为绝热火焰传播速度。

热损失系数 K 为

$$K=(d'\lambda')/(\rho'_{Gi}S_L) \tag{7-101}$$

以上参数中 S_L 可以通过实验测量得到，$Le=\alpha/D_j$，其中 $\alpha=\overline{\lambda}/(\rho_G C_{PG})$ 为混合物平均热扩散系数，D_j 为不足反应物在混合物中的扩散系数，计算如下：

$$D_j=\frac{1-X_j}{\sum\limits_{j\neq i}\dfrac{X_i}{D_{j,i}}} \tag{7-102}$$

式中：X_j 和 X_i 分别为不足反应物及其他组分的摩尔分数；$D_{j,i}$ 为不足反应物在第 i 种组分中的扩散系数。

无法确定的参数为燃烧过程的指前因子 A_1 和活化温度 T'_a。

2）计算工况

Al 颗粒的燃烧特性在很大程度上受混合物当量比 σ 的影响，由于 Al 颗粒

无论是沸点还是相变潜热都远大于碳氢液滴,Al 颗粒的蒸发速率与环境中氧化剂的浓度相关,随着颗粒的不断燃烧,环境中的氧化剂浓度逐渐趋近于零,导致 Al 颗粒在燃烧过程的后半段中的蒸发时间趋于无穷。与此相反的是,在富氧环境中随着 Al 颗粒的不断燃烧,氧化剂的浓度维持在较高水平,其燃烧时间是有限的。燃烧时间的差别导致了化学反应总体进程的快慢,即总反应的指前因子 A_1 在不同当量比 σ 下的差别是巨大的。由于 Al 颗粒在空气或者 AP 分解气中的燃烧过程都是 Al 液滴蒸发为 Al 蒸气后与周围氧化性组分发生燃烧反应,故其活化能应当在一个数量级,本节使用活化能渐近法比较 Al 颗粒火焰结构在不同氧化剂和不同当量比下的反应参数,揭示 Al/AP 本生灯火焰结构现象的内在原因。具体工况如表 7-4 所列。

表 7-4　火焰几何形态理论计算参数

工况	I	II	III
混合物组分	Al/空气	Al/空气	Al/AP/N2
σ	2.67	0.39	0.73
Le	1.0648	1.232	1.94
T_i/K	300	300	1106
T_f/K	2532	2475	3167
T_b/K	2300	2300	2300
$\dot{m}/[\mathrm{kg}/(\mathrm{s}\cdot\mathrm{m}^2)]$	1.732	1.069	3.589
$Q/(\mathrm{J/kg})$	30480000	30480000	30480000
$C_{PG}/[\mathrm{J}/(\mathrm{kg}\cdot\mathrm{K})]$	969	1005	1142
$C_{PL}/[\mathrm{J}/(\mathrm{kg}\cdot\mathrm{K})]$	897	897	897
$Y_{k,i}$	0.112	0.098	0.185
Y_{wd}	0.2362	0.1127	0.0738
Z_i	0.611	0.907	0.85
$\overline{\lambda}/[\mathrm{W}/(\mathrm{m}\cdot\mathrm{K})]$	0.0191	0.0191	0.0313
$h_{LG}/(\mathrm{J/kg})$	10933703	10933703	10933703
δ	0.0041	0.0032	0.0041
γ	94.9	29	36.6
f_T	67.2	64.8	16.6
ξ_e	5842	4042	4123
ξ_v	$-0.064(1+\psi^2)$	$-0.079(1+\psi^2)$	$-0.1519(1+\psi^2)$
K	0.00143	0.00115	0.00157

由于活化能渐近法在金属颗粒燃料及固体氧化剂粉尘计算中的不足，需要做出一些假设才能进行计算：

① 虽然 Al 的熔点为 933K，然而在点火成功之前 Al 颗粒并不会进入可观的蒸发过程当中，故在计算中认为 T_b 为 2300K；

② 假设 AP 在 Al 颗粒点火前已经完全分解，AP 释放的热量均匀分布于混合物当中，故表 7-4 中 Al/AP/N_2混合物的初始温度 T_i 为 1106K。

3）计算结果

由于缺少指前因子 A_1 和活化温度 T'_a，将表 7-1 中参数代入式（7-8）进行化简可以得到

$$\frac{\mathrm{d}\psi}{\mathrm{d}\tau}+\frac{\psi}{\tau}=a\ln(1+\psi^2)+a\ln\left(\frac{\Lambda}{T'_a}\right)+b+c\exp\left(-\frac{d}{1+\psi^2}\right)-e(1+\psi^2) \qquad (7-103)$$

式中的 a、b、c、d、e 都可以通过相关式子计算出来，给定 Λ/T'_a 值后可以求解微分方程（7-103）。

从式（7-92）可见，$Le>1$ 时，$\tau>0$，故只需在 $\tau>0$ 范围内求解方程（7-103），火焰面斜率关于 ψ 轴对称。

求解微分方程（7-103）得到的火焰前锋面斜率与实验测量值进行对比可以得到 Λ/T'_a 的估计值，以此来对比反应特性对火焰前锋面拉伸的影响。图 7-28 为计算得到的火焰面斜率与实验测量值最小二乘拟合后的关系，斜率 $\psi>0$ 对应倒锥形结构，斜率 $\psi<0$ 对应锥形结构，可见工况 Ⅰ 和工况 Ⅱ 的斜率在轴线处为零，说明火焰顶端没有开口，且斜率随着无量纲半径 τ 的增大而单调减小，为锥形火焰结构。由于本生灯出口的遮挡，无法获得工况 III 在 $0<\tau<0.6$ 范围内的实验测量值，故边界条件取 $\tau=0.6$ 位置，通过最小二乘拟合得到与实验结果重合度较高的参数取值。

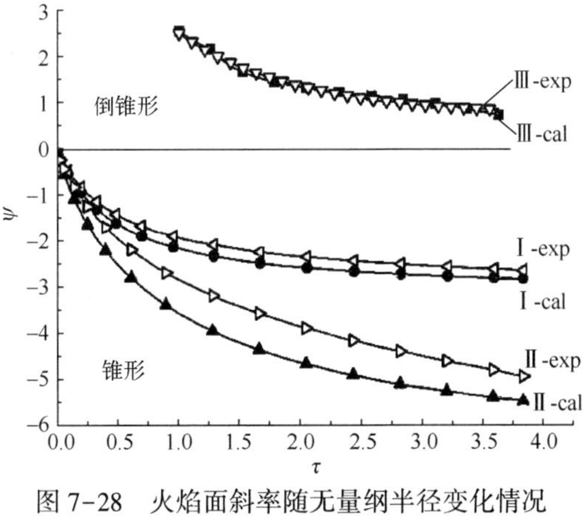

图 7-28　火焰面斜率随无量纲半径变化情况

Al 颗粒在表面异质反应(HSR)中的活化能为 95395J/mol,在此量级附近计算指前因子的变化趋势如图 7-29 所示,可见随着表观活化能的增大指前因子也不断增大,这是因为火焰结构确定了唯一的反应速率,在反应速率为常数时,化学动力学(即阿累尼乌斯公式)过程中的指前因子与表观活化能呈非线性的正比关系。图中计算结果还表明,三种工况的指前因子都远小于碳氢液滴燃烧时的情况,这是因为碳氢液滴在进入火焰前锋面之前基本已全部蒸发,燃烧过程受到气相反应动力学控制,而 Al 液滴蒸发与燃烧的起点几乎同时发生,并同时处于火焰前锋面内,火焰区内燃烧过程受到扩散速率控制,而 Al 液滴扩散速率是远小于 Al 蒸气的化学反应动力学速率的,所以使用动力学对 Al 液滴燃烧过程进行描述时其指前因子必然远小于纯气相燃烧过程。图中工况 II 的指前因子是最大的,工况 I 和工况 III 的指前因子都更小,这是因为工况 I 为富燃条件,Al 颗粒的燃烧时间趋于无穷,故其平均化学反应速率也大大减小;工况 III 中使用固体 AP 颗粒作为氧化剂,并且在计算前假设 AP 颗粒在 Al 颗粒点火前完全分解,然而实际情况下在 Al 颗粒点火时刻 AP 颗粒可能并没有完全分解为气相,延缓了 Al 颗粒的反应速率,使指前因子小于工况 II。

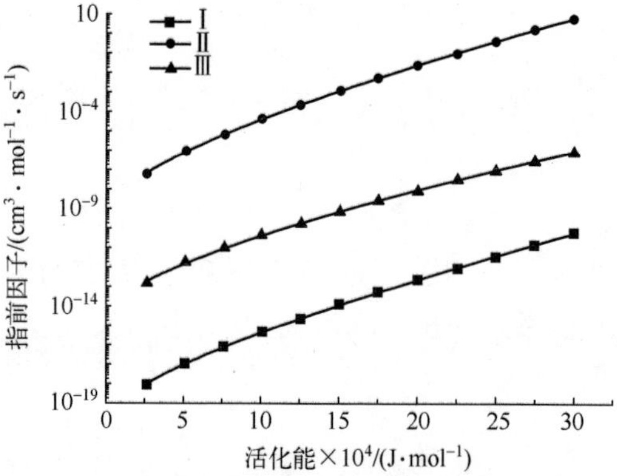

图 7-29　化学动力学计算结果

7.3.3.2　Al/AP 层流火焰传播模型

铝火焰的总辐射量很低,辐射传热小的原因是亚微米尺度 Al_2O_3 的低辐射吸收系数,可以使用直接干涉测温法对 Al 在空气中的燃烧情况进行了研究,实验结果证明辐射传热相对于热传导来说可以忽略。Brooks 和 Beckstead 测试了粒度小于 50μm 的 Al 颗粒,发现火焰向颗粒表面的辐射传热很小。

建模假设:假设铝颗粒在火焰前锋为异质燃烧,连续的气相火焰需要铝蒸气在预热区大量聚集,假设铝颗粒的燃烧是可控的,点火后被氧扩散率控制,一方面是向颗粒表面,另一方面是向包裹整个颗粒的气相火焰区。下面的分析模型是基于考虑传热机理的准一维。

添加粒径及点火温度的影响，考虑了气相向颗粒的热损失，本节借鉴Goroshin对Al/空气本生灯的建模方法，做如下假设：

（1）AP和Al颗粒分别只有一种粒度；

（2）忽略重力及辐射换热；

（3）颗粒速度与气流速度相同；

（4）忽略燃烧颗粒间的碰撞及相互作用；

（5）Biot数远小于1，认为单一颗粒内部温度均匀分布；

（6）气体导热系数λ为常数；

（7）忽略Al_2O_3体积，忽略Al_2O_3生成对气相组分的消耗；

（8）实验中两相流的空隙率为99.85%，忽略固相体积；

（9）忽略AP分解对气相质量的添加过程，在预热区内将AP质量计算在气相组分中。

一般情况下层流火焰传播模型包括3个可清晰辨认的区域：预热区，火焰区，产物区。在预热区，Al颗粒点火前的反应产热比气相导热及气固对流传热的速率小得多，可以忽略，颗粒相被气相对流加热到点火温度进入预热区，颗粒成功点火并燃烧放热至燃烧完毕后进入产物区。然而在Al/AP火焰中，由于两种颗粒不同的点火温度和燃烧时间，火焰区的结构很复杂，首先是Al和AP哪种颗粒被点燃的；其次是先点燃的颗粒燃烧后会为后点燃的颗粒产生多大的影响。从Al/AP/N2混合物的组分来看，如果AP不分解那么即使Al达到点火温度也没有氧化剂进行燃烧，故使用第7.2.3节中的Al/AP点火模型进行加热计算模拟，只是将激光加热源项替换为对流加热源项，颗粒与气相之间无相对运动，则Nu数取为常数2。

$$Q_{\text{convection}} = Nu \cdot 2\pi r\lambda(T_g - T_p) \tag{7-104}$$

两种颗粒处于温度相同的气相环境中，且初始温度都为300K，那么随着气相环境温度的不同，20μm粒径的Al颗粒和95.86μm粒径的AP颗粒温度及粒径变化如图7-30所示，研究的气相温度从700K增大至3160K，这是由于两相混合物从未燃区向火焰区移动的过程中，火焰区的热传导使气相温度呈逐渐上升的趋势，实验中三种组分的质量比为$Al:AP:N_2=0.805:2.417:1.23$，热力计算得燃烧后化学平衡温度$T_{eq}=3160$K，气相温度不可能高于此温度。总的来看，AP颗粒一定是早于Al颗粒点火的，在气相温度达到2100K以前，Al颗粒点火前AP已经燃烧完毕，说明两种固相的火焰没有重合，而气相温度为3160K时，AP颗粒分解完成时刻Al颗粒的温度达到2580K，超过了Al颗粒点火温度，说明两种固相的火焰发生重合。计算结果说明了两个问题：第一，$Al/AP/N_2$层流火焰传播现象中,AP 颗粒一定优先于 Al 颗粒被点燃;第二,两种颗粒的火焰是否重合还需依照具体情况讨论。图 7-30 中的计算过程考虑了 Al 颗粒的 HSR 反应放热,然而 Al 颗粒到达 933K 以后温度并没有更快的增长,反而有所放缓,由固体颗粒燃烧理论可知,HSR 反应速率和氧气浓度有关,在 Al/AP/N_2混合物中由于 AP 初期分解速度很慢,且 N_2会将氧气稀释,故 HSR 反应速率很慢,而 AP 全部分解后 HSR 反应的热量又会快速向气相中传递,使 HSR 反应在气动加热点火方式中的作用并不显著。

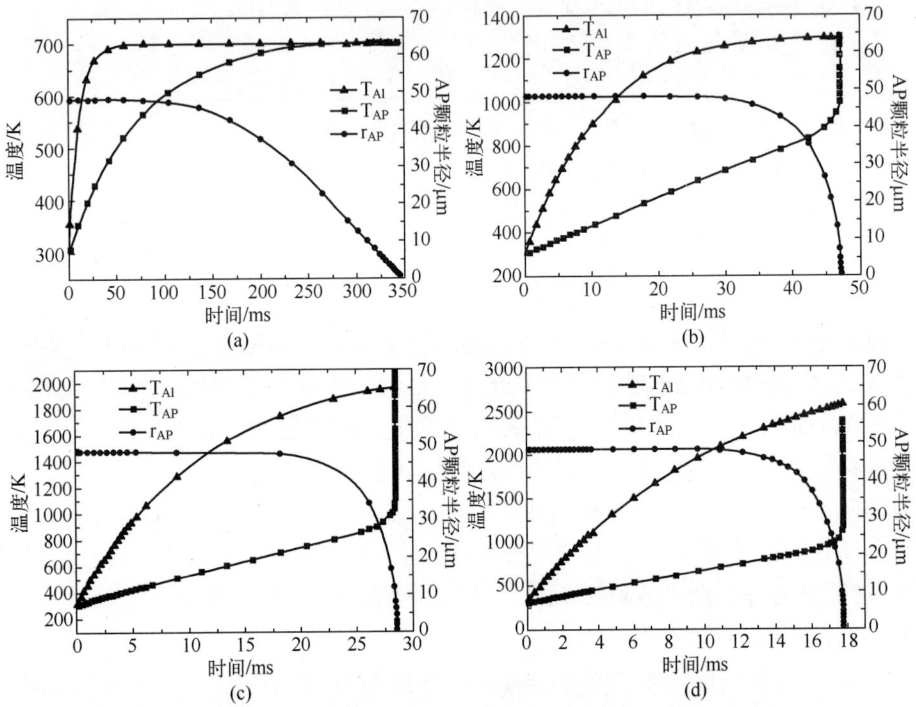

图 7-30 不同环境温度中颗粒温度及 AP 颗粒半径变化情况

(a) $T_g=700$K;(b) $T_g=1300$K;(c) $T_g=2100$K;(d) $T_g=3160$K。

如图 7-31 所示,由于流体中含有两种性质不同的颗粒,故存在两个燃烧区,$\bar{x}_1$ $\bar{x}_2$ 为 AP 颗粒分解火焰区,$\bar{x}_3$ $\bar{x}_4$ 为 Al 颗粒燃烧区。针对两个燃烧区的相对位置存在重合火焰结构和分离火焰两种结构,两种火焰结构都可以分为 5 个区域,对于重合火焰结构(图 7-31(a)),AP 颗粒还未完全分解 Al 颗粒已经成功点火。具体划分为:1 为预热区;2 为 AP 颗粒分解区;3 为 AP、Al 颗粒同时分解燃烧区;4 为 Al 颗粒燃烧区;5 为产物区。

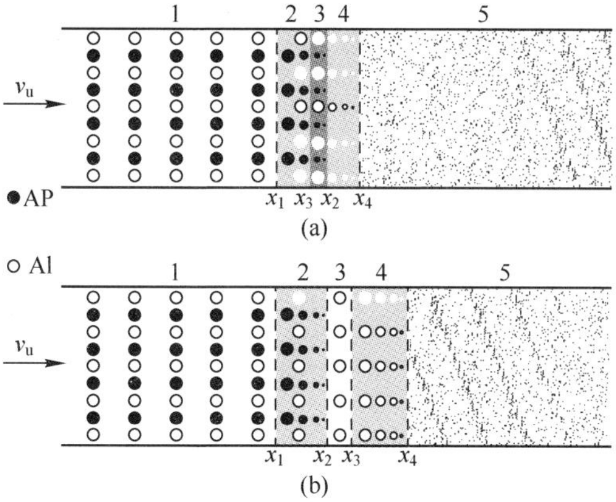

图 7-31　Al/AP/ N_2层流火焰传播原理示意图

(a) 两种颗粒燃烧区重合；(b) 两种颗粒燃烧区分离。

对于分离火焰结构，AP 颗粒燃烧的热量不足以加热并点燃 Al 颗粒，还需要火焰区传递的热量对 Al 颗粒继续加热。具体划分为：1 为预热区；2 为 AP 颗粒分解区；3 为 Al 颗粒预热区；4 为 Al 颗粒燃烧区；5 为产物区。两种机制的出现取决于颗粒相浓度、氧燃比、颗粒粒径、点火温度和每种颗粒的燃烧时间。

图 7-31 中两种层流火焰传播机制都是添加 AP 颗粒造成的，在能量方程中考虑 AP 颗粒能量添加对火焰传播的影响建立一维气相能量守恒关系式，即

$$v\rho_g C_g \frac{dT_g}{dx} = \lambda \frac{d^2T_g}{dx^2} + (W_{F,AP} \cdot Q_{AP} + W_{F,Al} \cdot Q_{Al}) - (n_{p,AP} \cdot q_{AP} + n_{p,Al} \cdot q_{Al}) - \alpha \frac{\rho_{gu}}{\rho_g}(T_g - T_{gu}) \quad (7-105)$$

其中，等式右边依次为气相热传导、颗粒燃烧放热、气固两相对流换热及气相对管壁的热损失，下标 g 表示气相，其中气相与管道壁面的传热系数 $\alpha = 2Nu\lambda/d^2$，d 为管道直径，ρ_g、v、C_g 和 T_g 是气相的密度、速度、定压比热和温度，Q 是每单位质量颗粒燃烧释放的热量，n_p 为颗粒相单位体积内的数量密度。

颗粒相能量方程可以写为

$$\rho_g v C_p dT_p/dx = n_p Nu \cdot 2\pi r_p \lambda (T_g - T_p) \quad (7-106)$$

可见 $T_g > T_p$ 时为气动加热，反之为气动散热，ρ_g 代表的是颗粒相的容积密度。

$$n_p = 3B_u/(4\rho_{p,a}\pi r_u^3) \quad (7-107)$$

$$\rho_p = n_p \rho_{p,a} \cdot 4\pi r_p^3/3 \quad (7-108)$$

式中：$\rho_{p,a}$为颗粒相的真密度；n_{Al}和 n_{AP}为在单位体积中的 Al 颗粒及 AP 颗粒个数；下标 p 表示固相。

由于 Al 粉尘层流本生灯火焰的压降很小，整个系统可以看作等压系统，那么标准气体状态方程写为式

$$\rho_g T_g = \text{constant} \tag{7-109}$$

假设式(7-105)中的化学反应热源项 $W_F \cdot Q$ 在整个过程中均匀释放热量，那么可以写为

$$W_F \cdot Q = B_u \cdot Q/\tau_b \tag{7-110}$$

式中：W_F 为颗粒的质量消耗率；B_u 为颗粒初始浓度；τ_b 为颗粒的燃烧时间。

由于本生灯火焰在整流管外燃烧，忽略流体与管壁之间的散热损失，再将式(7-104)和式(7-110)代入式(7-105)。由于本生灯火焰与整流管壁面的接触面积较小，可以忽略式(7-105)中的散热项，气相能量方程改写为

$$\begin{aligned} v\rho_g C_g \frac{dT_g}{dx} = \lambda \frac{d^2 T_g}{dx^2} + \frac{B_{u,Al} \cdot Q_{Al}}{\tau_{b,Al}} + \frac{B_{u,AP} \cdot Q_{AP}}{\tau_{b,AP}} \\ - n_{Al} Nu \cdot 2\pi r_{Al} \lambda (T_g - T_{Al}) - n_{AP} Nu \cdot 2\pi r_{AP} \lambda (T_g - T_{AP}) \end{aligned} \tag{7-111}$$

式中：n_{Al} 和 n_{AP} 为在单位体积中的 Al 颗粒及 AP 颗粒个数。

为了便于分析，对方程进行无量纲化，即

$$\theta_g = \frac{T_g}{T_{gu}}, \theta_{AP} = \frac{T_{AP}}{T_{gu}}, \theta_{Al} = \frac{T_{Al}}{T_{gu}}, y = \frac{x}{v\tau_{b,AP}}$$

$y=0$ 是 AP 的点火位置，$y=Z=Z_0/(v\tau_{b,AP})$ 是 Al 颗粒的点火位置，那么在图 7-31 中对 x 轴进行无量纲变换有 $x_1=0$、$x_2=v\tau_{b,AP}$、$x_3=z_0$、$x_4=z_0+v\tau_{b,Al}$。用无量纲比 $p=\tau_{b,Al}/\tau_{b,AP}$ 来表示 Al 颗粒和 AP 颗粒燃烧时间的比。

无量纲点火温度及混合物化学平衡温度为

$$\theta_{ig,AP} = \frac{T_{ig,AP}}{T_{gu}}, \theta_{ig,Al} = \frac{T_{ig,Al}}{T_{gu}}, \theta_{eq} = \frac{T_{eq}}{T_{gu}}$$

无量纲火焰传播速度为

$$\kappa = v/\sqrt{\tau_{b,AP}\alpha}$$

其中 α 为气相的热扩散系数，$\alpha=\lambda/(\rho_g C_g)$。

无量纲燃烧放热速率为

$$\mu_{AP} = -B_{u,AP} Q_{AP}/(\rho_u C_g (T_{ig,AP} - T_u))$$

$$\mu_{Al} = -B_{u,Al} Q_{Al}/(p\rho_u C_g (T_{ig,Al} - T_u))$$

颗粒相和气相的无量纲热弛豫时间为 ξ 和 η：

$$\xi_{AP} = 2r_{AP}^2 \rho_{AP}^2 C_{AP}^2/(3\lambda Nu B_{u,AP} \tau_{b,AP})$$

$$\xi_{Al} = 2r_{Al}^2 \rho_{Al}^2 C_{Al}^2/(3\lambda Nu B_{u,Al} \tau_{b,Al})$$

$$\eta_{AP} = 3B_{u,AP} \tau_{b,AP} \alpha/(r_{AP}^2 \rho_{\alpha,AP})$$

$$\eta_{AL} = 3B_{u,AL} \tau_{b,AL} \alpha/(r_{AL}^2 \rho_{\alpha,AL})$$

将以上无量纲数代入式(7-111)得到气相无量纲能量方程：

$$\kappa^2\frac{d\theta}{dy}=\frac{d^2\theta}{dy^2}+\mu_{AP}\kappa^2(\theta_{ig,AP}-1)+\mu_{Al}\kappa^2(\theta_{ig,AL}-1)-\kappa^2\eta_{AP}(\theta-\theta_{AP})-\kappa^2\eta_{Al}(\theta-\theta_{Al}) \tag{7-112}$$

在式(7-112)中,除等号右边第一项(导热项)没有火焰传播速度 κ^2,其他项都有,可见层流火焰传播的本质,即各种热源项对气相组分进行加热的升温速率等于气相在流体流动方向上的流动速度,气相无量纲能量方程体现了 Al/AP/N_2层流火焰传播的传热作用机理。为了求解式(7-112),还需要补充颗粒相无量纲能量方程:

$$\frac{d\theta_s}{dy}=\frac{(\theta-\theta_s)}{\xi} \tag{7-113}$$

要求解无量纲火焰传播速度 κ^2,必须求解以上能量方程,还需要补充边界条件,转化为微分方程的边值问题进行求解。

对于重合火焰结构,

1 区:

$$\kappa^2\frac{d\theta}{dy}=\frac{d^2\theta}{dy^2}-\kappa^2\eta_{AP}(\theta-\theta_{AP})-\kappa^2\eta_{Al}(\theta-\theta_{Al})$$

$$\frac{d\theta_{AP}}{dy}=\frac{(\theta-\theta_{AP})}{\xi_{AP}}$$

$$\frac{d\theta_{Al}}{dy}=\frac{(\theta-\theta_{Al})}{\xi_{Al}}$$

边界条件:

$$y=-\infty,\theta=\theta_{AP}=\theta_{Al}=1$$

$$y=0,\theta_{AP}=\theta_{ig,AP},d\theta/dy\,|_{y=0-}=d\theta/dy\,|_{y=0+}$$

2 区:

$$\kappa^2\frac{d\theta}{dy}=\frac{d^2\theta}{dy^2}+\mu_{AP}\kappa^2(\theta_{ig,AP}-1)-\kappa^2\eta_{AP}(\theta-\theta_{AP})-\kappa^2\eta_{Al}(\theta-\theta_{Al})$$

$$\frac{d\theta_{AP}}{dy}=\frac{(\theta-\theta_{AP})}{\xi_{AP}}$$

$$\frac{d\theta_{Al}}{dy}=\frac{(\theta-\theta_{Al})}{\xi_{Al}}$$

边界条件:

$$y=0,\theta_{AP}=\theta_{ig,AP},d\theta/dy\,|_{y=0-}=d\theta/dy\,|_{y=0+}$$

$$y=z_0,\theta_{Al}=\theta_{ig,Al},d\theta/dy\,|_{y=z_{0-}}=d\theta/dy\,|_{y=z_{0+}}$$

3 区:

$$\kappa^2\frac{d\theta}{dy}=\frac{d^2\theta}{dy^2}+\mu_{AP}\kappa^2(\theta_{ig,AP}-1)+\mu_{Al}\kappa^2(\theta_{ig,AL}-1)-\kappa^2\eta_{AP}(\theta-\theta_{AP})-\kappa^2\eta_{Al}(\theta-\theta_{Al})$$

边界条件:

$$y=z_0,\theta_{Al}=\theta_{ig,Al},d\theta/dy\,|_{y=z_{0-}}=d\theta/dy\,|_{y=z_{0+}}$$

$$y=v\tau_{b,AP},\theta=\theta,d\theta/dy\,|_{y=v\tau_{b,AP-}}=d\theta/dy\,|_{y=v\tau_{b,AP+}}$$

4 区：
$$\kappa^2\frac{\mathrm{d}\theta}{\mathrm{d}y}=\frac{\mathrm{d}^2\theta}{\mathrm{d}y^2}+\mu_{\mathrm{Al}}\kappa^2(\theta_{\mathrm{ig,AL}}-1)-\kappa^2\eta_{\mathrm{Al}}(\theta-\theta_{\mathrm{Al}})$$

边界条件：$y=v\tau_{\mathrm{b,Al}},\theta=\theta,\mathrm{d}\theta/\mathrm{d}y\mid_{y=v\tau_{\mathrm{b,Al-}}}=\mathrm{d}\theta/\mathrm{d}y\mid_{y=v\tau_{\mathrm{b,Al+}}}$；

$$y=z_0+\tau_{\mathrm{b,Al}},\theta=\theta_{\mathrm{eq}}$$

假设 5 区中燃烧产物的温度达到组分平衡温度,故计算至 4 区已经足够,对于分离火焰结构采用同样的处理方法得,

1 区：
$$\kappa^2\frac{\mathrm{d}\theta}{\mathrm{d}y}=\frac{\mathrm{d}^2\theta}{\mathrm{d}y^2}-\kappa^2\eta_{\mathrm{AP}}(\theta-\theta_{\mathrm{AP}})-\kappa^2\eta_{\mathrm{Al}}(\theta-\theta_{\mathrm{Al}})$$

$$\frac{\mathrm{d}\theta_{\mathrm{AP}}}{\mathrm{d}y}=\frac{(\theta-\theta_{\mathrm{AP}})}{\xi_{\mathrm{AP}}}$$

$$\frac{\mathrm{d}\theta_{\mathrm{Al}}}{\mathrm{d}y}=\frac{(\theta-\theta_{\mathrm{Al}})}{\xi_{\mathrm{Al}}}$$

边界条件：$y=-\infty,\theta=\theta_{\mathrm{AP}}=\theta_{\mathrm{Al}}=1$

$$y=0,\theta_{\mathrm{AP}}=\theta_{\mathrm{ig,AP}},\mathrm{d}\theta/\mathrm{d}y\mid_{y=0-}=\mathrm{d}\theta/\mathrm{d}y\mid_{y=0+}$$

2 区：
$$\kappa^2\frac{\mathrm{d}\theta}{\mathrm{d}y}=\frac{\mathrm{d}^2\theta}{\mathrm{d}y^2}+\mu_{\mathrm{AP}}\kappa^2(\theta_{\mathrm{ig,AP}}-1)-\kappa^2\eta_{\mathrm{AP}}(\theta-\theta_{\mathrm{AP}})-\kappa^2\eta_{\mathrm{Al}}(\theta-\theta_{\mathrm{Al}})$$

$$\frac{\mathrm{d}\theta_{\mathrm{Al}}}{\mathrm{d}y}=\frac{(\theta-\theta_{\mathrm{Al}})}{\xi_{\mathrm{Al}}}$$

边界条件：$y=0,\theta_{\mathrm{AP}}=\theta_{\mathrm{ig,AP}},\mathrm{d}\theta/\mathrm{d}y\mid_{y=0-}=\mathrm{d}\theta/\mathrm{d}y\mid_{y=0+}$

$$y=v\tau_{\mathrm{b,AP}},\theta=\theta,\mathrm{d}\theta/\mathrm{d}y\mid_{y=v\tau_{\mathrm{b,AP-}}}=\mathrm{d}\theta/\mathrm{d}y\mid_{y=v\tau_{\mathrm{b,AP+}}}$$

3 区：
$$\kappa^2\frac{\mathrm{d}\theta}{\mathrm{d}y}=\frac{\mathrm{d}^2\theta}{\mathrm{d}y^2}-\kappa^2\eta_{\mathrm{Al}}(\theta-\theta_{\mathrm{Al}})$$

$$\frac{\mathrm{d}\theta_{\mathrm{Al}}}{\mathrm{d}y}=\frac{(\theta-\theta_{\mathrm{Al}})}{\xi_{\mathrm{Al}}}$$

边界条件：$y=v\tau_{\mathrm{b,AP}},\theta=\theta,\mathrm{d}\theta/\mathrm{d}y\mid_{y=v\tau_{\mathrm{b,AP-}}}=\mathrm{d}\theta/\mathrm{d}y\mid_{y=v\tau_{\mathrm{b,AP+}}}$

$$y=z_0,\theta_{\mathrm{Al}}=\theta_{\mathrm{ig,Al}},\mathrm{d}\theta/\mathrm{d}y\mid_{y=z_{0-}}=\mathrm{d}\theta/\mathrm{d}y\mid_{y=z_{0+}}$$

4 区：
$$\kappa^2\frac{\mathrm{d}\theta}{\mathrm{d}y}=\frac{\mathrm{d}^2\theta}{\mathrm{d}y^2}+\mu_{\mathrm{Al}}\kappa^2(\theta_{\mathrm{ig,AL}}-1)-\kappa^2\eta_{\mathrm{Al}}(\theta-\theta_{\mathrm{Al}})$$

边界条件：$y=z_0,\theta_{\mathrm{Al}}=\theta_{\mathrm{ig,Al}},\mathrm{d}\theta/\mathrm{d}y\mid_{y=z_{0-}}=\mathrm{d}\theta/\mathrm{d}y\mid_{y=z_{0+}}$

$$y=z_0+\tau_{\mathrm{b,Al}},\theta=\theta_{\mathrm{eq}}$$

方程组是二元二阶微分方程组,求出每个区域的解析解,然后匹配边界条件后得到以下关于无量纲火焰传播速度 κ^2 的三个表达式：

$$k_1=\frac{\kappa^2-\dfrac{1}{\xi_{\mathrm{AP}}}+\sqrt{\left(\kappa^2-\dfrac{1}{\xi_{\mathrm{AP}}}\right)^2+4\kappa^2\left(\eta_{\mathrm{AP}}+\dfrac{1}{\xi_{\mathrm{AP}}}\right)}}{2}$$

$$k_1=\frac{\mu_{AP}[1-\exp(-\kappa^2)]+\mu_{Al}\left[1-\exp\left(-\frac{\tau_{b,Al}}{\tau_{b,AP}}\kappa^2\right)\right]\exp(-Zk^2)\frac{\theta_{ig,Al}-1}{\theta_{ig,AP}-1}}{1+k_1\xi_{AP}}$$

$$Z=\left(\eta_{AP}+\frac{1}{\xi_{AP}}\right)\exp\left[-\frac{\mu_{AP}(\theta_{ig,AP}-1)}{\kappa^2\xi_{AP}}\right]+\left(\eta_{Al}+\frac{1}{\xi_{Al}}\right)\exp\left[-\frac{\mu_{Al}(\theta_{ig,Al}-1)}{\kappa^2\xi_{Al}(1+P)}\right]$$

7.3.3.3　模型验证

此时还需要确定两个值 $\tau_{b,Al}$、$\tau_{b,AP}$，Al 颗粒点火阶段（$933K\leqslant T_{Al}\leqslant 2300K$）$Al_2O_3$的生成率非常低，故$\dot{m}_{Al_2O_3}$在 $T_{Al}\leqslant 2300K$ 之前都可以忽略不计，Al 颗粒点火以后在 O_2、H_2O、HCl 中燃烧时受到 O_2和 H_2O 扩散速率的影响，故需要确定 O_2和 H_2O 向 Al 颗粒表面的扩散速率，这方面研究已经十分深入，在 Al 颗粒燃烧领域，被广泛认同的粒径 10μm 以上的 Al 颗粒燃烧时间 $\tau_{b,Al}$（ms）由下式计算：

$$\tau_{b,Al}=\frac{0.00735D_{Al}^{1.8}}{X_{eff}P^{0.1}T_{Al,u}^{0.2}} \tag{7-114}$$

式中：D_{Al}为 Al 颗粒粒径（μm）；P 为环境压强（atm）；$T_{Al,u}$为铝颗粒初始温度（K）；$X_{eff}=C_{O_2}+0.6C_{H_2O}$；$C_{O_2}$和 C_{H_2O}分别为氧气和水蒸气在气相中的摩尔分数。

AP 颗粒分解产物组分为 $0.5N_2+1.5H_2O+HCl+1.25O_2$。在 N_2的稀释作用下 $C_{O_2}=0.1931$，$C_{H_2O}=0.2317$，$X_{eff}=0.3321$。计算可得 Al 颗粒平均燃烧时间 $\tau_{b,Al}=0.6427ms$。在 Al 颗粒火焰传播模型中取 Al 的平均燃速进行计算，AP 颗粒的分解是动力学控制的。对于动力学控制的颗粒燃烧，可以在线性度较高的区域使用平均燃速代替整个过程的燃速，粒径为 95.86μm 的 AP 颗粒在不同的气相温度下的分解时间如图 7-32 所示，从图中可见在温度 1300~2100K 之间

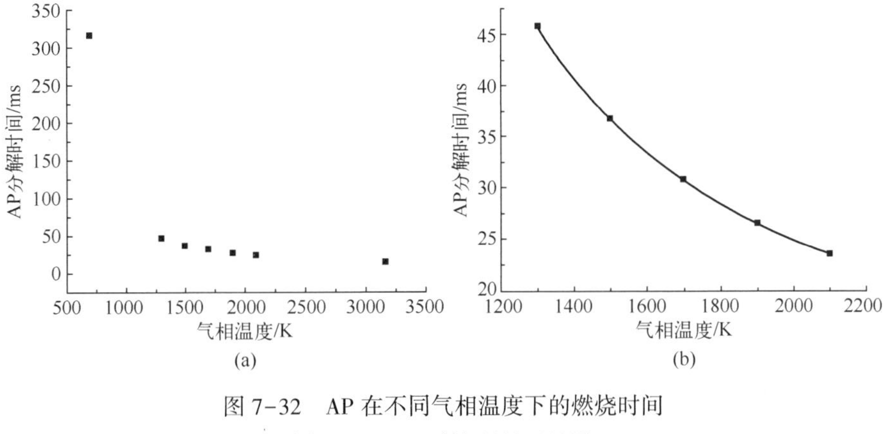

图 7-32　AP 在不同气相温度下的燃烧时间

（a）700~3200K；（b）1300~2100K。

AP 颗粒分解时间与温度的线性度很高，在 1300~2100K 之间对燃烧时间进行三次拟合得：

$$\tau_{b,AP}=-0.287T_g^3+1.3035\times10^{-4}T_g^2-2.083\times10^{-8}T_g+244.263 \quad (7-115)$$

拟合表达式 R^2 为 0.99988，计算可得 1700K 时 AP 颗粒燃烧时间为 $\tau_{b,AP}=32$ms。计算所需物理参数见表 7-5。

表 7-5　Al/AP 层流火焰传播速度计算参数

气相初始密度 ρ_{gu}	1.26kg/m^3
气相比热 C_g	1012J/(kg·K)
气相初始温度 T_{gu}	300K
导热系数 λ	0.024W/(m·K)
Nu	2
AP 的密度 ρ_{AP}	1940kg/m^3
Al 的密度 ρ_{Al}	2700kg/m^3
AP 的比热 C_{AP}	1372J/(kg·K)
Al 的比热 C_{Al}	880J/(kg·K)
AP 分解热	1515kJ/kg
Al 燃烧热	43334kJ/kg

使用实验工况进行计算最终得出 $\kappa^2=3.021438$，按式子 $\kappa=v/\sqrt{\tau_{b,AP}\alpha}$ 计算可得 $v=134.9$cm/s。在 Al/空气混合物中，Al 粉燃烧只会消耗很少的气相组分，故 Goroshin 在建立 Al/空气火焰传播模型时忽略了气相质量变化，然而 Al/AP/N_2层流火焰传播现象中 AP 颗粒浓度过低会导致火焰根本无法传播，实验中 AP 相质量是气相质量的 1.9 倍，是不能被忽略的。气相中质量守恒关系为

$$\dot{m}_{gu}+\dot{m}_{AP}=\dot{m}_g \quad (7-116)$$

式中：$\dot{m}_{gu}$、$\dot{m}_{AP}$、$\dot{m}_g$ 分别为预热区气体质量流率、AP 颗粒质量流率，气相质量流率。在图 7-32 中的 1 区中 $\dot{m}_g=\dot{m}_{gu}$，经过 AP 的燃烧分解后 $\dot{m}_{gu}+\dot{m}_{AP}=\dot{m}_g$，假设 AP 分解产物与 N_2进行混合后的气相产物密度不变，那么有

$$\dot{m}_g S_L=\dot{m}_{gu}v=(\dot{m}_{gu}+\dot{m}_{AP})S_L \quad (7-117)$$

计算可得 $S_L=46.32$cm/s，比实际测量的火焰传播速度 73.88cm/s 小 37.3%，可能的原因是由于实际情况中 AP 分解产生大量气相产物会产生湍流漩涡，使 Nu 数增大，气固两相之间的换热及颗粒燃速都有一定加快，从而使火焰传播速度加快，而本节建立模型假设整个流动过程为层流流动状态，并未考虑局部漩涡和湍流对传热传质的加速影响，故计算值小于实验值。

第 8 章　粉末火箭发动机热试

8.1　Al/AP 粉末火箭发动机

Al/AP 粉末火箭发动机作为一种最典型的双组元粉末发动机，其能量特性与固体火箭发动机相当，而在贮存维护性能、防泄漏、晃动泼溅、推进剂毒性等性能和性价比方面优于液体火箭发动机，在极高极低环境温度下其使用稳定性与可靠性均优于固体火箭发动机和液体火箭发动机，能更好地满足现代化战争对飞行器动力系统的要求。

粉末火箭发动机实验系统主要由实验发动机及相关附属部件、发动机实验台架、实验控制系统、测试系统、气路系统、冷态调试系统组成，如图 8-1 所示。实验系统满足粉末发动机点火试车所需的硬件设施，具备对发动机工作过程进行控制、监测及相关工作参数设定的功能。

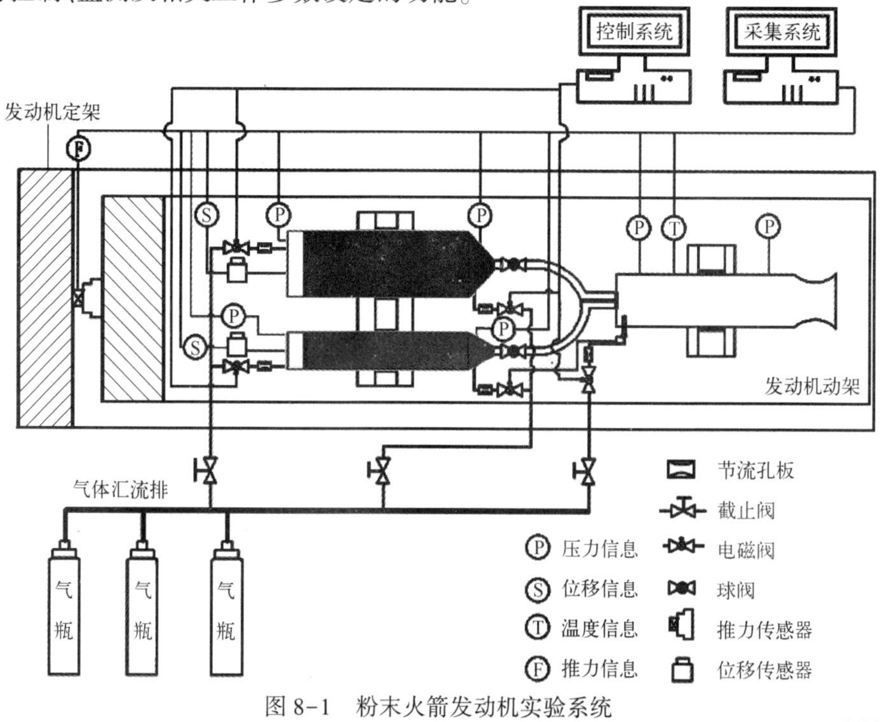

图 8-1　粉末火箭发动机实验系统

8.1.1 多次启动

表8-1为发动机四次启动稳定工作关键性能参数。

表8-1 发动机四次启动稳定工作关键性能参数

第一次启动工作参数		
活塞速度/(mm/s)	AP(150~200μm)	5.28
	Al(20μm)	4.47
粉末质量流率/(g/s)		40.62
粉末氧燃比(O/F)		3.54
喷管喉径/mm		8
燃烧室工作压力/MPa		0.602
理论特征速度/(m/s)		1426
第二次启动工作参数		
活塞速度/(mm/s)	AP(150~200μm)	6.65
	Al(20μm)	3.17
粉末质量流率/(g/s)		46.24
粉末氧燃比(O/F)		6.29
喷管喉径/mm		8
燃烧室工作压力/MPa		0.822
理论特征速度/(m/s)		1382
第三次启动工作参数		
活塞速度/(mm/s)	AP(150 ~200μm)	5.50
	Al(20μm)	3.59
粉末质量流率/(g/s)		40.18
粉末氧燃比(O/F)		4.59
喷管喉径/mm		8
燃烧室工作压力/MPa		0.838
理论特征速度/(m/s)		1409
第四次启动工作参数		
活塞速度/(mm/s)	AP(150 ~200μm)	4.96
	Al(20μm)	3.32
粉末质量流率/(g/s)		36.40
粉末氧燃比(O/F)		4.48
喷管喉径/mm		8
燃烧室工作压力/MPa		0.854
理论特征速度/(m/s)		1412

图 8-2 和图 8-3 为发动机工作时 AP 储箱和 Al 储箱的监测参数曲线图，从图中可以看出：四次启动活塞位移曲线平滑，移动正常；储箱压力正常，供粉系统工作正常，四次启动关机期间粉末供应具有良好的重复性。

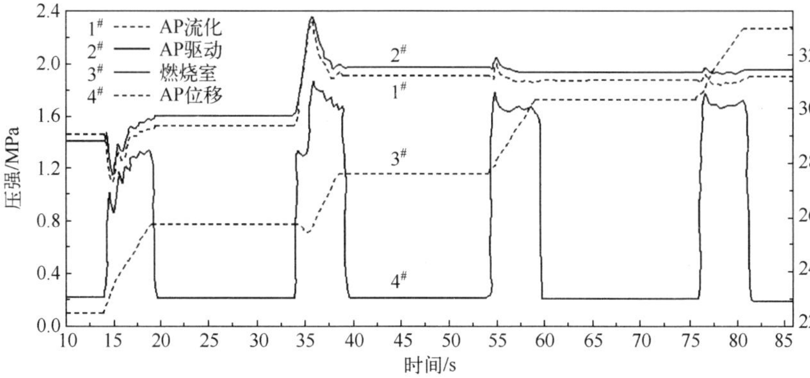

图 8-2　四次启动过程中 AP 粉箱监测量与燃烧室内弹道

图 8-4 为粉末火箭发动机原理性实验样机四次启动关机内弹道曲线，点火实验燃烧室工作压力分别为 0.602MPa、0.822MPa、0.838MPa、0.854MPa，多次启动时间间隔为 15s 左右，发动机压强建立时间为 0.37～0.44s，工作时间为 4.63～4.71s，拖尾时间为 0.42～0.53s，实验重复性良好。

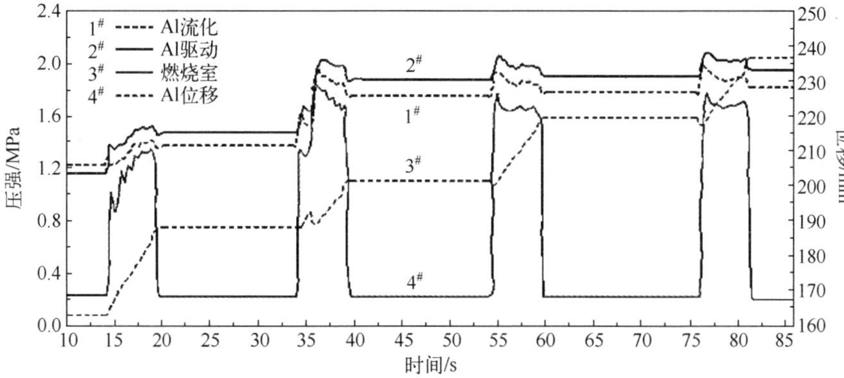

图 8-3　四次启动过程中 Al 储箱监测量与燃烧室内弹道

图 8-5 和图 8-6 分别为扰流环前后燃烧室内的沉积情况，由图可见，四次点火启动期间燃烧室内沉积还是比较严重的，这主要是由于 Al 粉进入燃烧室速度较慢，Al 粉进入离散器后有堵塞现象（见图 8-7），Al 粉无法与 AP 进行更好的掺混燃烧，这个过程中扰流环起到了积极作用。首先，扰流环可以加强粉末掺混。其次，它还可以将粉末沉积挡在燃烧室前端，防止沉积进入喷管时导

致喷管堵塞和压力爬升。

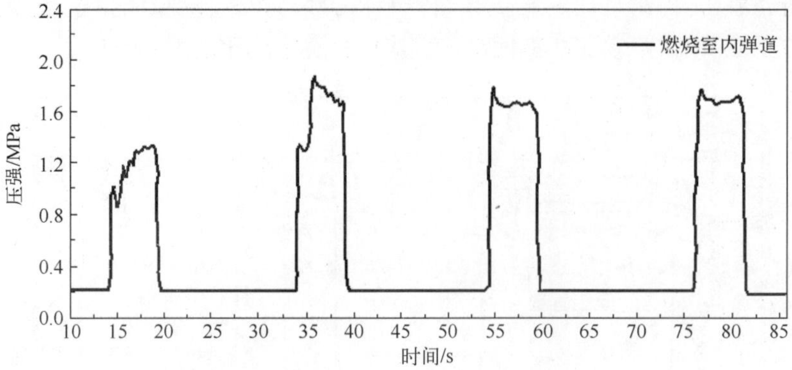

图 8-4　粉末火箭发动机 4 次启动关机内弹道

图 8-5　扰流环前沉积

图 8-6　扰流环后沉积

图 8-8 为四次点火后的等离子点火头，由图可见，钨材料制作的点火头结构完整，但也受到一定程度的烧蚀损坏，这说明燃烧室工作压强更高时，四次点火对点火头的损害也更加严重，建议采取更大保护气量来冷却点火头。

图 8-7　粉末喷注器 Al 粉通道有堵塞现象

图 8-8　等离子点火头烧蚀情况

8.1.2　推力调节

1. 推力调节方案设计

图 8-9 为粉末火箭发动机推力调节气路布置图。由图可见,发动机气路主要由 4 部分构成:

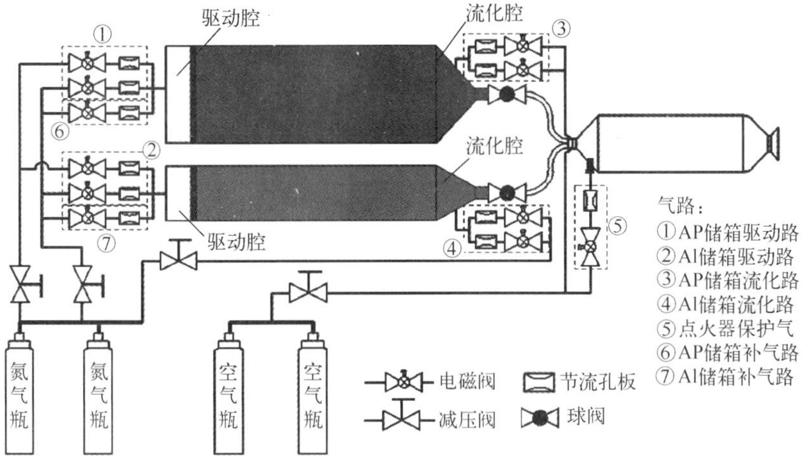

图 8-9　推力调节气路布置

(1) 驱动气路(①和②),AP 和 Al 储箱的驱动气路各分为大小两路,分别通过向储箱的驱动腔持续注入不同流量驱动气体保证活塞以不同的速度前进。

(2) 流化气路(③和④),AP 和 Al 的流化气路也各分为大小两路,分别对应活塞的两种供粉速度。

(3) 保护气路(⑤),向等离子点火头输送电离介质,在发动机工作过程中起到点火和稳焰的作用。

(4) 补气气路(⑥和⑦),推力调节时需要在短时间内将驱动腔压力由小推力驱动压力状态增压至大推力驱动压力状态,在不造成粉末推进剂压实的前提下减小发动机转调时间。

2. 发动机推力调节工作参数设计

针对推力调节实验,分别设计小推力和大推力实验工况,表 8-2 为发动机设计工作参数,设计参数通过理论计算和工程经验得出,与实际点火实验参数可能存在一定偏差。

表 8-2　粉末火箭发动机工作参数设计

设计参数	小推力状态	大推力状态
粉末质量流率/(g/s)	30~45	70~100
粉末氧燃比(O/F)	4~6	
喷管喉径/(mm)	8	
燃烧室工作压力/MPa	0.5~0.7	1.9~2.2
理论特征速度/(m/s)	1350	1370
特征速度效率/%	60~70	80~90

根据发动机工作参数计算得到发动机供粉系统控制参数,见表 8-3。

表 8-3　供粉系统参数

类别	小推力供粉系统参数		大推力供粉系统参数	
	AP 粉箱	Al 粉箱	AP 粉箱	Al 粉箱
	流量/(g/s)	流量/(g/s)	流量/(g/s)	流量/(g/s)
驱动路	0.035	0.21	1.62	0.40
流化路	2.5	1.85	4.27	2.96
补气路	—	—	1.05	0.235
保护气流量/(g/s)	0.45		1.52	

3. 推力调节点火实验结果及分析

粉末火箭发动机推力调节点火实验内弹道曲线如图 8-10 所示。

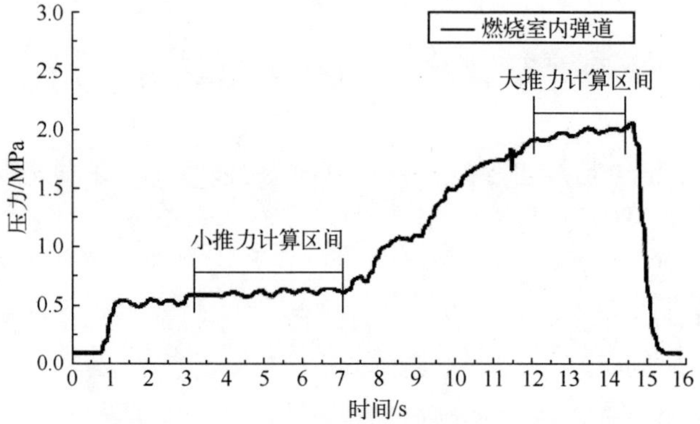

图 8-10　粉末火箭发动机推力调节内弹道曲线

当粉末推进剂流量稳定时,发动机工作中当喷管喉部直径减小,可引起燃烧室压力缓慢爬升,同时也会导致发动机推力计算失真,图 8-11 为点火后拍摄实验喷管照片,喉部并无沉积,因此对推力比计算无影响,取发动机工作相对稳定阶段作为计算区间,小推力稳定工作阶段燃烧室压力为 0.59MPa,大推力稳定工作阶段燃烧室压力为 1.90MPa,工作过程中喷管喉部并无明显沉积,根据推力公式可得推力调节比为 4.08。

(a)　　(b)

图 8-11　实验前后喷管对比
(a) 实验前;(b) 实验后。

推力调节参数具体计算结果见表 8-4。

表 8-4　推力调节计算参数

参　数		小推力阶段	大推力阶段
Al 粉箱	粉末流率/(g/s)	2.74	13.76
AP 粉箱	粉末流率/(g/s)	28.73	78.72
平均工作压力/MPa		0.59	1.9
推力系数		1.086	1.376
计算推力/N		32.21	131.41
燃烧效率/%		66.7	85.4

图 8-12 为推力调节实验结束后被烧坏的点火头,为不锈钢材质,由图可

图 8-12　烧坏的点火头

见，点火头的阴极和阳极均造成不同程度的损坏，已经不具备再次点火的能力，被烧掉的点火头残渣落入燃烧室中，这是十分危险的，假如其卡在燃烧室喉部有可能会导致燃烧室爆炸，因此点火头设计结构和材质需要改进。

8.2 Mg/CO_2粉末火箭发动机

火星大气层内CO_2含量丰富(95%)，由于Mg在CO_2气氛下的点火燃烧性能优异，国内外学者基于原位资源利用思想提出了Mg/CO_2粉末火箭发动机，认为此动力方案可以大幅降低火星表面取样返回任务的初始质量，进而节约探测成本。在火星探测过程中，Mg/CO_2粉末火箭发动机的多次启动和推力调节功能可满足多种探测任务的弹道需求，具有重要的研究意义。

8.2.1 多次启动

1. 多次启动方案设计

基于Al/AP粉末火箭发动机多次启动的研究基础，提出Mg/CO_2粉末火箭发动机多次启动实验系统。在前期初步探索研究中，氧化剂CO_2采用气体形式供给以降低实验系统复杂程度和操作难度。直接使用CO_2高压气瓶作为CO_2来源，用于提供发动机工作过程中的流化气、驱动气以及作为氧化剂与Mg粉燃烧，气固两相阀用于控制Mg粉燃料的通断，控制系统用于控制系统中各阀门的通断，测试系统完成发动机工作过程中相关工作参数的记录。

与Al/AP粉末火箭发动机不同，在Mg/CO_2粉末火箭发动机研究中，采取CO_2气体分三次进气的燃烧组织方案，发动机系统结构示意图如图8-13所示。其中一次进气为流化气，既起到流化输运镁粉的作用，又可与镁粉进行一次燃烧，产生大量的热，为后续的多次进气补燃提供稳定的热源。二次进气为旋流进气方式，在增强氧化剂气体与燃料颗粒掺混的同时，也增加了粉末离散器稳焰钝体后的回流区大小，从而有利于提高预燃室在气体质量流率较大条件下的燃烧稳定性，并且旋流燃烧也可增加镁颗粒在燃烧室内的滞留时间。三次进气为燃烧室中段侧向进气，可与预燃室中未燃尽的镁颗粒进一步掺混燃烧，提高镁颗粒的燃烧效率，同时增加了做功工质，提高发动机的比冲性能。

2. 发动机多次启动工作参数设计

表8-5为发动机设计工作参数，通过理论计算和工程经验得到，与实际点火实验参数可能存在一定偏差。

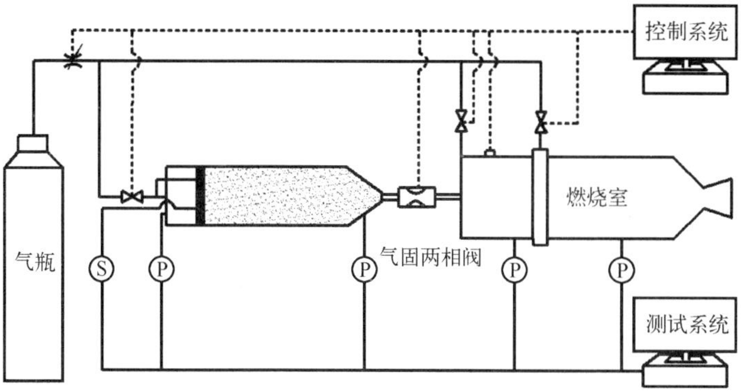

图 8-13　Mg/CO_2粉末发动机系统结构示意图

表 8-5　发动机设计点参数

Mg 粉质量流率/(g/s)	10
粉末氧燃比(O/F)	3
喷管喉径/mm	8
燃烧室理论压力/MPa	1
燃烧室工作压力/MPa	0.7
理论特征速度/(m/s)	1010
特征速度效率/%	60~75

3. 多次启动点火实验结果及分析

在进行多次启动实验时,为了降低点火延迟时间,在设置工作时序及参数时将控制旋流进气的电磁阀滞后两秒打开,并且减少初始时刻流化气量,从而保证点火时刻燃烧室头部有较低的氧燃比以利于发动机点火,发动机工作两秒钟之后所有参数设置均恢复至设计工况。在发动机一次启动关机后,等待30min 后进行二次点火启动,验证 Mg/CO_2火箭发动机长时间间隔的多次启动功能。该发动机二次启动关机工作过程的内弹道及活塞位移曲线如图 8-14 所示。

由图 8-14 可以看出,旋流气滞后两秒进入燃烧室有利于降低点火延迟时间,提高发动机点火稳定性,两次点火启动过程初始点火压强峰分别为 0.65MPa 和 0.8MPa。两次工作过程中,当发动机进入设计工况后,内弹道曲线均呈现出爬升过程,第二次工作过程尤为明显,且第二次燃烧室工作压强也整体高于第一次。这是由于发动机工作过程中喷管喉部沉积层逐渐增厚导致喉部面积逐渐减小,从而出现燃烧室压力攀升的现象,如图 8-15 所示为发动机二次工作后喷管喉部沉积图,明显可以看出喷管喉部型面上有一层碳沉积物。从两次工作过程活塞位移曲线可以看出,第一次工作过程中活塞位移整体趋势比较平稳,但在后期阶段也出现了轻微的曲折振荡。第二次工作过程初期阶段活塞位移走势平稳,但在后期活塞运动速度明显变得缓慢。实验后拆完发动机观察到粉末离散器出口凝相产物沉积严重,如图 8-16 所示。造成粉末流化出口通道堵塞严重,粉末流通不畅,导致了发动机第二次工作过程末期粉末质量流率偏移设计点,活塞运动不正常,甚至趋于停滞。

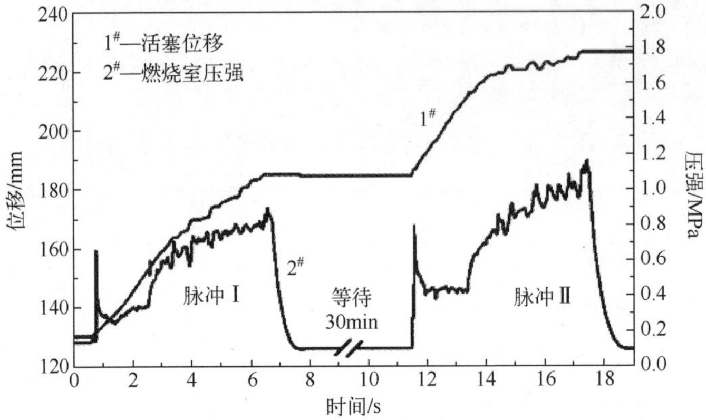

图 8-14 二次启动关机工作过程内弹道及活塞位移曲线

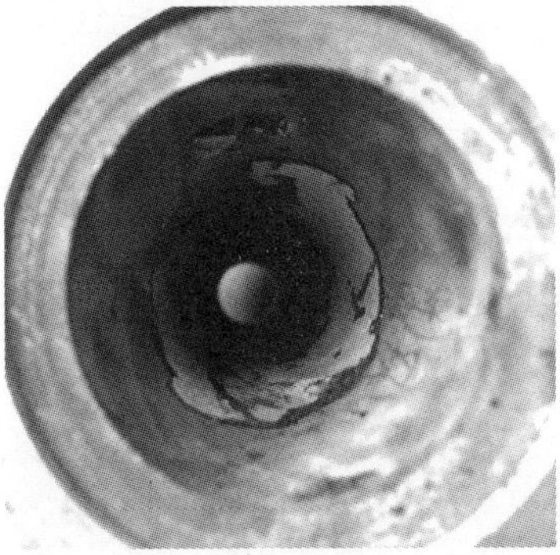
图 8-15 二次工作后燃烧室内壁面沉积

图 8-16 粉末离散器出口沉积

从上述结果分析来看,旋流气滞后 2s 进入燃烧室有利于提高发动机点火的稳定性。与此同时,发动机存在燃烧室头部沉积堵塞粉末流化出口,导致活塞运动失常的问题,从而对发动机长时间稳定工作造成了不利影响。因此,在后期的研究工作中应当寻求更好的办法来优化发动机燃烧组织方式,从而在保证发动机持续稳定可靠工作的基础上实现发动机多次启动关机工作。

8.2.2　推力调节

1. 推力调节方案设计

在 8.2.1 节 Mg/CO_2 粉末火箭发动机多次启动实现系统的基础上，将气固两相阀换为气固两相流量调节阀，搭建 Mg/CO_2 粉末火箭发动机推力调节实验系统，实验系统主要由实验发动机及相关附属部件、发动机实验台架、实验控制系统、测试系统、气路系统组成，如图 8-17 所示。与 Al/AP 粉末火箭发动机推力调节实验系统相比，Mg/CO_2 粉末火箭发动机的推力调节通过流量调节阀改变 Mg 粉燃料的通流面积来实现 Mg 粉燃料质量流率的调节。

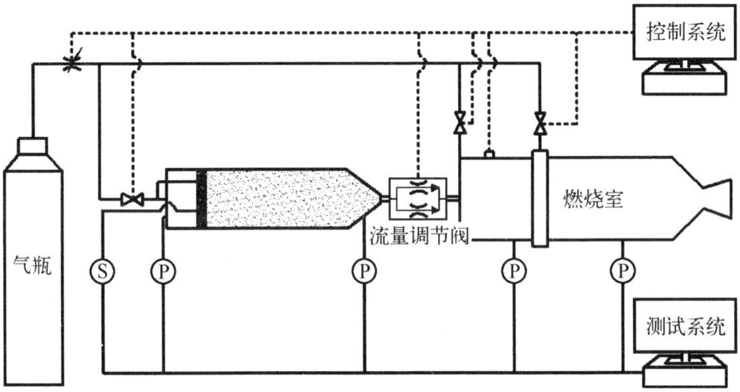

图 8-17　Mg/CO_2 粉末火箭发动机推力调节实验系统

2. 发动机推力调节工作参数设计

针对推力调节实验，分别设计小推力和大推力实验工况，表 8-6 为发动机设计工作参数，设计参数通过理论计算和工程经验得出，与实际点火实验参数可能存在一定偏差。

表 8-6　粉末火箭发动机工作参数设计

设计参数	小推力状态	大推力状态
粉末质量流率/(g/s)	5	24
粉末氧燃比(O/F)	5	
喷管喉径/mm	8	
燃烧室工作压力/MPa	0.4	2
理论特征速度/(m/s)	900.3	900.3
特征速度效率 70%		

3. 推力调节点火实验结果及分析

1) 推力调节实验结果

推力调节低转高及低转高再转低实验均实现了发动机的自持稳定燃烧,其中,低转高工况工作 12s,图 8-18 为实验中拍摄到的羽流,可以看出火焰饱满而有刚性。低转高再转低工况工作 18s,图 8-19 给出了发动机不同工作阶段的羽流情况。

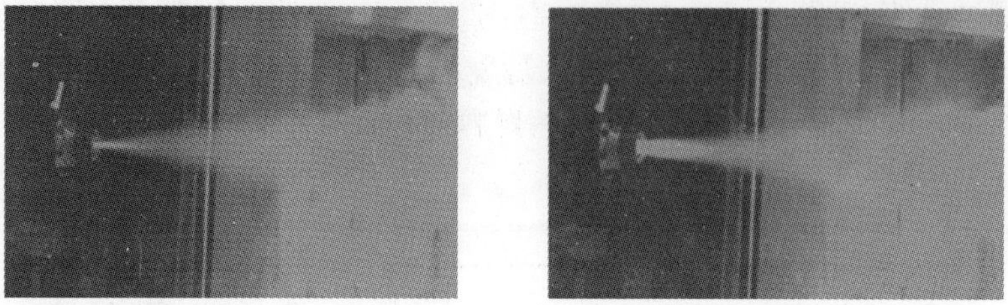

(a) (b)

图 8-18　低转高实验中所拍摄到的羽流

(a) 低压段;(b) 高压段。

(a) (b) (c)

图 8-19　低转高再转低实验中所拍摄到的羽流情况

(a) 低压段;(b) 高压段;(c) 低压段。

两次推力调节实验中,发动机均出现了一定程度的凝相沉积现象,如图 8-20 所示。其中燃烧室头部为块状沉积,这是因为由燃烧室头部喷注进入燃烧室的镁粉要经历加热升温过程,而二氧化碳是分多次进入燃烧室,因此燃烧室头部会形成富燃环境,部分来不及完全燃烧的镁颗粒会撞击燃烧室壁面并最终形成沉积。而燃烧室中段和喷管收缩段则是层状的沉积,且上层为氧化镁,下层为碳。这是因为在镁二氧化碳发动机燃烧室中,Mg 与 CO_2 的燃烧过程主要发生均相化学反应 $Mg(g)+CO_2(g)=MgO(s)+CO(g)$ 和异相化学反应 $Mg(s/l)+CO(g)=MgO(s)+C(s)$,其中均相化学反应发生在距镁液滴表面一定距离的镁蒸气处,而异相化学反应则发生在镁液滴表面,均相化学反应的快慢受到镁液滴的蒸发速率控制,异相反应速率则主要由液滴与环境的热力学过程控制,研究表明当 CO_2/CO 气氛中 CO 浓度低于 20%并且环境温度大于 2000K 时可获得较好的燃烧特性，在燃烧室中心区域，燃气温度高，有利于均相反应的发生，而燃烧室壁面温度则相对较低，此处主要发生异相反应，最终形成如图所示的沉积现象。

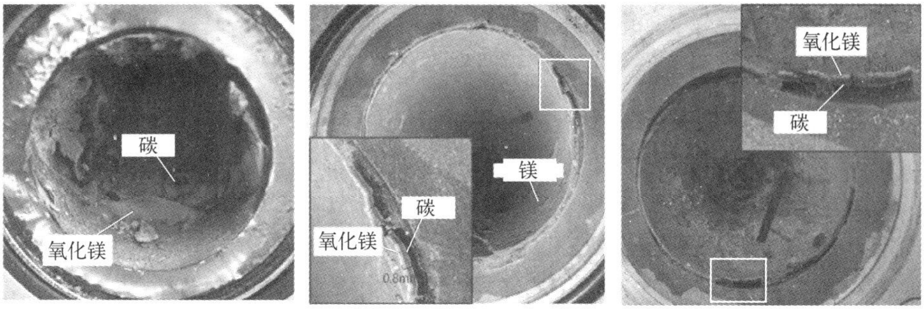

(a)　　(b)　　(c)

图 8-20　推力调节实验中燃烧室内沉积情况

(a) 燃烧室头部；(b) 燃烧室中段；(c) 喷管收缩段。

2) 推力低转高实验内弹道分析

Mg/CO_2粉末火箭发动机推力调节点火实验内弹道曲线如图 8-21 所示。

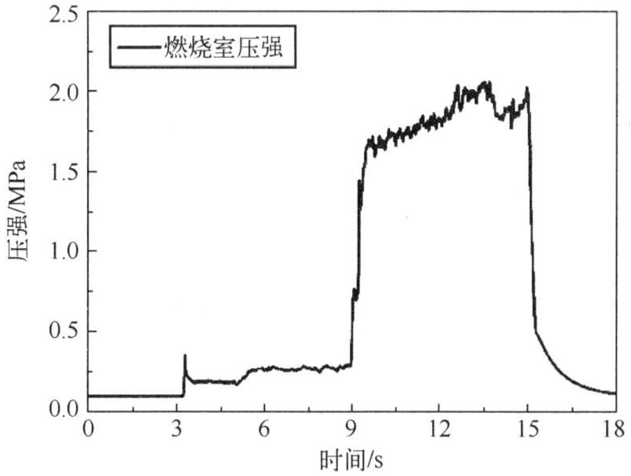

图 8-21　Mg/CO_2粉末火箭发动机推力调节内弹道曲线

取发动机工作相对稳定阶段作为计算区间，小推力稳定工作阶段燃烧室压力为 0.19~0.27MPa，大推力稳定工作阶段燃烧室压力为 1.84MPa，工作过程中喷管喉部并无明显沉积，根据推力公式可得推力调节比为 11.7~15.7。

喷管推力即可计算获得，具体数据见表 8-7。

表 8-7 推力调节计算参数

参　　数	小推力阶段		大推力阶段 (9～15s)
	(3～5s)	(5～9s)	
Mg 粉流量/(g/s)	5.10	5.10	23.05
CO_2流量/(g/s)	18.89	25.26	122.87
平均工作压力/MPa	0.1877	0.2702	1.8379
理论特征速度/(m/s)	966.1	902.6	886.0
实际特征速度/(m/s)	393.23	447.40	633.10
计算推力/N	8.68	11.66	135.91
燃烧效率/%	40.71	49.57	71.46

3) 推力低转高转低实验

取发动机工作相对稳定阶段作为计算区间，第一阶段的小推力稳定工作燃烧室压力为 0.13～0.24MPa，第二阶段的大推力稳定工作燃烧室压力为 1.64MPa，第三阶段的小推力稳定工作燃烧室压力为 0.56MPa，工作过程中喷管喉部并无明显沉积，根据推力公式可得低转高阶段的推力调节比为 11.0～22.1，高转低的推力调节比为 7.4。计算结果见表 8-8。

表 8-8 推力调节计算参数

参　　数	小推力阶段		大推力阶段 (9～15s)	小推力阶段 (15～21s)
	(3～5s)	(5～9s)		
Mg 粉流量/(g/s)	5.10	5.10	32.92	9.14
CO_2流量/(g/s)	18.89	25.26	122.87	25.26
平均工作压力/MPa	0.1254	0.2427	1.6393	0.5601
理论特征速度/(m/s)	966.0	902.6	964.5	1020.5
实际特征速度/(m/s)	262.77	401.90	528.91	818.42
计算推力/N	5.65	11.36	124.90	16.97

8.3 粉末火箭发动机技术问题

为了使粉末火箭发动机更好地应用，在性能上，要求粉末火箭发动机具有高密度比冲、燃烧稳定以及优异的启动和调节性能；在系统上，要求粉末火箭发动机质量轻和工作稳定可靠。当前粉末火箭发动机研究的技术难点如下：

（1）高性能粉末燃料研究。通过粉末燃料改性研究（包覆、团聚等处理），进一步提高粉末燃料能量特性、输运特性和化学活性，降低粉末燃料点火温度，使之具有更高的理论比冲和成气量、更优秀的装填性能和流化性能、更短的颗粒点火延迟时间和燃烧时间，从而改善发动机工作性能，为研制轻质化粉末火箭发动机奠定基础。

（2）发动机低压环境点火。由粉末颗粒特性研究着手，研究低压条件下颗粒特性、环境气氛与流动状态等因素对粉末推进剂点火性能的影响关系，探索适应低压环境的发动机点火方案，保证发动机具备在稀薄氧化气氛环境下稳定、快速点火的能力。

（3）燃烧室高效燃烧组织和燃烧稳定性。通过组织粉末燃料和氧化剂高效掺混和稳定燃烧，提高燃烧室的燃烧效率，提高发动机实际工作时的比冲性能，从而降低发动机的质量；影响燃烧稳定性的因素众多，包含有粉末推进剂的输送稳定性、喷注稳定性、粒度分布和空间分布、粉末颗粒脉动燃烧现象等。因此，为实现稳定燃烧，需要从粉末推进剂粒径和配方、供给系统、喷注器和燃烧室结构等多个方面进行研究。这些方面的研究是粉末火箭发动机迈向成熟的重要环节。

（4）粉末输送分流与多点喷注。优化粉末输送供给与粉末喷注方式，通过开展粉末输送分流流率特性研究，实现发动机系统多出口供给功能，通过多点喷注空间分布特性研究，提高粉末喷注掺混效果与流率调节适应性，提升发动机工作比冲与稳定性。

（5）发动机系统控制。快速响应的实现包括控制反馈系统、作动系统、冲量的实现与终结系统等诸多环节。控制反馈系统可采用数字控制器作为发动机的控制中心，通过控制程序的优化技术，实现对发动机的快速控制。

（6）环境适应潜力及工作可靠性研究。发动机受高低温环境、振动环境、发动机贮存时间等诸多因素影响，以上述条件下发动机工作特性为研究内容，探索发动机环境适应潜力和工作可靠性。

参考文献

[1] 李芳．Mg 粉/CO_2粉末火箭发动机性能分析与实验研究[D]．西安:西北工业大学,2010.

[2] 姚亮．Mg 粉/CO_2粉末火箭发动机初步设计与实验研究[D]．西安:西北工业大学,2011.

[3] 张胜敏．Mg/CO_2粉末火箭发动机工作过程理论与实验研究[D]．西安:西北工业大学,2012.

[4] 胡滨．Mg/AP 粉末火箭发动机性能分析及可行性实验研究[D]．西安:西北工业大学,2013.

[5] 李悦．Al/AP 粉末火箭发动机燃烧室数值模拟与研究[D]．西安:西北工业大学,2014.

[6] 马少杰．粉末推进剂筛选及其性能研究[D]．西安:西北工业大学,2014.

[7] 张虎．稠密气固两相流质量流率测量方法及实验研究[D]．西安:西北工业大学,2014.

[8] 虞虔．粉末火箭发动机点火器设计及实验研究[D]．西安:西北工业大学,2015.

[9] 邓哲:Al/AP 粉末推进剂点火燃烧及层流火焰传播模型研究[D]．西安:西北工业大学,2016.

[10] 信欣．铝粉燃料冲压发动机初步探索与研究[D]．西安:西北工业大学,2016.

[11] 蔡玉鹏．Mg/CO_2粉末火箭发动机燃烧室初步设计及燃烧组织研究[D]．西安:西北工业大学,2017.

[12] 孙海俊．粉末推进剂输送特性及对发动机燃烧振荡影响[D]．西安:西北工业大学,2017.

[13] 张力峰．粉末冲压发动机中进气道取气供粉技术研究 [D]．西安:西北工业大学,2018.

[14] 胡加明．Mg/CO_2火箭发动机喷注雾化和燃烧性能研究[D]．西安:西北工业大学,2018.

[15] 李芳,胡春波,何国强．Mg 粉/CO_2粉末火箭发动机性能分析[J]．固体火箭技术,2010,33(4):414-418.

[16] 李芳,胡春波,何国强,等．Mg 粉/CO_2点火燃烧性能实验研究[J]．固体火箭技术,2011,34(2):193-196.

[17] 姚亮,胡春波,肖虎亮,等．Mg 粉/CO_2粉末火箭发动机点火实验研究[J]．固体火箭技术,2011,34(4):440-442.

[18] 杨建刚,胡春波,邓哲,等. 不同气氛对铝粉点火燃烧特性的影响分析[J]. 火炸药学报,2017, 40(3):36-40.

[19] 邓哲,胡春波,卢子元,等. Metal/N_2O 粉末火箭发动机实验研究[J]. 固体火箭技术,2015(2):220-224.

[20] 武冠杰,任全彬,胡春波,等. 基于 AP 预处理技术的粉末推进剂性能[J]. 含能材料,2017,25(8):627-632.

[21] 张虎,胡春波,孙海俊,等. 稠密气固两相流颗粒质量流量测量方法研究[J]. 固体火箭技术,2015(1):136-140.

[22] Haijun Sun, Chunbo Hu, Tian Zhang, et al. Experimental investigation on mass flow rate measurements and feeding characteristics of powder at high pressure[J]. Applied Thermal Engineering, 2016, 102:30-37.

[23] Hai-jun Sun, Chunbo Hu, Xiaofei Zhu, et al. Experimental investigation on incipient mass flow rate of micro aluminum powder at high pressure[J]. Experimental Thermal & Fluid Science, 2017, 83:231-238.

[24] 张胜敏,胡春波,夏盛勇,等. 固体火箭发动机喷管喉部凝相颗粒粒度分布实验[J]. 推进技术, 2012, 33(2):245-248.

[25] 李悦,胡春波,孙海俊,等. 粉末火箭发动机燃烧室燃烧流动特性研究[J]. 固体火箭技术,2014(6):792-796.

[26] Chao Li, Chunbo Hu, Xiaofei Zhu, et al. Experimental study on the thrust modulation performance of powdered magnesium and CO_2 bipropellant engine[J]. Acta Astronautica, 2018 (147):403-411.

[27] Yue Li, Chunbo Hu, Zhe Deng, et al. Experimental study on multiple-pulse performance characteristics of ammonium perchlorate/aluminum powder rocket motor[J]. Acta Astronautica, 2017(133):455-466.

[28] Chao Li, Chunbo Hu, Xin Xin, et al. Experimental study on the operation characteristics of aluminum powder fueled ramjet[J]. Acta Astronautica, 2016, 129:74-81.

[29] 张胜敏,杨玉新,胡春波. 粉末火箭发动机推力调节实验研究[J]. 固体火箭技术,2015(3):347-350.

[30] 章宏甲,黄谊. 液压传动[M]. 北京:机械工业出版社,1997.

[31] 杨立军,富庆飞. 液体火箭发动机推力室设计[M]. 北京:北京航空航天大学出版社,2013.

[32] 杨涛,方丁西,唐乾刚. 火箭发动机燃烧原理[M]. 长沙:国防科技大学出版社,2008.

内容简介

本书详尽介绍了粉末火箭发动机的系统组成、工作过程和工作原理，深入讨论了推进剂的能量性能、点火性能和预处理方法，清晰阐述了粉末推进剂供给过程、质量流率预示模型和启动流化机制，着重论述了推力室和点火器的结构组成和工作过程，详细分析了粉末推进剂燃烧理论和层流火焰传播现象，初步探讨了粉末火箭发动机多次启动和推力调节等关键技术，反映了当前粉末火箭发动机领域的最新研究成果。

本书可供从事粉末发动机和金属粉末燃烧器研究的人员使用，也可作为相关高等院校有关专业本科生、研究生和教师的参考用书。

The book has detailedly introduced the system composition, operating process and principle of powder rocket motor; deeply discussed the energy performance, ignition characteristics and pretreating method of the powdered propellants; clearly expounded the powdered propellant supplying process, mass flow rate prediction model and picking-up&fluidizing mechanism; emphatically discussed the structures and working processes of the thrust chamber and igniter; analyzed the combustion theory and laminar flame propagation phenomenon of powdered propellant in detail; preliminarily discussed the key technology of multi-pluse and thrust modulation functions for the powder rocket motor; which are the latest achievements in the field of the powder rocket motor research.

The book could be used in the research of powder motor and powdered metal burner, or as a reference for undergraduates, postgraduates and teachers of related majors in colleges and universities.